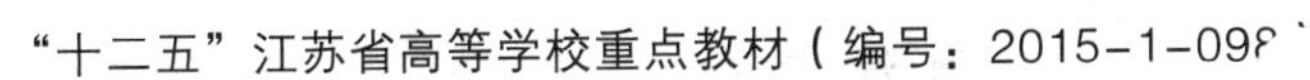

电工学 I

DIANGONGXUE I DIANGONG JISHU

电工技术

（第二版）

赵不贿　诸德宏　主编

镇　江

内 容 提 要

本教材根据国家教育部“电工技术”(电工学Ⅰ)课程的基本要求编写。主要内容包括:电路的基本概念、基本定律和基本分析方法,正弦交流电及三相电路,磁路与变压器,电动机及其电气控制等,并介绍了电工测量技术。本书还引入 Multisim 电路仿真和 Elecworks 电气设计软件等新的知识内容,体现了基础性、应用性和先进性的特征。每章节后均附有各章总结、思考题和习题,以强化读者对知识点的理解和掌握。

本教材可作为普通高等学校本科、专科机械类、计算机类、化工类及工商、信息管理类等专业“电工技术”课程的教材,也可供工程技术人员参考。

图书在版编目(CIP)数据

电工学.Ⅰ,电工技术 / 赵不贿,诸德宏主编.—2版.—镇江:江苏大学出版社,2016.8(2024.1 重印)
ISBN 978-7-5684-0258-3

Ⅰ.①电… Ⅱ.①赵… ②诸… Ⅲ.①电工—教材②电工技术—教材 Ⅳ.①TM

中国版本图书馆 CIP 数据核字(2016)第 175014 号

电工学Ⅰ:电工技术(第 2 版)

主　　编/赵不贿　诸德宏
责任编辑/汪再非
出版发行/江苏大学出版社
地　　址/江苏省镇江市京口区学府路 301 号(邮编:212013)
电　　话/0511-84446464(传真)
网　　址/http://press.ujs.edu.cn
排　　版/镇江文苑制版印刷有限责任公司
印　　刷/江苏扬中印刷有限公司
开　　本/787 mm×1 092 mm　1/16
印　　张/20.75
字　　数/455 千字
版　　次/2011 年 9 月第 1 版　2016 年 8 月第 2 版
印　　次/2024 年 1 月第 2 版第 6 次印刷　累计第 11 次印刷
书　　号/ISBN 978-7-5684-0258-3
定　　价/43.00 元

如有印装质量问题请与本社营销部联系(电话:0511-84440882)

前言 QIANYAN……

“电工技术”(电工学Ⅰ)是普通高等理工科院校非电类专业的一门重要技术基础课程。对技术基础课程知识的理解和掌握,直接影响到学生后续课程的学习,其重要性已在教学实践中得以验证。因此,在电工技术课程教学中应注重引导学生,掌握电路的基本概念和基本分析方法,培养科学的思维能力,进而提高分析问题和解决问题的技能,这正是本书编写的宗旨。

本书根据国家教育部“电工技术”(电工学Ⅰ)课程的基本要求编写。为使学生通过本课程学习,为其专业课程的学习和将来的职业工作储备必要的基础知识,本书在编写时注重体现电工技术课程知识的基础性、应用性和先进性特征。因此在内容上本书以电路的基本概念、基本理论和基本分析方法为重点,以技术应用为主导,融入电工电子领域的一些新技术、新成果;在语言文字的组织方面,力求突出重点,分散难点,由浅入深,通俗易懂。书中还精心选编了许多的例题、思考题和习题,有助于学生巩固知识、开拓思路,提高分析问题和解决问题的能力。为适应现代科学技术的迅猛发展,电工电子的教学内容应做到与时俱进,为此本书引入了 Multisim 电路仿真和 Elecworks 计算机辅助设计方法的内容,充分利用计算机软件技术的成果为专业学习和实践研究服务,满足现代电路分析、设计的需要。

考虑到高校教学的特点,本书各章节的内容安排既保持了课程体系的连贯性,又具有一定的独立性。对于授课学时不一致的不同专业,教师可根据需要选择教学内容和教学重点。同时,为了兼顾部分专业的需要,书中还编写了一些选修内容(有 * 部分),供教学时选用。

本书改版时融入了编者多年的教学实践经验和教学科研成果,同时参考了同类优秀教材的突出优点。除了进一步优化内容,精炼语言以外,重点对以下几方面做了修改:更新了 Multisim 电路仿真内容,引导读者深入学习相关知识,培养工程实践能力;增加 Elecworks 电气设计软件介绍,旨在更好地结合实际工程设计和绘制电气工程图纸;从实际应用角度介绍电机,增加变频器种类、选择、使用等内容,以面向工程实际。其中,赵不贿编写第 1、2 章;陈山编写第 3 章;周新云、汪沛编写第 4、5 章;诸德宏、黄丽、朱莉、谭斐、闫小喜、江辉编写第6、7、8、9章；赵不贿、杜天艳编写电路的Multisim仿真和附录A。

本书在编写过程中还得到了同仁们的大力协助，在此深表谢意。

由于编者水平有限，书中内容难免有不妥和错误之处，敬请广大读者给予批评和指正。

编　者

2016年7月

目录 MULU……

第 1 章　电路的基本概念和基本定律

电路理论是电工学的基础理论，主要研究电路中发生的电磁现象，其目标是计算电路中流过各器件端的电流和两端间的电压，而一般不涉及器件内部发生的物理过程。本章主要介绍电路中的基本概念、基本物理量、基本元件和基本定律。

1.1　电路的作用与组成

电路也称电网络，它是电流的通路，是由电器元件或设备组成的。电路的作用是实现能量的传输和转换（如图 1-1 所示的电力系统示意图）或者信号的传递和处理（如图 1-2 所示的半导体扩音器原理框图）。

电路的结构形式和所能完成的任务有多种，但就其基本组成而言，任何电路都是由电源（或信号源）、中间环节和负载三部分组成。图 1-1 所示的电力系统中，发电机是电源，它把其他形式的能量（热能、核能、风能等）转换成电能；变压器、输电线等是电路的中间环节，在电源和负载之间传输和分配电能；电灯、电动机等用电设备是负载，它们分别把电能转换成光能、机械能等。在图 1-2 所示的半导体扩音器原理框图中，话筒把声音信号转换成电信号，经中间环节（放大电路等）的传递和处理，最后由扬声器将电信号还原成声音输出。事实上，在电路中，信号的传递与处理也伴随着能量的传输与转换，只是我们在研究电路时的侧重点不同。在电路中，电源或信号源的电压或电流也称为激励，它推动电路工作，在激励的作用下，电路中各部分产生的电压和电流称之为响应。电路分析就是在已知电路结构和元件参数的条件下，讨论电路中的激励与响应之间的关系。

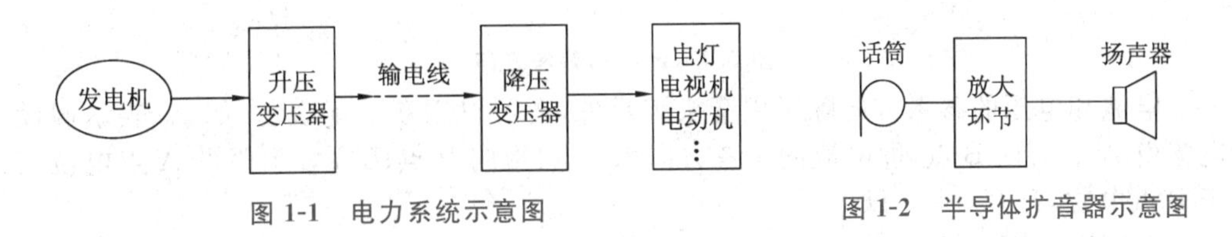

图 1-1　电力系统示意图　　图 1-2　半导体扩音器示意图

1.2　电流和电压的参考方向

电路中的主要物理量有电压、电流、电动势、功率和能量等，而在分析计算中常用到的物理量是电流、电压和功率。为了对电路进行正确的分析和计算，必须在电路图中用箭头或“＋”、“－”号标出电路中电流 I、电压 U 和电动势 E 等基本物理量的方向。在交流电路中，用小写的 i、u 和 e 表示电流、电压和电动势的瞬时值，用大写的 I、U 和 E 表示其有效值。

1.2.1 电流和电压的实际方向

物理学中规定，电流的实际方向为正电荷定向移动的方向。电压的实际方向规定为由高电位（“＋”极性）端指向低电位（“－”极性）端，即电位降低的方向。电动势的方向规定为在电源内部由低电位（“－”极性）端指向高电位（“＋”极性）端，即电位升高的方向。在图 1-3 所示电路中，箭头方向表示了开关 S 闭合后电路中电压、电流的实际方向。

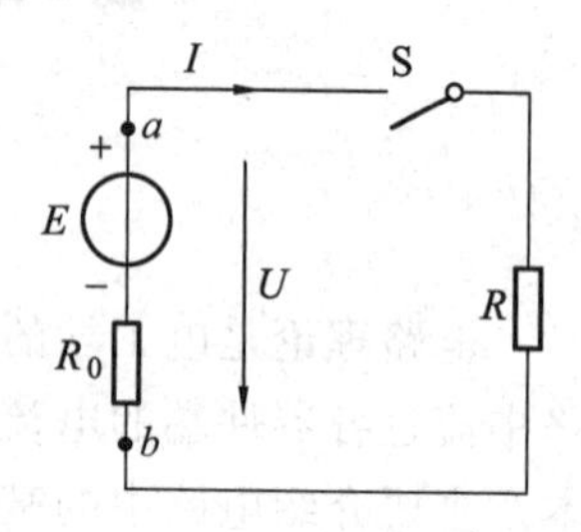

图 1-3 电压和电流的实际方向

1.2.2 电流和电压的参考方向

在交流电路中，由于电流和电压的方向随时间变化而变化，无法表示它们的实际方向；在分析复杂的直流电路时，往往也难以事先判断出它们的实际方向。因此为了分析和计算电路方便起见，通常任意选定一个方向作为它们的参考方向（也称为正方向），然后根据选定的参考方向列出分析计算电路的方程，由计算结果判断它们的实际方向。若计算结果为正值，则说明参考方向与实际方向一致；若计算结果为负值，则说明参考方向与实际方向相反。在图 1-4 中，用方框泛指电路元件，电流的方向为参考方向。图 1-4a 中由于没有指定电流的参考方向，所以电流的数值就失去了意义；图 1-4b 中电流的数值为正，说明电流的实际流向与参考方向相同，因此电流是从 A 流向 B；图 1-4c 中电流的值为负，说明电流的实际流向与参考方向相反，即从 B 流向 A。

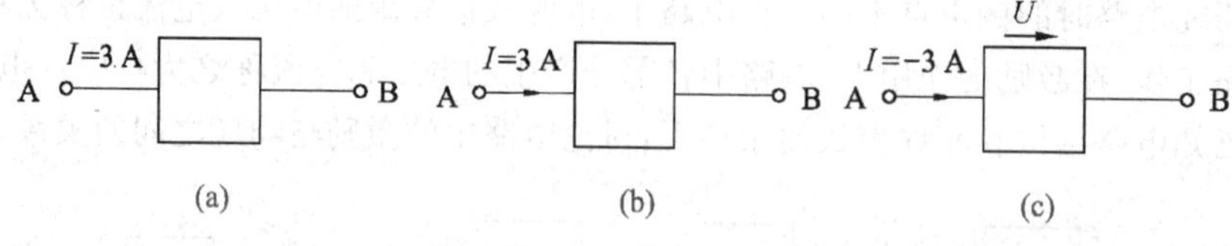

图 1-4 电流的参考方向

电流和电压的参考方向除了用箭头表示外，还可以用双下标表示，如 I_{AB} 表示假设电流由 A 点流向 B 点，即电流的参考方向由 A 点指向 B 点；U_{AB} 表示假设 A 点电位高于 B 点电位，且 $U_{AB}=-U_{BA}$。

必须指出：在分析电路时，一旦电流、电压的参考方向确定了，那么在电路的整个分析与计算过程中就不能再变动。

1.2.3 电流和电压的关联方向

当一个元件或一段电路上的电流与电压的参考方向一致时，则称它们为关联参考方向（简称关联方向）；反之为非关联参考方向（简称非关联方向），如图 1-5 所示。在电路分析中，尤其是在分析无源元件的电流与电压关系时，常常采用关联方向。

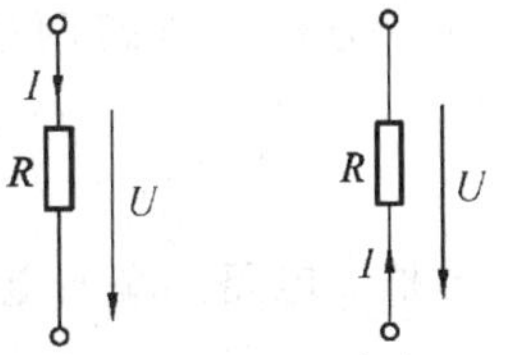

图 1-5　参考方向的关联性

在图 1-5a 中，电压与电流为关联方向，这时电阻 R 两端的电压为

$$U=IR$$

而在图 1-5b 中，电压与电流为非关联方向，这时 R 两端的电压为

$$U=-IR$$

这里必须注意，上述两式中的正负号是根据电压、电流的参考方向得出的，而电压与电流本身还有正值和负值之分。

1.2.4 电路的状态

电路一般有三种状态，开路、有载工作状态和短路状态。图 1-3 所示电路处于开路状态，其特点是电路中无电流流过。当开关 S 闭合时，电路处于有载工作状态，R 为负载电阻，R_0 是电源的内阻。这时电路中的电流 $I=\dfrac{E}{R+R_0}$。当电路处于有载工作状态时，如果不小心，电路中 a 与 b 两点用导线连接在一起时，电源处于短路状态，这时负载中无电流流过，短路电流 $I=\dfrac{E}{R_0}$，由于 R_0 通常比较小，因此短路电流较大，严重时将损坏电源或引起线路火灾，在实际生活用电或实验过程中需要特别注意。

1.2.5 电路中功率的计算

电路的作用之一是将电能转换成其他形式的能量，描述能量转换速率的物理量是电功率（简称功率）。一个电路元件（或一段电路）的电功率等于该元件（或该段电路）两端的电压与流过该元件（或该段电路）的电流的乘积，即

当电压与电流为关联方向时，

$$P=UI$$

当电压与电流为非关联方向时，

$$P=-UI$$

若计算结果 $P>0$，表示该元件（或该段电路）吸收功率，为负载；若 $P<0$，表示该元件（或该段电路）发出功率，为电源。

在交流电路中，电压和电流的瞬时值用小写字母 u、i 表示，为此用小写字母 p 来表示瞬时电功率，以区别于有效的电功率 P，当 u 与 i 为关联方向时，$p=ui$。

功率的单位为 W（瓦特）。

【例 1-1】 如例 1-1 图所示电路，已知 $U_1=14\ \text{V}$，$I_1=2\ \text{A}$，$U_2=10\ \text{V}$，$I_2=1\ \text{A}$，$U_3=-4\ \text{V}$，$I_4=-1\ \text{A}$，求各方框电路中的功率，并说明是负载还是电源。

解　方框 1 电路两端的电压与其电流为非关联方向，则

$$P_1=-U_1\times I_1=-14\times 2=-28\ \text{W}$$

方框 2 电路两端的电压与其电流为关联方向，则

$$P_2=U_2\times I_2=10\times 1=10\ \text{W}$$

方框 3 电路两端的电压与其电流为非关联方向，则

$$P_3=-U_3\times I_1=-(-4)\times 2=8\ \text{W}$$

方框 4 电路两端的电压与其电流为非关联方向，则

$$P_4=-U_2\times I_4=-10\times(-1)=10\ \text{W}$$

例 1-1 电路图

由计算结果可以看出：

$P_1<0$，说明方框 1 电路发出功率，是电源；P_2、P_3、P_4 值均大于 0，说明方框 2、3、4 电路吸收功率，均为负载。

根据能量守恒定律，电路中各负载吸收的功率之和恒等于各电源发出的功率之和，或吸收功率与发出功率的代数和为零，即

$$\sum P=0$$

可用这一定律来校验电路的计算结果是否正确。如例 1-1 中，$\sum P=-28+10+8+10=0$，表明计算结果正确。

练习与思考

1. 在如图所示电路中，电压 U_{ac}=(　　)V，从 b 点至 a 点的电压 U_{ba}=(　　)，从 c 点至 b 点的电压 U_{cb}=(　　)V。

2. 在如图所示电路中，元件 B 的电压、电流的参考方向是否为关联方向？元件 A 的电压、电流的参考方向是否为关联方向？

3. 在如图所示电路中，$U_{ab}=-4$ V，试问 a、b 两点哪点电位高？

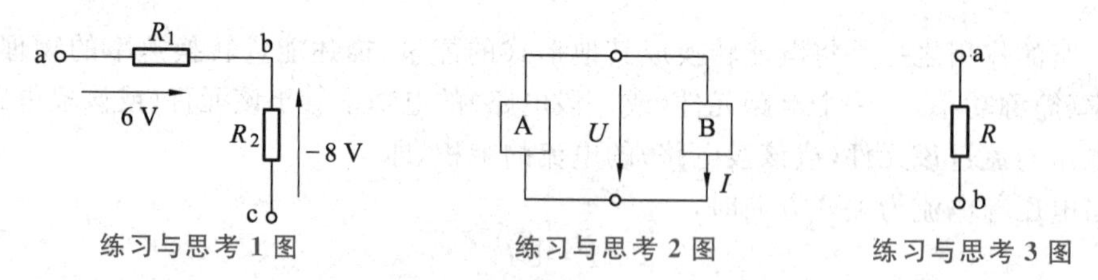

练习与思考 1 图　　练习与思考 2 图　　练习与思考 3 图

4. U_{ab}是否表示 a 端的电位高于 b 点电位？为什么？

5. 有一只 100 W/500 Ω 的电灯泡，在正常使用时，其电流及两端的电压各为多少？

6. 各元件的电压、电流如图所示。

(1) 求元件 A 吸收的功率；

(2) 求元件 B 发出的功率；

(3) 若元件 C 发出的功率为 10 W，求电流 I；

(4) 若元件 D 发出的功率为 −10 W，求电压 U。

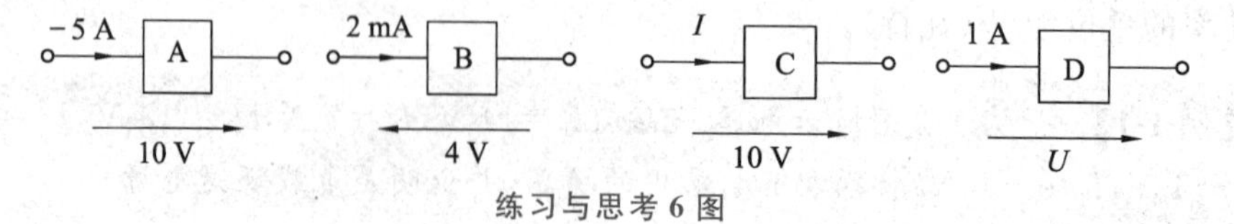

练习与思考 6 图

7. 图 a 是一电池电路，当 $U=6$ V，$E=10$ V 时，该电池是用作电源（供电）还是用作负载（充电）？图 b 也是一电池电路，当 $U=10$ V，$E=6$ V 时，则又如何？

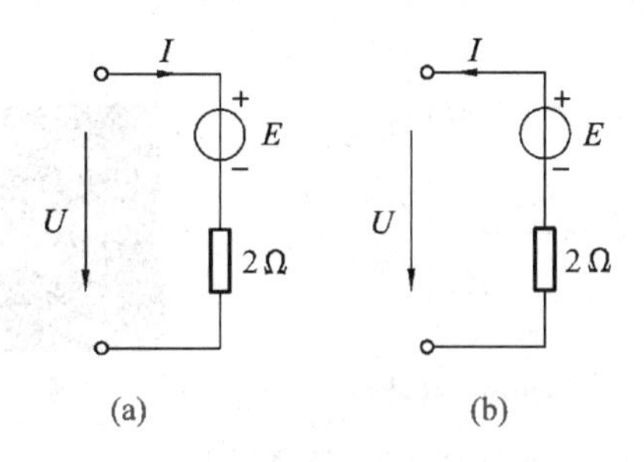

练习与思考 7 图

8. 一个电热器从 220 V 的电源上取用的功率是 1 000 W，如果将它接到 110 V 的电源上，则取用的功率 P 为多少？

1.3　电路的基本元件

实际电路都是由电磁性质较为复杂的元器件组成的，如电阻器、电容器、线圈、开关、发电机、变压器、电动机等，不便于用数学模型描述。在电路分析中通常抓住其主要性质，忽略其次要性质，将实际电路中的元器件的物理性质抽象化，用理想电路元件来模拟实际电路元件，所以由一些理想的电路元件所组成的电路，就是实际电路的电路模型。图 1-6 是 3 种理想电路元件模型的电路符号和文字符号。如果不作特殊说明，本书中的电路元件均是理想电路元件，所讨论的电路，均是电路模型。

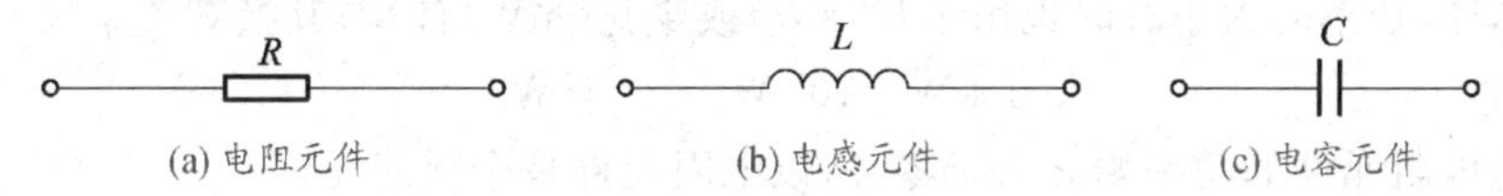

图 1-6　三种理想电路元件的电路模型

图 1-7a 是由干电池向灯泡供电的装置，它是一个实际电路，可以用图 1-7b 所示电路作为它的电路模型。在这个模型中，干电池是电源，可以用一个电动势 E 和电阻 R_0 的串联来表示，灯泡用电阻 R 表示。

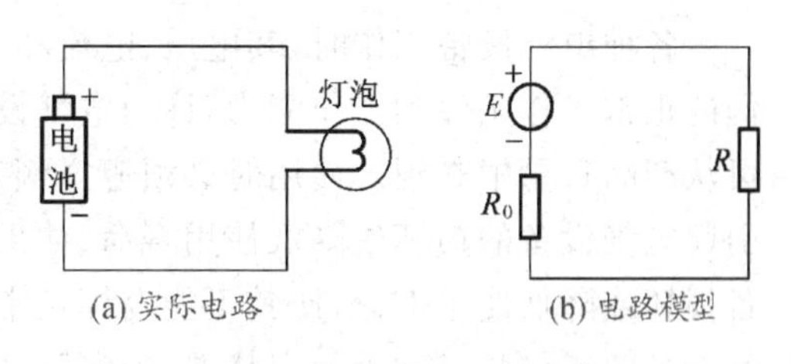

图 1-7　实际电路与电路模型

常用的电路元件分为无源元件和电源元件，其中无源元件包括电阻、电感和电容元件；电源元件包括电压源和电流源。

1.3.1　电阻元件

电阻有线性电阻和非线性电阻以及固定电阻和可调电阻之分。按制作的材料不同，又可分为碳膜电阻（RT 型）、金属膜电阻（RJ 型）、金属氧化膜电阻（RY 型）、金属玻璃釉电阻（RI 型）、线绕电阻（RX 型）等等，不同类型的电阻其特性不同，适用于不同场合(见图 1-8c)。电阻在电子设备中约占元件总数的 30%以上,其质量的好坏对电路工作的稳定性有极大影响。本节所讨论的是线性电阻,需要进一步了解的读者可查阅相关资料。

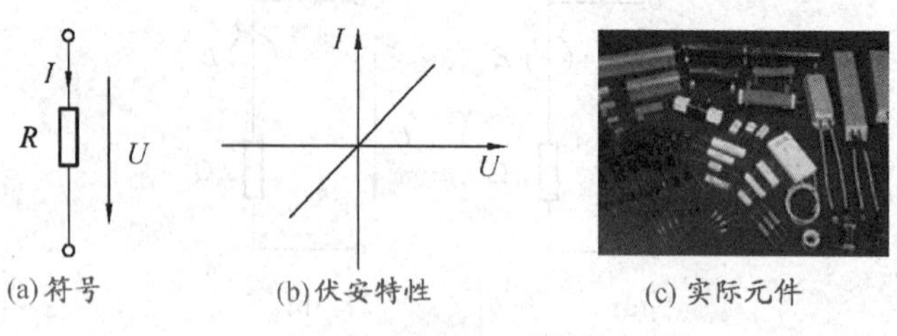

(a) 符号　(b) 伏安特性　(c) 实际元件

图 1-8　电阻元件

1. 伏安关系

线性电阻元件两端的电压 U 与通过它的电流 I 成正比。电阻元件的这种特性称为伏安特性(如图 1-8b 所示),即

$$U=IR$$

式中,U 为电压,单位为伏特(V);I 为电流,单位为安培(A);R 为电阻,单位为欧姆(Ω)。

有时电阻的大小还常用千欧姆(kΩ)或兆欧姆(MΩ)计量,其换算关系为

$$1\ \mathrm{M\Omega}=10^3\ \mathrm{k\Omega}=10^6\ \Omega$$

2. 功率关系

$$P=UI=I^2R=U^2/R$$

式中,U 为电压,单位为伏特(V);I 为电流,单位为安培(A);P 为功率,单位为瓦特(W)。同样,功率的大小有时也用千瓦(kW)或毫瓦(mW)计量,其换算关系为

$$1\ \mathrm{kW}=10^3\ \mathrm{W}=10^6\ \mathrm{mW}$$

因为电阻元件的功率始终大于零,所以电阻元件是个耗能元件。

3. 额定功率

各种电气设备工作时,其电压、电流和功率都有一定的限额,这些限额用来表示它们的正常工作条件和工作能力,称为电气设备的额定值。额定值通常在铭牌上标出,也可从产品目录中查到。使用时必须遵守额定值的限定。如果实际值超过额定值,将会引起电气设备的损坏或降低使用寿命;如果低于额定值,某些电气设备也会引起电气设备损坏或降低使用寿命,使其不能发挥正常的效能。通常当实际值都等于额定值时,电气设备的工作状态称为额定状态,当实际功率或电流大于额定值时称为过载,小于额定值时称为欠载。

例如,一个额定值为 220 V、60 W 的白炽灯泡,表明这个灯泡正常工作电压为 220 V,这时消耗的功率为 60 W。

而电阻的额定功率是指,一个电阻可以耗散的最大功率。但这个最大功率确定的前提条件是:(1) 规定的寿命;(2) 标准的环境温度;(3) 阻值长时期内的漂移。如果使用的环境温度高于标准环境温度,则允许的功率就应当降低;又若对阻值的长期漂移有严格的要求,则额定功率也应降低。通常,标准环境温度定为 70 ℃,当使用环境温度高于 70 ℃时,额定功率将下降。

因此，在选择电阻时，通常需要考虑电阻的标称值、容差和额定功率这三个参数。

4. 电阻的连接

(1) 电阻的串联

如果电路中有两个或两个以上的电阻顺序连接，而且这些电阻中流过的是同一个电流，这样的连接方法称为电阻的串联。图 1-9a 就是两个电阻串联连接的电路，其等效电阻如图 1-9b 所示。

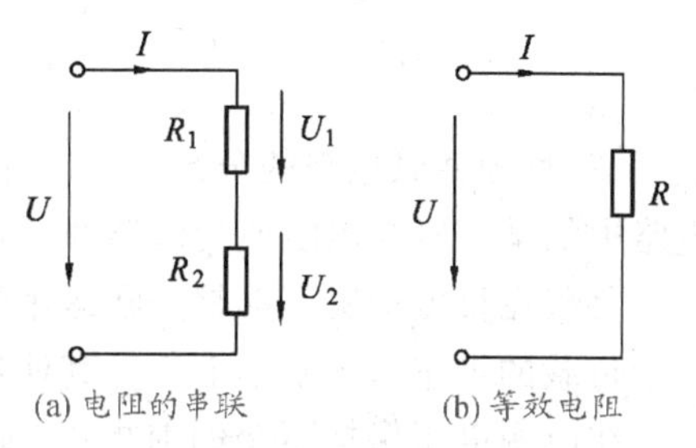

图 1-9　电阻的串联电路

由于 R_1、R_2 流过同一个电流，所以电路的等效电阻等于各个串联电阻之和，即

$$R=R_1+R_2$$

各个电阻的电压分别为

$$\begin{cases} U_1=R_1 I=\dfrac{R_1}{R_1+R_2}U \\ U_2=R_2 I=\dfrac{R_2}{R_1+R_2}U \end{cases} \tag{1-1}$$

式(1-1)为两串联电阻的分压公式。由式(1-1)可知，串联电阻上电压的分配与电阻的阻值成正比。电阻串联应用的例子很多。例如在负载的额定电压低于电源电压的情况下，可以与负载串联一个电阻，在电阻上分担一部分电压；为了限制负载中流过太大的电流，也可以与负载串联一个限流电阻；有时为了调节电路中的电流，可在电路中串联一个变阻器进行调节。

(2) 电阻的并联

如果电路中有两个或两个以上的电阻连接在两个公共结点之间，这样的连接方法称为电阻的并联。电阻并联时，各个电阻上承受的是同一个电压。图 1-10a 就是两个电阻并联的电路。

两个并联电阻可用一个等效电阻 R 来代替，如图 1-10b 所示。等效电阻的倒数等于各个并联电阻的倒数之和，即

$$\frac{1}{R}=\frac{1}{R_1}+\frac{1}{R_2}$$

上式也可写成

$$G=G_1+G_2$$

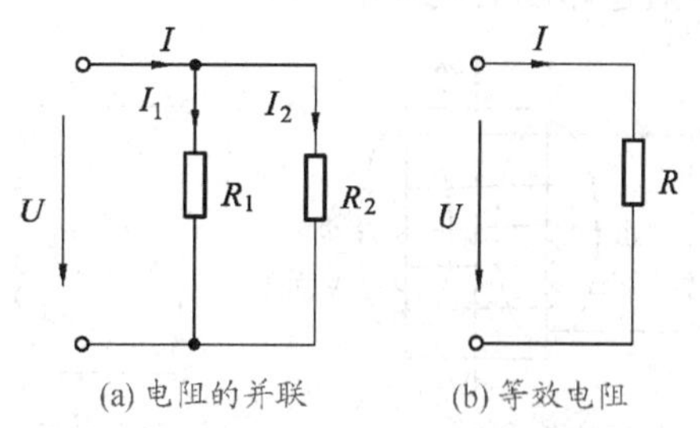

图 1-10　电阻的并联电路

式中，G 称为电导，是电阻的倒数，即

$$G=\frac{1}{R} \qquad G_1=\frac{1}{R_1} \qquad G_2=\frac{1}{R_2}$$

在国际单位制中，电导的单位是西门子(S)。并联电阻用电导来表示，在计算分析多支路并联电路时会简便一些。

两电阻并联电路中，流过电阻 R_1、R_2 的电流分别为

$$\begin{cases} I_1 = \dfrac{U}{R_1} = \dfrac{R_2}{R_1+R_2} I \\ I_2 = \dfrac{U}{R_2} = \dfrac{R_1}{R_1+R_2} I \end{cases} \tag{1-2}$$

式(1-2)称为并联电阻的分流公式。并联电阻上电流的分配与电阻值成反比。有时将电路中的某一段与电阻或变阻器并联，以起到分流或调节电流的目的。

负载在很多情况下都是并联运用的。这是因为并联负载处在同一个电压下，任何一个负载的工作情况基本上不受其他负载的影响。

在电源电压保持不变的前提下，并联的负载（电阻）越多（负载增加），则总电阻越小，电路中总电流和总功率越大，但是每个负载的电流和功率却不会变化。

【例 1-2】 电路如例 1-2 图所示，已知 $U=18$ V，R 两端的电压为 12 V，求电阻 R 的值。

解　如图所示，设流过电阻 R 的电流为 I，则有

$$U = 12 + I\,\frac{3\times 6}{3+6}$$

$$I = 3\ \text{A}$$

所以

$$R = \frac{12}{3}\ \Omega = 4\ \Omega$$

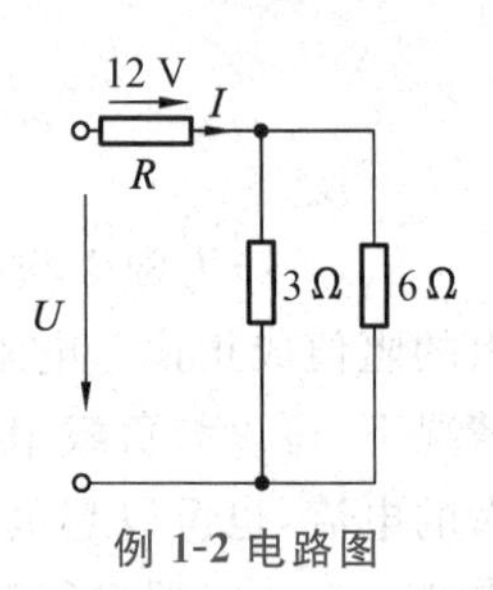

例 1-2 电路图

1.3.2 电感元件

电感元件的实际器件是线圈，如图 1-11a 所示，其文字符号用 L 来表示，图形符号如图 1-11b 所示。实际元件如图 1-11d 所示。一般电感是在磁性材料上绕线而成，也有通过印刷集成的电感。

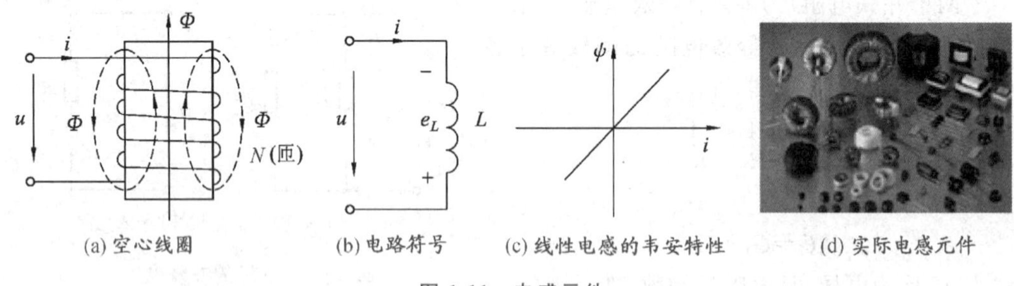

(a) 空心线圈　(b) 电路符号　(c) 线性电感的韦安特性　(d) 实际电感元件

图 1-11　电感元件

通常空心线圈用线性电感来表征，铁芯线圈用非线性电感来表征。本节只讨论线性电感。

1. 伏安关系

当空心线圈中流过电流 i 时，线圈中会产生磁场。设线圈的匝数为 N，每匝线圈的磁通为 Φ，则与 N 匝线圈相交链的磁通总和为

$$\psi = N\Phi$$

ψ 称为磁链。磁通 Φ 的参考方向与电流 i 的参考方向之间符合右手螺旋定则。

电感 L 定义为

$$L=\psi/i$$

L 又称为电感系数或自感系数。当 ψ 的单位是韦伯(Wb)，i 的单位是安培(A)时，电感 L 的单位是亨利(H)，有时也用毫亨(mH)，换算公式是

$$1\ \mathrm{H}=10^3\ \mathrm{mH}$$

线性电感的韦安特性如图 1-11c 所示。当流过线圈的电流发生变化时，磁通也要发生变化，线圈中就会产生感应电动势 e_L，而且感应电动势 e_L 总是随电流 i 变化。感应电动势 e_L 和磁通 Φ 的参考方向之间符合右手螺旋定则，且

$$e_L=-\mathrm{d}\psi/\mathrm{d}t$$

由上式可见，当电流 i 增大时，磁链 ψ 也增大，ψ 的变化速率 $\mathrm{d}\psi/\mathrm{d}t$ 为正，e_L 为负，e_L 与 i 方向相反，阻碍电流增大；当电流 i 减小时，磁链 ψ 也减小，ψ 的变化速率 $\mathrm{d}\psi/\mathrm{d}t$ 为负，e_L 为正，e_L 与 i 方向相同，阻碍电流减小，即自感电动势具有阻碍电流变化的性质。

由图 1-11b 设定的参考方向，则

$$u=-e_L=\frac{\mathrm{d}\psi}{\mathrm{d}t}=L\frac{\mathrm{d}i}{\mathrm{d}t} \tag{1-3}$$

这说明线性电感两端的电压与通过电感的电流的变化率成正比。只有通过电感的电流发生变化时，电感元件两端才有电压，因此电感元件是一种动态元件。

在直流电路中，当电路处于稳定状态时，由于电路中的电流为一常数，故 $\frac{\mathrm{d}i}{\mathrm{d}t}=0$，所以线圈两端电压为零，此时将线圈看成短路。

2. 能量关系

对式(1-3)两边积分，则

$$i=\frac{1}{L}\int_{-\infty}^{t}u\mathrm{d}t=\frac{1}{L}\int_{-\infty}^{0}u\mathrm{d}t+\frac{1}{L}\int_{0}^{t}u\mathrm{d}t=i(0)+\frac{1}{L}\int_{0}^{t}u\mathrm{d}t$$

式中，$i(0)$是初始值，即在 $t=0$ 时电感元件中通过的电流，这说明电感元件具有记忆功能。

若 $i(0)=0$，则

$$i=\frac{1}{L}\int_{0}^{t}u\mathrm{d}t$$

此时电感线圈所储存的能量为

$$W_L=\int_{0}^{t}ui\,\mathrm{d}t=\int_{0}^{i(t)}Li\,\mathrm{d}i=\frac{1}{2}Li^2$$

这说明，电感元件是一种储能元件。当电感元件中的电流增大时，磁场能量增大，在此过程中电能转换为磁能，即电感元件从电源吸取能量，上式中的 $\frac{1}{2}Li^2$ 就是磁场能量；当电流减小时，磁场能量减小，磁场能转换为电能，即电感元件向电源发送能量。

3. 电感的连接

(1) 电感的串联

电感元件是按一定规格生产的，有时需要把电感元件串联或并联起来使用。电感

元件的串联电路如图 1-12a 所示。

由式(1-3)知

$$u=u_1+u_2=L_1\frac{\mathrm{d}i}{\mathrm{d}t}+L_2\frac{\mathrm{d}i}{\mathrm{d}t}=(L_1+L_2)\frac{\mathrm{d}i}{\mathrm{d}t}=L\frac{\mathrm{d}i}{\mathrm{d}t}$$

所以没有互感存在的电感线圈串联时,其等效电感 L 为

$$L=L_1+L_2$$

(2) 电感的并联

无互感存在的电感元件并联电路如图1-13a 所示。

图 1-13a 电路中的电流

$$i=i_1+i_2=\frac{1}{L_1}\int u\mathrm{d}t+\frac{1}{L_2}\int u\mathrm{d}t$$

$$=\left(\frac{1}{L_1}+\frac{1}{L_2}\right)\int u\mathrm{d}t=\frac{1}{L}\int u\mathrm{d}t$$

所以等效电感 L 的计算公式为

$$\frac{1}{L}=\frac{1}{L_1}+\frac{1}{L_2}$$

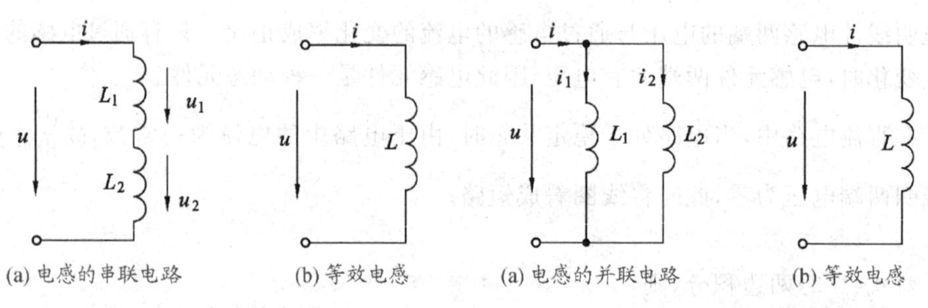

(a) 电感的串联电路　(b) 等效电感

图 1-12　电感的串联

(a) 电感的并联电路　(b) 等效电感

图 1-13　电感的并联

1.3.3 电容元件

图 1-14a 是一电容器,文字符号用 C 表示,图形符号如图 1-14b 所示,实际电容器如图 1-14c 所示。按介质不同可以分成纸介电容、油浸纸介电容、金属化纸介电容、云母电容、薄膜电容、陶瓷电容、电解电容等。电解电容具有正负极性,容量较大。各种不同的电容,用于不同的场合,使用时需要正确选择。当在它的两端加上电压 u 时,它的两个金属极板上会聚集起等量异号的电荷。电压 u 越高,聚集的电荷 Q 越多,产生的电场就越强,存储的电场能量越多。电荷 Q 与电压 u 的比值定义为电容器的电容量,即

$$C=\frac{Q}{u}$$

式中,Q 的单位为库仑(C),u 的单位为伏特(V),则电容 C 的单位为法拉(F)。

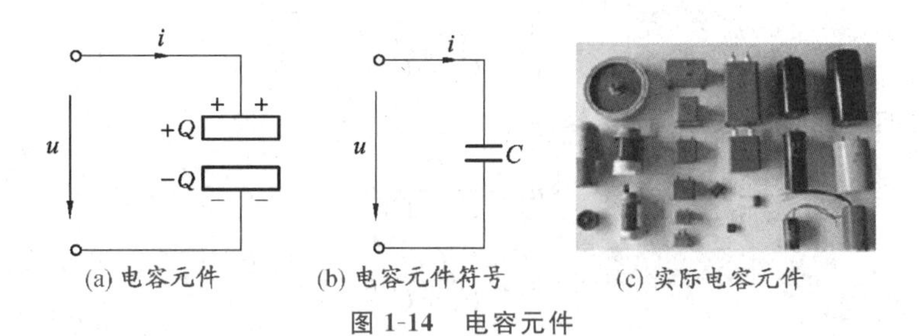

(a) 电容元件 (b) 电容元件符号 (c) 实际电容元件

图 1-14 电容元件

一般法拉太大，在工程中常用微法（μF）或皮法（pF）来表示，换算关系为

$$1\text{F}=10^6\,\mu\text{F}=10^{12}\,\text{pF}$$

1. 伏安关系

根据电流的定义，有

$$i=\frac{\mathrm{d}Q}{\mathrm{d}t}=C\,\frac{\mathrm{d}u}{\mathrm{d}t} \tag{1-4}$$

这说明通过线性电容的电流与其两端电压的变化率成正比。只有当电容器两端电压发生变化时，才有电流通过电容，因此电容也是一种动态元件。

在直流电路中，当电路处于稳定状态时，由于电容两端的电压为一常数，则$\frac{\mathrm{d}u}{\mathrm{d}t}=0$，通过电容的电流为零，故将电容看成断路。

2. 能量关系

对式(1-4)两边积分，得

$$u=\frac{1}{C}\int_{-\infty}^{t}i\mathrm{d}t=\frac{1}{C}\int_{-\infty}^{0}i\mathrm{d}t+\frac{1}{C}\int_{0}^{t}i\mathrm{d}t=u(0)+\frac{1}{C}\int_{0}^{t}i\mathrm{d}t \tag{1-5}$$

式(1-5)中 $u(0)$是初始值，即在 $t=0$ 时电容元件中两端的电压，这说明电容元件具有记忆功能。此时电容器所储存的能量为

$$W_{\mathrm{C}}=\int_{0}^{t}ui\,\mathrm{d}t=\int_{0}^{u(t)}Cu\,\mathrm{d}u=\frac{1}{2}Cu^2$$

这说明电容元件是一种储能元件。当电容两端的电压升高时，电场能量增大，在此过程中电能转换为电场能，即电容元件从电源吸取能量，$\frac{1}{2}Cu^2$ 就是电场能量；当电压降低时，电场能量减小，电场能转换为电能，即电容元件向电源发送能量。

3. 电容的连接

(1) 电容的串联

与电感元件一样，电容元件也同样存在串联和并联的使用。电容元件的串联电路如图 1-15a 所示。

由图 1-15a 可知，

$$u=u_1+u_2=\frac{1}{C_1}\int i\mathrm{d}t+\frac{1}{C_2}\int i\mathrm{d}t$$

$$=\left(\frac{1}{C_1}+\frac{1}{C_2}\right)\int i\mathrm{d}t=\frac{1}{C}\int i\mathrm{d}t$$

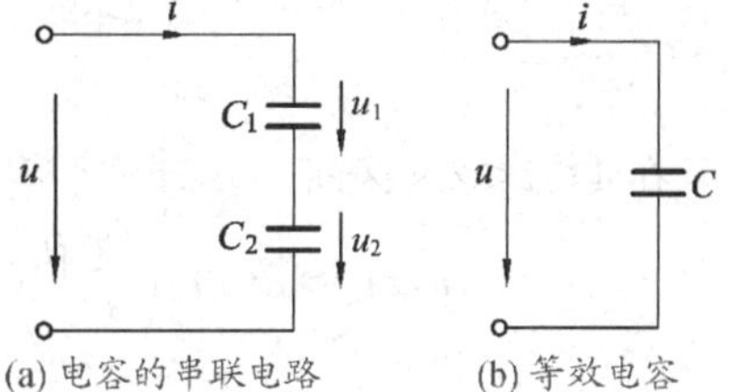

(a) 电容的串联电路 (b) 等效电容

图 1-15 电容的串联

故串联电容的等效电容 C 的计算公式为

$$\frac{1}{C}=\frac{1}{C_1}+\frac{1}{C_2}$$

而各电容上的电压分配关系为

$$\begin{cases} u_1=\dfrac{C_2}{C_1+C_2}u \\ u_2=\dfrac{C_1}{C_1+C_2}u \end{cases}$$

（2）电容的并联

当电容元件并联时（如图 1-16a 所示），由于电路中的电流

$$i=i_1+i_2=C_1\frac{\mathrm{d}u}{\mathrm{d}t}+C_2\frac{\mathrm{d}u}{\mathrm{d}t}$$

$$=(C_1+C_2)\frac{\mathrm{d}u}{\mathrm{d}t}=C\frac{\mathrm{d}u}{\mathrm{d}t}$$

故并联电容的等效电容 C 的计算公式为

$$C=C_1+C_2$$

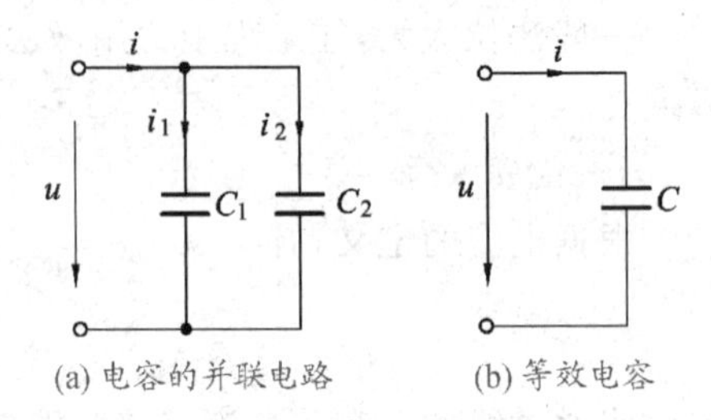

(a) 电容的并联电路　　(b) 等效电容

图 1-16　电容的并联

【例 1-3】 如例 1-3 图所示，$C=0.5$ F，其电流

$$i(t)=\begin{cases} 0, & -\infty<t<0 \\ 2\ \text{A}, & 0\leqslant t<1\text{s} \\ -2\ \text{A}, & 1\leqslant t<2\text{s} \\ 0, & t\geqslant 2\text{s} \end{cases}$$

求电容电压 $u(t)$、功率 $p(t)$ 和储能 $W(t)$ 的表达式和波形。

解　由例 1-3 图可知，电压与电流为关联参考方向，由 $t<0$ 的电流 i 恒为零，根据式(1-5)，在 $-\infty<t<0$ 区间 $u(t)=0$，显然 $u(0)=0$。

在 $0\leqslant t<1$ s 区间

$$u(t)=u(0)+\frac{1}{C}\int_0^t 2\mathrm{d}t=4t$$

$$u(1)=4\ \text{V}$$

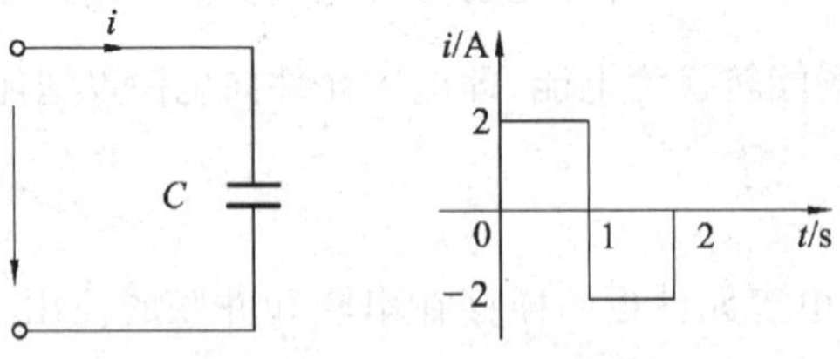

(a) 电路图　　(b) 电流波形图

例 1-3 图

在 $1\leqslant t<2$ s 区间，

$$u(t)=u(1)+\frac{1}{C}\int_1^t(-2)\mathrm{d}t=4-4(t-1)=4(2-t)$$

$$u(2)=0$$

在 $t\geqslant 2$ s 区间，

$$u(t)=u(2)+\frac{1}{C}\int_{2}^{t}0\mathrm{d}t=0$$

即

$$u(t)=\begin{cases}0, & -\infty<t<0\\ 4t\ \mathrm{V}, & 0\leqslant t<1\ \mathrm{s}\\ 4(2-t)\ \mathrm{V}, & 1\leqslant t<2\ \mathrm{s}\\ 0, & t\geqslant 2\ \mathrm{s}\end{cases}$$

其电压波形如下图 a 所示。

根据 $p=ui=Cu\dfrac{\mathrm{d}u}{\mathrm{d}t}$,电容的瞬时功率为

$$p(t)=\begin{cases}8t\ \mathrm{W}, & 0\leqslant t<1\ \mathrm{s}\\ -8(2-t)\ \mathrm{W}, & 1\leqslant t<2\ \mathrm{s}\\ 0, & \text{其他}\end{cases}$$

其功率波形如下图 b 中虚线所示。

电容的能量为

$$W(t)=\begin{cases}4t^2\ \mathrm{J}, & 0\leqslant t<1\ \mathrm{s}\\ 4(2-t)^2\ \mathrm{J}, & 1\leqslant t<2\ \mathrm{s}\\ 0, & \text{其他}\end{cases}$$

其能量波形如下图 b 中实线所示。

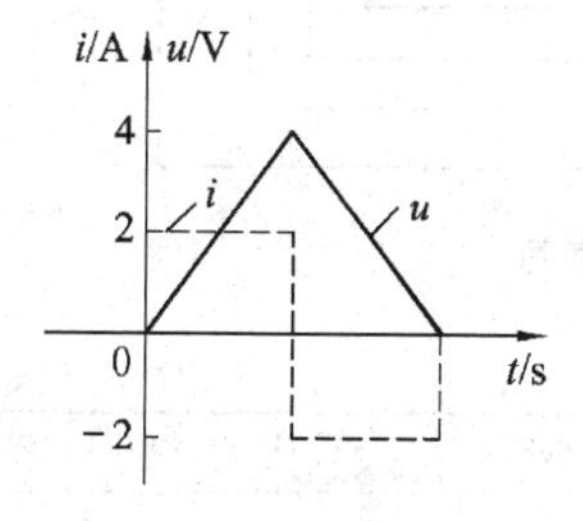

(a) 电压波形图

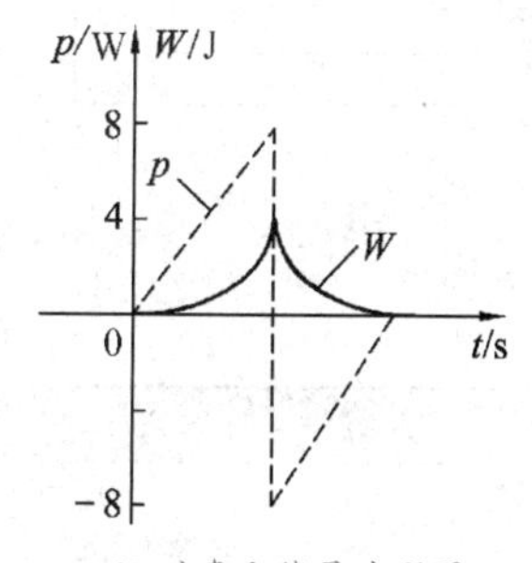

(b) 功率和能量波形图

例 1-3 题解的波形图

表 1-1 列出了电阻、电感和电容元件的特征,便于读者对照、理解和记忆,其前提是假设 u 和 i 为关联参考方向,并且这些元件均为线性元件。

表 1-1 电阻元件、电感元件和电容元件的特征

特征	电阻元件	电感元件	电容元件
伏安关系	$u=Ri$	$u=L\dfrac{\mathrm{d}i}{\mathrm{d}t}$	$i=C\dfrac{\mathrm{d}u}{\mathrm{d}t}$
参数意义	$R=\dfrac{u}{i}$	$L=\dfrac{N\Phi}{i}$	$C=\dfrac{Q}{u}$
能量	$\int_0^t Ri^2\mathrm{d}t$(消耗)	$\frac{1}{2}Li^2$(储存)	$\frac{1}{2}Cu^2$(储存)

1.3.4 电阻的标称值与容差

电阻元件上所标示的电阻的大小,称为电阻的标称值。作为商品的电阻元件不可

能为每一个阻值提供对应的电阻产品，只能提供有限的品种，而且批量生产也不可能没有误差，为此，规定了元件的容差。电阻的容差表示电阻实际值与其标称值的最大偏差。国家标准规定了电阻两个系列，E-24 和 E-96 系列，前者容差为±5%，后者容差为±10%，额定功率有 1/20 W、1/16 W、1/8 W、1/10 W、1/4 W、1/2 W、1 W。

电阻的标称值有 3 种表示方法：直标法、数标法和色码表示法。体积较大的电阻一般用直标法，直接在电阻上标出标称值和容差，单位为 Ω，容差为±20%时省略，k 表示 kΩ，M 表示 MΩ。如 10 k 表示 10 kΩ。贴片电阻一般用数标法，3 位数标容差为±5%，前两位代表数值，后一位表示乘 10 的幂次。如 272 表示 2.7 kΩ。4 位数标容差为±1%，前三位代表数值，后一位表示乘 10 的幂次。如 3323 表示 332 kΩ。色码表示法，对于电阻比较小时，焊接在电路板上时容易辨认。有四色环和五色环表示法，如图 1-17 所示。表 1-2 是电子工业的标准色码。高精度的 T 环色码如表 1-3所示。此外，还有六色环表示法，在五色环的基础上加上一个色环表示温度系数。如 4.7 kΩ，±5%的电阻，可用黄、紫、红、金 4 个色环表示。

电感和电容的标称值与容差，读者可查找相关资料。

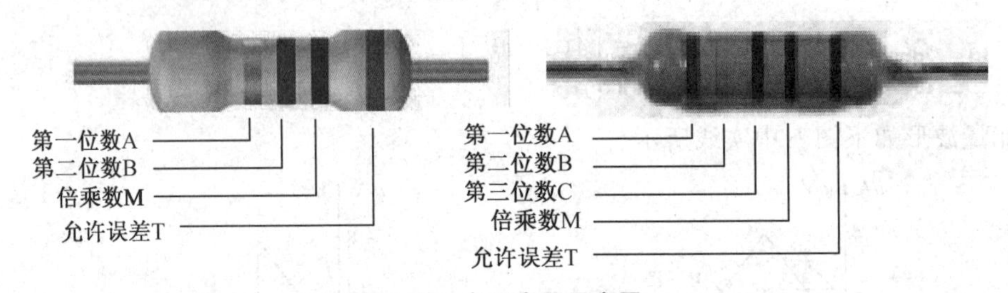

图 1-17 色环电阻示意图

表 1-2 标准色码

颜色	A、B、C	M	T
黑	0	1	—
棕	1	10	±1%
红	2	100	±2%
橙	3	1 000	±3%
黄	4	10 000	±4%
绿	5	100 000	±5%
蓝	6	1 000 000	—
紫	7	10 000 000	—
灰	8	—	—
金	—	0.1	±5%
银	—	0.01	±10%
无色	—	—	±20%

表 1-3 高精度环色码

棕	红	橙	黄
±1%	±0.1%	±0.01%	±0.001

1.3.5 理想电压源

理想电压源是指向外电路提供恒定电压的电源，用电动势 E 表示，其电路符号和外特性如图 1-18 所示。负载电阻 R_L 的端电压 U 恒等于电压源的电动势 E，电路中电流 I 由负载电阻 R_L 和端电压 U 决定。由此可见：理想电压源的端电压与外电路无关，而其输出电流的大小取决于外电路。

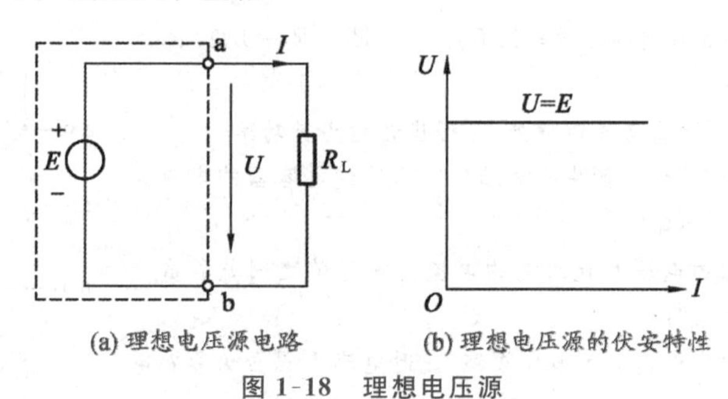

(a) 理想电压源电路　(b) 理想电压源的伏安特性

图 1-18　理想电压源

1.3.6 理想电流源

理想电流源是指向外电路提供恒定电流的电源，它用电激流 I_s 表示，其电路符号和外特性如图 1-19 所示。流过负载电阻 R_L 的电流 I 恒等于电流源的电激流 I_s，负载电阻 R_L 的端电压 U 则由负载电阻 R_L 和电流 I 决定。由此可见：理想电流源的输出电流与外电路无关，始终保持恒定，而其端电压的大小取决于外电路。

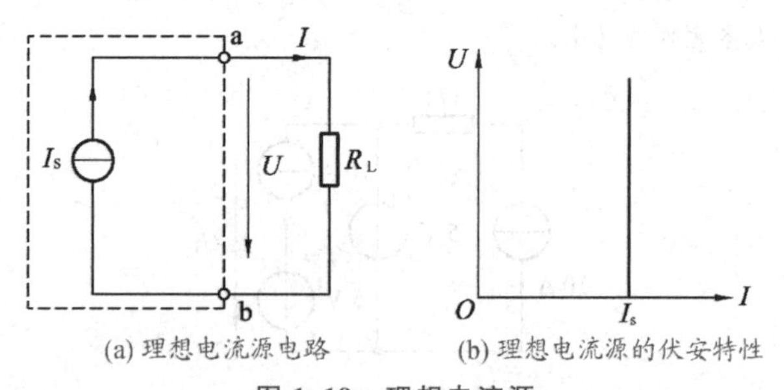

(a) 理想电流源电路　(b) 理想电流源的伏安特性

图 1-19　理想电流源

【例 1-4】 例 1-4 图示电路中，已知 $I_s=0.5\ \text{A}$，$R=10\ \Omega$，$U_s=10\ \text{V}$。求电压源和电流源的功率。

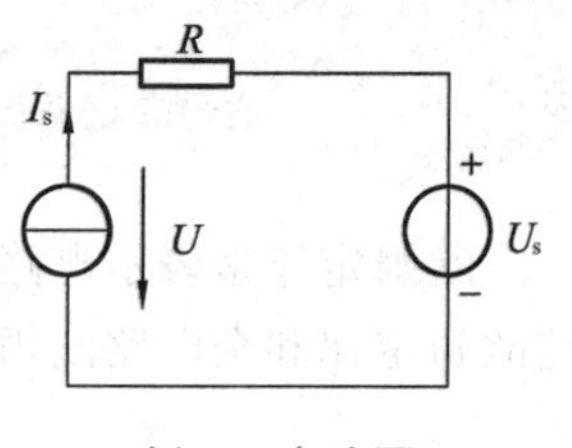

例 1-4 电路图

解　由图可知，电压源的电压与电流为关联方向，则

$$P_{U_s}=U_sI_s=10\times0.5\ \text{W}=5\ \text{W}$$

由于电压源的功率大于零，所以电压源吸收功率。

电流源的端电压

$$U=RI_s+U_s=10\times0.5+10=15\ \text{V}$$

而电流源的电流与其端电压 U 为非关联方向，则

$$P_{I_s}=-UI_s=-15\times0.5=-7.5\ \text{W}$$

由于电流源的功率小于零，故电流源发出功率。

上述计算结果表明：在电路中，电源并非一定是发出功率，有时也可能是吸收功率。

练习与思考

1. 试计算图示电路中 a、b 间的等效电阻 R_{ab}，其中 $R_1=R_2=1\ \Omega$，$R_3=R_4=2\ \Omega$，$R_5=4\ \Omega$。

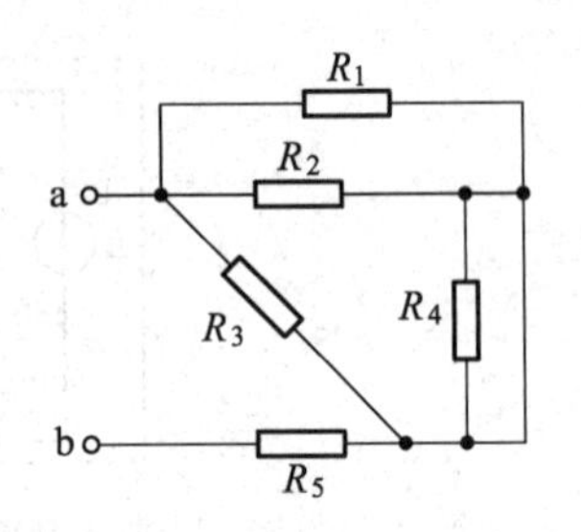

练习与思考 1 图

2. 工程上选用电阻时，除需考虑阻值外，是否应该考虑其功率？
3. 当线圈两端电压为零时，线圈中有无储能？当通过电容器的电流为零时，电容器中有无储能？
4. 电容（或电感）两端的电压和通过它的电流的瞬时值之间是否成比例？应该是什么关系？
5. 电感元件中通过恒定电流时可看作短路，此时电感 L 是否为零？电容元件两端加恒定电压时可看作开路，此时电容 C 是否为无穷大？
6. 在图示的 4 个电路中，请分别确定电路中的电压电流关系。

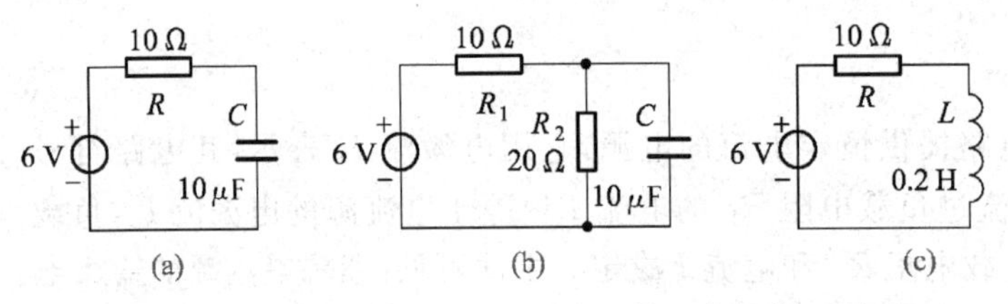

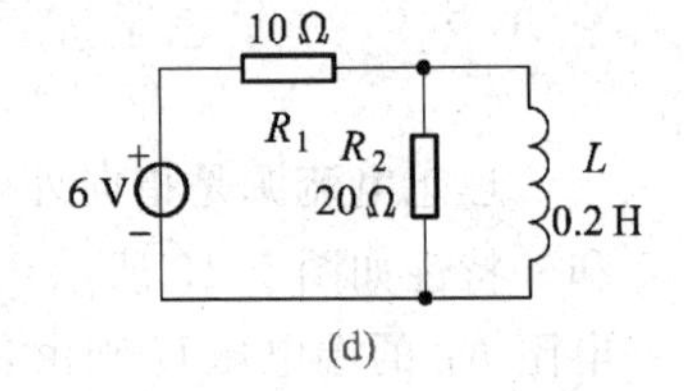

练习与思考 6 图

7. 求图示电路的 U_1 及各元件的功率。

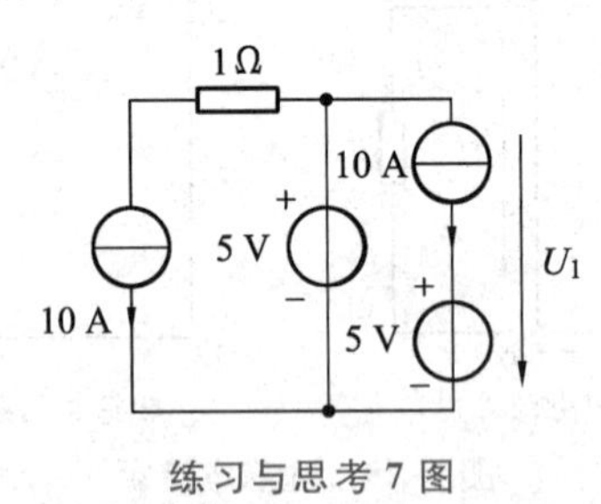

练习与思考 7 图

1.4 电路的基本定律

1.4.1 欧姆定律

欧姆定律是表示电路中电压、电流和电阻三者之间关系的基本定律。包括部分电路欧姆定律和全电路欧姆定律。

1. 部分电路欧姆定律

如图 1-20 所示，通过电阻的电流与电阻两端的电压成正比，与电阻成反比，这就是部分电路欧姆定律，其表达式为

$$I=\frac{U}{R}$$

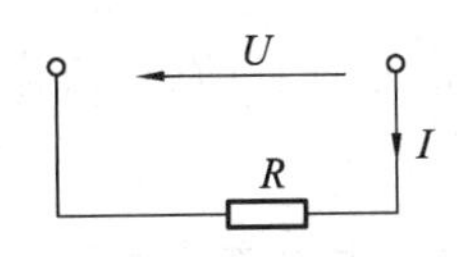

图 1-20　部分电路欧姆定律示意图

2. 全电路欧姆定律

如图 1-21 所示，在闭合电路中(包括电源)，电流与电源的电动势成正比，与电路中负载电阻及电源内阻之和成反比。这就是全电路欧姆定律，其表达式为

$$I=\frac{E}{R_{0u}+R}$$

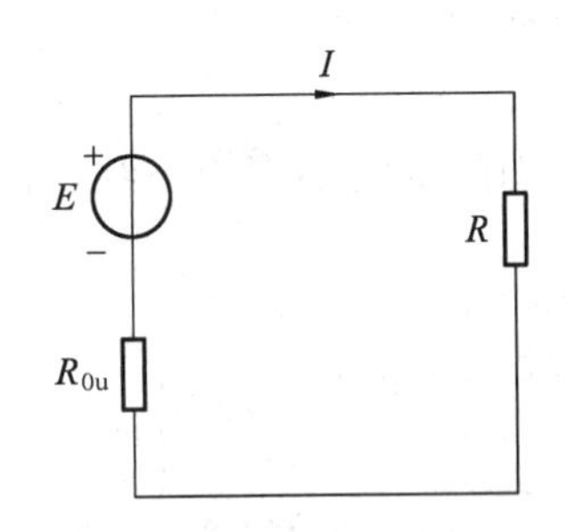

图 1-21　全电路欧姆定律示意图

1.4.2　基尔霍夫定律

基尔霍夫定律是电路分析和计算的基本定律。它包括两个方面的内容：应用于结点的基尔霍夫电流定律(KCL)和应用于回路的基尔霍夫电压定律(KVL)。

1. 基尔霍夫电流定律(KCL)

电路中 3 个或 3 个以上的电路元件的连接点称为结点。例如，图 1-22 中有 a 和 b 两个结点。具有结点的电路称为分支电路，不具有结点的电路称为无分支电路。

两个结点之间的每一条分支电路称为支路，一条支路中通过的电流是同一电流。在图 1-22 中有 acb、ab 和 adb 三条支路。

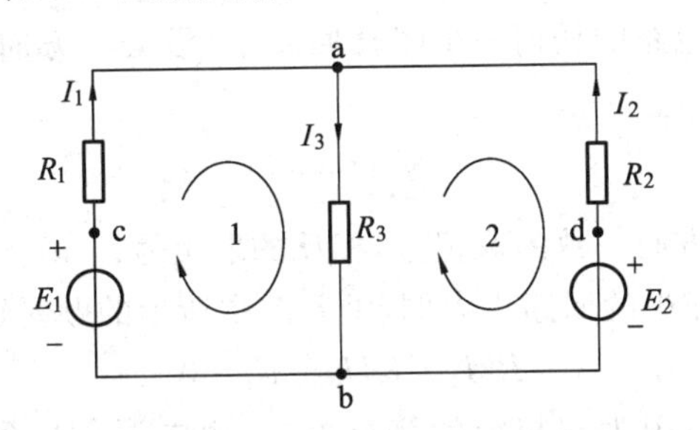

图 1-22　结点与分支电路

根据电流连续性原理，电路中任何一点(包括结点)均不能堆积电荷。因此，在任一时刻，流入任一结点的电流之和应该等于流出该结点的电流之和，即

$$\sum I_{\mathrm{i}} = \sum I_{\mathrm{o}}$$

对于图 1-22 所示电路中的结点 a，则有

$$I_1+I_2=I_3$$

这就是基尔霍夫电流定律，它是说明电路中任何一个结点上各条支路电流之间相互约束关系的基本定律。

通常流入结点的电流取正号，流出结点的电流取负号，那么结点 a 的电流代数和为

$$I_1+I_2-I_3=0$$

这就是说，在任一瞬时，流进或流出一个结点的电流的代数和等于零，即

$$\sum I=0$$

基尔霍夫电流定律不仅适用于电路中任一结点，而且也可以推广应用于电路中任何一个假定的闭合区。例如在图 1-23 所示的晶体三极管中，对虚线所示的闭合区来说，有

$$I_C+I_B-I_E=0$$

由于闭合区具有与结点相同的性质，因此称之为广义结点。同样对图 1-24 有

$$I=3+2+2-8=-1\ \text{A}$$

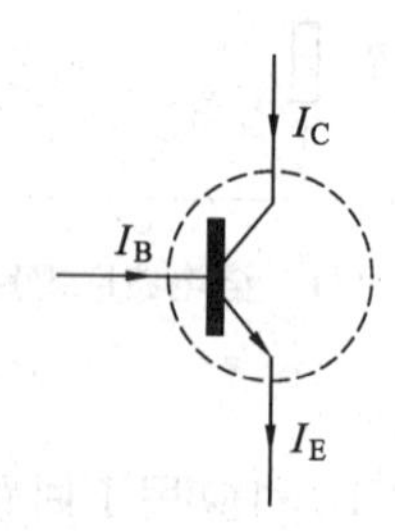

图 1-23　广义结点

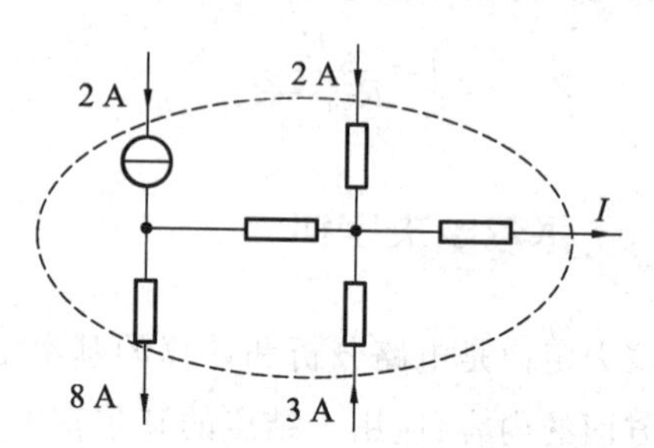

图 1-24　广义结点的 KCL 推广应用

2. 基尔霍夫电压定律(KVL)

由电路元件组成的闭合路径称为回路。在图 1-22 所示电路中共有三个回路，分别为：adbca、adba、abca。回路未被其他支路分割的单孔回路称为网孔。在图 1-22 中有两个网孔，分别为：adba、abca。

基尔霍夫电压定律是说明电路任何一个回路中各部分电压之间约束关系的基本定律。其内容表述为：在电路的任何一个闭合回路中，沿某一方向绕行，同一瞬间各电压的代数和恒等于零，即

$$\sum U=0$$

规定：电压方向与绕行方向一致的取正号，相反的取负号。

以图 1-22 所示电路中的回路 1 为例，沿着图中所示的顺时针绕行方向，有

$$R_1I_1+R_3I_3-E_1=0$$

式中，E_1 前面取负号，是因为按规定的绕行方向，由电源负极到正极，属于电位升；而 R_1I_1 和 R_3I_3 前面取正号，是因为它们的参考方向与绕行方向相同，所以是电位降。当然需要注意的是：电源 E_1 和 R_1I_1、R_3I_3 本身还有数值的正负问题。

上式还可以写成

$$R_1I_1+R_3I_3=E_1$$

这时基尔霍夫电压定律可以表述为：回路中各电阻元件电压的代数和等于各电动势的代数和，其一般表达式为

$$\sum RI=\sum E$$

此时，规定电流及电动势的方向与回路绕行方向一致的取正号，相反的取负号。

基尔霍夫电压定律不仅适用于电路中任一闭合的回路，而且还可以推广应用于非

闭合(开口)回路的情况。如图 1-25 所示,只要将 ab 两点间的电压作为开口部分的电压降考虑进去,按照图中选取的绕行方向,则有

$$U_{ab}-E-U=0$$

或

$$U_{ab}-U=E$$

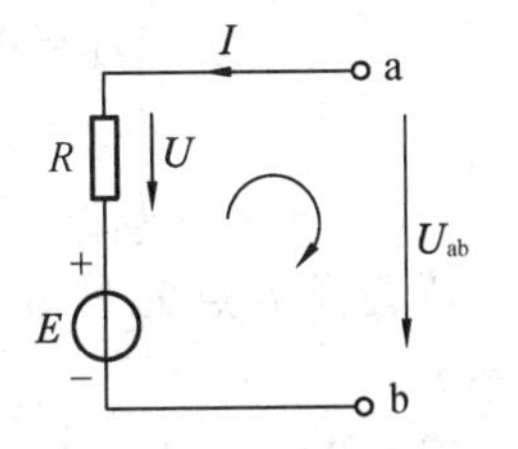

图 1-25　KVL 的推广应用

从上面可知,基尔霍夫电流定律和基尔霍夫电压定律只是反映了电路中结点、回路中的电流、电压间的约束关系,只与电路结构有关,与电路元件的性质无关,不管是线性元件还是非线性元件都成立。

练习与思考

1. 在图示电路中,已知 $I_1=4$ A,$I_2=-2$ A,$I_3=1$ A,$I_4=-3$ A,则 $I_5=$(　　)。
2. 在图示电路中,已知 $I_a=1$ mA,$I_b=10$ mA,$I_c=2$ mA,求电流 I_d。
3. 试利用基尔霍夫电流定律(KCL)和基尔霍夫电压定律(KVL),求图示电路中的电压 U。

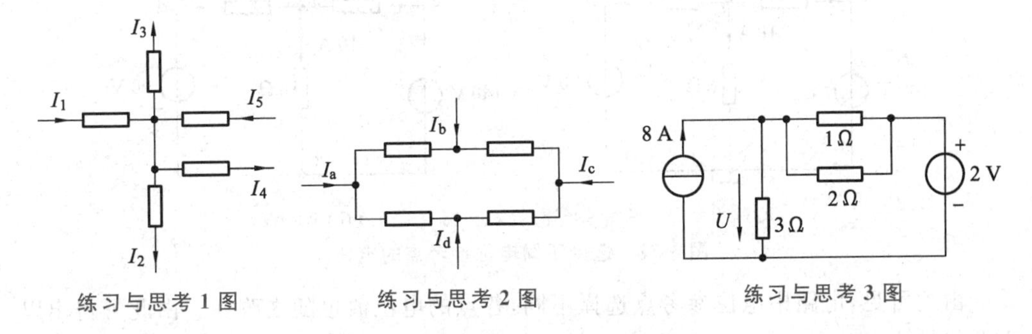

练习与思考 1 图　　练习与思考 2 图　　练习与思考 3 图

1.5　电路中的电位及其计算

电压是电路中两点之间的电位之差,它表明哪一点的电位高,哪一点的电位低,以及两点之间的电位相差多少。至于电路中某一点的电位究竟是多少,这是本节所要讨论的。

要讨论电路中某一点的电位,必须在电路中选定一点作为电位参考点。只有选定了电位参考点以后,再讨论电路中某点的电位才有意义。参考点的电位称为参考电位,一般为了讨论问题的方便起见,通常选择参考点的电位为零,而其他各点的电位都与这一点进行比较,比它高的电位为正,比它低的电位为负。实际上,电路中某一点的电位就等于该点与电位参考点之间的电压。电位参考点在电路图中用"接地"符号"⊥"表示,这里接地符号并不是真正与大地连接。在电力系统中通常选择大地作为参考点;在电子电路中,经常以电路公共线或电子设备的外壳作为参考点。下面以图 1-26 所示电路为例来讨论该电路中各点电位的计算问题。

在图 1-26 中,$U_{ab}=6\times10=60$ V

$$U_{ca}=4\times20=80\ \text{V}$$

$U_{da}=6\times5=30$ V

$U_{cb}=140$ V

$U_{db}=90$ V

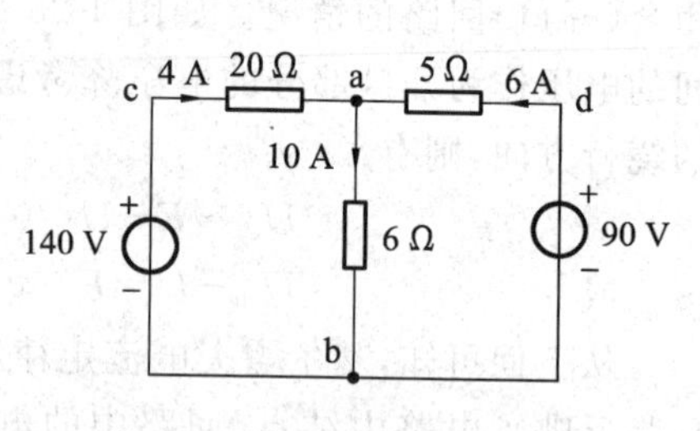

图 1-26　电路中电位计算示例

若选择 b 点为参考点，如图 1-27a 所示，则 $V_b=0$。

因为 $U_{ab}=V_a-V_b$，所以 $V_a=U_{ab}+V_b=60$ V。

因为 $U_{cb}=V_c-V_b$，所以 $V_c=U_{cb}+V_b=140$ V。

因为 $U_{db}=V_d-V_b$，所以 $V_d=U_{db}+V_b=90$ V。

如果选择 a 点为参考点，如图 1-27b 所示，则 $V_a=0$。

因为 $U_{ab}=V_a-V_b$，所以 $V_b=V_a-U_{ab}=-60$ V。

因为 $U_{ca}=V_c-V_a$，所以 $V_c=U_{ca}+V_a=80$ V。

因为 $U_{da}=V_d-V_a$，所以 $V_d=U_{da}+V_a=30$ V。

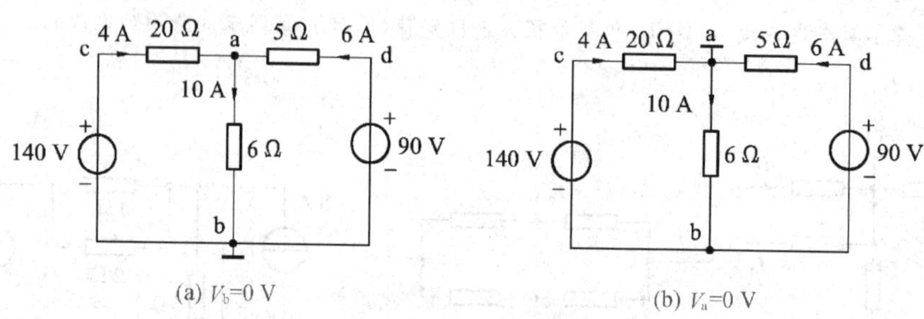

图 1-27　选择不同电位参考点的电路

由此可见，电路中电位参考点选择不同，各点的电位值也随之改变。由此可得出以下两点结论，即

(1) 电路中某一点的电位在数值上等于该点与参考点之间的电位差；

(2) 电位参考点选择不同，电路中的电位值也随之发生变化，但是任意两点之间的电位差是不变的。

因此在电路中，各点电位的高低是相对的，而两点之间的电位差是绝对的。

图 1-27a 所示的电路在习惯上也可以表示成图 1-28 所示的电路，即不画电源，在各端点标出电位值。

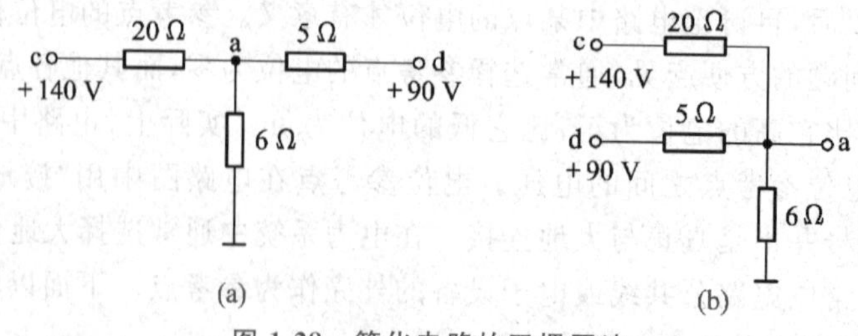

图 1-28　简化电路的习惯画法

【例 1-5】　计算例 1-5 图示电路 a 中 B 点的电位。

解　$I=\frac{V_A-V_C}{R_1+R_2}=\frac{6-(-9)}{50+100}=0.1\ \text{mA}$

因为　　　　　$U_{AB}=V_A-V_B$

所以　　　　　$V_B=V_A-U_{AB}=6-0.1\times50=1\ \text{V}$

本题图 a 的简化电路也可以还原为图 b 所示的完整电路。

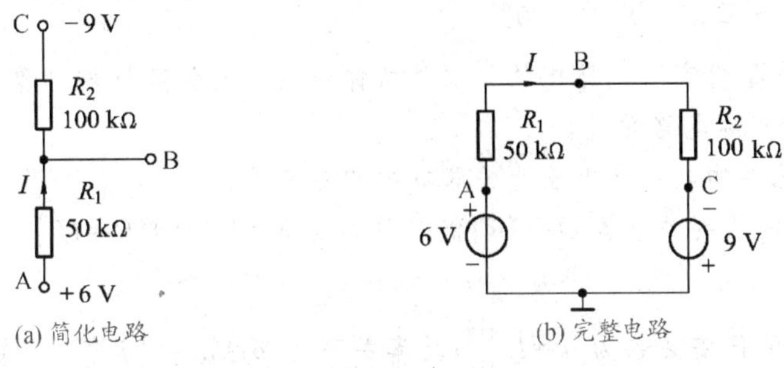

例 1-5 电路图

练习与思考

1. 计算如图示各电路中的 V_a、V_b 和 V_c。

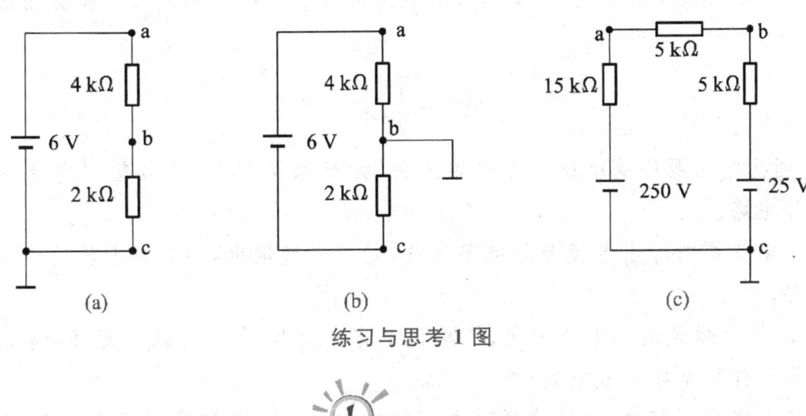

练习与思考 1 图

小结

1. 电路由电源(信号源)、中间环节和负载 3 个部分组成。其作用是实现能量的传输和转换或者信号的传递和处理。

2. 电路分析中常用的物理量有电压、电流、电动势、电功率等。物理学中规定，电流的实际方向为正电荷的移动方向。电压的实际方向规定为由高电位端指向低电位端，即电位降的方向。电动势的方向规定为在电源内部由低电位端指向高电位端，即电位升高的方向。为了方便地分析和计算电路，通常不管它们的实际方向如何，任意选定一个方向作为它们的参考方向(也称为正方向)，然后根据选定的参考方向列出分析计算电路的方程，从计算结果中得到它们的实际方向和大小。若计算结果为正值，则说明参考方向和实际方向一致；若计算结果为负值，则说明参考方向和实际方向相反。当一个元件或一段电路上的电流、电压参考方向一致时，则称它们为关联参考方向，否则就是非关联参考方向。

3. 在电流与电压为关联方向的前提下，一个电路元件（或一段电路）上的电功率等于该元件（或该段电路）两端的电压与流过该元件（或该段电路）的电流的乘积，即 $P=UI$。若计算结果 $P>0$，表示元件（或电路）吸收功率，实际为负载；若 $P<0$，表示元件（或电路）发出功率，实际为电源。一个完整的电路，吸收功率和发出功率的代数和恒等于零，即 $\sum P=0$。

4. 电路模型将实际电路中的元器件所体现出来的物理性质抽象化，用理想电路元件来模拟实际电路元件。

5. 在各元件的电流与电压为关联方向的前提下：

(1) 电阻的伏安关系为 $U=IR$；能量关系为 $P=UI=I^2R=U^2/R$，电阻始终为耗能元件。

(2) 电感的伏安关系为 $u=L\dfrac{di}{dt}$；功率关系为 $p=ui=Li\dfrac{di}{dt}$；电感线圈储存的能量为

$$W_L=\frac{1}{2}Li^2$$

(3) 电容的伏安关系为 $i=C\dfrac{du}{dt}$；功率关系为 $p=ui=Cu\dfrac{du}{dt}$；电容器储存的能量为

$$W_C=\frac{1}{2}Cu^2$$

6. 理想电压源的端电压与外电路无关，始终保持恒定，而其输出电流的大小取决于外电路。

理想电流源的输出电流与外电路无关，始终保持恒定，而其端电压的大小取决于外电路。

7. 欧姆定律是表示电路中电压、电流和电阻之间关系的基本定律，包括部分电路欧姆定律和全电路欧姆定律。

部分电路欧姆定律：电路中通过电阻的电流与电阻两端的电压成正比，与电阻成反比，表示为 $I=\dfrac{U}{R}$。

全电路欧姆定律：在闭合电路中（包括电源），电路中的电流与电源的电动势成正比，与电路中负载电阻及电源内阻之和成反比，表示为 $I=\dfrac{E}{R_{0u}+R}$。

8. 基尔霍夫定律是分析和计算电路的基本定律。它包括两个方面的内容。

(1) 关于结点的基尔霍夫电流定律（KCL）：在任一时刻，流入任一结点的电流之和等于流出该结点的电流之和，即

$$\sum I_i=\sum I_o$$

(2) 关于回路的基尔霍夫电压定律（KVL）：在电路的任何一个闭合回路中，沿同一方向绕行，同一瞬间各电压的代数和恒等于零，即

$$\sum U = 0。$$

9. 电路中某一点的电位等于该点与电位参考点(零电位点)之间的电位差。参考点选择不同,电路中的电位值也随之发生变化,但是任意两点之间的电位差是不变的。

习惯上可以不画电路中的电源,而在电路各端标出电位值。这种画法称为电路简化的习惯画法。

第 1 章　习　题

1. 电路如图所示,已知 $I_1=2$ A,$I_3=-3$ A,$I_4=1$ A,$U_1=10$ V,$U_4=-5$ V。试计算各元件的功率。

2. 电路如图所示,求电压 U_1 和 U_{ab}。

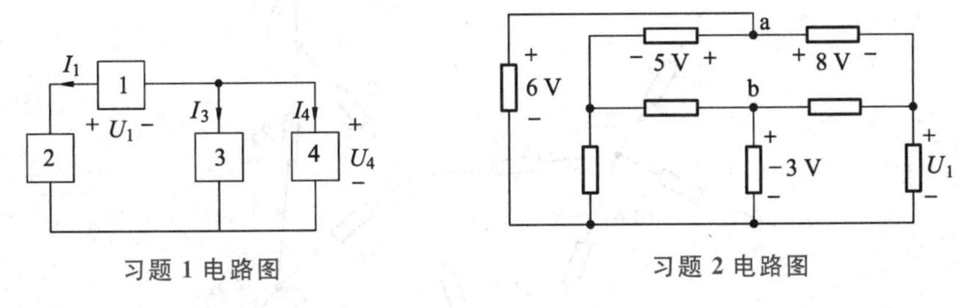

习题 1 电路图　　习题 2 电路图

3. 试求图 a 中电阻 R 所吸收的功率。图 b 中 10 Ω 电阻是否吸收功率?试说明这两个电路中的功率平衡关系。

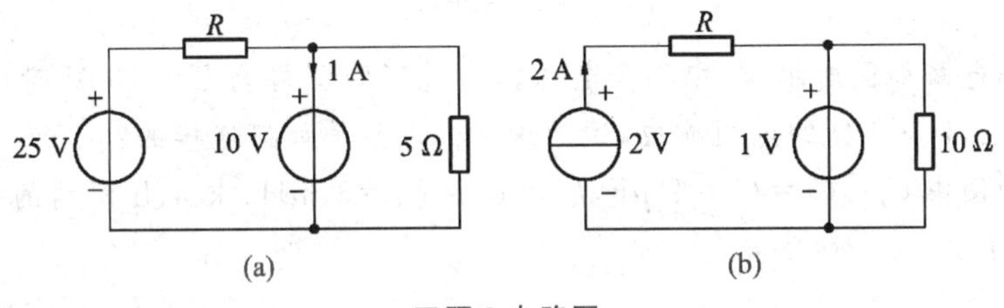

习题 3 电路图

4. 电路如图所示。求:图 a 中的电流 I;图 b 中电流源两端的电压 U;图 c 中的电流 I。

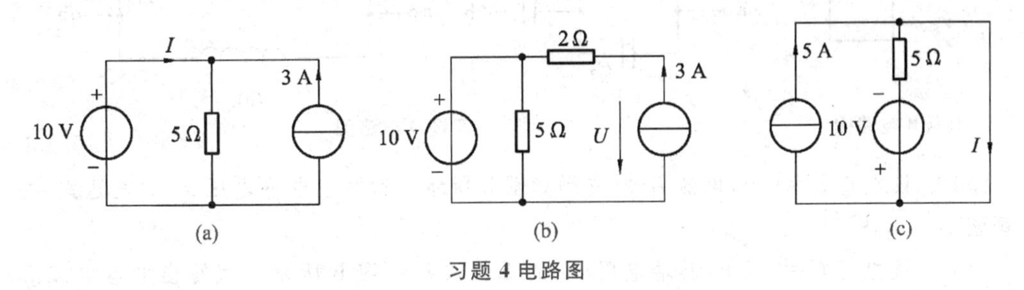

习题 4 电路图

5. 在图示电路中，已知 $R_1=R_2=R_3=R_4=300\ \Omega$，$R_5=600\ \Omega$，试求开关 S 断开和闭合时端口 a、b 之间的等效电阻。

6. 图示为直流电动机的一种调速电阻，它把 4 个固定电阻串联起来，通过开关的闭合或断开，可以得到不同的电阻值。设 4 个电阻值均为 1 Ω，试求在下列情况下 a、b 之间的电阻值。(1) S_1 和 S_5 闭合，其他断开；(2) S_2、S_3 和 S_5 闭合，其他断开；(3) S_1、S_3 和 S_4 闭合，其他断开。

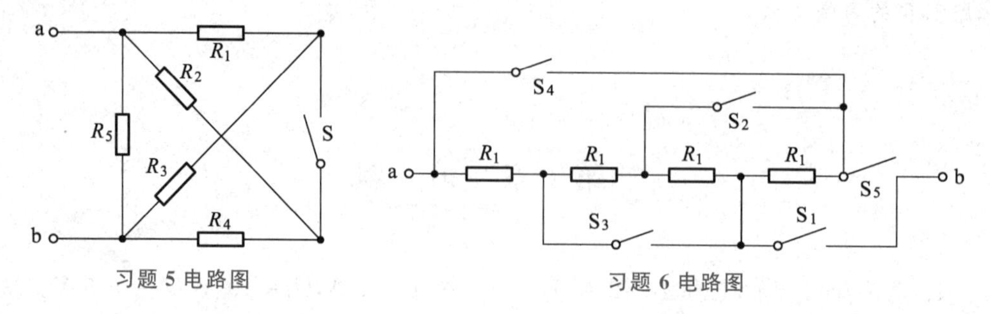

习题 5 电路图　　习题 6 电路图

7. 电路如图所示，若：$R_1=R_2=R_3$，尽可能多地确定其他各电阻中的未知电流。

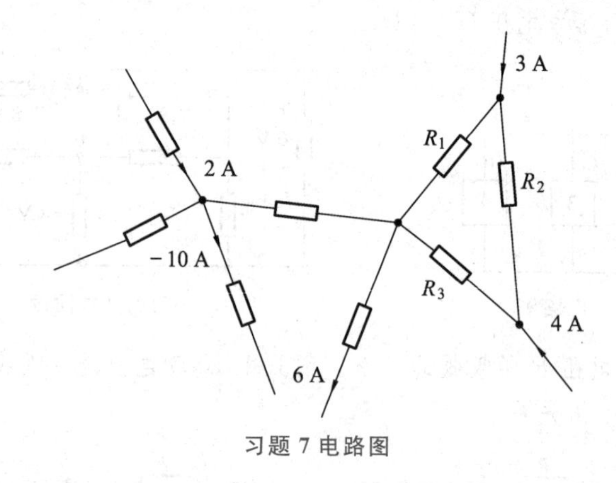

习题 7 电路图

8. 有一电路如图所示，其中不含电源。通过实验测得当 $U=10$ V 时，$I=2$ A，并已知该电路由 4 个 3 Ω 的电阻构成，试问这 4 个电阻是如何连接的？

9. 已知图中 $C_1=C_2=C_3=2\ \mu\text{F}$，$L_1=L_2=L_3=3$ mH，求 a、b 两端的等效电容 C 和等效电感 L。

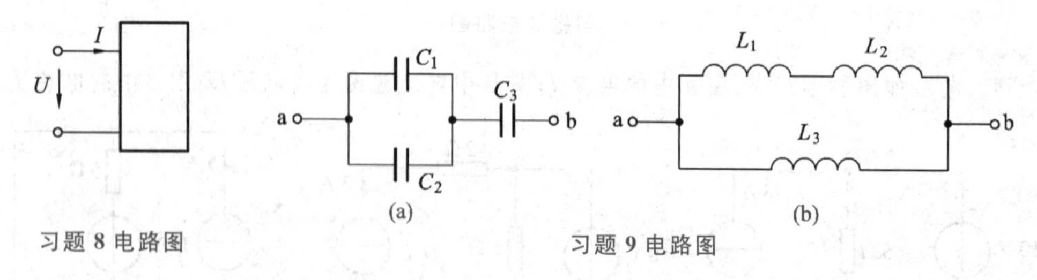

习题 8 电路图　　习题 9 电路图

10. 设电感 $L=1$ H，电流 i_L 的波形如图 b 所示。试写出电感电压 u_L 的表达式，并画出其波形图。

11. 设电容 $C=0.5$ F，其端电压 u_C 的正弦波形如图 b 所示。试写出电容电流 i_C

的表达式，并画出其波形图。

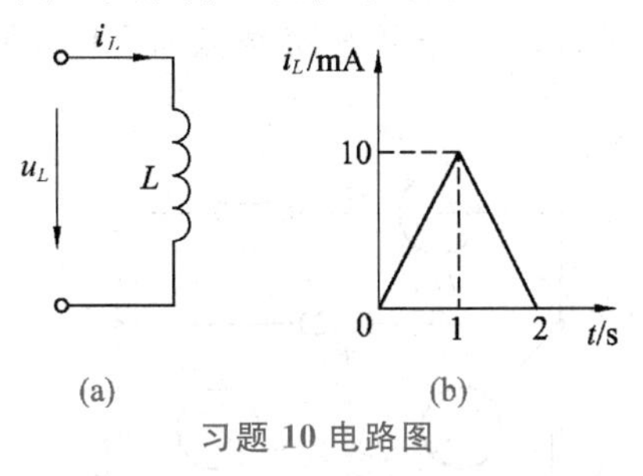

习题 10 电路图

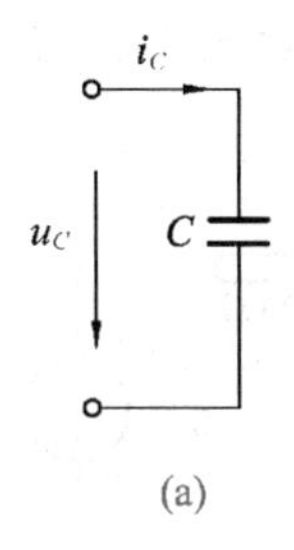

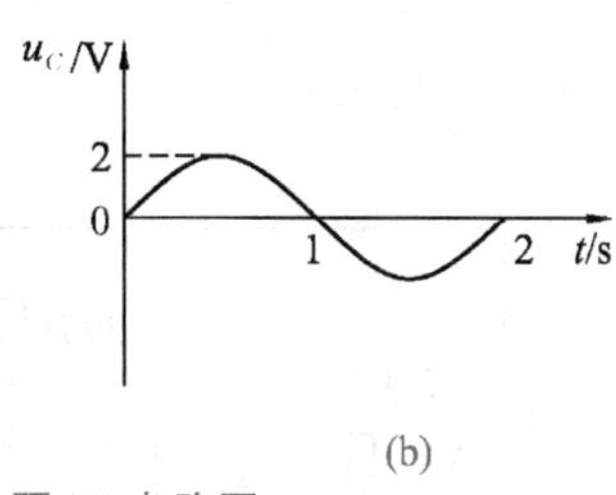

习题 11 电路图

12. 求图示电路中的电压 U。若 20 Ω 电阻改成 40 Ω，对结果有什么影响？为什么？

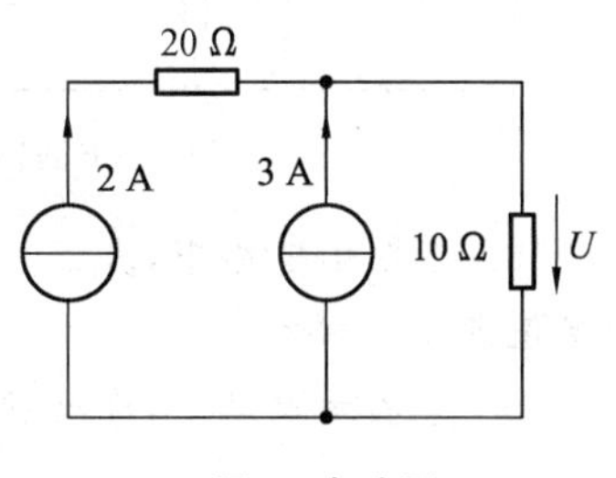

习题 12 电路图

13. 有一台直流稳压电源，其额定输出电压为 30 V，额定输出电流为 2 A，从空载到额定负载，其输出电压的变化率为千分之一（即 $\Delta U=\dfrac{U_0-U_N}{U_N}=0.1\%$，$U_0$ 为空载电压，U_N 为额定电压），试求该电源的内阻。

14. 有 2 只线绕电阻，其额定值分别为 40 Ω/10 W 和 200 Ω/40 W，试问它们允许通过的电流是多少？如果将两者串联起来，其两端最高允许电压可加多大？

15. 试求图中的电流 I，并计算理想电压源和理想电流源的功率，说明是吸收功率还是发出功率。

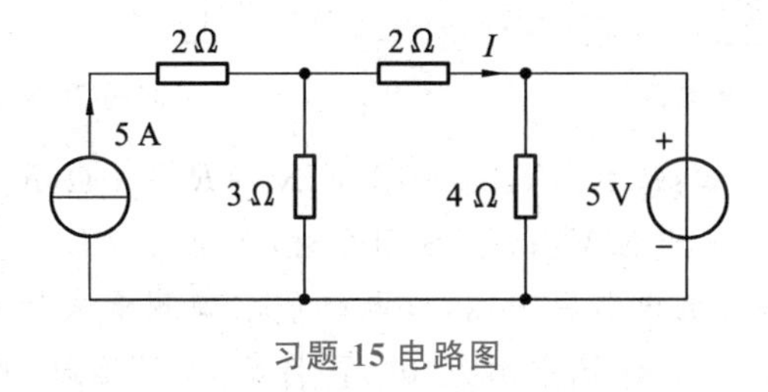

习题 15 电路图

16. 电路如图所示。求：图 a 中电路 A 点的电位；图 b 中电压 U。

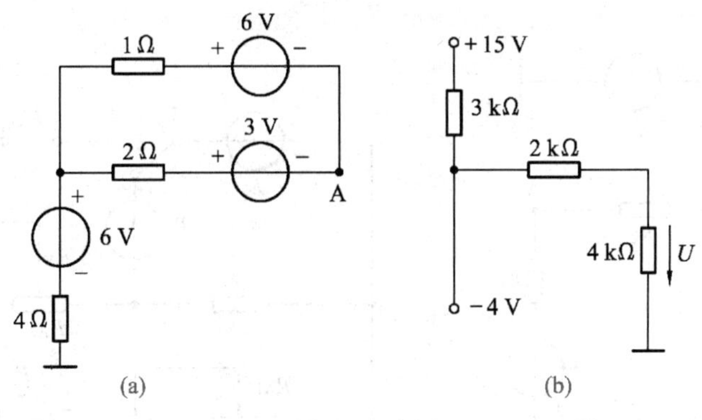

习题 16 电路图

17. 在图示电路中，通过 8 V 电源的电流为 0，试求 R_X、I_X、U_X。

18. 指出图示路中的支路数、结点数、回路数和网孔数，列写出所有结点的 KCL 方程和网孔的 KVL 方程。

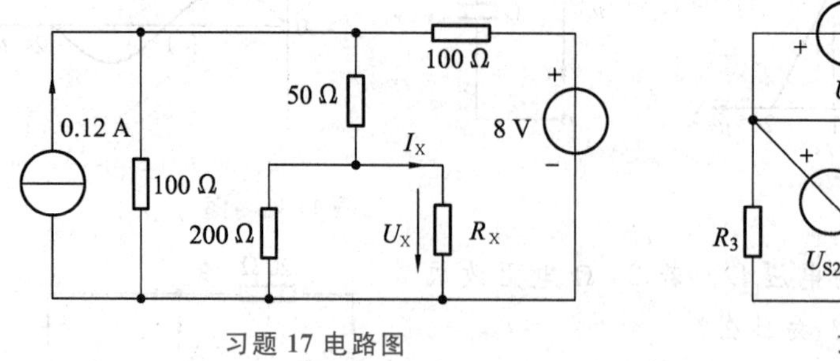

习题 17 电路图

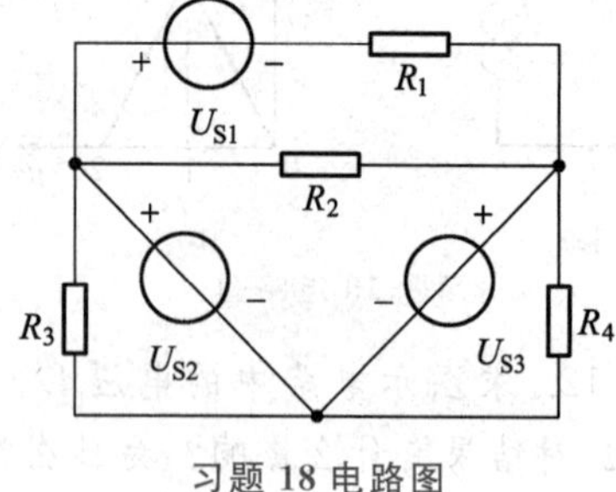

习题 18 电路图

19. 在图示电路中，A 点为电位器的滑动触头，试计算 A 点的电位变化范围。当 R 为何值时 $V_A=0$？

20. 在图示电路中，在开关 S 断开和闭合两种情况下，试求 A 点的电位。

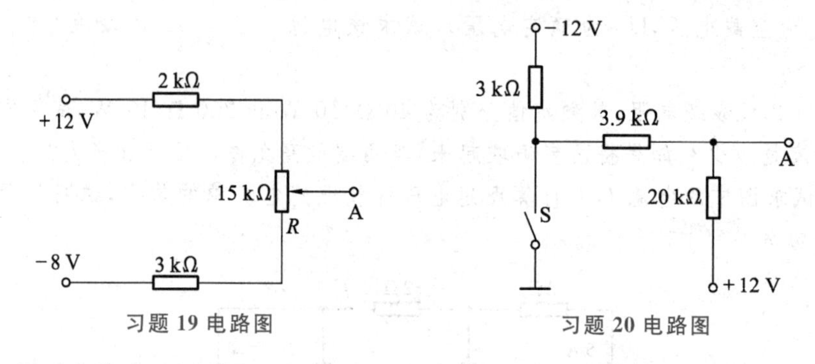

习题 19 电路图　　习题 20 电路图

21. 图示电路中，已知：$I_S=2$ A，$U_S=12$ V，$R_1=R_2=4$ Ω，$R_3=16$ Ω。求：

(1) S 断开时，A 点的电位 V_A；(2) S 闭合时，A 点的电位 V_A。

22. 图示为电位差计的电路原理图，该电路能准确测量未知电动势 E_X。当开关 S 与“1”接通时，调 R_{A1}，使检流计 P 指示为“0”；再将 S 与“2”接通，调 R_{A2} 使检流计再度为“0”，这样通过电阻 R_S 及 R_X 计算出 E_X。若已知 $E_S=1.0185$ V，$R_S=30$ Ω，$R_X=45$ Ω，求 E_X。

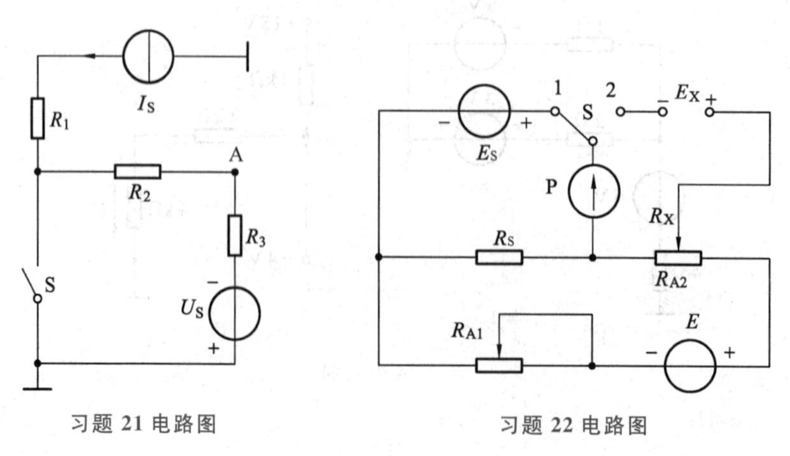

习题 21 电路图　　习题 22 电路图

第 2 章　电路的分析方法

电路按照结构形式的不同，可以分为简单电路和复杂电路。所谓简单电路是指具有单一回路的电路（即无分支电路），或者虽然不是单一回路的电路，但可以用电阻串、并联的方法简化为单一回路的电路。不能用电阻串、并联方法简化为单一回路的电路，称为复杂电路。

分析和计算简单电路可以应用欧姆定律和基尔霍夫定律，但当电路为复杂电路时，计算起来往往较为烦琐。因此，要根据电路的结构特点去寻找简便的分析和计算方法。本章将以线性电阻电路为例，介绍有关复杂电路的一般分析方法，如支路电流法、电源的等效变换、叠加原理、戴维南定理等。

2.1　支路电流法

支路电流法是分析复杂电路的最基本方法，它以电路中的各支路电流作为未知量，运用基尔霍夫电流定律和电压定律，列出与支路电流数等量的独立方程，从而解得各支路电流。

下面以图 2-1 所示电路为例说明支路电流法的解题步骤。

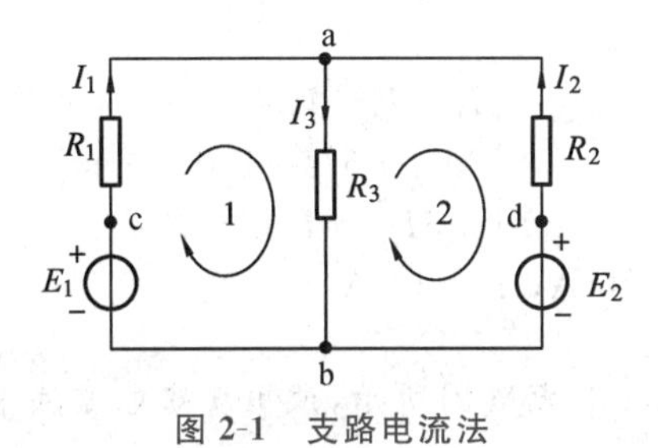

图 2-1　支路电流法

在具体分析电路之前，需要选定电路中各支路电流的参考方向并确定电路的支路数、结点数。在图 2-1 所示电路中，支路数 $b=3$，结点数 $n=2$。

首先，运用基尔霍夫电流定律分别建立结点 a 和 b 的电流方程：

结点 a 的电流方程　$I_1+I_2-I_3=0$　(2-1)

结点 b 的电流方程　$-I_1-I_2+I_3=0$　(2-2)

事实上，上述两个方程并不都是独立的，如果将式(2-1)乘以-1可得到式(2-2)。因此，对具有两个结点的电路来说，应用基尔霍夫电流定律能建立的独立方程数量为

(2－1)个，即1个独立方程。一般说来，对具有 n 个结点的电路应用基尔霍夫电流定律能建立的独立方程数量为(n－1)个。

其次，为了求解 b 个支路电流，还需要运用基尔霍夫电压定律建立回路电压方程，一般说来，需建立的回路电压方程为[b－(n－1)]个。

图2-1所示电路中有三个回路，它们的回路电压方程分别为：

回路abca $$R_1I_1+R_3I_3=E_1 \tag{2-3}$$

回路adba $$-R_2I_2-R_3I_3=-E_2 \tag{2-4}$$

回路adbca $$R_1I_1-R_2I_2=E_1-E_2 \tag{2-5}$$

不难看出，上述三个方程也不都是独立的。比如，用式(2-3)加上式(2-4)即为式(2-5)。因此，式(2-3)和式(2-4)可看成是独立方程，而式(2-5)是非独立方程。如果选取网孔来建立回路电压方程则均是独立的。本电路中abca和adba均为网孔，分别用网孔1和网孔2表示。

最后，将式(2-1)、(2-3)和(2-4)联立求解，可计算出各支路电流。

不难看出，运用基尔霍夫电流定律和电压定律共可建立(n－1)＋[b－(n－1)]＝b 个独立方程，刚好可以求解出 b 条支路电流。

综上所述，运用支路电流法求解电路中各支路电流的步骤如下：

(1) 选定电路中各支路电流的参考方向；

(2) 运用基尔霍夫电流定律对(n－1)个结点建立结点电流方程；

(3) 对 b－(n－1)个网孔，指定其绕行方向，运用基尔霍夫电压定律建立电压方程；

(4) 联立上述方程，求解各支路电流。

【例2-1】 图2-1所示电路中，已知 $E_1=140$ V，$E_2=90$ V，$R_1=20\ \Omega$，$R_2=5\ \Omega$，$R_3=6\ \Omega$，试求解各支路电流。

解　应用支路电流法，根据式(2-1)、(2-3)和(2-4)建立方程，并将已知数据代入，得

$$\begin{cases} I_1+I_2-I_3=0 \\ 20I_1+6I_3=140 \\ -5I_2-6I_3=-90 \end{cases}$$

解之，得 $I_1=4$ A，$I_2=6$ A，$I_3=10$ A。

【例2-2】 电路如例2-2电路图所示，试用支路电流法求解各支路电流。

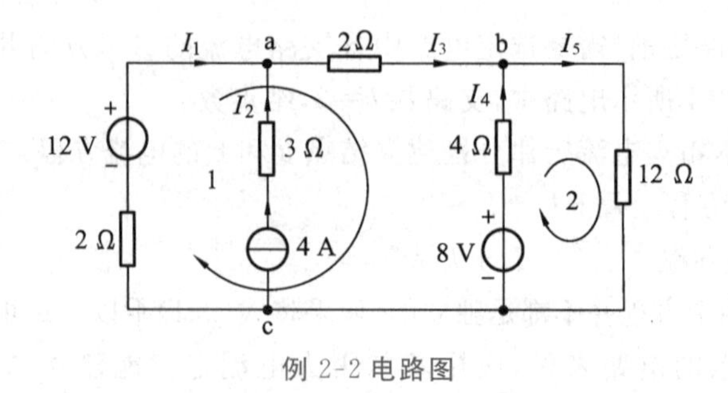

例2-2电路图

解　图示电路中共有 5 条支路，由于其中一条为理想电流源支路，故只需求 4 个支路电流，因此建立 4 个方程求解即可。

(1) 各支路电流的参考方向如图中所示。

(2) 建立 KCL 方程。

对结点 a 有　$I_1+I_2-I_3=0$

对结点 b 有　$I_3+I_4-I_5=0$

(3) 建立回路的 KVL 方程。

对回路 1 有　$2I_1+2I_3-4I_4=12-8$

对网孔 2 有　$4I_4+12I_5=8$

其中　$I_2=4$ A。

(4) 将上述 4 个方程联立求解，得

$$I_1=-2\text{ A}\quad I_2=4\text{ A}\quad I_3=2\text{ A}\quad I_4=-1\text{ A}\quad I_5=1\text{ A}$$

练习与思考

1. 网孔与回路有什么不同？如何选取回路才能保证所建立的 KVL 方程是独立的？试列出图 2-1 所示电路中所有网孔的 KVL 方程。
2. 在建立 KVL 方程时，如果电路中含有理想电流源应如何处理？

2.2　电压源与电流源及其等效变换

1.3 节中介绍了理想电压源和理想电流源的电路模型，而实际电源，如发电机、蓄电池等，往往都有内阻。它们都可以用两种不同的电路模型来表示：一种是用电压形式来表示的实际电压源模型；另一种是用电流形式来表示的实际电流源模型。

2.2.1　电压源

实际电源如果用电动势 E 与电阻 R_{0U} 串联的电路模型来表示，称为实际电压源模型，如图 2-2a 所示。

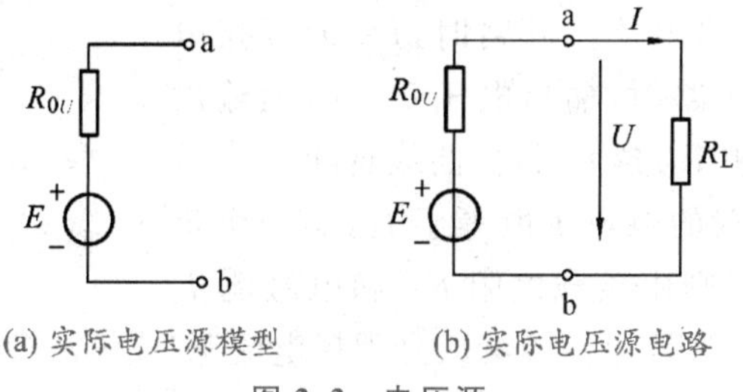

(a) 实际电压源模型　(b) 实际电压源电路

图 2-2　电压源

图 2-2b 是电压源向负载供电的电路，图中 U 是电源端电压，R_L 是负载电阻，I 是负载电流。由图 2-2b 所示的电路可得

$$U=E-R_{0U}I$$

根据此式可画出电压源的伏安特性曲线如图 2-3 所示。从特性曲线可以看出，当电压源开路时，$I=0$，开路电压 $U_0=E$；当电压源短路时，$U=0$，$I=\frac{E}{R_{0U}}$。显然，电压源的内阻越小，其伏安特性曲线越平缓。

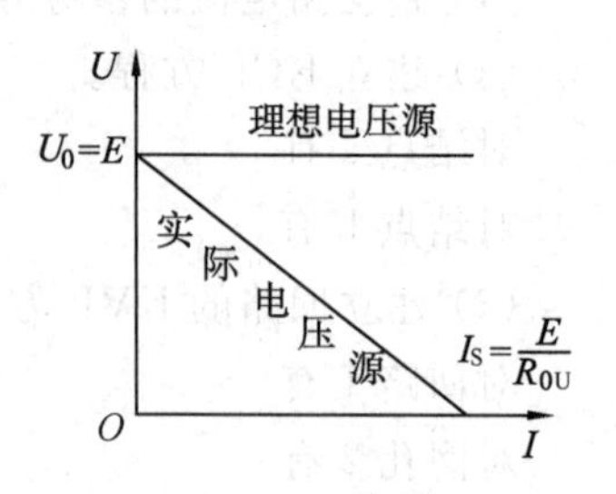

图 2-3 电压源的伏安特性

当 $R_{0U}=0$ 时，端电压 U 恒等于电动势 E，是一个定值。而电路中的电流 I 则是由负载电阻 R_L 和端电压 U 决定的。这样的电压源就是在第 1 章中介绍的理想电压源或恒压源。

需要指出，理想电压源是一种理想的电源。在处理实际电路时，如果满足 $R_{0U} \ll R_L$，则在电压源内阻上的压降 $R_{0U}I \ll U$，$U \approx E$，电压 U 基本保持不变，可以将实际电压源看成是理想电压源（或恒压源）。实验室常用的稳压电源就可以看成是一个理想电压源。

2.2.2 电流源

实际电源除了用电压源模型来表示外，还可以用电流源模型表示，即用电激流 I_S 与内阻 R_{0I} 并联的电路模型来表示，如图 2-4a 所示。

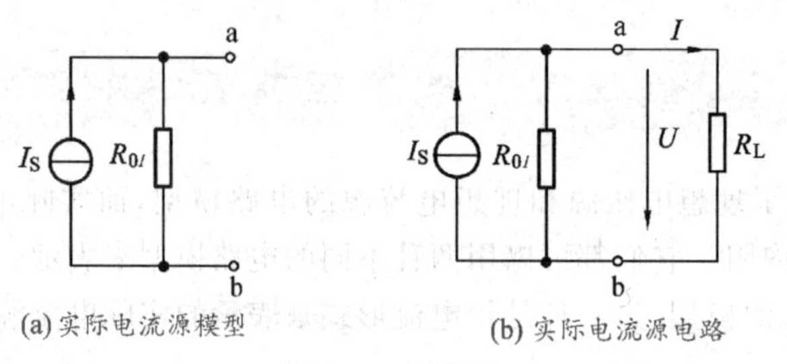

(a) 实际电流源模型 (b) 实际电流源电路

图 2-4 电流源

由图 2-4b 所示电路可知，流过负载的电流 I 为

$$I=I_S-\frac{U}{R_{0I}}$$

由该式可画出电流源的伏安特性曲线如图 2-5 所示。从特性曲线可以看出，当电流源开路时，$I=0$，开路电压 $U_0=I_SR_{0I}$；电流源短路时，输出电压 $U=0$，而输出电流 $I=I_S$。显然，内阻 R_{0I} 越大，特性曲线越陡。

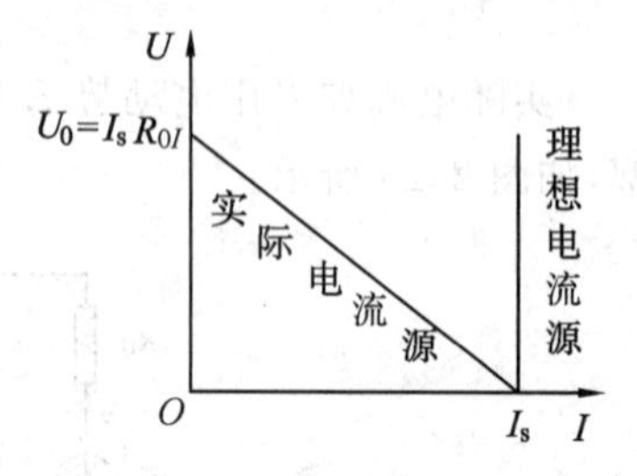

图 2-5 电流源的伏安特性

当 $R_{0I}=\infty$ 时，负载的电流 I 恒等于 I_S，是一个定值，但其两端的电压 U 则由负载电阻 R_L 和电激流 I_S 本身确定。此时可以将实际电流源看成是理想电流源（或恒流源）。

2.2.3 电压源与电流源的等效变换

如果不考虑实际电源内部的特性，而只考虑实际电源的端口特性，那么根据前面所介绍的电压源和电流源的伏安特性曲线可以看出，图 2-2 和图 2-4 所示的两种电源是可以等效变换的。

电压源与电流源进行等效变换后，应保持负载的特性不变，即负载两端的电压和流过负载的电流不变。下面说明电源等效变换的原理。

图 2-6 所示为电压源和电流源分别向同一负载 R_L 供电的电路。

对图 2-6a 而言，负载的电流为

$$I=\frac{E-U}{R_{0U}}=\frac{E}{R_{0U}}-\frac{U}{R_{0U}}$$

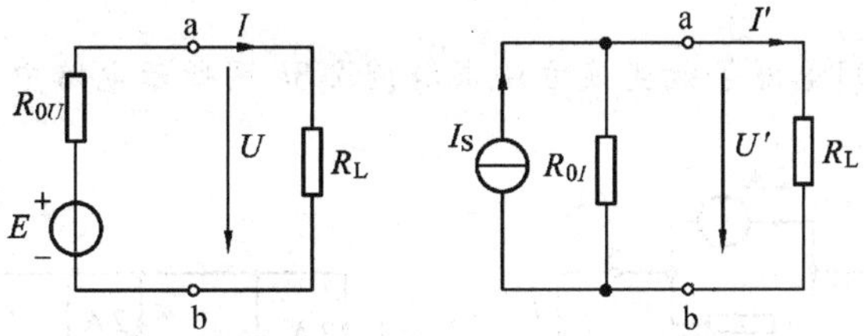

(a) 电压源电路　(b) 电流源电路

图 2-6　电压源与电流源电路

对图 2-6b 而言，负载的电流为

$$I'=I_S-\frac{U'}{R_{0I}}$$

既然两个电源等效，负载又同为 R_L，那么，它们向负载提供的电流和电压就应该相等，即 $I=I'$，$U=U'$。

对比上述两式可发现，它们的参数必须满足下列条件：

$$\begin{cases} R_{0U}=R_{0I}=R_0 \\ I_S=\dfrac{E}{R_0}\ (\text{或 } E=I_SR_0) \end{cases}$$

由上述讨论可知，若将电压源等效变换为电流源时，电流源的电激流等于电压源的电动势 E 除以电压源的内阻 R_0，即 $I_S=\dfrac{E}{R_0}$；而将电流源等效变换为电压源时，电压源的电动势就等于电流源的电激流 I_S 乘以电流源的内阻 R_0，即 $E=I_SR_0$。电压源与电流源的等效变换分别如图 2-7 和图 2-8 所示。

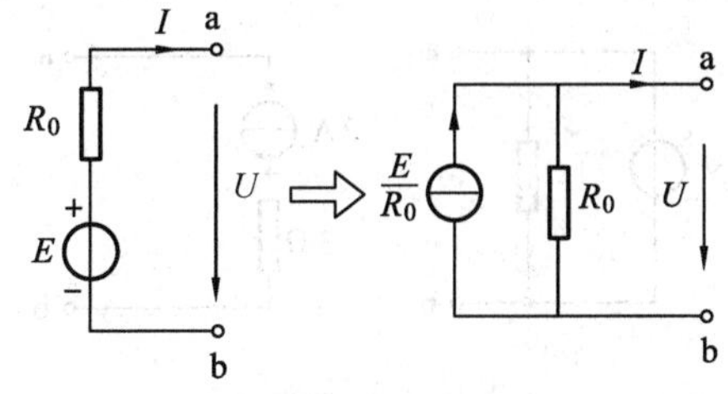

图 2-7　电压源变换为电流源

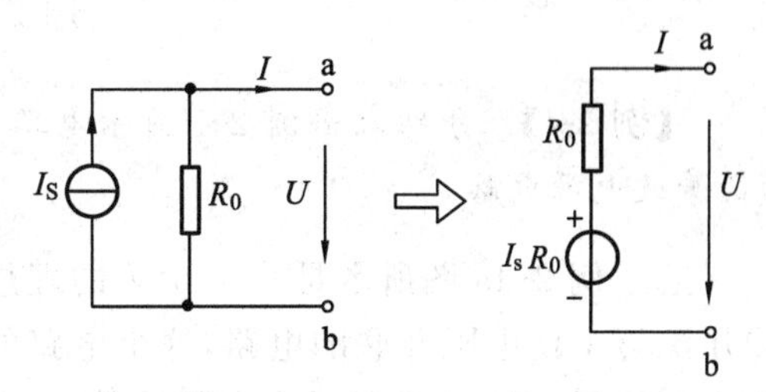

图 2-8　电流源变换为电压源

电源等效变换须注意以下几点。

(1) 电源等效变换只是对外电路(或负载)等效,而对电源内部来说,则是不等效的。

例如,当不接负载时,即电源两端开路时(电流 $I=0$),对实际电压源模型来说,由于没有电流,电压源既不发出功率,其内阻也不吸收功率;而对电流源模型来说,电流源的电激流 I_S 要通过内阻 R_0 形成回路,电流源发出功率,并且全部被内阻所吸收。由此可见,对电源内部而言,是不等效的。

(2) 理想电压源和理想电流源之间不能等效变换。从图 2-3 和图 2-5 可知,理想电压源和理想电流的源伏安特性是不能重叠的。

(3) 实际电源的等效变换可以推广到一般的恒压源与电阻的串联组合及恒流源与电阻的并联组合,此时的电阻不一定是电源的内阻。而对于交流电源,也可以进行类似的等效变换。

(4) 等效变换后的电源方向:电流源的电激流方向与电压源的电动势方向一致。

【例 2-3】 运用电源等效变换方法求解例 2-3a 图所示电路中的电流 I。

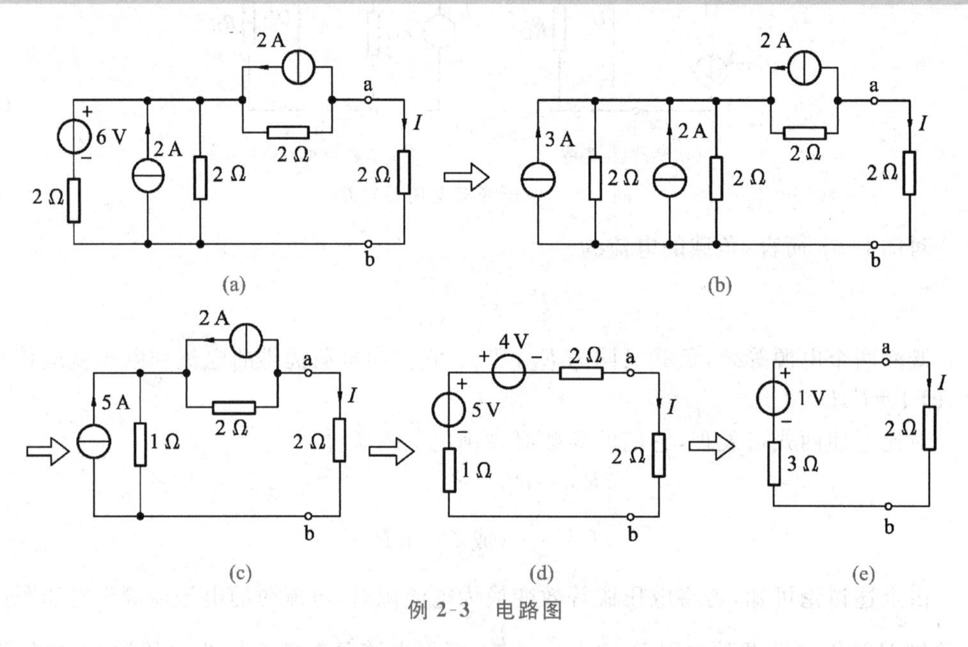

例 2-3　电路图

解　将图 a 所示的复杂电路利用电源等效变换法逐步化简为图 e 所示的简单电路,变换过程如图 b、c、d、e 所示,则所求电流为

$$I=\frac{1}{3+2}=0.2\ \text{A}$$

【例 2-4】 分别求出例 2-4 图示电路的等效电源电路。

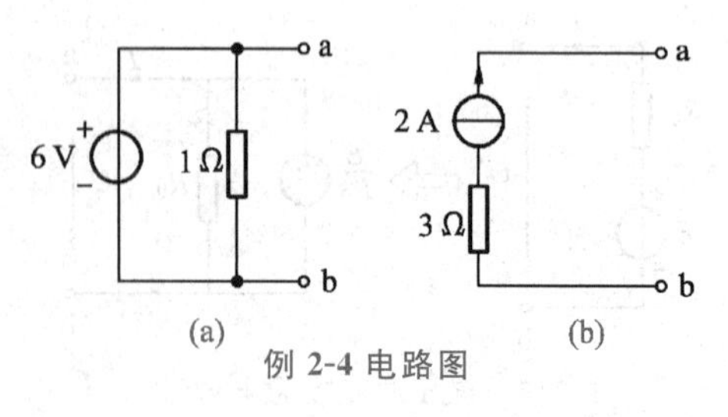

例 2-4 电路图

解　例 2-4a 图所示是一个 6 V 的理想电压源与 1 Ω 电阻并联的电路,这个电路的端电压就是 6 V,不论是否有电阻并联,也不

论所并联的电阻多大，总是如此。因此该电路对外电路而言就等效为一个 6 V 的理想电压源（如例 2-4 等效电路图 a 所示），而1 Ω 电阻的存在只是影响理想电压源提供的电流而已。

例 2-4b 图所示是一个 2 A 的理想电流源与 3 Ω 电阻串联的电路，可等效为一个 2 A 的理想电流源，3 Ω 电阻的存在只是影响到电流源的端电压而已（如例 2-4 等效电路图 b 所示）。

由例 2-4 的讨论，可以得出结论：对外电路而言，与理想电压源并联的元件可看成开路；与理想电流源串联的元件可看成短路。

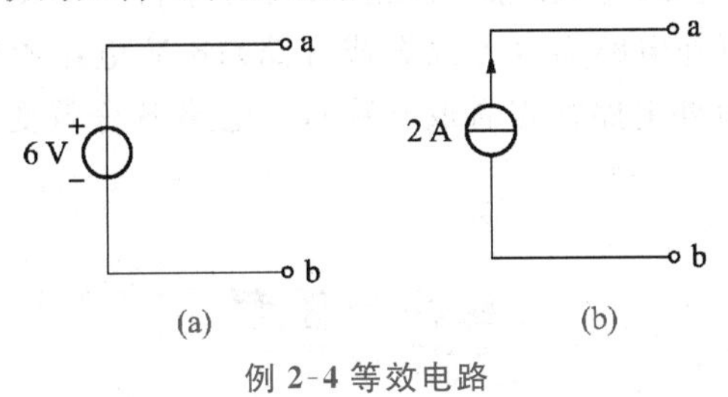

例 2-4 等效电路

在某些复杂电路的分析与计算中应用这一结论可简化电路。

【例 2-5】 利用电源等效变换，将例 2-5 电路图各电路等效为最简单的形式。

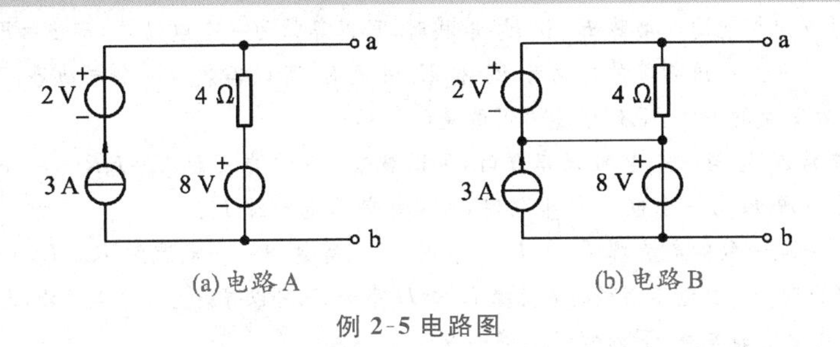

例 2-5 电路图

解　(1) 利用电源的等效变换化简电路 A，变换过程如例 2-5 电路 A 化简过程图所示。

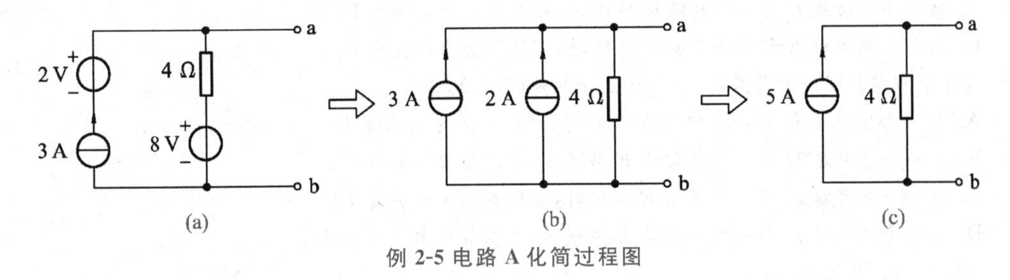

例 2-5 电路 A 化简过程图

图中 2 V 的理想电压源与 3 A 的理想电流源串联，可以等效为 3 A 的理想电流源（与理想电流源串联的元件，对外电路而言用短接线替代）；将 4 Ω 电阻与 8 V 电动势串联的支路（即电压源）等效为电流源，如图 b 所示，其最简化的电路如图 c 所示。

(2) 利用电源的等效变换化简电路 B，变换过程如例 2-5 电路 B 化简过程图所示。

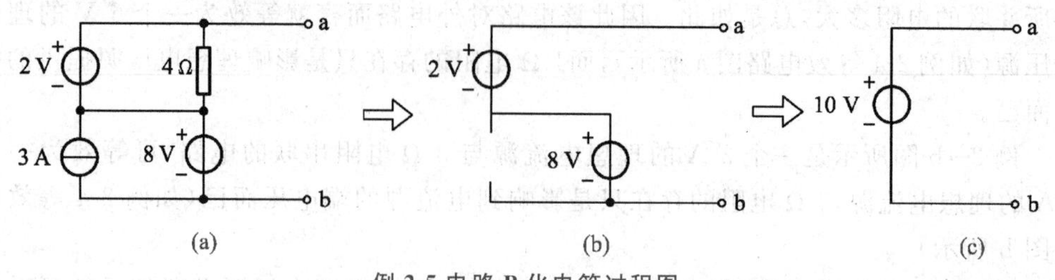

例 2-5 电路 B 化电简过程图

在电路 B 中，2 V 电压源为理想电压源，故与之并联的 4 Ω 电阻可看成开路（与理想电压源并联的元件对外电路而言可以看成开路）；8 V 电压源也为理想电压源（与之并联的 3 A 的电激流对外电路而言看成开路），则电路 B 等效变换后如图 b 所示，其最简电路如图 c 所示。

练习与思考

1. 关于电源等效变换的关系，下列叙述错误的是（　　）。
   A. 当一个电动势 E 与一个电阻 R 并联时，可以等效为电压源 E。
   B. 当一个电动势 E 与一个电阻 R 并联时，可以等效为一个电激流 $I_S=\frac{E}{R}$ 与一个电阻 R 串联。
   C. 两个参考方向相同的电动势 E_1 和 E_2 串联时，可以等效为一个电动势，即 $E=E_1+E_2$。
   D. 两个极性一致且电压相等的电动势 E_1 和 E_2 并联时，可以等效为一个电动势，即 $E=E_1=E_2$。
2. 关于电源等效变换的关系，下列叙述错误的是（　　）。
   A. 当一个电流源 I_S 与一个电阻 R 串联时，可以等效为一个电压源 $E=I_SR$ 与一个电阻 R 并联。
   B. 当一个电流源 I_S 与一个电阻 R 串联时，可以等效为电流源 I_S。
   C. 两个参考方向一致的电流源 I_{S1} 和 I_{S2} 并联时，可以等效为一个电流源 $I_S=I_{S1}+I_{S2}$。
   D. 两个参考方向一致且电流相等的电流源 I_{S1} 和 I_{S2} 串联时，可以等效为一个电流源，即 $I_S=I_{S1}=I_{S2}$。
3. 关于电源等效变换的关系，下列叙述正确的是（　　）。
   A. 当一个电动势 E 与一个电流源 I_S 串联时，可以等效为电压源 E。
   B. 当一个电动势 E 与一个电流源 I_S 并联时，可以等效为电流源 I_S。
   C. 当一个电动势 E 与一个电阻 R 串联时，可以等效为电压源 E。
   D. 当一个电动势 E 与一个电阻 R 并联时，可以等效为电压源 E。
4. 关于电源等效变换的关系，下列叙述正确的是（　　）。
   A. 当一个电流源 I_S 与一个电阻 R 并联时，可以等效为电流源 I_S。
   B. 当一个电流源 I_S 与一个电动势 E 串联时，可以等效为电压源 E。
   C. 当一个电流源 I_S 与一个电阻 R 串联时，可以等效为电流源 I_S。
   D. 当一个电流源 I_S 与一个电动势 E 并联时，可以等效为电流源 I_S。

2.3 弥尔曼定理

2.3.1 结点电压法

对一个具有 n 个结点和 b 条支路的电路，若选择任一结点为参考结点，则其他（$n-$

1)个结点称为独立结点。各独立结点与参考结点之间的电压称为各独立结点的结点电压,方向均为从各个独立结点指向参考结点。结点电压通常记作 U_{nk},k 为独立结点的编号,习惯上独立结点的编号由 1 顺序递增至$(n-1)$。

由于任一支路都连接在两个结点之间,根据 KVL 定律,支路电压是两个结点电压之差值。

结点电压法以电路中的结点电压为变量,运用 KCL 定律建立与独立结点数目相等的结点电压方程,从而求解出电路的结点电压。这种方法广泛应用于电路的计算机辅助分析,因而已成为电路网络分析中最重要的方法之一。

在图 2-9 所示电路中,其结点数为 3,选择结点 0 为参考结点(通常用接地符号⊥表示),结点 1 和 2 对参考结点 0 的电压就分别为它们的结点电压 U_{n1} 和 U_{n2}。根据 KVL 定律可知

$$U_{12}=U_{n1}-U_{n2} \tag{2-6}$$

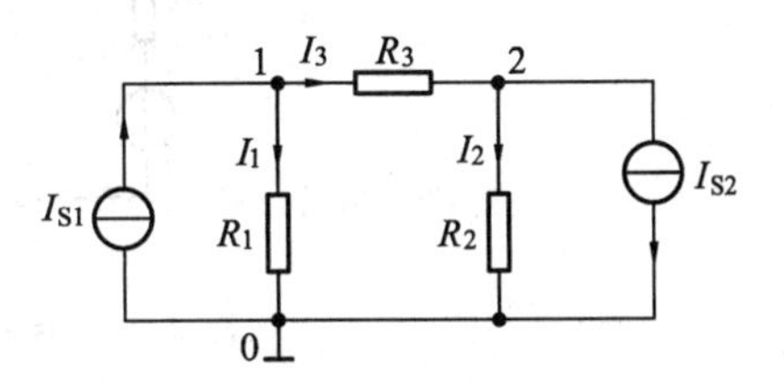

图 2-9　结点电压法示意图

因此,只要求出结点电压,就能确定所有支路电压。

下面以图 2-9 为例建立结点电压方程。

电路中各支路电流的参考方向如图 2-9 所示,对结点 1 和 2 建立 KCL 方程,有

$$\begin{cases}-I_1-I_3+I_{S1}=0\\ I_3-I_2-I_{S2}=0\end{cases}$$

运用欧姆定律和式(2-6),上两式可用结点电压分别表示如下:

$$\begin{cases}-\dfrac{U_{n1}}{R_1}-\dfrac{U_{n1}-U_{n2}}{R_3}+I_{S1}=0\\ \dfrac{U_{n1}-U_{n2}}{R_3}-\dfrac{U_{n2}}{R_2}-I_{S2}=0\end{cases}$$

移项、整理后得

$$\begin{cases}\left(\dfrac{1}{R_1}+\dfrac{1}{R_3}\right)U_{n1}-\dfrac{1}{R_3}U_{n2}=I_{S1}\\ -\dfrac{1}{R_3}U_{n1}+\left(\dfrac{1}{R_2}+\dfrac{1}{R_3}\right)U_{n2}=-I_{S2}\end{cases}$$

这就是以结点电压 U_{n1} U_{n2} 为未知量的 KCL 方程组。

若用电导表示,则上两式可写为

$$\begin{cases}(G_1+G_3)U_{n1}-G_3U_{n2}=I_{S1}\\ -G_3U_{n1}+(G_2+G_3)U_{n2}=-I_{S2}\end{cases}$$

还可以进一步写成

$$\begin{cases}G_{11}U_{n1}+G_{12}U_{n2}=I_{S11}\\ G_{21}U_{n1}+G_{22}U_{n2}=I_{S22}\end{cases} \tag{2-7}$$

这就是具有两个独立结点电路的结点电压方程的一般形式。其中,$G_{11}=G_1+G_3$ 为结点 1 的自导,是与结点 1 相连接的各支路电导的总和;$G_{22}=G_2+G_3$ 为结点 2 的自导,是与结点 2 相连接的各支路电导的总和,自导总是正的。$G_{12}=G_{21}=-G_3$,为结点 1—2 之间的互导,互导总是负的,是连接在结点 1 和结点 2 之间各支路电导之和的负

值。等号右边的 I_{S11} 表示流入结点 1 的电流源的代数和，I_{S22} 表示流入结点 2 的电流源的代数和，流入为"＋"，流出为"－"。

从结点电压方程可以解出各独立结点电压，从而求出各支路电流，并进行各种电路的分析与计算。

如果电路中含有电动势与电阻的串联支路，如图 2-10a 所示，在建立结点电压方程前可首先将该支路等效变换为电激流与电阻并联的组合，如图 2-10b 所示。

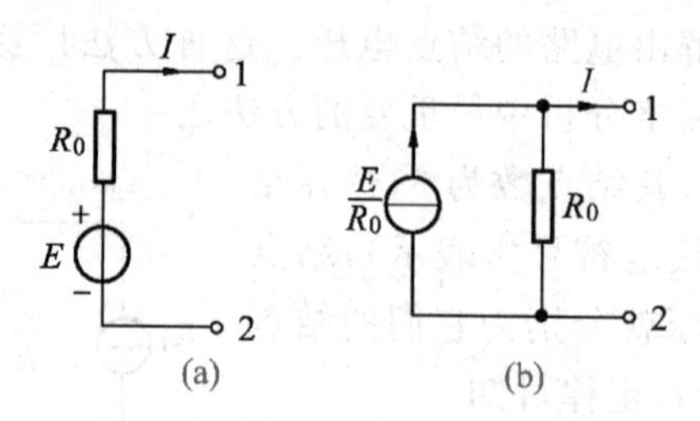

图 2-10 电动势与电阻串联支路的处理

【例 2-6】 试建立例 2-6 图示电路的结点电压方程，并计算结点 1、2 的电压及电流 I_1 和 I_2。

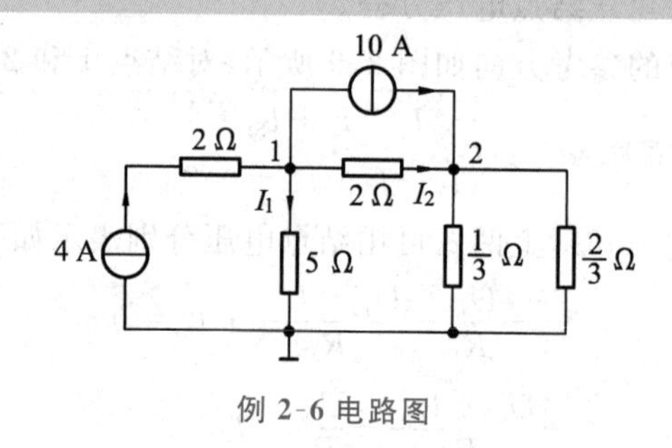

例 2-6 电路图

解 电路的结点电压方程为

$$\begin{cases}\left(\dfrac{1}{2}+\dfrac{1}{5}\right)U_{n1}-\dfrac{1}{2}U_{n2}=4-10\\ -\dfrac{1}{2}U_{n1}+\left(\dfrac{1}{2}+3+\dfrac{3}{2}\right)U_{n2}=10\end{cases}$$

解得

$$U_{n1}=-\frac{100}{13}\ \text{V}\qquad U_{n2}=\frac{16}{13}\ \text{V}$$

则

$$I_1=\frac{U_{n1}}{5}=-\frac{20}{13}\ \text{A}$$

$$I_2=\frac{U_{n1}-U_{n2}}{2}=-\frac{58}{13}\ \text{A}$$

2.3.2 弥尔曼定理

对于只有两个结点而由多条支路并联组成的电路，在计算各支路的电流时，可以先求出这两个结点之间的电压，而后再求各支路的电流。弥尔曼定理给出了直接求解两结点电压的公式。

图 2-11a 所示电路为两结点电路，可利用电源等效变换法将原电路变换成图 2-11b 的形式。U_{ab}为结点电压，其参考方向由 a 指向 b。

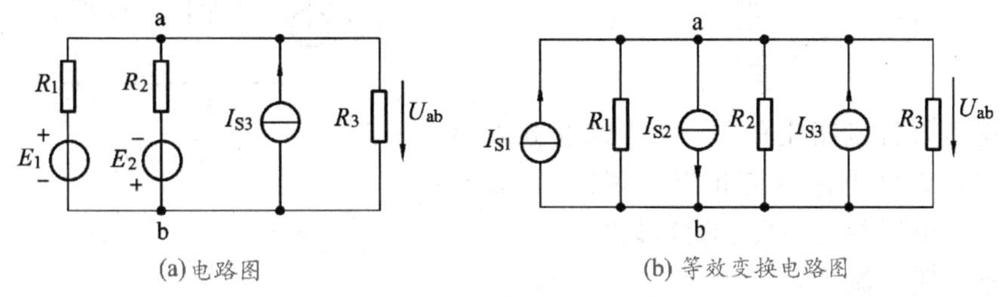

图 2-11　弥尔曼定理电路图

直接由式(2-7)得到

$$\left(\frac{1}{R_1}+\frac{1}{R_2}+\frac{1}{R_3}\right)U_{ab}=I_{S1}-I_{S2}+I_{S3}$$

则

$$U_{ab}=\frac{I_{S1}-I_{S2}+I_{S3}}{\frac{1}{R_1}+\frac{1}{R_2}+\frac{1}{R_3}}=\frac{\frac{E_1}{R_1}-\frac{E_2}{R_2}+I_{S3}}{\frac{1}{R_1}+\frac{1}{R_2}+\frac{1}{R_3}}$$

或表示为

$$U_{ab}=\frac{\sum\frac{E}{R}+\sum I_S}{\sum\frac{1}{R}}$$

这就是弥尔曼定理的一般表达式。式中分母的各项总为正，分子的各项可以为正，也可以为负，当电动势的方向或电激流的方向与结点电压的参考方向相反时取正号，相同时取负号。

【例 2-7】 在图 2-1 所示电路中，已知 $E_1=140$ V，$E_2=90$ V，$R_1=20$ Ω，$R_2=5$ Ω，$R_3=6$ Ω，试用弥尔曼定理求解各支路电流。

解　由于电路只有两个结点，则由弥尔曼定理得

$$U_{ab}=\frac{\frac{E_1}{R_1}+\frac{E_2}{R_2}}{\frac{1}{R_1}+\frac{1}{R_2}+\frac{1}{R_3}}=\frac{\frac{140}{20}+\frac{90}{5}}{\frac{1}{20}+\frac{1}{5}+\frac{1}{6}}=60\ \text{V}$$

由此可计算出各支路的电流为

$$I_1=\frac{140-U_{ab}}{R_1}=\frac{140-60}{20}=4\ \text{A}$$

$$I_2=\frac{90-U_{ab}}{R_2}=\frac{90-60}{5}=6\ \text{A}$$

$$I_3=\frac{U_{ab}}{R_3}=\frac{60}{6}=10\ \text{A}$$

其结果与例 2-1 计算的结果相同。

【例 2-8】 试利用弥尔曼定理求例 2-8 图示电路中电流 I。

解　由于电路只有两个结点，则由弥尔曼定理可得

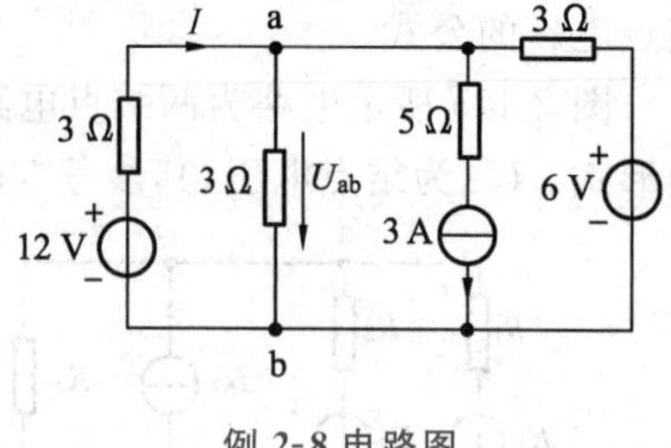

例 2-8 电路图

$$U_{ab}=\frac{\frac{12}{3}+\frac{6}{3}-3}{\frac{1}{3}+\frac{1}{3}+\frac{1}{3}}=3\ \text{V}$$

这里需要特别指出的是，与理想电流源串联的 5 Ω 电阻对外电路而言相当于短路，因而不能出现在结点电压 U_{ab} 计算式的分母里。

所求支路电流 I 为

$$I=\frac{12-U_{ab}}{3}=3\ \text{A}$$

2.4　叠加定理

叠加定理是线性电路的一个重要定理。图 2-12a 所示的电路中有两个独立电源（激励），求解电路中电压 U_1 和电流 I_2（响应）。

根据 KCL 和 KVL 定律可列出方程

$$E=R_1(I_2-I_S)+R_2I_2$$

图 2-12　叠加定理电路图

解得

$$\begin{cases} I_2=\dfrac{1}{R_1+R_2}E+\dfrac{R_1}{R_1+R_2}I_S \\ U_1=\dfrac{R_1}{R_1+R_2}E-\dfrac{R_1R_2}{R_1+R_2}I_S \end{cases}$$

由以上两式可以看出，电流 I_2 和电压 U_1 均为 E 和 I_S 的线性组合，可将其改写为

$$\begin{cases} I_2=I_2'+I_2'' \\ U_1=U_1'+U_1'' \end{cases}$$

其中

$$I_2'=I_2\Big|_{I_S=0},\quad U_1'=U_1\Big|_{I_S=0}$$

$$I_2''=I_2\Big|_{E=0},\quad U_1''=U_1\Big|_{E=0}$$

I_2'和 U_1'为原电路中将电流源 I_S 置零时的响应，也就是激励 E 单独作用时产生的响应；I_2''和 U_1''为原电路中将电压源置零时的响应，也就是激励 I_S 单独作用时的响应。电流

源置零时相当于开路，电压源置零时相当于短路，故激励 E 和 I_S 分别单独作用时的电路如图 2-12b 和 c 所示。根据图 2-12b 可求得

$$I_2' = \frac{1}{R_1 + R_2} E$$

$$U_1' = \frac{R_1}{R_1 + R_2} E$$

而根据图 2-12c 可求得

$$I_2'' = \frac{R_1}{R_1 + R_2} I_S$$

$$U_1'' = -\frac{R_1 R_2}{R_1 + R_2} I_S$$

显然，结果与用 KCL 和 KVL 定律列方程求解的结果一致。

因此，叠加定理可表述为：在由多个独立电源共同作用的线性电路中，任一支路的电压或电流都是电路中各个独立电源单独作用时，在该支路产生的电压或电流的代数和。

使用叠加定理时应注意以下几个问题。

（1）叠加定理适用于线性电路，不适用于非线性电路。

（2）求解过程中，对不作用的电压源置零时，在电压源的电动势处用短路代替；不作用的电流源置零时，在电流源的电激流处用开路代替；电路中所有电阻都不予变动。

（3）叠加时注意各分量前的正、负号，各电压和电流分量的参考方向与原电路中相同的取正号，相反的取负号。

（4）叠加定理不能用于电路中功率的计算。

例如，图 2-12 中电阻 R_2 消耗的功率为

$$P = I_2^2 R_2 = (I_2' + I_2'')^2 R_2 = (I_2'')^2 R_2 + 2I_2' I_2'' R_2 + (I_2'')^2 R_2$$
$$\neq P' + P'' = (I_2')^2 R_2 + (I_2'')^2 R_2$$

由此可见，若用叠加定理计算功率，得到的结果和实际功率不符，产生了丢失项（本例中为 $2I_2' I_2'' R_2$）。因此在计算功率时，可先用叠加定理求出原电路的电流或电压，然后再计算功率。

叠加定理反映了线性电路的特性。在线性电路中，各个激励所产生的响应互不影响，一个激励的存在并不会影响另一个激励所引起的响应。利用叠加定理分析电路，有助于简化复杂电路的计算。下面通过举例来说明叠加定理的应用。

【例 2-9】 已知例 2-9 电路图中，$E_1 = 140$ V，$E_2 = 90$ V，$R_1 = 20$ Ω，$R_2 = 5$ Ω，$R_3 = 6$ Ω，试用叠加定理求解电流 I_3。

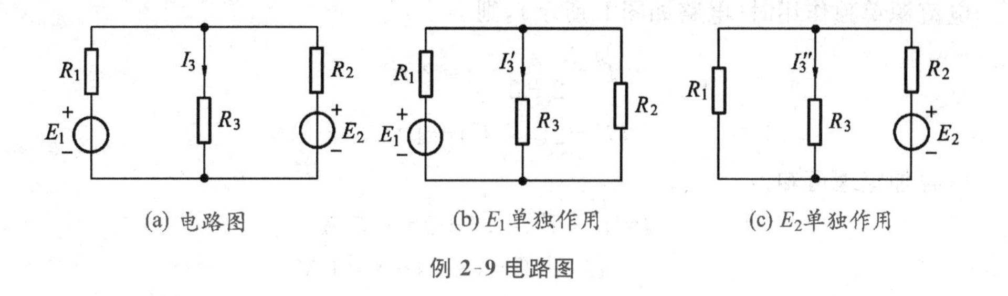

例 2-9 电路图

解　电压源 E_1 单独作用时的电路如图 b 所示，则

$$I_3'=\frac{E_1}{R_1+\frac{R_2R_3}{R_2+R_3}}\times\frac{R_2}{R_2+R_3}=\frac{140}{20+\frac{5\times6}{5+6}}\times\frac{5}{5+6}=\frac{14}{5}\ \mathrm{A}$$

电压源 E_2 单独作用时的电路如图 c 所示，则

$$I_3''=\frac{E_2}{R_2+\frac{R_1R_3}{R_1+R_3}}\times\frac{R_1}{R_1+R_3}=\frac{90}{5+\frac{20\times6}{20+6}}\times\frac{20}{20+6}=\frac{36}{5}\ \mathrm{A}$$

由叠加定理可知所求电流 I_3 为

$$I_3=I_3'+I_3''=\frac{14}{5}+\frac{36}{5}=10\ \mathrm{A}$$

这一结果与前面用其他方法求得的结果相同。

【例 2-10】 试用叠加定理计算例 2-10 图示电路中的电流 I 和电压 U。

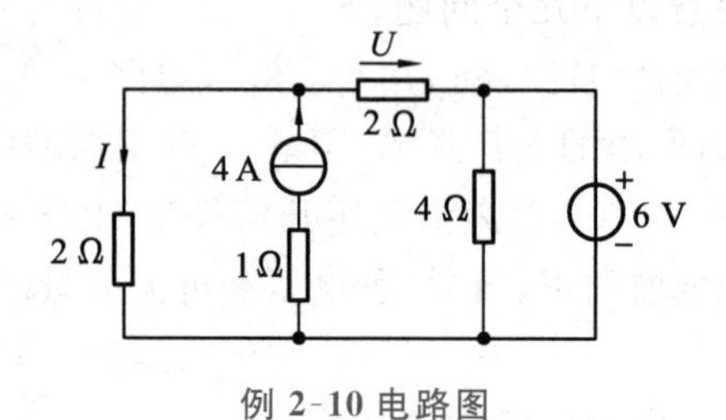

例 2-10 电路图

解　画出两个电源单独作用时的电路，分别如例 2-10 解题图 a 和 b 所示。

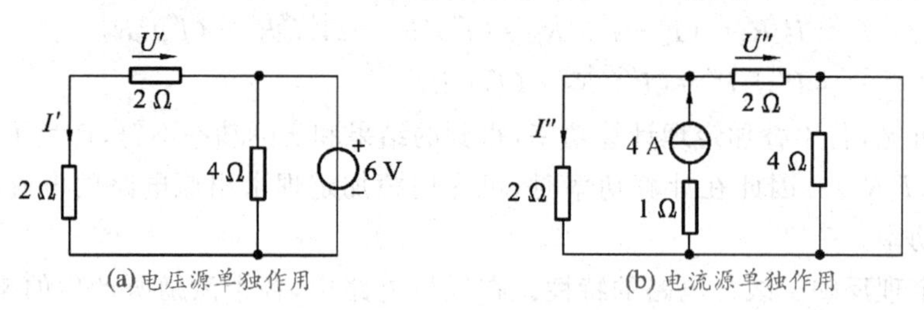

(a) 电压源单独作用　　(b) 电流源单独作用

例 2-10 解题图

电压源单独作用时（电路如图 a 所示），则

$$I'=\frac{6}{2+2}=1.5\ \mathrm{A}$$

$$U'=-2I'=-3\ \mathrm{V}$$

电流源单独作用时（电路如图 b 所示），则

$$I''=\frac{2}{2+2}\times4=2\ \mathrm{A}$$

$$U''=2(4-I'')=4\ \mathrm{V}$$

由叠加定理可知

$$I=I'+I''=1.5+2=3.5\ \mathrm{A}$$

$$U=U'+U''=(-3)+4=1\ \mathrm{V}$$

【例 2-11】 例 2-11 图示电路中，N_0 为一线性无源网络（内部只含电阻）。已知：当 $E=1$ V，$I_S=1$ A 时，$U_o=0$；当 $E=10$ V，$I_S=0$ 时，$U_o=1$ V。求：当 $E=8$ V，$I_S=3$ A 时，$U_o=?$

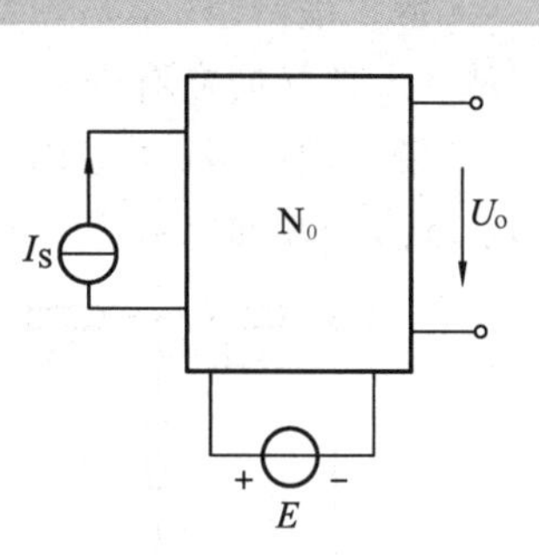

例 2-11 电路图

解　根据线性电路的叠加定理可知，输出电压 U_o 等于电动势 E 和电流源 I_S 分别单独作用时产生的输出电压的叠加，即

$$U_o=K_1E+K_2I_S$$

对于线性电阻电路，上式中 K_1 和 K_2 均为实常数。代入已知数据，有

$$\begin{cases}0=K_1\times1+K_2\times1\\1=K_1\times10+K_2\times0\end{cases}$$

解得　　$K_1=0.1$　　$K_2=-0.1$

因此，当电动势 E 和电流源 I_S 共同作用时，输出电压

$$U_o=0.1E-0.1I_S$$

将 $E=8$ V，$I_S=3$ A 代入上式，得

$$U_o=0.1\times8-0.1\times3=0.5\text{ V}$$

练习与思考

1. 关于叠加定理的应用，下列叙述中正确的是（　　）
   A. 不仅适用于线性电路，而且适用于非线性电路。
   B. 仅适用于非线性电路电压和电流的计算。
   C. 适用于线性电路中电流、电压和功率的计算。
   D. 仅适用于线性电路电压和电流的计算。
2. 关于叠加定理的应用，下列叙述中正确的是（　　）
   A. 不适用于非线性电路，仅适用于线性电路。
   B. 适用于线性电路功率的计算。
   C. 适用于非线性电路，且对于不作用的电动势可用短路替代。
   D. 适用于线性电路，且对于不作用的电激流可用短路替代。
3. 关于叠加定理的应用，对各个不作用电源的处理是（　　）
   A. 电动势用开路替代，电激流用开路替代。
   B. 电动势用短路替代，电激流用开路替代。
   C. 电动势用短路替代，电激流用短路替代。
   D. 电动势用开路替代，电激流用短路替代。

2.5　戴维南定理和诺顿定理

为了阐述戴维南定理和诺顿定理，先解释几个名词。

网络：在讨论电路普遍规律时，常把含元件数比较多或者比较复杂的电路称为网络。

二端网络：凡是具有两个端钮的部分电路，不管它是简单电路还是复杂电路，都称之为二端网络。

无源二端网络（N_0）：内部不含电源的二端网络，称为无源二端网络，如图 2-13a 所示，从 a、b 两端向左看进去的那部分电路。

有源二端网络（N_S）：内部含有电源的二端网络，称为有源二端网络，如图 2-13b 所示，从 a、b 两端向左看进去的那部分电路。

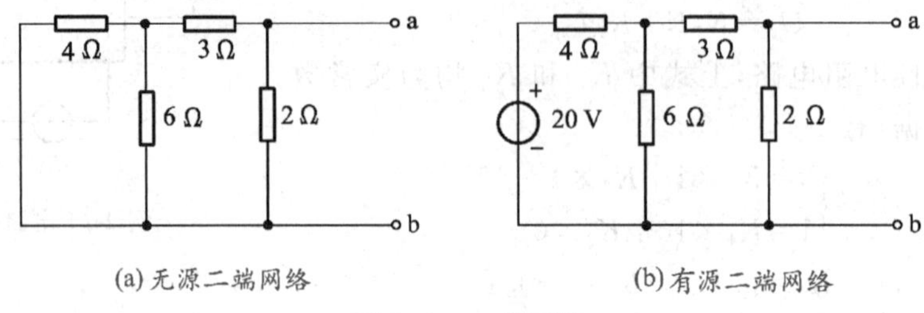

图 2-13　二端网络

2.5.1 戴维南定理

戴维南定理是关于线性有源二端网络等效变换的定理，它指出：任何一个线性有源二端网络，对于外部电路来说，可以用一个电动势 E 和内阻 R_0 串联的电压源来等效代替；等效电压源的电动势 E 等于线性有源二端网络的开路电压 U_0，内阻 R_0 是将线性有源二端网络内部的全部电源置零后所得到的线性无源二端网络的等效电阻。戴维南定理的阐释如图 2-14 所示。

电源置零是指将电压源的电动势用短接线替代，电流源的电激流开路。

戴维南定理也是分析和计算线性电路的一种重要方法，特别是在只需要计算电路中某一指定支路的电流或电压时，应用戴维南定理尤为方便。下面通过举例来说明运用戴维南定理分析和计算电路的步骤。

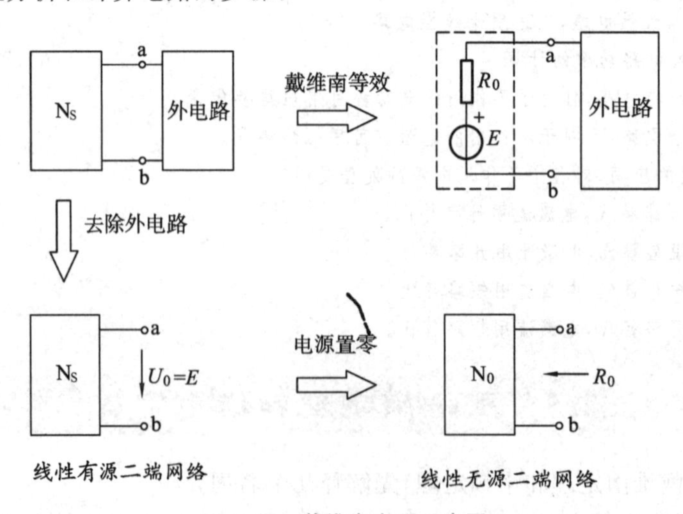

图 2-14　戴维南定理示意图

【例 2-12】 用戴维南定理计算图 2-1 中的电流 I_3。已知 $E_1=140\ \text{V}$，$E_2=90\ \text{V}$，$R_1=20\ \Omega$，$R_2=5\ \Omega$，$R_3=6\ \Omega$。

解　(1) 把所求支路 R_3 从电路中断开，剩余部分即为一线性有源二端网络，如例 2-12 解题图 a 所示。

(2) 求线性有源二端网络的等效电压源。

根据戴维南定理，该线性有源二端网络可用一个电压源来等效代替，等效电源的电动势 E 等于例 2-12 解题图 a 中的开路电压 U_0。

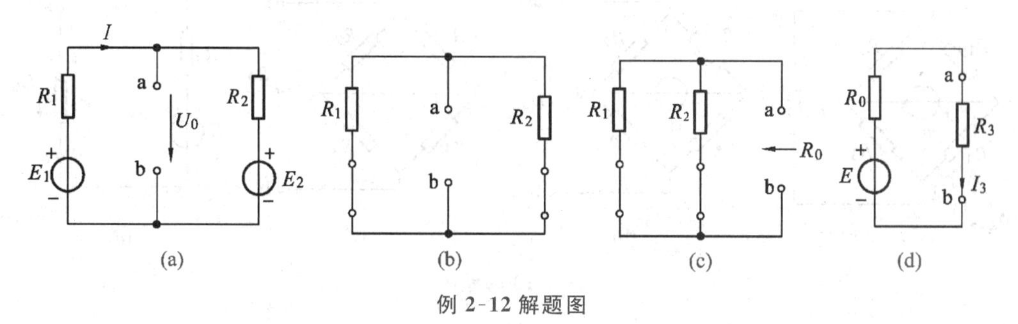

例 2-12 解题图

由图 a 得

$$I=\frac{E_1-E_2}{R_1+R_2}=\frac{140-90}{20+5}=2\ \text{A}$$

于是等效电源的电动势为

$$E=U_0=E_1-IR_1=140-2\times20=100\ \text{V}$$

求等效电源的内阻 R_0：将图 a 所示的线性有源二端网络中电源置零，得到的无源二端网络（如例图 b 所示）。为了方便求解，可用图 c 来代替图 b。在例图 c 中，对 a、b 两端而言，R_1 和 R_2 为并联关系，因此戴维南等效内阻为

$$R_0=\frac{R_1\times R_2}{R_1+R_2}=\frac{20\times5}{20+5}=4\ \Omega$$

(3) 求未知电流 I_3。

由图 d 得

$$I_3=\frac{E}{R_0+R_3}=\frac{100}{4+6}=10\ \text{A}$$

结果与前面用其他方法求得的结果一样。

【例 2-13】 电路如例 2-13 图所示，已知 $E_1=60\ \text{V}$，$R_1=30\ \Omega$，$R_2=10\ \Omega$，$R_3=20\ \Omega$，$R_4=40\ \Omega$，求当 R_5 分别为 10、50 Ω时该电阻流过的电流 I。

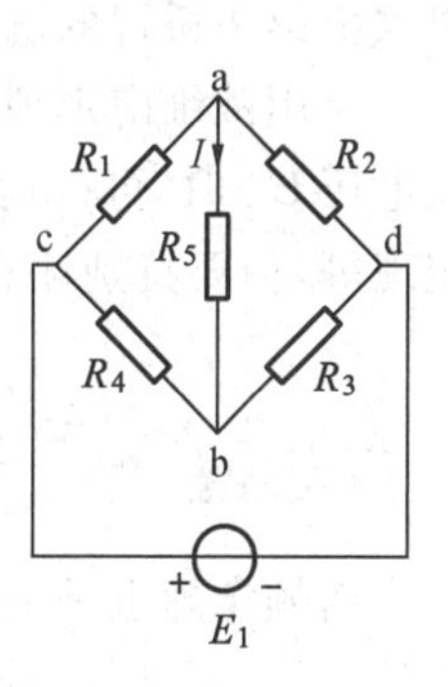

例 2-13 电路图

解　为了求解电路方便起见，将电路图改画成图 a 所示电路。

(1) 将待求支路从电路中断开。剩下的线性有源二端网络如图 b 所示。

(2) 求等效电压源。

先求等效电压源的电动势 E。在图 b 中，开路电压

$$U_0=\frac{E_1}{R_1+R_2}\times R_2-\frac{E_1}{R_3+R_4}\times R_3$$

$$=\frac{60}{30+10}\times 10-\frac{60}{20+40}\times 20=-5\ \text{V}$$

再求等效电阻 R_0。在图 c 中有

$$R_0=\frac{R_1R_2}{R_1+R_2}+\frac{R_3R_4}{R_3+R_4}=\frac{30\times 10}{30+10}+\frac{20\times 40}{20+40}=20.8\ \Omega$$

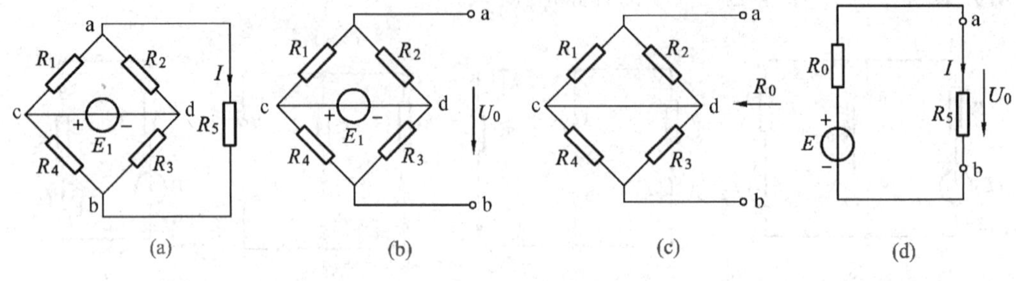

例 2-13 解题图

(3) 求未知电流 I。在图 d 中，当 $R_5=10\ \Omega$ 时，

$$I=\frac{E}{R_0+R_5}=\frac{-5}{20.8+10}=-0.162\ \text{A}=-162\ \text{mA}$$

当 $R_5=50\ \Omega$ 时，

$$I=\frac{E}{R_0+R_5}=\frac{-5}{20.8+50}=-0.071\text{A}=-71\ \text{mA}$$

从本例中可以看出，如果用支路电流法、结点电压法或叠加定理等方法来求解流过 R_5 的电流，当 R_5 值不断变化时，就需要不断地重新列方程组进行求解，计算工作量要比运用戴维南定理大得多。因此，在分析电路中某一支路的电流或电压时，常用戴维南定理求解。

上例中，若要使通过电桥对角线支路的电流为零($I=0$)，则需 $U_0=0$，即

$$U_0=\frac{E_1}{R_1+R_2}\times R_2-\frac{E_1}{R_3+R_4}\times R_3=0$$

于是有

$$R_1R_3=R_2R_4$$

这就是电桥平衡的条件。利用电桥平衡的原理，当已知 3 个桥臂的电阻值时，则可以求出第 4 桥臂的电阻值。

应用戴维南定理的关键是求出线性有源二端网络的开路电压和等效电阻。计算开路电压 U_0 时，可以运用前面介绍的支路电流法、电源的等效变换法、结点电压法、叠加定理等，但要特别注意电压源电动势 E 的方向与开路电压 U_0 的方向相反。

2.5.2 诺顿定理

诺顿定理也是关于线性有源二端网络等效变换的定理，它指出：任何一个线性有源二端网络，对于外部电路来说，可以用一个电激流 I_S 和内阻 R_0 并联的电流源来等效代替；等效电流源的电激流 I_S 等于线性有源二端网络的短路电流 I_0，内阻 R_0 的含义同戴

维南等效内阻一样，如图 2-15 所示。

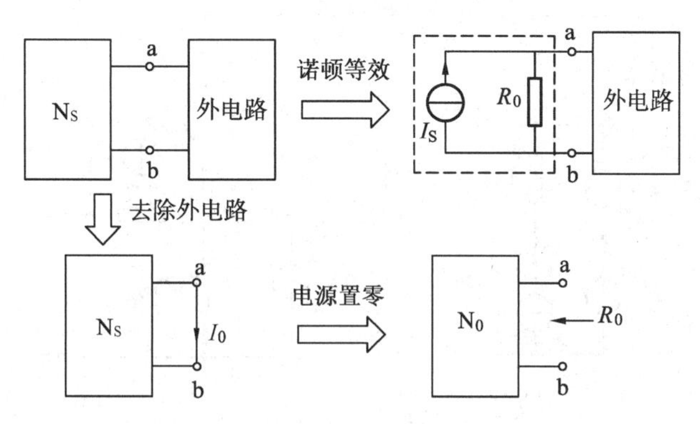

图 2-15　诺顿定理的示意图

在前面已介绍过电源之间可以等效变换，因此，任一线性有源二端网络不仅可以用电压源等效代替，也可以用电流源代替。

戴维南定理和诺顿定理给出了如何将一个线性有源二端网络等效成一个实际电源的方法。

【例 2-14】 用诺顿定理求例 2-14 所示电路图中的电流 I。

解　先将所求支路用短接线代替，如图 a 所示，则其诺顿等效电源的电激流为

$$I_S = I_0 = \frac{6}{3} + 2 = 4\ \text{A}$$

如图 b 所示，其等效电路的内阻为

$$R_0 = 3\ \Omega$$

如图 c 所示，所求电流 I 为

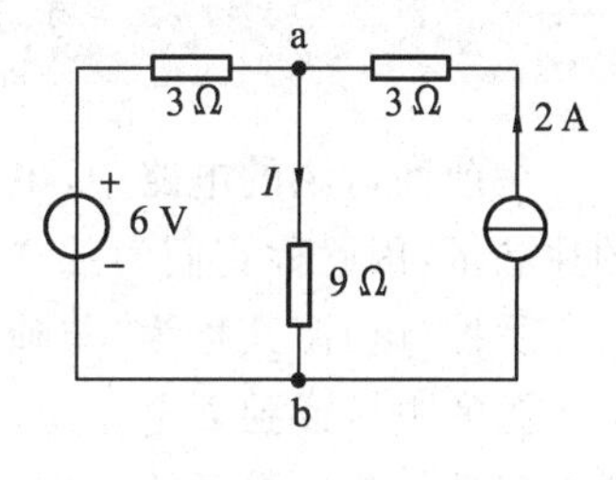

例 2-14 电路图

$$I = \frac{3}{3+9} \times 4 = 1\ \text{A}$$

(a)　(b)　(c)

例 2-14 解题图

练习与思考

1. 求图示电路的戴维南等效电路。

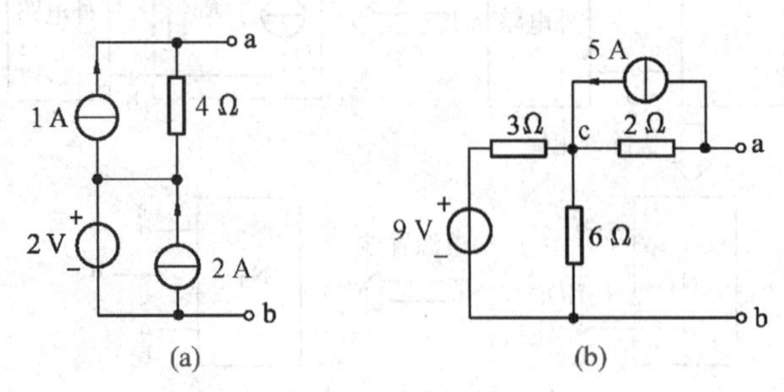

练习与思考 1 图

2. 对一个不知内部情况的线性有源二端网络(黑盒子)，如何用实验的手段建立其戴维南等效电路？
3. 关于戴维南定理的应用，下列叙述中错误的是(　　)。
   A. 戴维南定理可将复杂的线性有源二端网络等效为一个电动势与电阻并联的电路模型。
   B. 求戴维南等效电阻是将线性有源二端网络内部所有的电源置零后，从端口看进去的等效电阻。
   C. 为得到线性无源二端网络，可将有源二端网络内部的电动势短路，电激流开路。
   D. 戴维南定理可将复杂的线性有源二端网络等效为一个电动势与电阻串联的电路模型。

*2.6　受控源电路的分析

在前面讨论的电路中，电压源的电压和电流源的电流都是不受外电路影响和控制的独立量，因此称它们为独立电源。

受控(电)源又称为“非独立”电源。受控电压源的电压或受控电流源的电流与独立电压源的电压或独立电流源的电流有所不同，后者是独立量，前者受电路中某部分电压或电流的控制。电子线路中晶体管的集电极电流受基极电流控制，运算放大器的输出电压受输入电压控制，所以，这类器件的电路模型中要用到受控源的概念。

受控电压源或受控电流源因控制量是电压或电流可分为：电压控制电压源(VCVS：Voltage Controlled Voltage Source)、电压控制电流源(VCCS：Voltage Controlled Current Source)、电流控制电压源(CCVS：Current Controlled Voltage Source)和电流控制电流源(CCCS：Current Controlled Current Source)。这四种受控源的图形符号如图 2-16 所示。为了与独立电源相区别，常用菱形符号表示其电源部分。图中的 U_1 和 I_1 分别表示控制电压和控制电流，μ、r、g、β 分别表示有关的控制系数，其中，μ 和 β 是无量纲的量，r 和 g 分别具有电阻和电导的量纲。这些系数为常数时，被控制量和控制量成正比，这种受控源为线性受控源。本节只讨论线性受控源，后面文中将“线性”二字略去。

图 2-16 所示为四种理想受控源的电路模型.

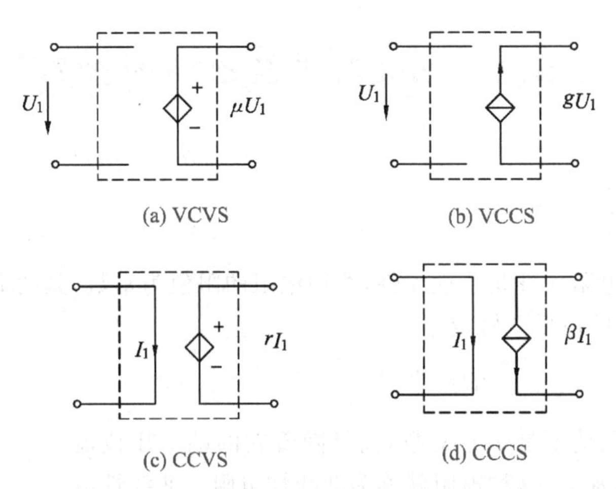

图 2-16　四种受控源的模型

独立电源是电路中的“输入”，它表示外界对电路的作用，电路中的电压和电流是由于独立电源所起的“激励”作用产生的。受控源则不同，它是用来反映电路中某处的电压或电流能控制另一处的电压或电流这一现象，或表示一处的电路变量与另一处变量之间的一种耦合关系。在求解具有受控源的电路时，可以把受控电压（电流）源作为电压（电流）源处理，但必须注意受控电源的电压（电流）是取决于控制量的。

【例 2-15】 求例 2-15 图示电路中的电流 I。其中，VCVS 的电压 $U_2=5U_1$，电流源的 $I_S=2$ A。

解　先求出控制电压 U_1，由电路的左边部分得

$$U_1=2\times5=10\ \text{V}$$

由电路的右边得

$$I=\frac{U_2}{2}=\frac{5U_1}{2}=\frac{5\times10}{2}=25\ \text{A}$$

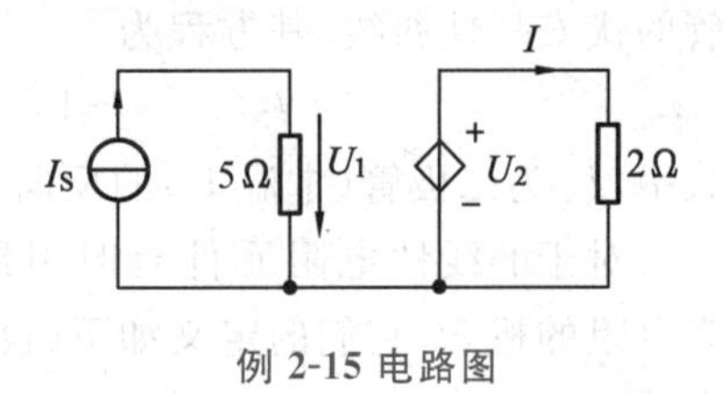

例 2-15 电路图

【例 2-16】 求例 2-16 图示电路中电流 I_1 和电压 U_{ab}。

解　对 a 结点有

$$I_1=I_2+0.9I_1$$

则

$$I_2=0.1I_1$$

由左边网孔，有

$$6I_1+40I_2=60$$

即

$$6I_1+40\times0.1I_1=60$$

例 2-16 电路图

$$I_1=\frac{60}{10}=6\ \text{A}\qquad I_2=0.1I_1=0.6\ \text{A}$$

$$U_{ab}=40\times I_2=24\ \text{V}$$

*2.7 非线性电阻电路的分析

2.7.1 非线性电阻

前面介绍的电阻元件是线性元件，线性电阻的阻值为常数，其两端的电压 u 与流过的电流 i 成正比，即遵循欧姆定律

$$R=\frac{u}{i}$$

如果电阻的阻值不是一个常数，而是随着它的端电压或流过它的电流变化，那么，这种电阻就称为非线性电阻。非线性电阻的图形符号如图 2-17 所示。

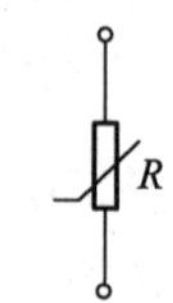

图 2-17 非线性电阻

非线性电阻两端的电压与其流过的电流不再遵循欧姆定律，一般是用第 1 章介绍的伏安特性曲线来表示，即 $u=f(i)$ 或 $i=f(u)$，伏安特性曲线可通过实验得到。

常见的非线性电阻元件有半导体二极管、压敏电阻、热敏电阻、晶体管等。

事实上，一切实际电路严格来说都是非线性的，对于那些非线性程度比较弱的电阻元件，在工程误差允许的范围内，可视为线性电阻，反之，均作为非线性电阻处理。图 2-18 是常见的半导体二极管的伏安特性曲线，其方程为

$$i=I_S(e^{u/U_T}-1)$$

式中，I_S 为二极管（常温下）的反向饱和电流。

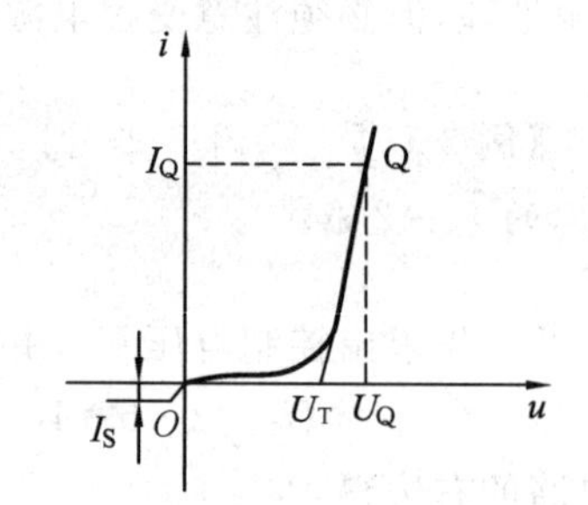

图 2-18 半导体二极管的伏安特性

对于非线性电阻元件有时引用静态电阻和动态电阻的概念，它们的定义如下（设 u 和 i 为关联方向）。

非线性电阻元件在某一工作状况下（如图 2-18 中 Q 点处）的静态电阻 R 等于该点的电压值与电流值之比，即

$$R=\frac{U_Q}{I_Q}$$

非线性电阻元件在某一工作状况下（如图 2-18 中 Q 点处）的动态电阻为电压对电流在该点处的导数，即

$$r=\frac{\mathrm{d}u}{\mathrm{d}i}$$

非线性元件除非线性电阻元件外，还有非线性电感和非线性电容元件等，本节只讨论非线性电阻电路。

2.7.2 非线性电阻电路的分析方法

1. 图解法

由于欧姆定律和叠加定理不适用于非线性电路，因此前面介绍的线性电路的分析方法一般也不适用于非线性电路。对非线性电阻电路的分析通常采用图解法。图 2-19a 所示电路由线性电阻 R_0 和电动势 E 及一个非线性电阻 R 组成。线性电阻 R_0 和电动势 E 的串联组合可以看成是一个线性有源二端网络的戴维南等效电路。设非线性电阻的伏安特性如图 2-19b 所示，对该非线性电阻电路，根据 KVL 定律，有

$$E=R_0 i+u$$

或

$$u=E-R_0 i$$

此方程可看作是图 2-19a 中电压源的伏安特性，它在 $u-i$ 平面上是一条如图 2-19b 中的斜线。该斜线与非线性电阻 R 的伏安特性的交点 $Q(U_Q, I_Q)$ 即为电路的静态工作点，它就是图 2-19a 所示电路的解，即

$$E=R_0 I_Q+U_Q$$

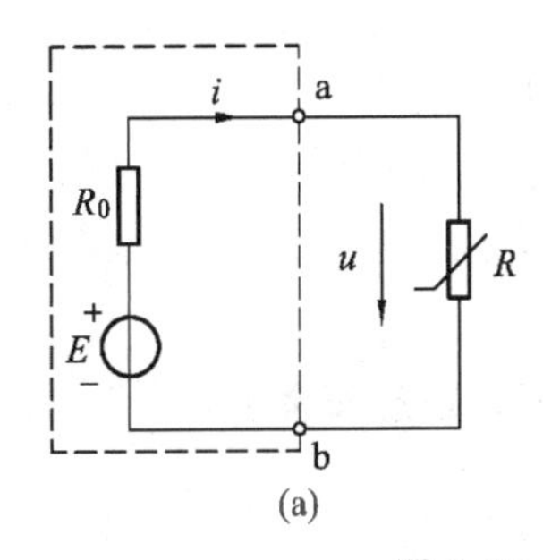

(a)

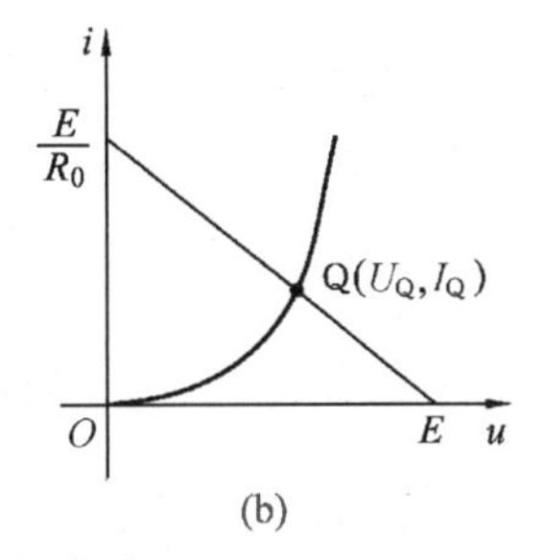

(b)

图 2-19　非线性电阻电路

而图 2-19b 所示图解法有时又称为“曲线相交法”。

图解法在非线性电路的分析中占有很重要的地位，多用于定性分析，具有直观、清晰、简洁的特点，但图解法不易得到定量的分析结果。

另外，非线性问题在一定条件下可以进行线性化处理，例如，在特性曲线的极小范围内用直线去近似替代，往往会给解决问题带来方便，所以有着广泛的应用。

2. 分析计算法

若电路中非线性元件的伏安特性是用数学表达式给出的，而且电路又比较简单，则可以运用前面介绍的相关分析方法进行分析计算。

【例 2-17】 求例 2-17 电路图中的 u、i，其中非线性电阻 R 的伏安特性为 $u=\begin{cases} i^2+1, i>0 \\ 0, \quad i\leqslant 0 \end{cases}$。

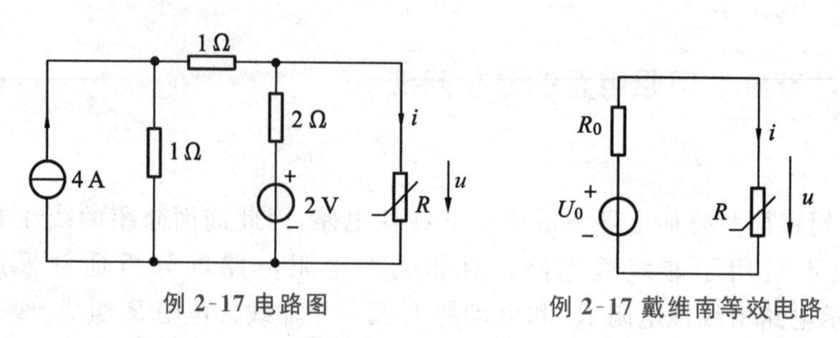

例 2-17 电路图　　例 2-17 戴维南等效电路

解　先求非线性电阻 R 左侧的戴维南等效电路，如例 2-17 戴维南等效电路图所示。

其开路电压为

$$U_0=4\times\frac{1\times(1+2)}{1+(1+2)}\times\frac{2}{1+2}+2\times\frac{(1+1)}{(1+1)+2}=3\ \text{V}$$

等效电阻为

$$R_0=\frac{2\times(1+1)}{2+(1+1)}=1\ \Omega$$

则有

$$R_0 i+u=U_0$$

即

$$i+(i^2+1)=3$$

解得

$$i=1\ \text{A}（另一解 -2\ \text{A} 因不合题意而舍去）$$

所以

$$u=2\ \text{V}$$

练习与思考

1. 在非线性电路中，KCL 和 KVL 定律成立吗？
2. 为什么非线性电阻元件的电压与电流之间的关系不符合欧姆定律？

2.8　直流电路的 Multisim 仿真

Multisim 是美国国家仪器公司（National Instruments-NI 公司）推出的用于电子电路仿真与设计的软件工具，功能强大、直观易学。它是在 Electronics Workbench（EWB）的基础上发展而来，拥有了它就等于拥有了一个先进的电子电路实验室，实现从实际的电子世界到仿真的电子世界、再由仿真反过来指导实际的无缝衔接，是学习模拟电子、数字电子及电力电子学等课程的重要辅助工具，能帮助设计者提高分析和设计能力，优化设计性能，减少设计错误，缩短原型开发时间。读者也可以用它验证习题计算的正确性而不必依赖教师提供的参考答案。

本书使用最新的 Multisim 13.0 版本，该版本是一个完整的集成化环境，包括电路、模拟电子、数字电子、电力电子、射频电路、MCU、PLC、FPGA、LabVIEW、NI 公司的数据采集卡、ELVIS、各种电子测量仪器等。可以在该集成平台仿真功能强大的电子测量与控制系统。

2.8.1　叠加定理

本节结合叠加定理证明，介绍 Multisim 的使用。

运行 Multisim，得到如图 2-20 所示界面。通过菜单 View /Toolbars，可以添加或删除某些工具栏，如图 2-21 所示。

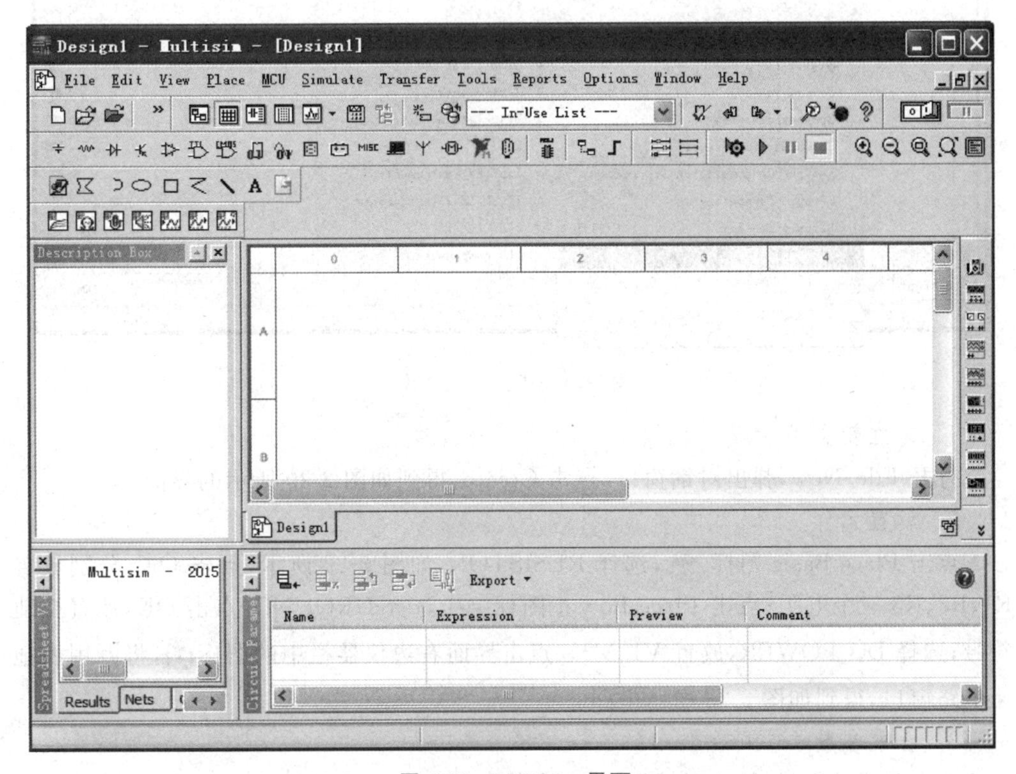

图 2-20　Multisim 界面

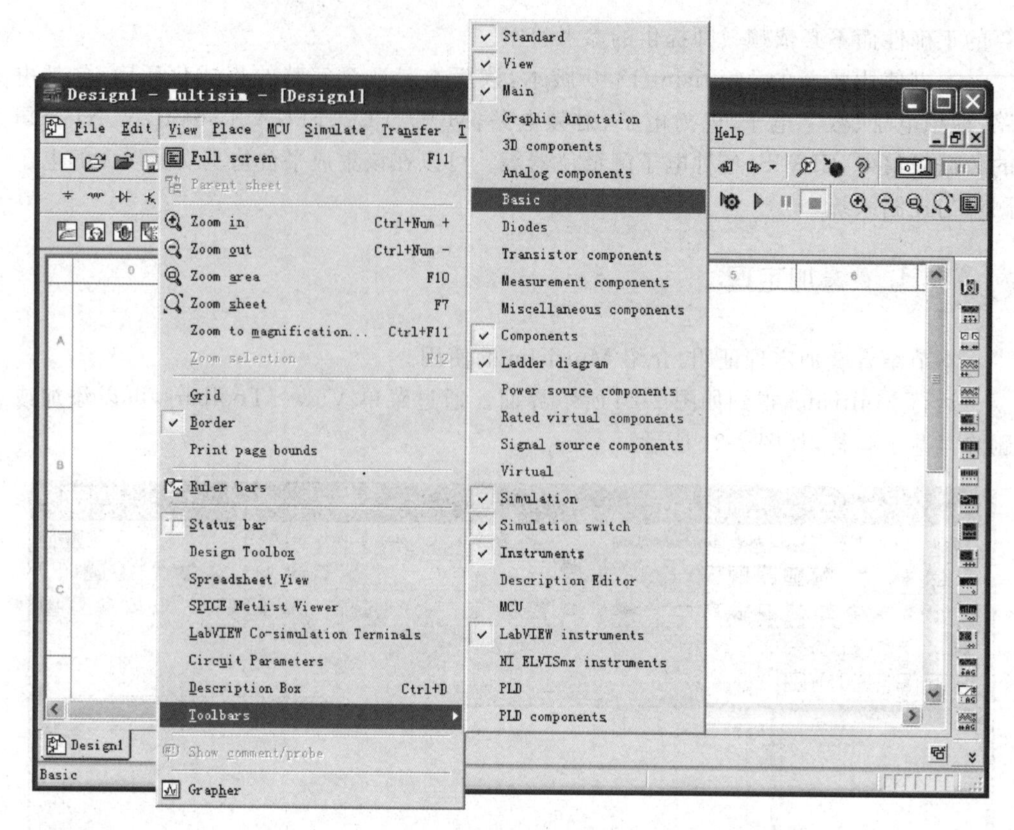

图 2-21 工具栏的增删

1. 建立新文件

打开 File/New，弹出对话窗口，点击 Create，得到如图 2-20 所示的界面。

2. 放置元件

点击 Place Basic 图标 ，选择 RESISTOR，如图 2-22 所示，点击 OK，分别放置 R1、R2、R3 三个电阻；点击 Place Power 图标 ，选择 GROUND，点击 OK，放置接地符号；选择 DC_POWER，放置 V1、V2。点击界面右边仪器栏中的图标 ，将万用表拖至电路窗口，得到如图 2-23 所示电路。

3. 设置参数

双击各元件符号，跳出对话框，改变参数，如图 2-24 所示。

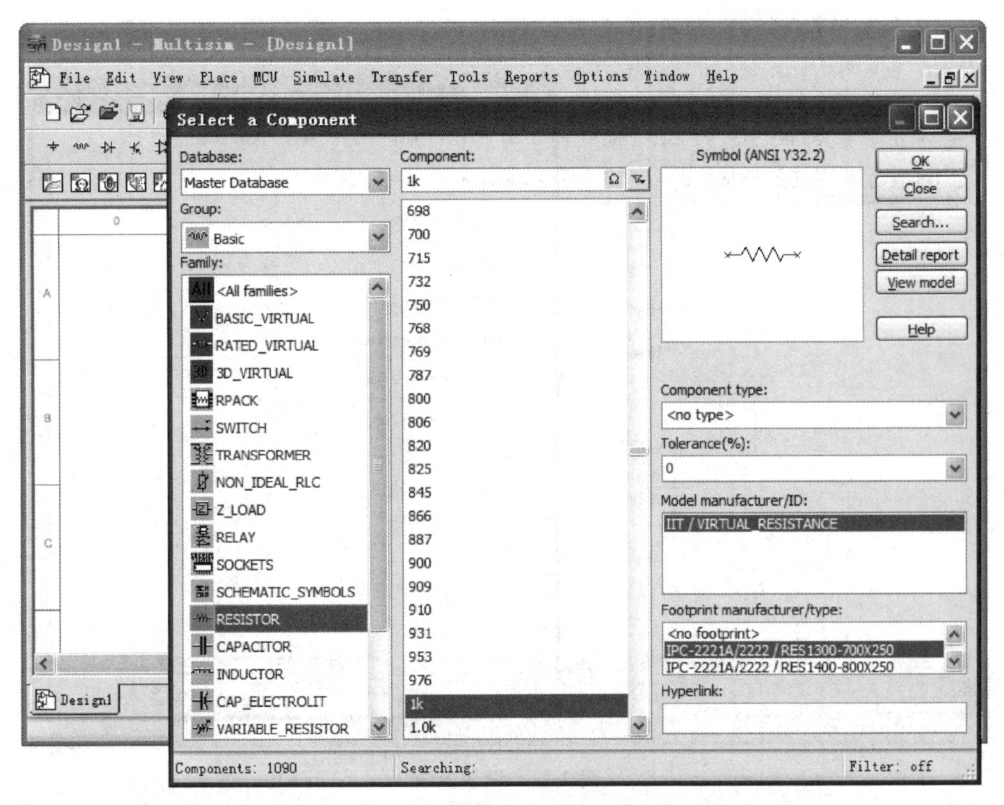

图 2-22　放置电阻

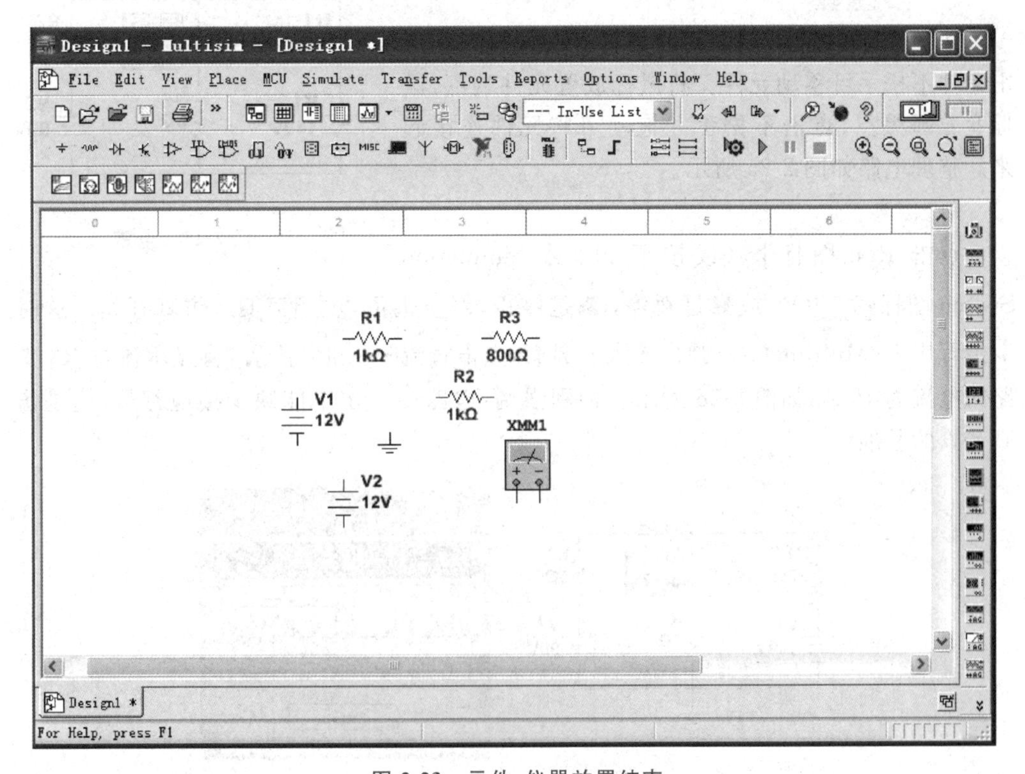

图 2-23　元件、仪器放置结束

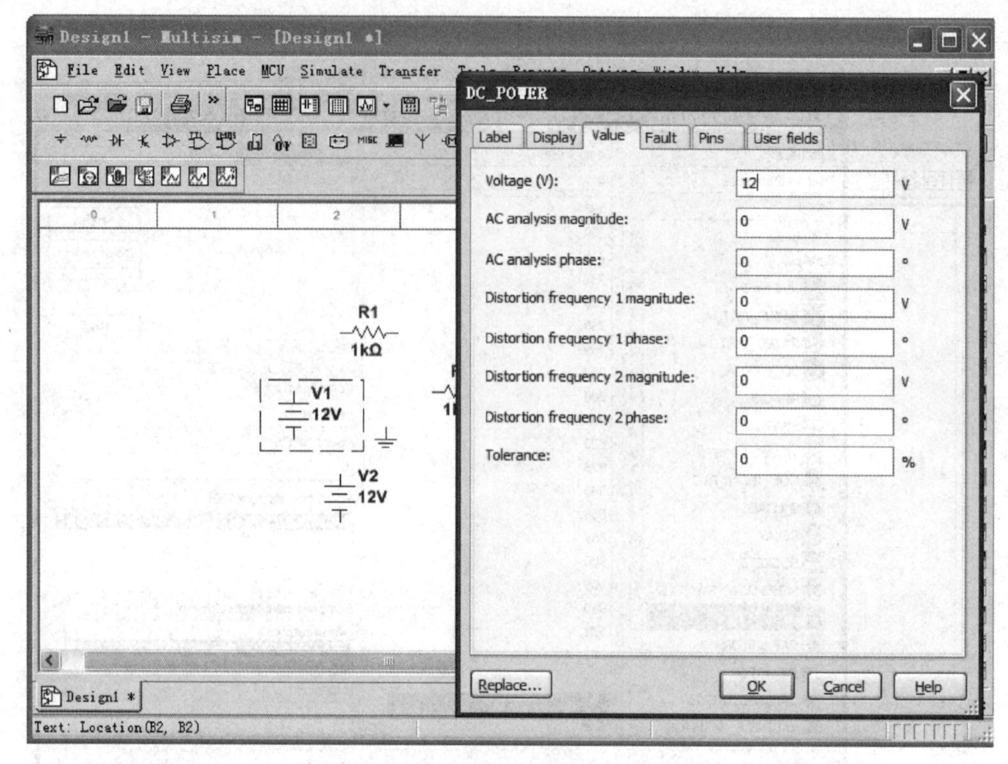

图 2-24 设置参数

4. 连线整理

选中元件并右击鼠标，可将元件翻转或旋转。点击元件不松手可移动元件。将鼠标放置元件端部，鼠标变成圆黑点，点击不松手并拖动可将元件连接起来。整理电路如图 2-25 所示。

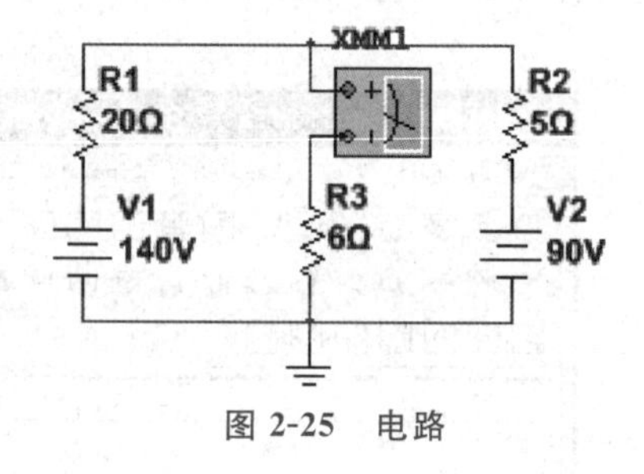

图 2-25 电路

5. 仿真

点击 Run 图标（或按下 F5）或 Simulation Switch 图标(F6 或是暂停，是停止，停止也可点击)，仿真开始。这时双击万用表(Multimeter)，弹出放大的界面，点击直流——和电流 A，将显示流过 R3 支路的电流为 10 A，如图 2-26 所示。特别强调：电路中一定不能缺少接地符号，这是仿真计算的基准。

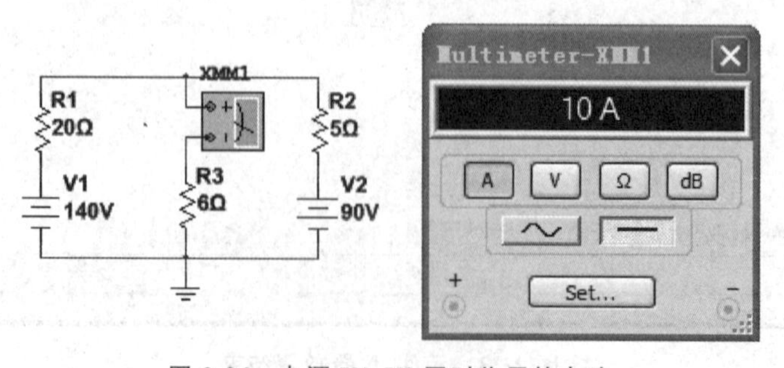

图 2-26 电源 V1、V2 同时作用的电路

电源 V1 和 V2 分别单独作用时的电路如图 2-27 和图 2-28 所示，流过 R3 支路的电流分别为 2.8 A 和 7.2 A。由此可见，由多个独立电源共同作用的线性电路中，任一支路的电压或电流都是电路中各个独立电源单独作用时，在该支路产生的电压或电流的代数和。

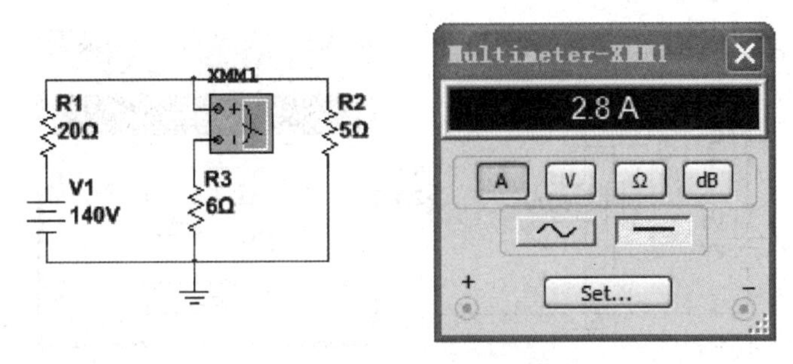

图 2-27　电源 V1 单独作用

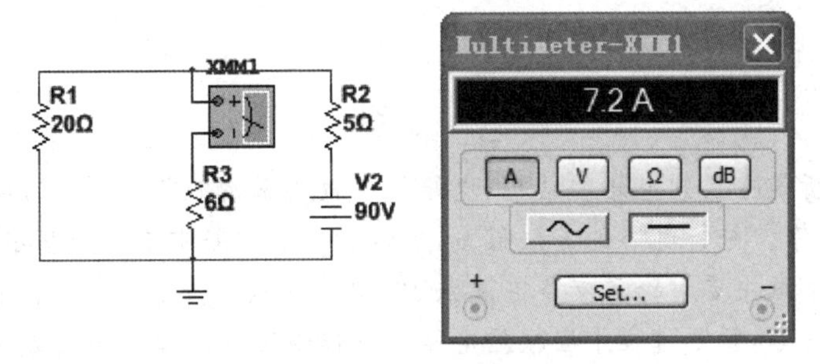

图 2-28　电源 V2 单独作用

2.8.2　具有受控元件电路的仿真分析

Multisim 中也有受控电源，受控电源也是通过点击 Place Power 图标，选择 CONTROLLED_CRRENT_SOURCES 中的 CRRENT_CONTROLLED_CRRENT_SOURCES 获得，双击电流控制电流源的图标，可改变控制参数。连线成图 2-29 所示电路，注意受控电流源的电流方向，仿真得到流过 R1 支路的电流为 1 A。

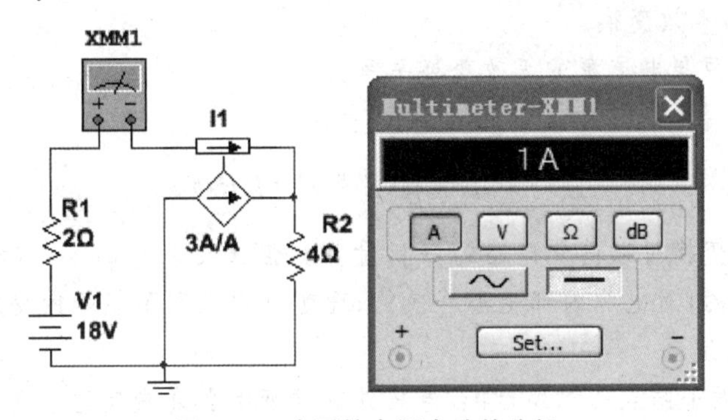

图 2-29　含受控电源电路的分析

Multisim中也有压控电阻等虚拟器件，点击 Place Basic 图标 ，选择 BASIC_VIRTUAL 中的 VOLTAGE_CONTROLLED_RESISTOR_VIRTUAL，点击 OK，放置压控电阻 U1。放置其他元件，并改变参数，连接成图 2-30 所示电路。仿真得到流过 U1 支路的电流为 2 A。

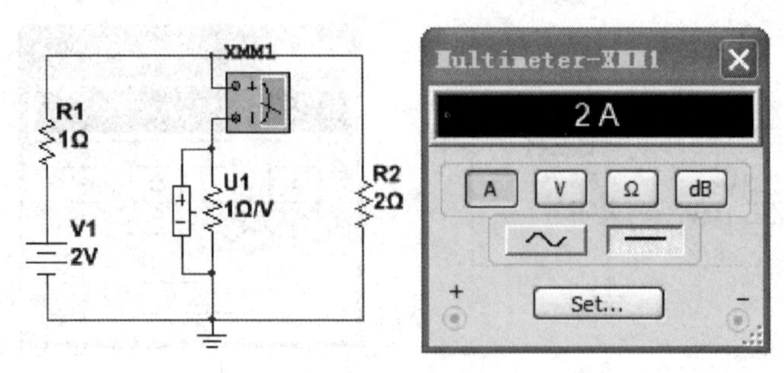

图 2-30　含压控电阻电路的分析

小结

电路分析是在已知电路的结构、电路的参数和激励的前提下，求解各支路的电流、电压和功率。分析电路的方法很多，但这些方法的基本依据是基尔霍夫定律和欧姆定律。本章主要讨论了支路电流法、电源的等效变换、结点电压法、叠加定理和戴维南定理等，解题过程中应根据电路的具体情况来选择适当的方法。比如，对于复杂的电路，要求出全部支路电流时应采用支路电流法；只要求计算部分支路的电流或电压时，可以选择叠加定理或戴维南定理进行求解。

1. 支路电流法

运用支路电流法求解电路中各支路电流的步骤为：

(1) 选定电路中各支路电流的参考方向；

(2) 根据 KCL 定律对$(n-1)$个结点建立结点电流方程；

(3) 选取$b-(n-1)$个网孔(回路)，指定回路的绕行方向，建立回路电压方程；

(4) 联立方程求解各支路电流。

2. 电源的等效变换

实际电压源与电流源的等效变换关系为

$$R_{0U}=R_{0I}=R_0$$

$$I_S=\frac{E}{R_0}\ (\text{或 } E=I_SR_0)$$

电源等效变换可以简化电路的分析计算。但需要注意的是：这种等效变换是对外电路而言的，对电源内部是不等效的；理想电源之间不能等效变换。

3. 弥尔曼定理

对于只有两个结点的电路，结点电压法就演变为弥尔曼定理。两结点之间的电压为

$$U_{ab}=\frac{\sum\frac{E}{R}+\sum I_S}{\sum\frac{1}{R}}$$

这是弥尔曼定理的一般表达式，式中分母的各项总为正，分子的各项可以为正，也可以为负：当电动势的方向或电激流的方向与结点电压的参考方向相反时取正号，相同时取负号。

4. 叠加定理

叠加定理是分析线性电路普遍适用的定理，它揭示了线性电路或系统的规律。其内容是：在由多个独立电源共同作用的线性电路中，任一支路的电压或电流都是电路中各个独立电源单独作用时，在该支路产生的电压或电流的代数和。

在使用叠加定理时应注意：对不作用的电压源，在电动势处用短路代替；对不作用的电流源，在电激流处用开路代替，电路中所有电阻都不予变动。叠加定理不能用于电路中功率的计算；不能用于非线性电路的计算。

5. 戴维南定理

戴维南定理特别适用于分析复杂线性电路中某一支路的电流或电压，用该定理求解电路的关键是求出戴维南等效电路。需特别注意的是，这里的“等效”是对线性有源二端网络外部电路而言的，对网络内部不等效。

戴维南定理：任何一个线性有源二端网络，对于外部电路来说，可以用一个电动势 E 和内阻 R_0 串联的电压源来等效代替。等效电压源的电动势 E 等于线性有源二端网络的开路电压 U_0，内阻 R_0 是将线性有源二端网络内部的全部电源置零后所得到的线性无源二端网络的等效电阻。

6. 非线性电阻电路的分析

对于非线性电路，欧姆定律和叠加定理不再适用，但基尔霍夫定律仍然适用。对非线性电阻电路通常是采用图解法进行分析。

第 2 章　习　题

1. 用支路电流法计算图示电路中各支路电流。
2. 用支路电流法计算图示电路中各支路电流。

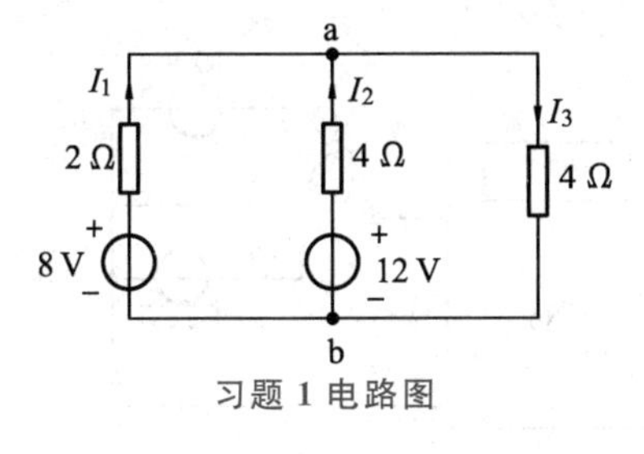

习题 1 电路图

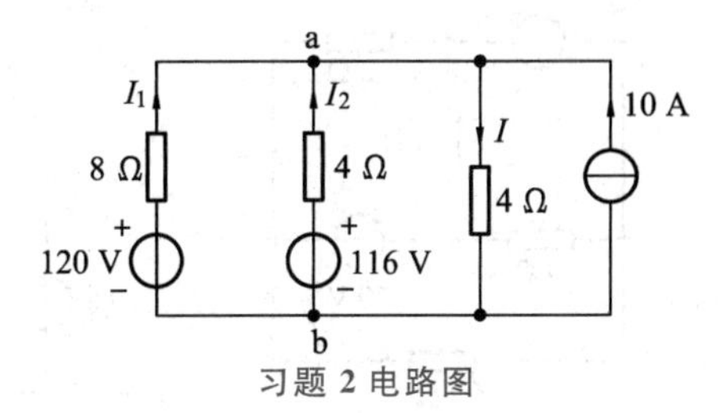

习题 2 电路图

3. 将图示各电路化为最简电路。

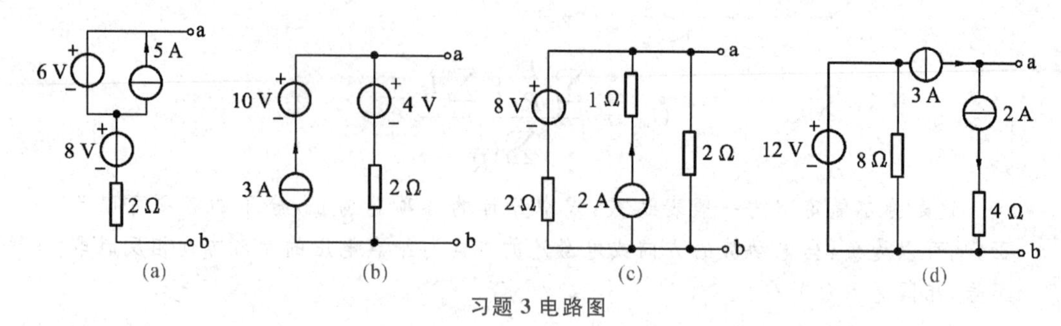

习题 3 电路图

4. 试用电压源与电流源等效变换的方法计算图示电路中的电流 I。

5. 试用弥尔曼定理求解图示电路中的各支路电流。

6. 用弥尔曼定理求图中结点的电位 V_1。

7. 用结点电压法求解图示电路中各结点的电位。

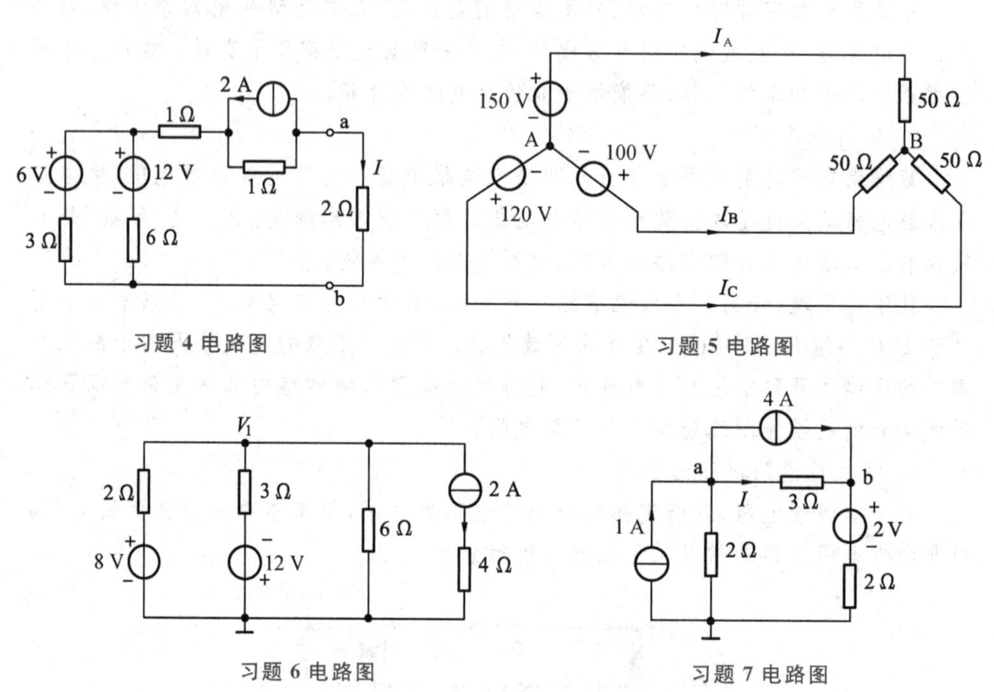

习题 4 电路图　　习题 5 电路图

习题 6 电路图　　习题 7 电路图

8. 用叠加定理计算图示电路中的电流 I。

9. 图示电路中，N_0 为只含线性电阻的网络，已知开关 S 在位置 1 和位置 2 时，电流 I 分别为－4 A 和 2 A。问：开关 S 在位置 3 时，I 为多少？

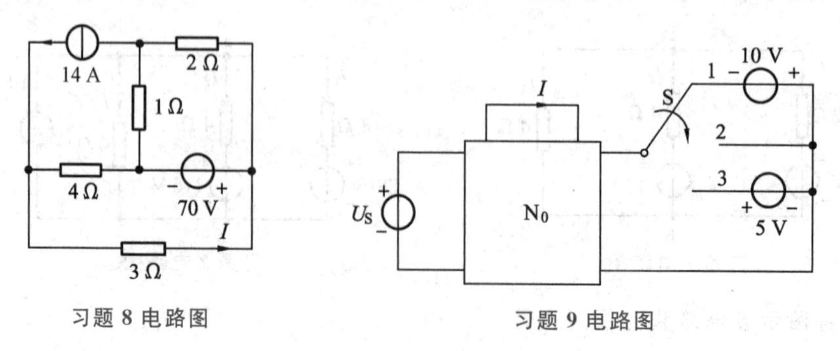

习题 8 电路图　　习题 9 电路图

10. 在图示电路中，① 当开关 S 合在 A 点时，求电流 I_1、I_2 和 I_3；② 当开关 S 闭合在 B 点时，利用①的结果，运用叠加原理计算电流 I_1、I_2 和 I_3。

11. 在图示电路中，已知 $U_{AB}=0$，试用叠加定理求 U_S 的值。

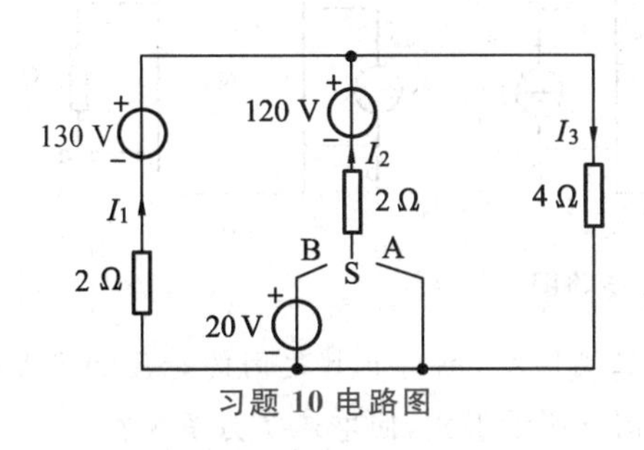

习题 10 电路图

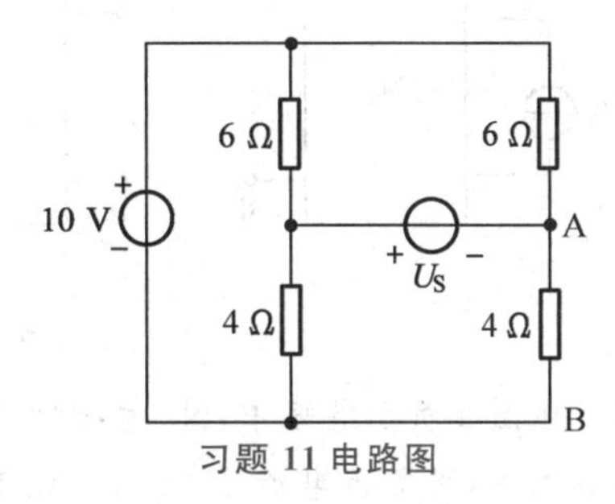

习题 11 电路图

12. 计算图示电路中的电流 I。

13. 计算图示电路中的电压 U_0。如果改变电流源的值，使 $U_0=0$，试确定电流源 I_S 的值。

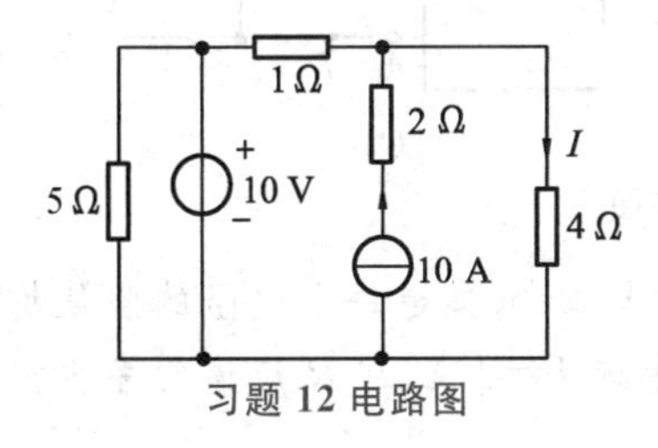

习题 12 电路图

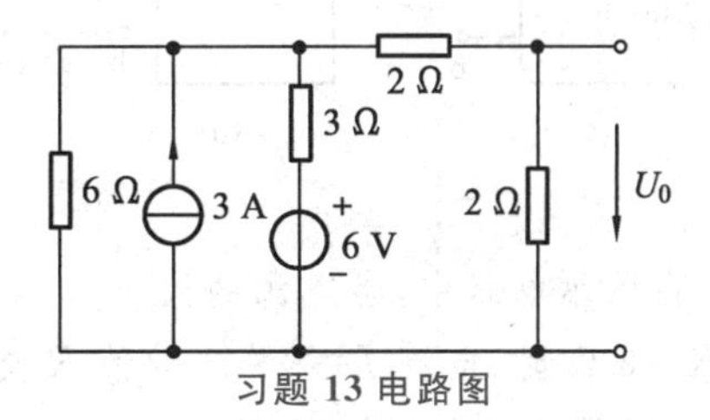

习题 13 电路图

14. 在图示电路中，用戴维南定理求：

(1) 当 S 打开时 a、b 两点之间的电压；

(2) S 闭合后 1 Ω 电阻上流过的电流。

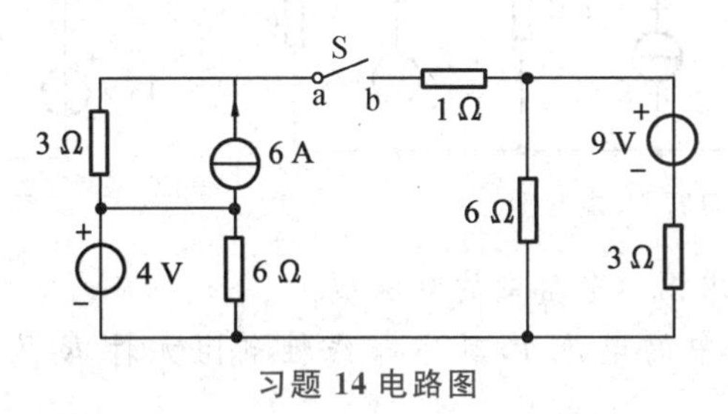

习题 14 电路图

15. 用戴维南定理求图示电路中的电流 I。

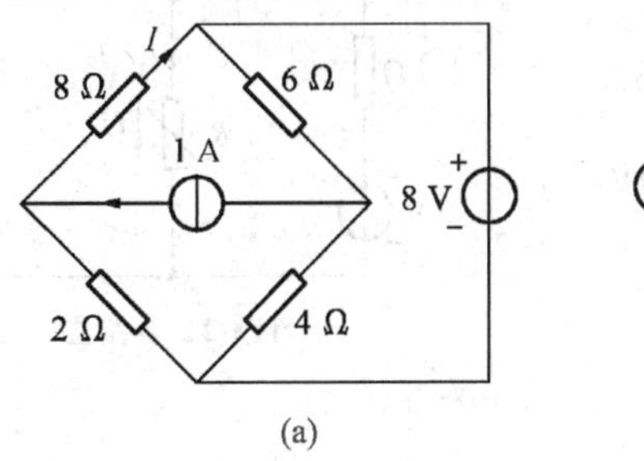

(a)

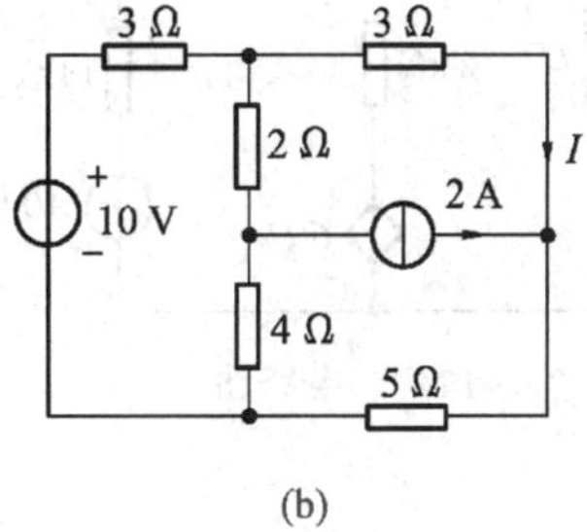

(b)

习题 15 电路图

16. 一无源网络 N_0 如图 a 所示，当 a、b 端口所接电流源 I_S 为 1 A 时，在 c、d 端口的电压为 10 V；若改按图 b 连接，在 c、d 端口的电压为 2 V。求图 c 中的电流 I。

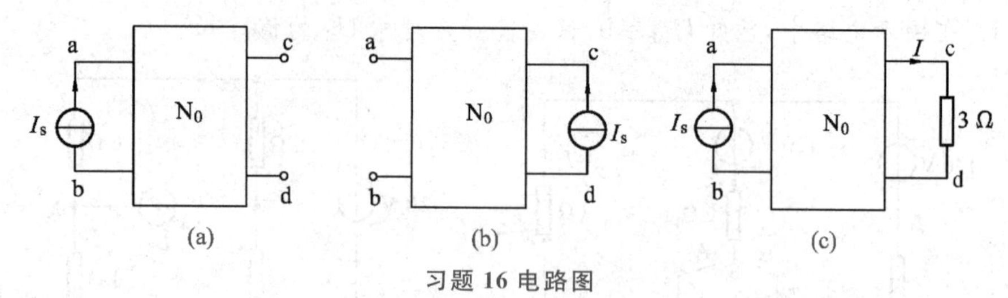

习题 16 电路图

17. 在图 a 所示电路中，N_S 为线性有源二端网络，测得 a、b 之间的电压为 9 V；若连接如图 b 所示，可测得电流 I=1 A。现接成图 c 所示形式，问电流 I 为多少？

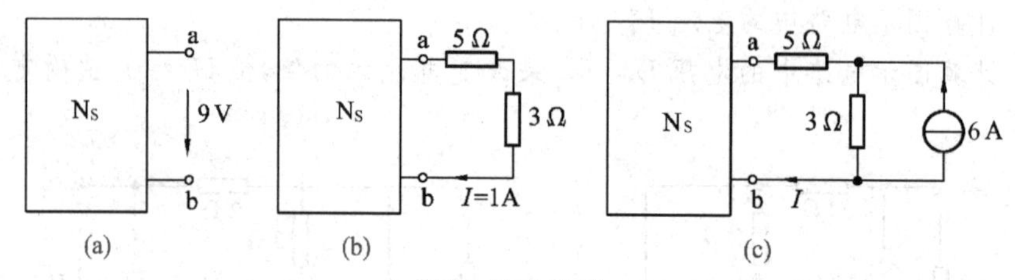

习题 17 电路图

18. 在图示电路中，各电源的大小和方向均未知，只知道每个电阻的阻值均为 6 Ω，又知当 R=6 Ω 时，电流 I=5 A。欲使 R 支路电流 I=2 A，则 R 应该为多少？

*19. 求图示电路中的电流 I。

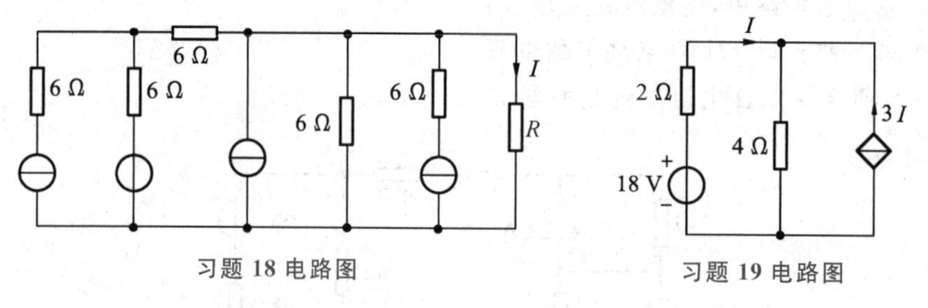

习题 18 电路图　　习题 19 电路图

*20. 用叠加定理求图示电路中的电压 U。

*21. 求图示电路中的电流 I，其中非线性电阻元件 R 的伏安特性为 $I=U+0.13U^2$。

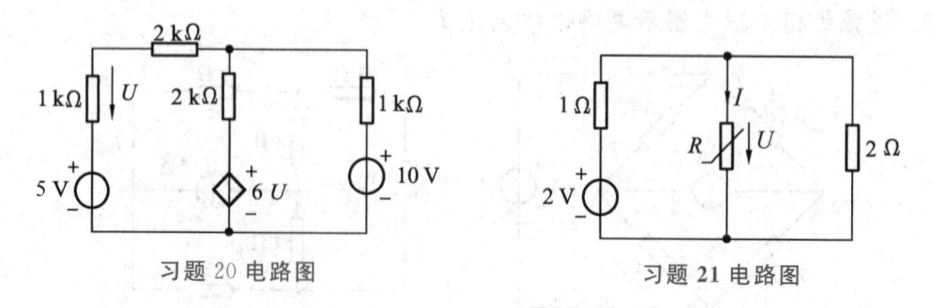

习题 20 电路图　　习题 21 电路图

第 3 章　电路的暂态分析

本章主要讨论 RC 和 RL 一阶线性电路的暂态过程以及电路中的暂态、稳态和电路时间常数的物理意义；介绍一阶线性电路的零输入响应、零状态响应和全响应的分析方法，并给出一阶电路暂态分析的三要素法。

3.1　暂态过程概述

3.1.1　激励和响应

一个电路当有激励（输入）或内部储能时，电路就有响应（输出）。按照产生响应原因的不同，响应又可分为：

（1）零输入响应：电路在无外部激励的情况下，仅由内部储能元件中所储存的能量而引起的响应；

（2）零状态响应：在储能元件未储存能量的情况下，仅由外部激励所引起的响应；

（3）全响应：在储能元件已储存能量和外部激励共同作用下所引起的响应。

3.1.2　稳态和暂态的概念

在直流电路中，电压和电流等物理量都是不随时间变化的恒定量，电路的这种状态，称为稳定状态，简称稳态。前面介绍过的直流电路都是基于电路稳态的前提下进行分析的。

当电路接通、断开，或电路的参数、结构等发生变化时，电路的运行状态也要随之发生变化，其中电路的电压、电流等要从原先的稳定值变化到新的稳定值。

图 3-1a 所示的 RC 串联电路中，当开关 S 在位置“2”时，电容电压 $u_C=0$，电流为零，电容储能为零，此时该电路处于一个稳定状态。在某一时刻（通常设为 $t=0$ 时刻）将开关 S 合向位置“1”，电源向电容充电，用示波器可以观察到电容两端的电压及电路中电流随时间变化的响应曲线，如图 3-1b 所示。充电结束时，电压和电流不再变化，电容电压 $u_C=U_S$，电流为零，电路达到另一个稳定状态。

电路从一个稳定状态变化到另一个新的稳定状态往往需要一段时间，电路在这段时间内所发生的物理过程称之为电路的过渡过程。与稳态的概念相对应，电路在过渡过程中的状态称为暂态，因此过渡过程又称为暂态过程。电路的稳态和暂态是两种不同的状态，但两者之间又有联系。通常，稳态是暂态过程的最终状态，多数情况下暂态过程是从一个稳态开始，结束于另一个稳态。

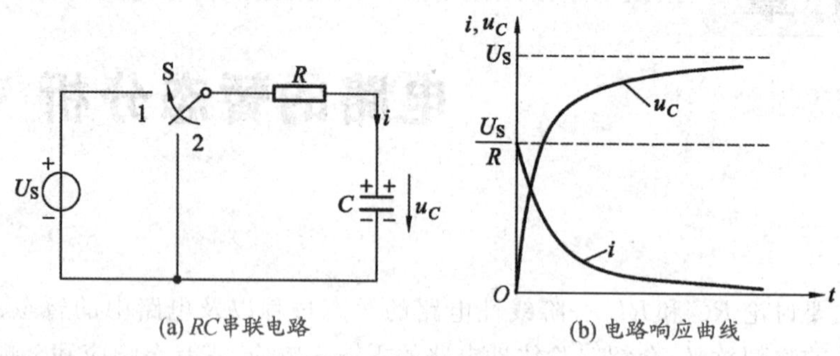

图 3-1 暂态过程示例

3.1.3 暂态过程的产生

电路中的暂态过程是由于电路的接通、切断，电源、电路参数或结构的突然改变等原因引起的。电路的这些改变统称为换路，换路是瞬间完成的。换路仅仅是电路产生暂态过程的外在原因，因为并不是所有的电路在换路后都会产生暂态过程。比如一个电阻元件与电源接通时，电阻中流过的电流、电阻两端的电压都会在接通瞬间达到新的稳态值，即电阻电路中的电压和电流等物理量会发生突变，没有暂态过程。电路产生暂态过程的内部原因是电路中存在着储能元件电感或电容。

能量只能从一种形式转换成另一种形式，而能量的转换和传递都必须有一个过程，不可能发生跃变，即不能从一个量值突变到另一个量值，否则将导致功率 $p=\frac{\mathrm{d}W}{\mathrm{d}t}$ 为无穷大，这在客观世界中是不存在的。

在电感元件中，其储能表现为磁场能量 $W_L=\frac{1}{2}Li_L^2$，由于换路时磁场能量不能突变，所以通过电感的电流不能突变。在电容元件中，其储能表现为电场能量 $W_C=\frac{1}{2}Cu_C^2$，换路时电场能量不能突变，故电容两端的电压不能突变。因此，含有储能元件电感和电容的电路在换路时会发生暂态过程。

综上所述，含有储能元件是电路产生暂态过程的内因，换路是电路产生暂态过程的外因。

3.1.4 暂态分析的目的和方法

电路暂态过程虽然很短暂，但对生产实践却有极为重要的影响。研究暂态过程的目的在于：利用其有利的一面为生产实践服务，另外要避免其有害现象的出现。

在工业生产和科学实验中，人们常需要利用电路的暂态过程，以实现某种技术需要。例如，振荡信号的产生、信号波形的变换、电子继电器的延时动作等都是以电路的暂态过程为基础的。但同样道理，在半导体电路中，暂态过程也容易产生过电压或过电流（超过正常的额定电压或额定电流），会损坏半导体器件；大电机接入电力系统可能产生严重的冲击电流，造成设备事故。

研究暂态过程常采用数学分析和实验分析两种方法。实验分析利用示波器来观察暂态过程中各个物理量随时间变化的规律，或借助其他实验方法对暂态过程进行分析和计算。本章介绍最基本的数学分析方法——经典法。该方法的实质就是根据电路的欧姆定律、基尔霍夫定律等列出电路中电压和电流关于时间的微分方程，然后利用已知的初始条件进行求解。如果电路的暂态过程用一阶微分方程来描述，则称该电路为一阶电路；而需要用二阶微分方程来描述的，则称该电路为二阶电路。没有储能元件的电路没有暂态过程，所列出的方程是代数方程。

练习与思考

1. 什么是换路？什么叫稳态？什么叫暂态？
2. 产生暂态过程的原因是什么？
3. 暂态分析的目的是什么？

3.2　换路定律

3.2.1　换路定律

如前所述，由于电感元件的电流 i_L 和电容元件的电压 u_C 不能突变，它们都是时间的连续函数，那么，在换路前后的瞬间，电感元件中的电流 i_L 和电容元件的端电压 u_C 也应该分别相等，而不会跃变，这就是换路定律。

设 $t=0$ 是电路发生换路的时刻，用 $t=0_-$ 表示换路前的终了时刻，用 $t=0_+$ 表示换路后的初始时刻。用 $i_L(0_-)$ 和 $i_L(0_+)$ 分别表示换路前后瞬间电感元件中的电流；用 $u_C(0_-)$ 和 $u_C(0_+)$ 分别表示换路前后瞬间电容元件的端电压，则换路定律可表示为

$$\begin{cases} i_L(0_+)=i_L(0_-) \\ u_C(0_+)=u_C(0_-) \end{cases}$$

换路定律仅适用于换路瞬间，根据换路定律可确定电路中电压和电流在 $t=0_+$ 时的值，即暂态过程的初始值。

3.2.2　初始值的确定

通常把 $t=0_+$ 时刻（即换路后的初始时刻）的电压或电流值称为初始值，记作 $f(0_+)$。分析含有储能元件的电路在暂态过程中电压、电流的变化规律，初始值是要首先确定的重要条件，对于直流电源激励的电路，如果换路前电路已达到稳态，求初始值

的步骤为：

(1) 由 $t=0_-$ 瞬间的等效电路计算 $u_C(0_-)$, $i_L(0_-)$。$t=0_-$ 时等效电路是指换路前的稳态电路，根据第1章对电容、电感元件的学习知道，因为 $i_C=C\frac{du_C}{dt}$, $u_L=L\frac{di_L}{dt}$，可以得出 $\begin{cases}i_C(0\_)=0\\u_L(0\_)=0\end{cases}$，所以在直流稳态下，电容相当于开路，电感相当于短路。

(2) 由换路定律 $i_L(0_+)=i_L(0\_)$, $u_C(0_+)=u_C(0\_)$，计算换路后瞬间的电感电流和电容电压的初始值。

(3) 再由 $t=0_+$ 瞬间的等效电路及基尔霍夫定律、欧姆定律计算出电路中其余各电压和电流的初始值，如 $u_L(0_+)$、$i_C(0_+)$ 及 $u_R(0_+)$ 等。

下面举例说明初始值的确定方法。

【例 3-1】 电路如例 3-1 电路图所示，已知 $U_S=10$ V, $R_1=R_2=R_3=1$ kΩ, $C=5$ μF, $L=0.1$ H，开关 S 动作前电路已达稳态。在 $t=0$ 时开关 S 由 b 合向 a，求开关 S 接通 a 点瞬间各元件上的电压值和各支路中的电流值。

解　由于换路前电路处于稳态，电容相当于开路，电感相当于短路，$t=0_-$ 时的等效电路如例 3-1 等效电路图 a 所示。由于此时电路中无激励，因此各电压、电流均为零，即

$$i_L(0_-)=0 \qquad u_C(0_-)=0$$

根据换路定律可知，换路后瞬间电感中的电流和电容两端的电压分别为

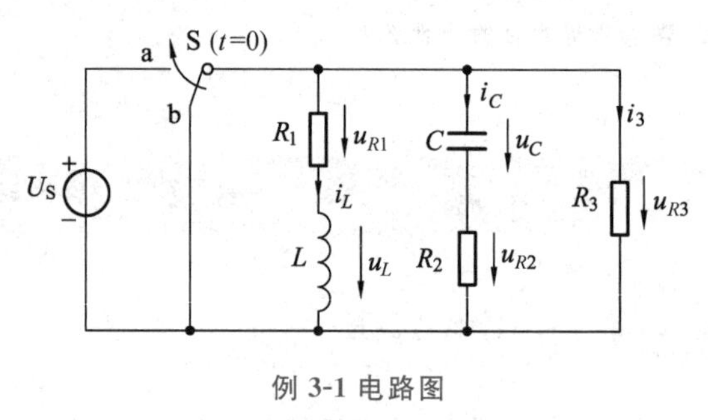

例 3-1 电路图

$$i_L(0_+)=0,\ u_C(0_+)=0$$

由此可知，在 $t=0_+$ 时刻，电容相当于短路，电感相当于开路，$t=0_+$ 时的等效电路如例图 b 所示。应用欧姆定律和基尔霍夫定律可求得其他物理量的初始值如下：

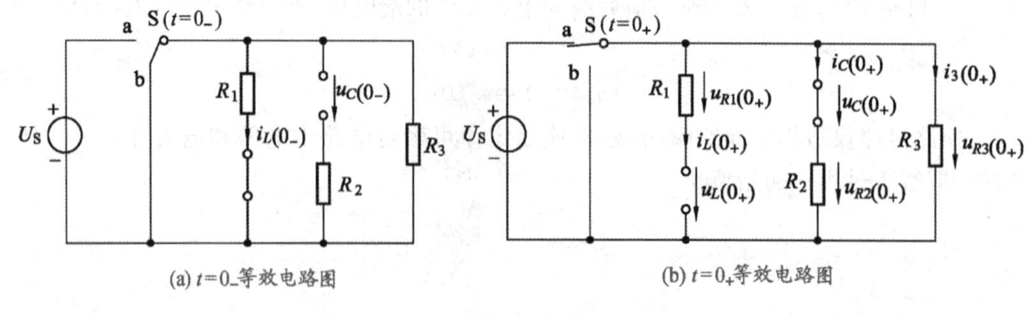

例 3-1 等效电路图

$u_{R1}(0_+)=0$, $u_L(0_+)=10$ V

$u_{R2}(0_+)=10$V

$i_C(0_+)=10\ \text{mA}$

$u_{R3}(0_+)=10\text{V}$

$i_3(0_+)=10\ \text{mA}$

3.2.3 稳态值的确定

当电路的暂态过程结束后，电路处于稳定状态，这时各元件电压和电流的值称为稳态值，通常记作 $f(\infty)$，它也是分析暂态过程的重要因素之一。

【例 3-2】 仍以例 3-1 电路图为例，在 $t=0$ 时，开关 S 由 b 合向 a，电路与电源接通。求换路后各元件上的电压、电流的稳态值。

解　由于电路处于稳态时，直流稳态下的电容相当于开路，电感相当于短路，即

$$u_L(\infty)=0 \qquad i_C(\infty)=0$$

换路后的等效电路如例 3-2 解题图所示，当 $t=\infty$时各元件电压、电流的稳态值如下：

$$u_{R1}(\infty)=10\text{V} \qquad i_L(\infty)=10\ \text{mA}$$

$$u_{R2}(\infty)=0 \qquad u_C(\infty)=10\ \text{V}$$

$$u_{R3}(\infty)=10\text{V} \qquad i_3(\infty)=10\ \text{mA}$$

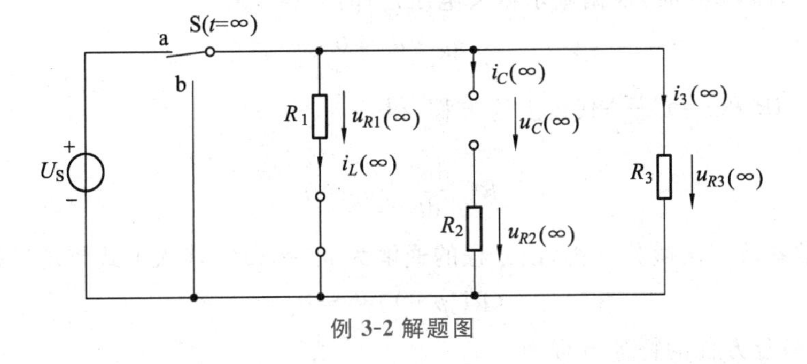

例 3-2 解题图

练习与思考

1. 什么叫初始值？什么是稳态值？
2. 换路定律的内容是什么？
3. $t=0_+$ 等效电路是指(　　　　　　　　)的电路。

3.3 RC电路的暂态分析

对于含有一个电容器 C 或等效以后为一个电容器与若干个电阻组成的电路，当电阻和电容都是线性元件时，电路中的电流、电压方程将是一阶线性常系数微分方程，相应的电路称为一阶电阻电容电路(简称为 RC 电路)。

3.3.1 RC 电路的零输入响应

图 3-2 所示电路是 RC 串联电路。在换路前，开关 S 是合在位置“2”上的，电源对电容器充电，$u_C=U_0$。在 $t=0$ 时刻将开关 S 从位置“2”拨到位置“1”，使电路脱离电源，电容元件将经过电阻 R 开始放电，由于该电路的响应是完全靠电容的初始储能进行的，外界没有能量输入，因此电路中的响应称为零输入响应。

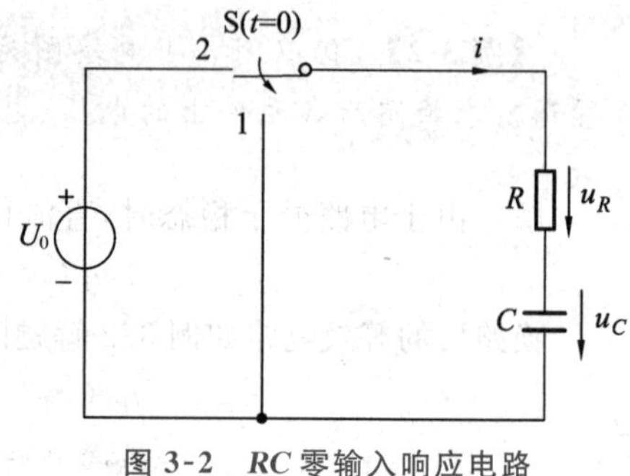

图 3-2 RC 零输入响应电路

把开关 S 动作时刻记为计时起点($t=0$)。开关动作后，即 $t\geqslant0$ 时，根据基尔霍夫电压定律，可得

$$u_R+u_C=0$$

将 $u_R=iR$ 和 $i=C\dfrac{\mathrm{d}u_C}{\mathrm{d}t}$ 代入上述方程，得

$$RC\frac{\mathrm{d}u_C}{\mathrm{d}t}+u_C=0 \tag{3-1}$$

这是一阶常系数齐次微分方程，该方程的通解为 $u_C=A\mathrm{e}^{pt}$，代入上式整理后得

$$(RCp+1)\mathrm{e}^{pt}=0$$

则式(3-1)微分方程的特征方程为

$$RCp+1=0$$

特征根为

$$p=-\frac{1}{RC}$$

由换路定律 $u_C(0_+)=u_C(0_-)=U_0$，代入 $u_C=A\mathrm{e}^{pt}$，求得积分常数为

$$A=U_0$$

这样，满足初始值的微分方程的解为

$$u_C=A\mathrm{e}^{-\frac{1}{RC}t}=U_0\mathrm{e}^{-\frac{1}{RC}t}$$

这就是电容电压 u_C 在暂态过程中的变化规率。

电路中的电流为

$$i=C\frac{\mathrm{d}u_C}{\mathrm{d}t}=C\frac{\mathrm{d}}{\mathrm{d}t}(U_0\mathrm{e}^{-\frac{1}{RC}t})=-\frac{U_0}{R}\mathrm{e}^{-\frac{1}{RC}t}$$

电阻上的电压

$$u_R = Ri = -U_0 e^{-\frac{1}{RC}t}$$

从以上表达式可以看出，电压 u_C、u_R 及电流 i 都是按照同样的指数规律衰减的(图3-3)。它们衰减的快慢取决于电路参数 R 及 C 值的大小。通常用时间常数 τ 来表示暂态过程进行得快或慢，即

$$\tau = RC$$

式中，R 的单位是欧姆(Ω)，C 的单位是法拉(F)，τ 的单位是秒(s)。

引入时间常数概念后，电容电压 u_C 和电流 i 可以分别表示为

$$u_C = U_0 e^{-\frac{t}{\tau}}$$

$$i = -\frac{U_0}{R} e^{-\frac{1}{\tau}t}$$

u_C、u_R、i 的零输入响应如图3-3所示。时间常数 τ 的大小反映了一阶电路暂态过程的进展速度，它是反映暂态过程的一个重要的物理量。τ 越大暂态过程进行得越慢，τ 越小暂态过程进行得越快。

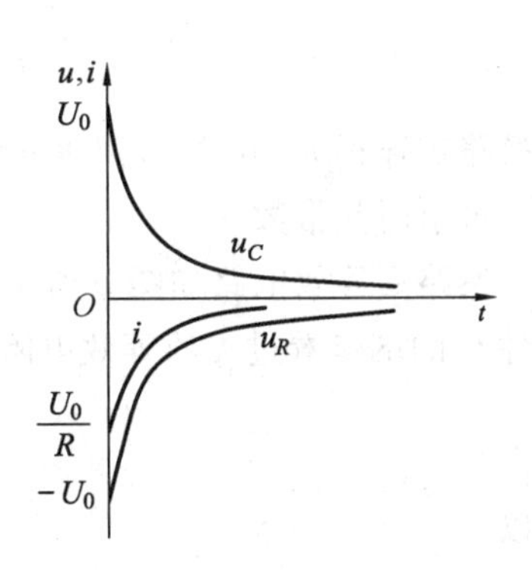

图3-3　u_C、u_R、i 的零输入响应曲线

当 $t=\tau$ 时，有

$$u_C = U_0 e^{-1} = 0.368\,U_0$$

即经过一个时间常数 τ 后，电容电压衰减了63.2%，即为初始值的36.8%。时间 t 等于时间常数 τ 的不同倍数时，电容电压与初始电压 U_0 之间的关系列于表3-1中。

表3-1　电压 u_C 随时间衰减的幅度

t	0	τ	2τ	3τ	4τ	5τ	…	∞
$u_C(t)$	U_0	$0.368\,U_0$	$0.135\,U_0$	$0.05\,U_0$	$0.018\,U_0$	$0.0067\,U_0$	…	0

由表3-1可见，在理论上要经过无限长的时间 u_C 才能衰减到零值。但当 t 经过 $3\tau\sim5\tau$ 时，电容电压已下降到初始值的5%～0.67%，所以工程上一般近似地认为换路后，电路经过 $3\tau\sim5\tau$ 就达到稳态了。

时间常数 τ 愈大，u_C 衰减(电容器放电过程)愈慢，如图3-4所示。因为在一定初始电压 U_0 下，电容 C 愈大，则储存的电荷愈多；而电阻 R 愈大，则放电电流愈小。这都促使电容的放电速度变慢。因此，改变 R 或 C 的数值，可以改变电路的时间常数，从而改变电容器放电速度的快慢。

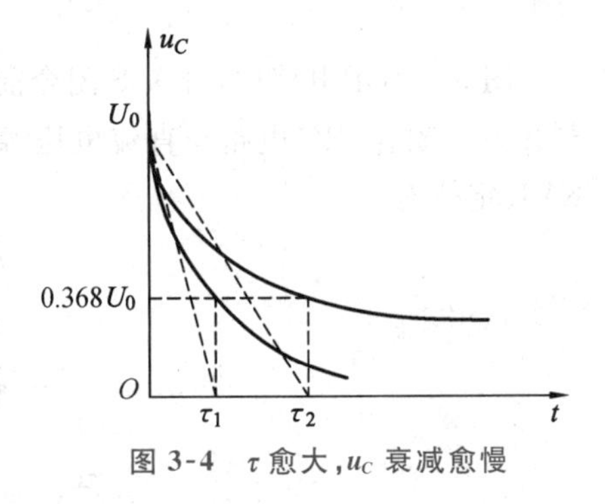

图3-4　τ 愈大，u_C 衰减愈慢

【例3-3】　例3-3图示电路中，开关S在位置"1"时电路已达稳态。$t=0$ 时将开关由位置"1"合向位置"2"，试求 $t\geqslant0$ 时的电压 $u_C(t)$ 和电流 $i(t)$。

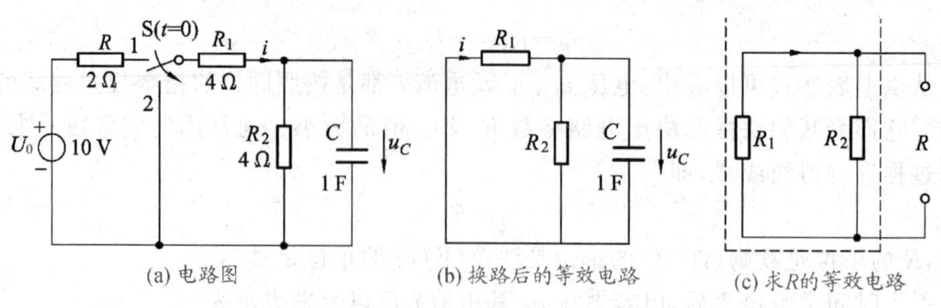

例 3-3 电路图

解　这是一个 RC 放电电路。

首先计算电容电压的初始值。

$$u_C(0_-)=\frac{10\times 4}{2+4+4}=4\ \text{V}$$

由换路定律得 $u_C(0_+)=u_C(0_-)=4\ \text{V}$。

再求时间常数 τ。

换路后等效电路如图 b 所示，电容通过电阻 R_1、R_2 放电，设等效电阻为 R，从储能元件 C 的端口看过去的等效电阻 R 相当于 R_1 与 R_2 为并联，电路如图 c 所示。

$$R=\frac{R_1R_2}{R_1+R_2}=2\ \Omega$$

所以

$$\tau=RC=2\ \text{s}$$

$$u_C(t)=U_0\mathrm{e}^{-\frac{t}{\tau}}=4\mathrm{e}^{-0.5t}\ \text{V}$$

$$i(t)=-\frac{u_C(t)}{4}=-\mathrm{e}^{-0.5t}\ \text{A}$$

3.3.2 RC 电路的零状态响应

图 3-5 所示电路中，开关 S 闭合前电路处于零初始状态，即 $u_C(0_-)=0$。在 $t=0$ 时刻开关 S 闭合，RC 电路与直流电压源 U_S 接通，电源通过电阻对电容进行充电。根据 KVL 定律有

$$u_R+u_C=U_S$$

图 3-5　RC 零状态响应电路

将 $u_R=iR$ 和 $i=C\dfrac{\mathrm{d}u_C}{\mathrm{d}t}$ 代入，得电路的微分方程

$$RC\frac{\mathrm{d}u_C}{\mathrm{d}t}+u_C=U_S$$

此方程为一阶常系数线性非齐次方程。方程的解由两部分组成:非齐次方程的特解 $u_C{}'$ 和对应齐次方程的通解 $u_C{}''$,即

$$u_C=u_C{}'+u_C{}''$$

特解 $u_C{}'$ 可由电路换路后的稳定状态求得,即

$$u_C{}'=u_C(\infty)=U_S$$

通解 $u_C{}''$ 由所对应的齐次方程为 $RC\frac{\mathrm{d}u_C}{\mathrm{d}t}+u_C=0$ 求得,与式(3-1)相同,因此

$$u_C{}''=A\mathrm{e}^{-\frac{t}{\tau}}$$

其中 $\tau=RC$。

所以
$$u_C=U_S+A\mathrm{e}^{-\frac{t}{\tau}}$$

因为
$$u_C(0_+)=u_C(0_-)=0$$

所以
$$A=-U_S$$

电容两端的电压为

$$u_C=U_S-U_S\mathrm{e}^{-\frac{t}{\tau}}=U_S(1-\mathrm{e}^{-\frac{t}{\tau}}) \tag{3-2}$$

电路中的电流为

$$i=C\frac{\mathrm{d}u_C}{\mathrm{d}t}=\frac{U_S}{R}\mathrm{e}^{-\frac{t}{\tau}} \tag{3-3}$$

u_C 和 i 的响应曲线如图 3-6 所示,电压 u_C 的两个分量 $u_C{}'$ 和 $u_C{}''$ 也如图中所示。u_C 按 t 的指数函数规律趋近于它的稳态值 U_S,到达该值后不再变化。

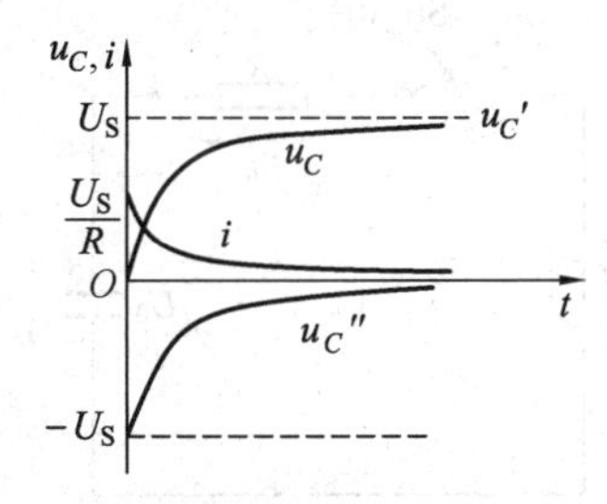

图 3-6　零状态响应中 u_C 和 i 的响应曲线

【例 3-4】 在例 3-4 图 a 所示电路中,$U_S=9$ V,$R_1=6$ kΩ,$R_2=3$ kΩ,$C=1\,000$ pF,$u_C(0_-)=0$。试求 $t\geqslant 0$ 时的电容电压 $u_C(t)$ 和电流 $i_2(t)$。

解　应用戴维南定理将换路后的电路化为图 b 所示的等效电路(RC 串联电路),等效电源的电动势和等效电阻分别为

$$E=\frac{R_2U_S}{R_1+R_2}=\frac{3\times 9}{6+3}=3\ \mathrm{V}$$

$$R=\frac{R_1R_2}{R_1+R_2}=\frac{6\times 3}{6+3}=2\ \mathrm{k\Omega}$$

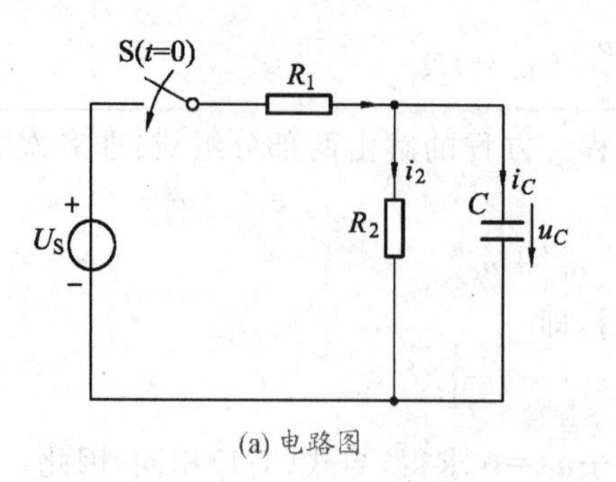

(a) 电路图

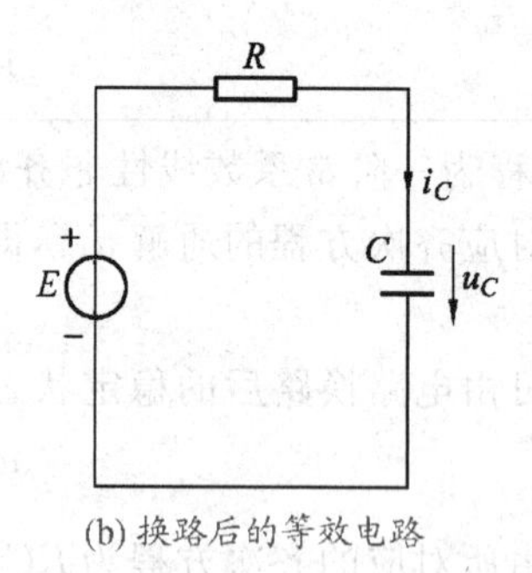

(b) 换路后的等效电路

例 3-4 电路图

电路的时间常数

$$\tau=RC=2\times10^3\times1\ 000\times10^{-12}=2\times10^{-6}\ \text{s}$$

于是由式(3-2)得

$$u_C(t)=E(1-e^{-\frac{t}{\tau}})=3(1-e^{-\frac{t}{2\times10^{-6}}})=3(1-e^{-5\times10^5t})\ \text{V}$$

$$i_2(t)=\frac{u_C(t)}{R_2}=1-e^{-5\times10^5t}\ \text{mA}$$

3.3.3 RC 电路的全响应

图 3-7 所示电路中，若电容具有初始储能，与直流电源 U_S 接通时电路中的响应是全响应。

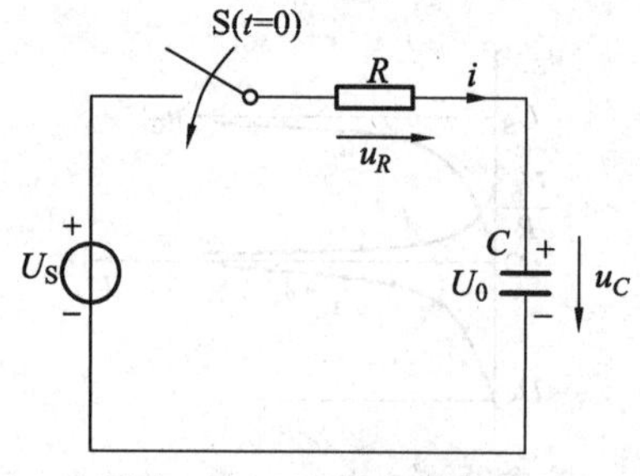

图 3-7 RC 全响应电路

设电容原有电压为 U_0，开关 S 闭合后，根据 KVL 定律有

$$RC\frac{du_C}{dt}+u_C=U_S$$

初始条件 $u_C(0_+)=u_C(0_-)=U_0$

方程的通解 $u_C=u_C'+u_C''$

取换路后达到稳定状态的电容电压为特解，则 $u_C'=u_C(\infty)=U_S$

u_C''为上述方程对应的齐次方程的通解 $u_C''=Ae^{-\frac{t}{\tau}}$

其中 $\tau=RC$ 为电路的时间常数，所以有

$$u_C=u_C(\infty)+Ae^{-\frac{t}{\tau}}=U_S+Ae^{-\frac{t}{\tau}}$$

根据初始条件 $u_C(0_+)=u_C(0_-)=U_0$，得积分常数为

$$A=u_C(0_+)-u_C(\infty)=U_0-U_S$$

所以电容电压

$$\begin{aligned}u_C&=u_C(\infty)+[u_C(0_+)-u_C(\infty)]e^{-\frac{t}{\tau}}\\&=U_S+(U_0-U_S)e^{-\frac{t}{\tau}}\end{aligned}\qquad(3\text{-}4)$$

这就是电容电压在 $t\geqslant 0$ 时的全响应。

由式(3-4)又可以看出，它的第一项是稳态分量，为一常数，而它的第二项则是暂态分量，它随时间的增加而按指数规律逐渐衰减为零。所以全响应又可以表示为

全响应＝稳态分量＋暂态分量

式(3-4)可改写成

$$u_C=U_0e^{-\frac{t}{\tau}}+U_S(1-e^{-\frac{t}{\tau}})\qquad(3\text{-}5)$$

式(3-5)右边的第一项是电路的零输入响应，因为如果把电压源置零，电路的响应恰好就是 $u_C=U_0e^{-\frac{t}{\tau}}$。右边的第二项则是电路的零状态响应，因为它正好是$u_C(0_+)=0$时的响应。这说明 RC 电路中，全响应是零输入响应和零状态响应的叠加，这是线性电路叠加性质的体现，而零输入响应和零状态响应均是全响应的特例。所以一般情况下，电路的全响应又可以表示为

全响应＝零输入响应＋零状态响应

u_C 随时间变化的曲线如图 3-8 所示。

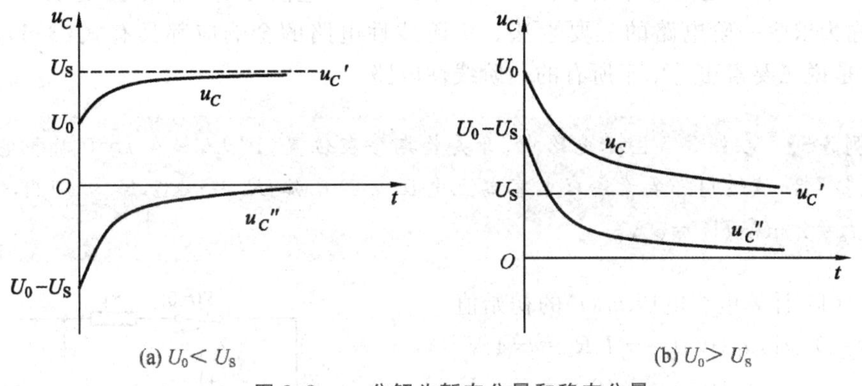

(a) $U_0<U_S$　　(b) $U_0>U_S$

图 3-8　u_C 分解为暂态分量和稳态分量

由图 3-8 可见，u_C 的变化曲线具有两种形式。如图 3-8a 所示，当 $U_0<U_S$ 时，u_C 由初始值 U_0 增长到稳态值 U_S，则在暂态过程中电容器处于充电状态。当 $U_0>U_S$ 时，u_C 由初始值 U_0 衰减到稳态值 U_S，则在暂态过程中电容器处于放电状态，如图 3-8b 所示。

分析复杂电路的暂态过程，还可以应用戴维南定理或诺顿定理。将换路后的复杂电路化简为一个简单电路(如例 3-4 图所示的 R 和 C 的串联电路)，然后利用由经典方法所得到的公式求解。具体步骤如下：

(1) 列出换路后表征其运行状态的微分方程；

(2) 对微分方程求出电路的特殊值(初始值、稳态值)；

(3) 计算电路的时间常数；

(4) 将所得数据代入式(3-4)或(3-5)即可。

练习与思考

1. 什么叫零输入响应？什么叫零状态响应？什么叫全响应？
2. 时间常数的物理意义是什么？时间常数的大小与暂态过程的快慢有什么关系？
3. 一阶电路的全响应有哪两种分解方法？试写出其数学表达式。

3.4 一阶电路暂态分析的三要素法

只含有一个储能元件或可以等效为一个储能元件的线性电路，无论电路是简单的还是复杂的，它的微分方程都是一阶常系数线性微分方程，这种电路称为一阶线性电路。

由式(3-4)可知，RC 电路的全响应是由初始值、稳态值和时间常数 3 个要素决定的。在直流电源的激励下，若用 $f(t)$ 表示电路中某个物理量(电压或电流)的全响应，则一阶电路的全响应的表达式为

$$f(t)=f(\infty)+[f(0_+)-f(\infty)]e^{-\frac{t}{\tau}} \tag{3-6}$$

其中，$f(0_+)$、$f(\infty)$ 和 τ 分别表示响应的初始值、稳态值和时间常数，通常称为一阶电路的三要素，只要知道这三个要素就可以根据式(3-6)直接写出一阶电路的全响应，这种方法称为求解一阶电路的三要素法。一阶线性电路的全响应都具有式(3-6)的形式，也就是说三要素法适用于所有的一阶线性电路。

【例 3-5】 在例 3-5 图示电路中，开关长期合在位置“1”上，如在 $t=0$ 时把它合到位置“2”后，试运用三要素法求电容器上电压 u_C。已知：$R_1=1\ \text{k}\Omega$，$R_2=2\ \text{k}\Omega$，$C=3\ \mu\text{F}$，$I_S=2\ \text{mA}$，$U_S=5\ \text{V}$。

解 (1) 计算电容电压 $u_C(t)$ 的初始值

在 $t=0_-$ 时，$u_C(0_-)=-I_SR_2=-4\ \text{V}$

$$u_C(0_+)=u_C(0_-)=-4\ \text{V}$$

(2) 计算 $u_C(t)$ 的稳态值

$$u_C(\infty)=\frac{R_2U_S}{R_1+R_2}=\frac{5\times2}{1+2}=\frac{10}{3}\ \text{V}$$

(3) 计算电路的时间常数 τ

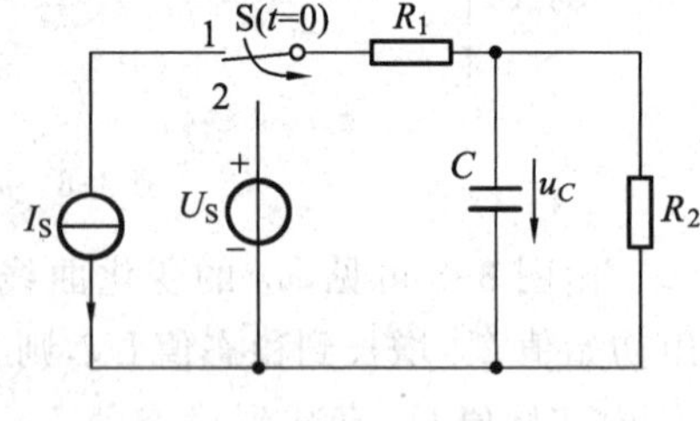

例 3-5 电路图

$$R=\frac{R_1R_2}{R_1+R_2}=\frac{1\times2}{1+2}=\frac{2}{3}\ \text{k}\Omega$$

$$\tau=RC=2\times10^{-3}\ \text{s}$$

于是根据式(3-6)可得

$$u_C=u_C(\infty)+[u_C(0_+)-u_C(\infty)]e^{-\frac{t}{\tau}}$$

$$=\frac{10}{3}+\left(-4-\frac{10}{3}\right)e^{-\frac{t}{2\times10^{-3}}}=\frac{10}{3}-\frac{22}{3}e^{-500t}\ \text{V}$$

【例 3-6】 例 3-6 图示电路原已稳定，已知：$R_1=2\ \text{k}\Omega$，$R_2=3\ \text{k}\Omega$，$R_3=6\ \text{k}\Omega$，$C=2\ \mu\text{F}$，电源 $I_S=2.5\ \text{mA}$，$U_S=12\ \text{V}$。开关 S_1 在 $t=0$ 时打开，开关 S_2 在 $t=6\ \text{ms}$ 时闭合。求：电容电压 $u_C(t)$ 并画出其随时间变化的曲线。

解　(1) $0\leqslant t<6\ \text{ms}$ 期间，S_1 已打开，S_2 没有闭合。此时

$$u_C(0_+)=u_C(0_-)=\left(\frac{R_1R_2}{R_1+R_2}\right)I_S=3\ \text{V}$$

$$u_C(\infty)=0\ \text{V}$$

$$\tau_1=R_2C=6\times10^{-3}\ \text{s}$$

所以

$$u_C(t)=3\text{e}^{-\frac{t}{6\times10^{-3}}}\ \text{V}=3\text{e}^{-\frac{1\,000}{6}t}\ \text{V}$$

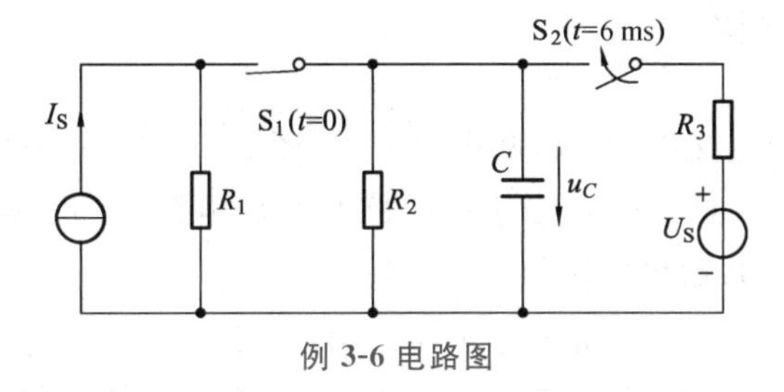

例 3-6 电路图

(2) $t\geqslant6\ \text{ms}$，S_1 打开且 S_2 已闭合。

$$u_C(6_+)=u_C(6_-)=3\text{e}^{-\frac{6}{6}}\ \text{V}=1.104\ \text{V}$$

$$u_C(\infty)=\frac{R_2}{R_2+R_3}U_S=4\ \text{V}$$

$$\tau_2=\left(\frac{R_2R_3}{R_2+R_3}\right)C=4\times10^{-3}\ \text{s}$$

$$u_C(t)=4-2.896\text{e}^{\frac{-(t-6\times10^{-3})}{4\times10^{-3}}}=4-2.896\text{e}^{-250(t-6\times10^{-3})}\ \text{V}$$

综上所述，$-\infty\leqslant t\leqslant+\infty$ 时，$u_C(t)$ 的变化规律为

$$u_C(t)=\begin{cases}3\ \text{V}, & t<0\\ 3\text{e}^{\frac{-1\,000}{6}t}\ \text{V}, & 0\leqslant t\leqslant6\ \text{ms}\\ 4-2.896\text{e}^{-250(t-6\times10^{-3})}\ \text{V}, & t>6\ \text{ms}\end{cases}$$

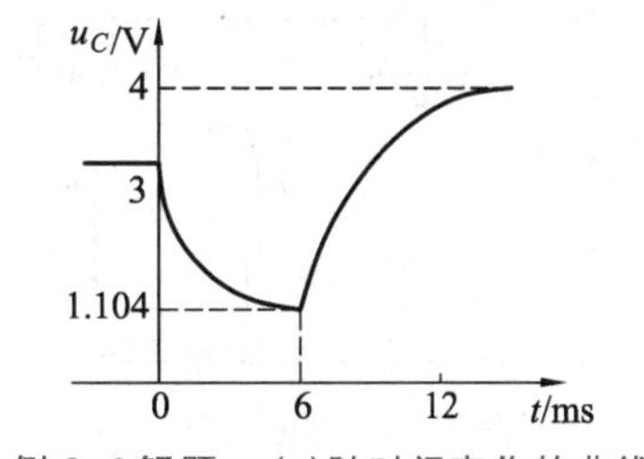

例 3-6 解题 $u_C(t)$ 随时间变化的曲线

$u_C(t)$ 的波形如例 3-6 解题图所示。

关于在分段常量信号作用下一阶电路的求解，可以把分段常量信号作用于电路的时间分为若干个子区间，每一子区间内输入信号为一常量。用三要素法求每一子区间的响应，即按时间分段求解。

练习与思考

1. 一阶电路三要素法中的三要素是哪三个量？各量应如何求解？

3.5 RC电路的脉冲响应

在数字电路中，会碰到如图3-9所示的矩形脉冲电压，其中U_S称为脉冲幅度，t_P称为脉冲宽度，这种波形的电压作用在RC串联电路上时，如果选取不同的时间常数，输出电压就会产生某种特定的波形，从而构成输出电压和输入电压之间的特定(微分或积分)关系。

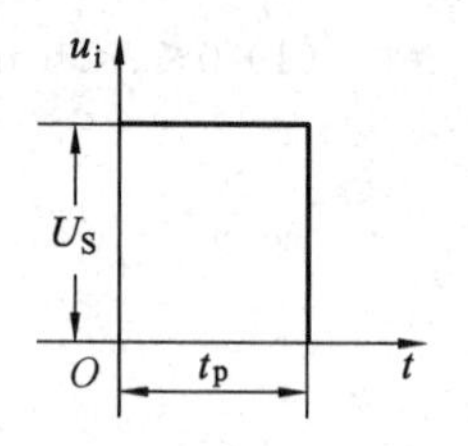

图3-9　矩形脉冲波形

3.5.1 微分电路

矩形脉冲电压u_i施加在RC串联电路上，如图3-10所示。输出电压u_o从电阻R两端输出。在$0\leqslant t\leqslant t_p$时间内，相当于该电路与恒压电源接通。根据前面对$RC$串联电路暂态响应的分析，其输出电压为

$$u_o=U_S e^{-\frac{t}{\tau}},\quad 0\leqslant t\leqslant t_p$$

当时间常数$\tau\ll t_p$时，接通电源后电容器的充电过程将会迅速完成，输出电压也会很快衰减到零，因而输出电压u_o是一个峰值为U_S的正尖脉冲。在$t=t_1$瞬间，u_i突然下降到零，由于u_C不能跃变，所以在这瞬间$u_o=-u_C=-U_S$。然后电容器经电阻很快放电，u_o很快衰减到零。输出电压为一个负尖脉冲，如图3-11所示。

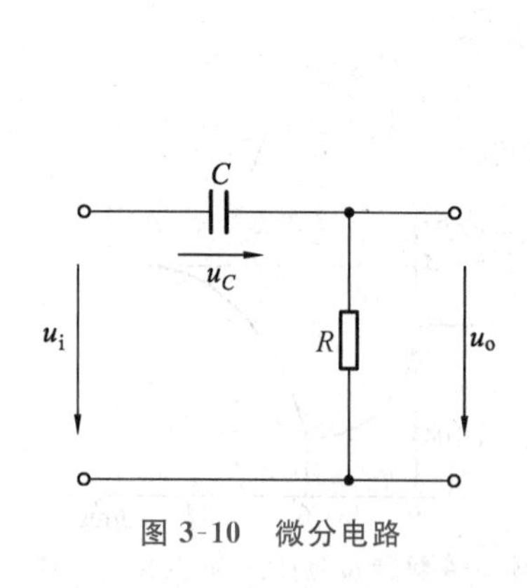

图3-10　微分电路

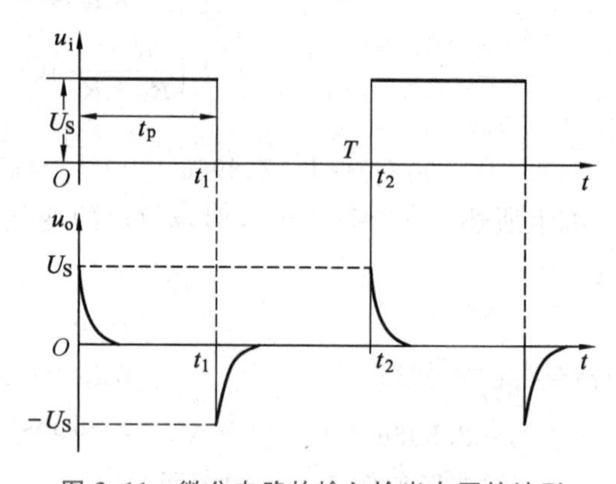

图3-11　微分电路的输入输出电压的波形

由于$\tau\ll t_p$，充放电很快，除了电容器刚开始充电或放电的一段极短的时间之外，有

$$u_i=u_o+u_C\approx u_C\gg u_o$$

因而

$$u_o=iR=RC\frac{du_C}{dt}\approx RC\frac{du_i}{dt}$$

上式表明，输出电压u_o近似地与输入电压u_i对时间的微分成正比，因此这种电路称为微分电路。

RC电路构成微分电路的条件为：

(1) 时间常数$\tau\ll t_p$(一般$\tau<0.2t_p$)；

（2）输出电压从电阻 R 端输出。

在脉冲电路应用中，常采用微分电路把矩形脉冲变换为尖脉冲，作为触发器的触发信号。

但是当脉冲宽度 t_P 一定时，改变 τ 和 t_P 的比值，电容器充放电的快慢就不同，输出电压 u_o 的波形也就不同，如图 3-12 所示。

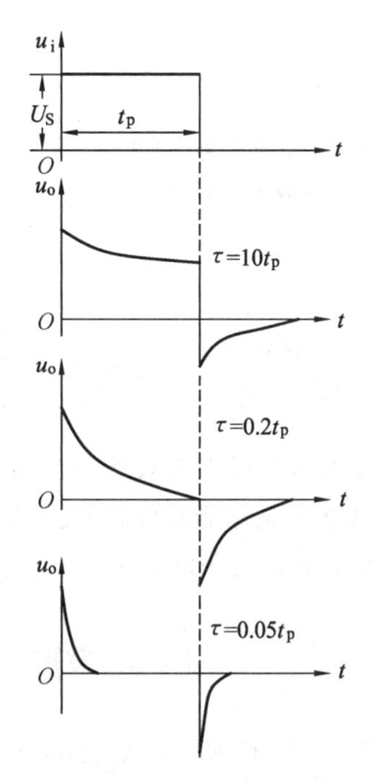

图 3-12　不同 τ 值下输出电压的波形

3.5.2 积分电路

若把图 3-10 电路中 R 和 C 对调一下，如图 3-13a所示，并且满足 $\tau \gg t_p$，那么在同样的矩形脉冲作用下，电路输出的将是和时间基本上成直线关系的三角波电压（如图 3-13b 所示）。

由于 $\tau \gg t_p$，电容器上的电压在整个脉冲持续时间内缓慢增长，当还未增长到趋近稳定值时，脉冲已告终止（$t=t_1$）。以后电容器经电阻缓慢放电，电容器上的电压也缓慢衰减。同样，当 u_C 还未衰减到零时，下一个脉冲又到来，电容 C 又开始充电……

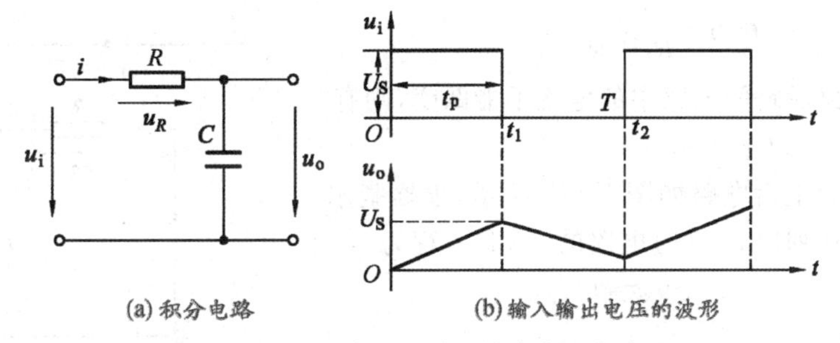

(a) 积分电路　　(b) 输入输出电压的波形

图 3-13　积分电路及输入输出电压的波形

因为电容的充放电很慢，u_C 值很小，即

$$u_o = u_C \ll u_R$$

$$u_i = u_o + u_R \approx u_R = iR$$

所以输出电压为

$$u_o = u_C = \frac{1}{C}\int i\mathrm{d}t \approx \frac{1}{RC}\int u_i\mathrm{d}t$$

上式表明，u_o 近似地与 u_i 对时间的积分成正比，因此，这种电路称为积分电路。

微分电路和积分电路虽然都是 RC 串联电路构成的，但是条件不同时，所得结果也不相同。RC 电路构成积分电路的条件为：

（1）时间常数 $\tau \gg t_p$；

（2）输出电压从电容器 C 两端输出。

练习与思考

1. 微分电路的条件是什么？
2. 积分电路的条件是什么？

3.6 RL电路的暂态分析

线圈通常可以等效为 RL 串联电路，它们都有和信号源接通、断开等各种换路问题。电感 L 是储能元件，因此在换路后就会产生暂态过程。讨论 RL 电路的暂态过程同样有着非常重要的意义。

3.6.1 RL电路的零输入响应

图 3-14a 是 RL 串联电路，开关 S 闭合后，电路中没有激励信号作用，电路的响应是电感线圈中原有的储能引起的。假定换路前（开关 S 闭合前）电路已处于稳态，这时电感中的电流

$$i_L(0_-)=\frac{U_S}{R_1+R}=I_0$$

由于换路后瞬间电感中的电流不能跃变，则有

$$i_L(0_+)=i_L(0_-)=I_0$$

开关 S 合上后电路如图 3-14b 所示，根据基尔霍夫电压定律列出 $t\geqslant 0$ 时电路的 KVL 方程为

$$u_L+u_R=0$$

将 $u_L=L\dfrac{di_L}{dt}$ 和 $u_R=Ri$ 代入上式，得 $t\geqslant 0$ 时的微分方程

$$L\frac{di_L}{dt}+Ri_L=0$$

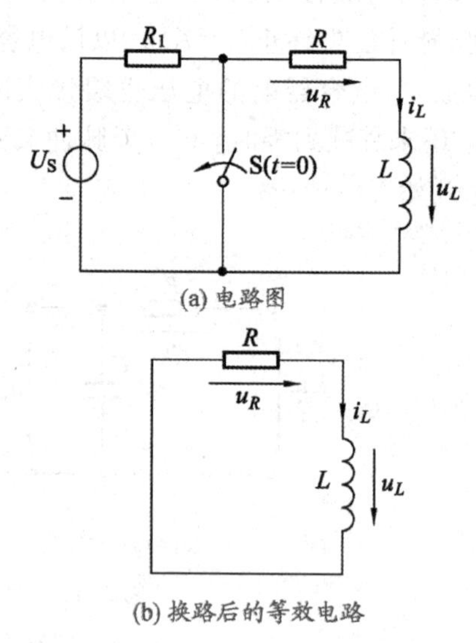

图 3-14 RL 零输入响应电路

这也是一个一阶常系数线性齐次微分方程，其电流的通解为

$$i_L(t)=Ae^{-\frac{t}{\tau}}$$

这里 $\tau=\dfrac{L}{R}$，τ 为 RL 电路的时间常数。当 R 的单位为欧姆，L 的单位为亨利时，τ 的单位是秒，其物理意义与 RC 电路中的时间常数完全一样。

电路稳定以后，储存在电感中的磁场能量全部释放，所以

$$i_L(\infty)=0$$

由一阶电路的三要素法可得

$$i_L(t)=I_0 e^{-\frac{t}{\tau}}$$

$$u_L(t)=L\frac{di_L}{dt}=-RI_0 e^{-\frac{t}{\tau}}$$

$i_L(t)$、$u_L(t)$随时间变化的曲线如图3-15所示。

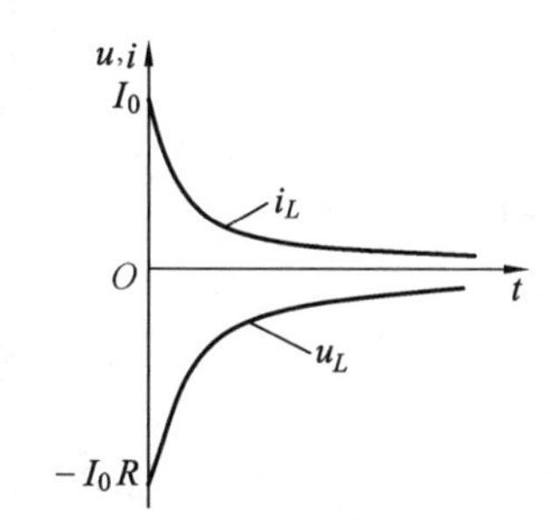

图3-15 i_L 和 u_L 随时间变化的曲线

3.6.2 RL电路的零状态响应

如图3-16所示电路，电感中没有初始储能，这个电路只有一个储能元件 L，因此也是一阶电路，一阶电路就可用三要素法求解。

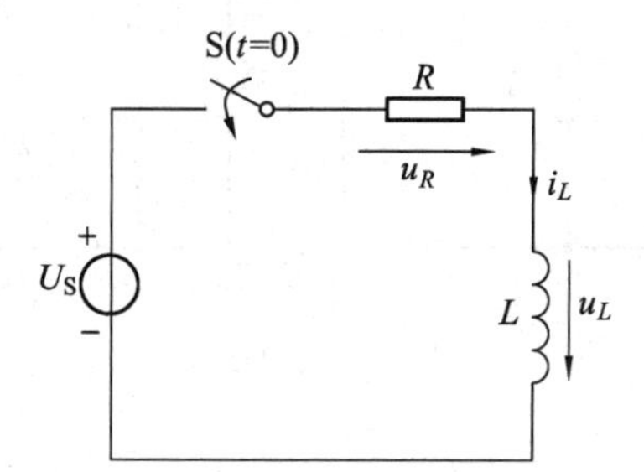

图3-16 RL零状态响应电路

（1）确定初始值

$$i_L(0_+)=i_L(0_-)=0$$

（2）确定稳态值

$$i_L(\infty)=\frac{U_S}{R}$$

（3）确定电路的时间常数

$$\tau=\frac{L}{R}$$

代入式(3-6)得

$$i_L(t)=i_L(\infty)+[i_L(0_+)-i_L(\infty)]e^{-\frac{t}{\tau}}$$

$$i_L=\frac{U_S}{R}-\frac{U_S}{R}e^{-\frac{t}{\tau}}$$

$$u_L=L\frac{di_L}{dt}=U_S e^{-\frac{t}{\tau}}$$

i_L 随时间变化的曲线如图 3-17 所示，其中 $i_L'=\frac{U_S}{R}$ 为稳态分量，$i_L''=-\frac{U_S}{R}e^{-\frac{t}{\tau}}$ 为暂态分量。u_L 和 u_R 随时间变化的曲线如图 3-18 所示。

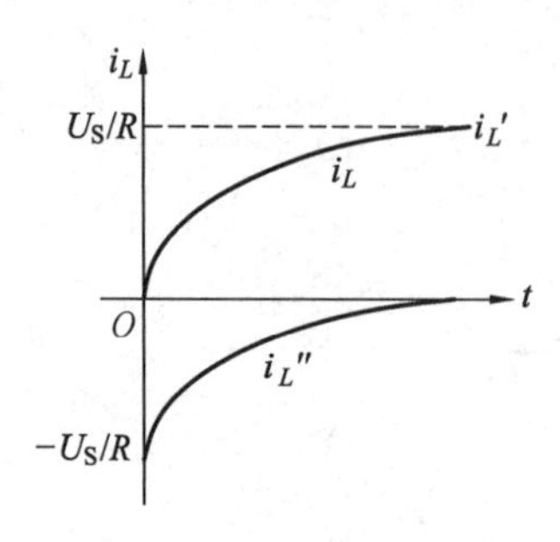

图 3-17　i_L 的变化曲线

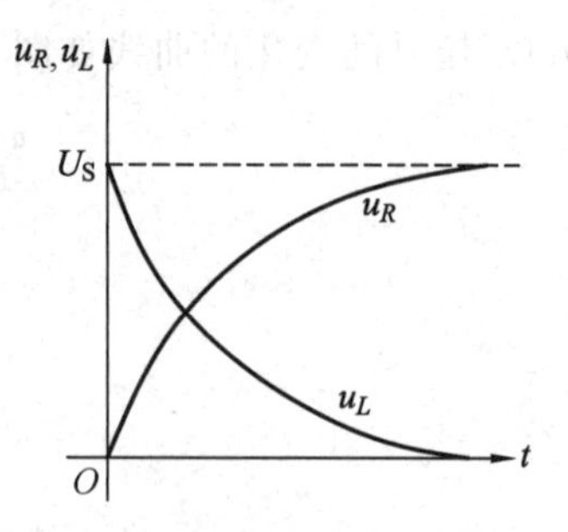

图 3-18　u_L 和 u_R 的变化曲线

【例 3-7】 在例 3-7 图示电路中，开关 S 原是闭合的，电路处于稳态，$t=0$ 时刻开关 S 打开。已知 $I_S=2$ A，$L=2$ H，$R_1=8\ \Omega$，$R_2=20\ \Omega$，$R_3=30\ \Omega$，求换路后的 i_L、u_L。

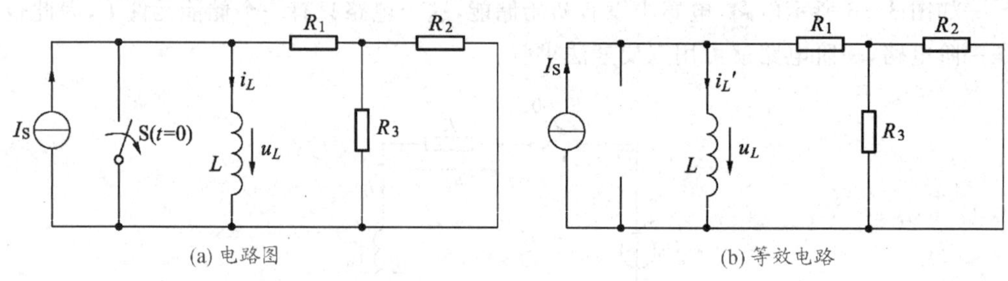

例 3-7 电路图

解　(1) 确定初始值

$$i_L(0_+)=i_L(0_-)=0$$

(2) 确定稳态值

将换路后的电路等效变换成例 3-7 图 b 所示的电路形式，则

$$i(\infty)=I_S=2\ \text{A}$$

(3) 确定电路的时间常数

等效电阻

$$R=R_1+\frac{R_2R_3}{R_2+R_3}=20\ \Omega$$

$$\tau=\frac{L}{R}=\frac{2}{20}=0.1\ \text{s}$$

由三要素法得

$$i_L(t)=I_S(1-e^{-\frac{t}{\tau}})=2(1-e^{-10t})\ \text{A}$$

$$u_L(t)=L\frac{di_L}{dt}=40e^{-10t}\ \text{V}$$

3.6.3　RL 电路的全响应

在分析 RL 电路零输入响应和零状态响应时可以看出，RL 电路与 RC 电路的分析过程和结果相似，不难想象，RL 电路的全响应与 RC 电路的全响应在形式上也是相似的。

在图 3-19a 所示电路中，换路前，$i_L(0_-)=I_0=\dfrac{U_S}{R_0+R}$。当开关闭合时（$t=0$），电路如图 3-19b 所示，运用三要素法进行求解。

（1）确定初始值

$$i_L(0_+)=i_L(0_-)=I_0$$

（2）确定稳态值

$$i_L(\infty)=\frac{U_S}{R}$$

（3）确定电路的时间常数

$$\tau=\frac{L}{R}$$

所以

$$\begin{aligned}i_L(t)&=i_L(\infty)+[i(0)-i(\infty)]e^{-\frac{t}{\tau}}\\&=\frac{U_S}{R}+\left(\frac{U_S}{R_0+R}-\frac{U_S}{R}\right)e^{-\frac{t}{\tau}}\end{aligned}$$

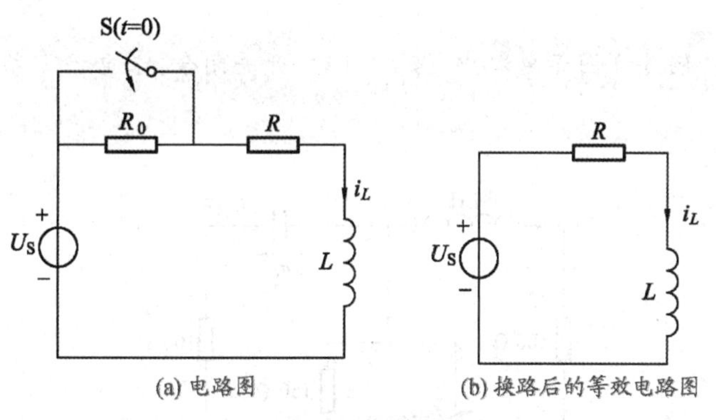

图 3-19　RL全响应电路

【例 3-8】　例 3-8 图示电路中 $U_S=10\ \text{V}$，$I_S=10\ \text{mA}$，$R_1=1\ \text{k}\Omega$，$R_2=R_3=0.5\ \text{k}\Omega$，$L=1\ \text{H}$。换路前电路已处于稳态，试求 S 闭合后电路中的电流 $i(t)$。

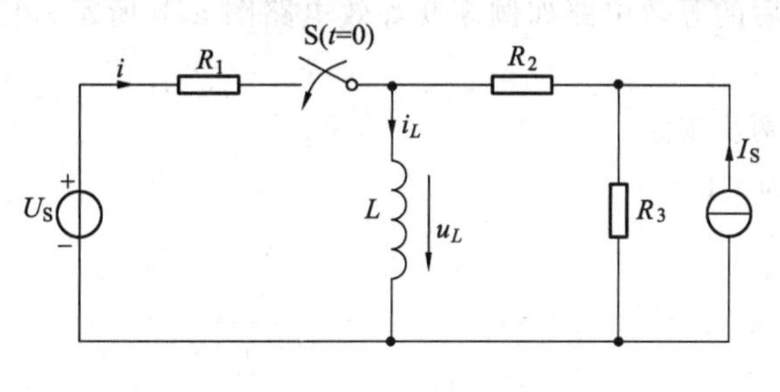

例 3-8 电路图

解　运用三要素法求解。

(1) 确定初始值

$$i_L(0_-)=\frac{R_3}{R_2+R_3}I_S=5\ \text{mA}$$

由换路定律　　　$i_L(0_+)=i_L(0_-)=5\ \text{mA}$

作 $t=0_+$ 时的等效电路图如例 3-8 题解图 a 所示，由叠加定理得

$$i(0_+)=\frac{U_s}{R_1+R_2+R_3}+\frac{R_2+R_3}{R_1+R_2+R_3}i_L(0_+)-\frac{R_3}{R_1+R_2+R_3}I_S=5\ \text{mA}$$

(2) 确定稳态值

画出换路后到达稳态时的等效电路(如例 3-8 题解图 b 所示)，其中

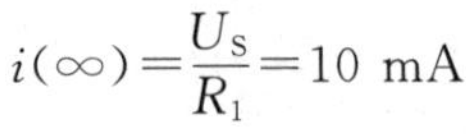

$$i(\infty)=\frac{U_S}{R_1}=10\ \text{mA}$$

(3) 确定电路的时间常数

$$\tau=\frac{L}{\frac{R_1(R_2+R_3)}{R_1+R_2+R_3}}=\frac{1}{500}\ \text{s}$$

则

$$i(t)=i(\infty)+[i(0_+)-i(\infty)]e^{-\frac{t}{\tau}}$$
$$=10-5e^{-500t}\ \text{mA}$$

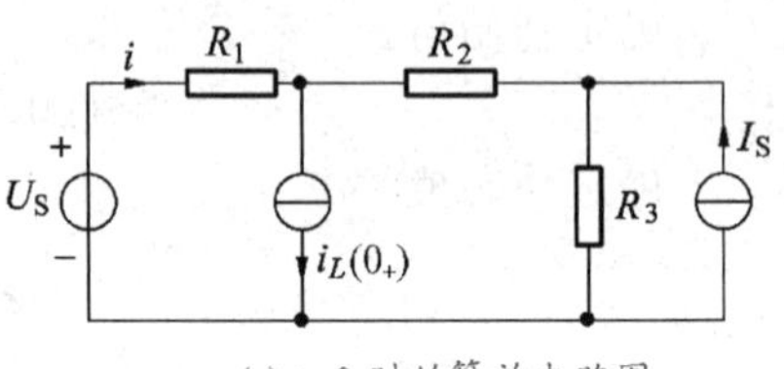

(a) $t=0_+$ 时的等效电路图

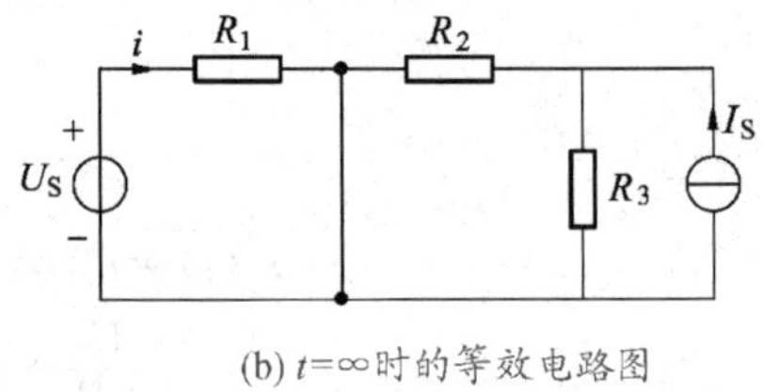

(b) $t=\infty$ 时的等效电路图

例 3-8 题解图

【例 3-9】 例 3-9 图示电路中，若 $t=0$ 时，开关闭合，求电流 i(换路前电路已处于稳态)。

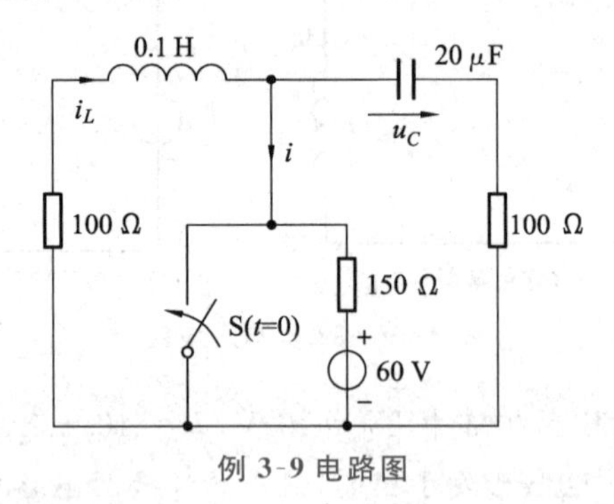

例 3-9 电路图

解　开关闭合后的等效电路如例 3-9 等效电路图 a，b 所示，可以视为两个独立的一阶电路。

用三要素法分两步求解。

(1) 求图 a 中的 $i_1(t)$

确定初始值为

$$i_1(0_+)=i_L(0_+)=i_L(0_-)=-\frac{60}{100+150}=-0.24\ \text{A}$$

确定稳态值为

$$i_1(\infty)=0$$

确定电路的时间常数

$$\tau_1=\frac{L}{R}=0.001\ \text{s}$$

则　$i_1(t)=i_1(\infty)+[i_1(0_+)-i_1(\infty)]e^{-\frac{t}{\tau_1}}=-0.24e^{-1000t}$ A

(2) 求图 b 中的 $i_2(t)$

首先求出电容电压 u_C。

确定初始值为

$$u_C(0_+)=u_C(0_-)=-100i_L(0_-)=24\ \text{V}$$

确定稳态值为

$$u_C(\infty)=0$$

确定电路的时间常数

$$\tau_2=RC=2\times10^{-3}\ \text{s}$$

则　$u_C(t)=u_C(\infty)+[u_C(0_+)-u_C(\infty)]e^{-\frac{t}{\tau_2}}=24e^{-500t}$ A

$$i_2=-C\frac{du_C}{dt}=0.24e^{-500t}\ \text{A}$$

i 应是图 a 中的 i_1 和图 b 中的 i_2 的和，即

$$i(t)=i_1(t)+i_2(t)=0.24(e^{-500t}-e^{-1000t})\ \text{A}$$

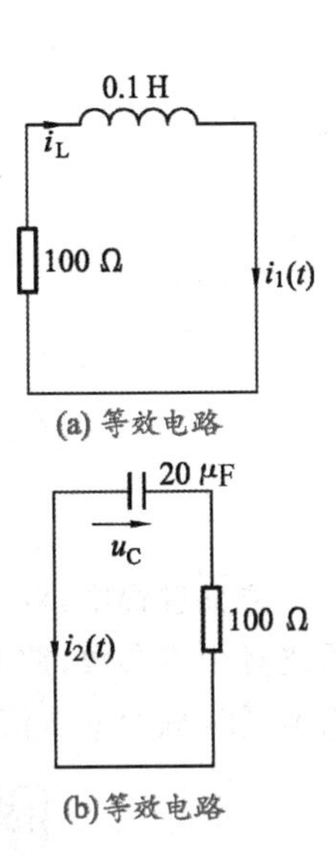

例 3-9 等效电路图

练习与思考

1. 在一阶电路中，R 一定，而 C 或 L 越大，换路时的过渡过程进行得越快还是越慢？
2. 任何一阶电路的全响应是否都可以用叠加原理由其零输入响应和零状态响应求得？

3.7　暂态电路的 Multisim 仿真

当含有储能元件(L、C)的电路发生换路时，由于储能元件中所储存的能量不能发生跃变，电路会发生暂态过程。通过仿真用示波器可以观察此类电路换路前与换路后电流或电压从一种稳定状态到另一种稳定状态的变化过程，通过改变电路的参数，可以比较其暂态过程的快慢。

3.7.1　RC 电路的充、放电过程仿真分析

在 Multisim 元件库中调出相应的元件，修改参数并连接成图 3-20 所示的电路。其中开关是通过点击 Place Basic 图标 ，选择 SWITCH 中的 TD_SW1 获得。点击仪器栏中的 Oscilloscope 将示波器拖至电路窗口。该电路反映了 RC 的充、放电过程。当开关 S_1 接地时，电容处于放电状态；当与电源 V_1 相连时，电容处于充电状态。在仿真过程中，当敲击键盘上的空格键(Space)或将鼠标放在开关上点击左键时，开关会发生切换。双击开关符号，可以修改控制开关的键。

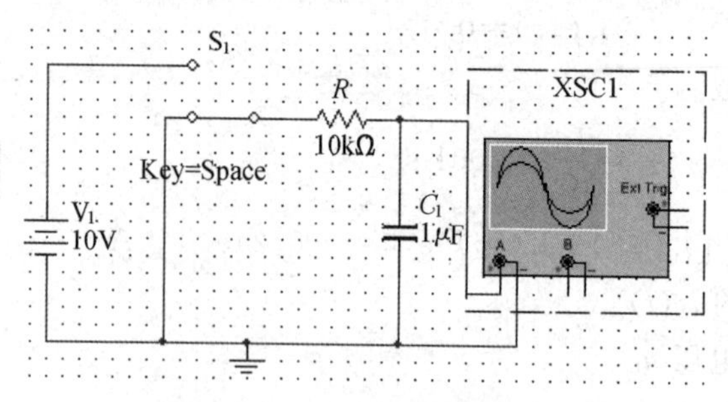

图 3-20　*RC* 充、放电过程仿真

仿真过程中，双击示波器，弹出图 3-21 所示窗口，波形表示电容两端的电压。调节示波器相应参数，波形会发生相应的变化。拖动游标尺，数据发生相应变化，这样可读出不同时刻的电压值，也可以分析计算出时间常数。

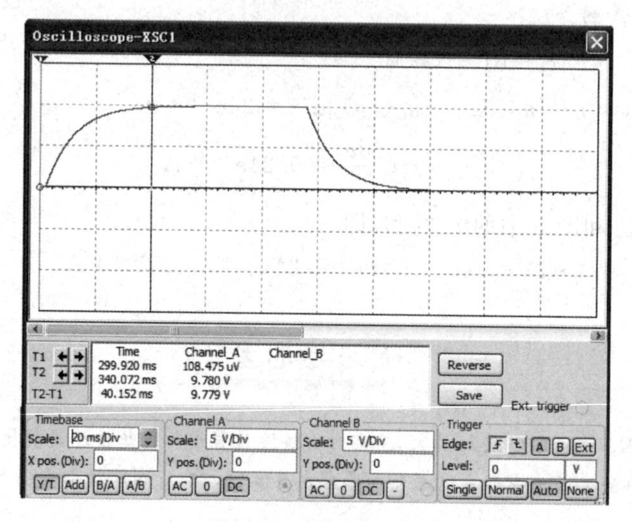

图 3-21　仿真波形图

3.7.2　*RC* 电路脉冲响应仿真分析

在 Multisim 元件库中调出相应的元件，从仪器栏中选择 Function generator 和 Oscilloscope，修改参数并连接成图 3-22 所示的电路。该电路中的激励源是一个函数发生器，激励信号为矩形波，双击函数发生器的图标可以设计参数。本例中参数设置如

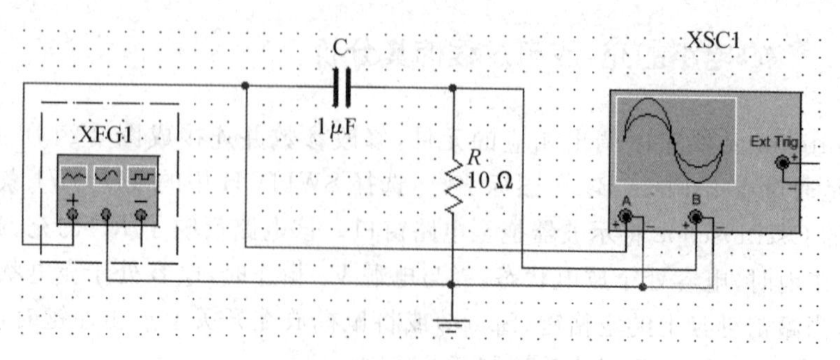

图 3-22　*RC* 电路脉冲响应仿真

图 3-23 所示。右击与示波器相连的线，弹出对话框，点击 Properties，可改变颜色，便于区分激励与响应信号。在 1 kHz 激励信号作用下，电路为微分电路。仿真波形如图 3-24所示。从图中可见，电阻两端的电压为尖顶波，最大值为 20 V。

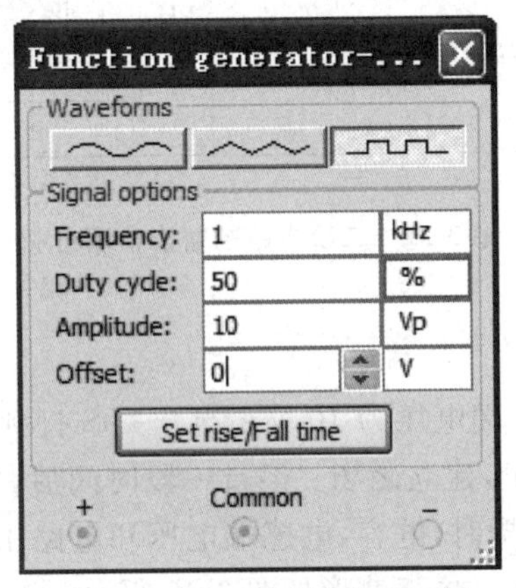

图 3-23　函数发生器参数设置

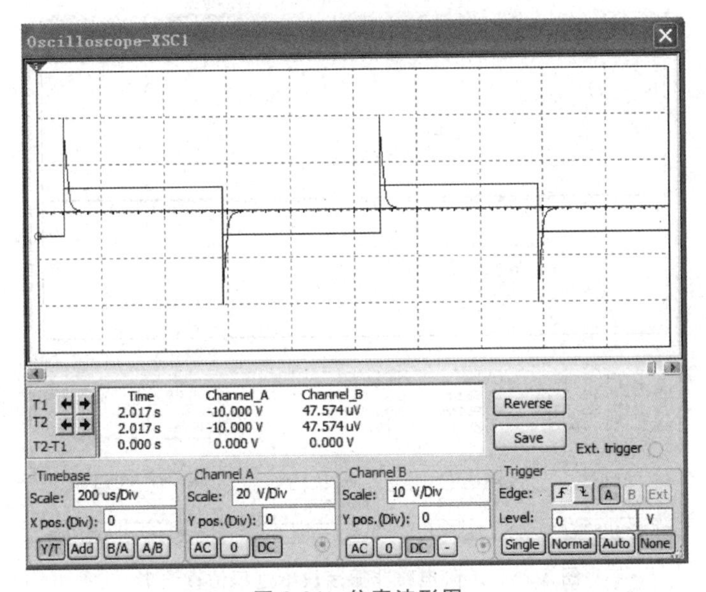

图 3-24　仿真波形图

3.7.3　二阶电路的暂态仿真分析

当电路中只有一个储能元件，或虽有多个储能元件但可等效为一个储能元件，这样的电路称为一阶电路。当电路发生换路时，可以用三要素法进行分析。如果电路中有 L、C 两种储能元件或两个同类型的储能元件但无法等效为一个储能元件，这种电路称为二阶电路。这种电路的暂态分析比较复杂，需要求解二阶微分方程，这里可以用仿真的方法加以分析。

在 Multisim 元件库中调出相应的元件和仪器，修改参数并连接成图 3-25 所示的电路。

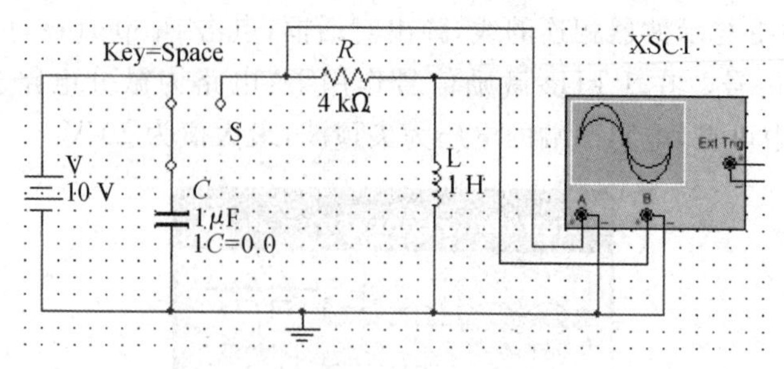

图 3-25　二阶电路的暂态仿真分析

1. $R>2\sqrt{\dfrac{L}{C}}$，非振荡放电过程

图 3-25 电路中，电容两端电压为 10 V。当开关 S 打到右边时，电容通过 R 放电，电流流过电感 L 并储存能量，建立磁场。经过一段时间后，电感释放能量，磁场逐渐衰弱，趋向消失。整个过程完毕时，电容、电感端电压和电路中的电流都为零。电容初始储存的能量全部被电阻消耗。仿真波形如图 3-26 所示。

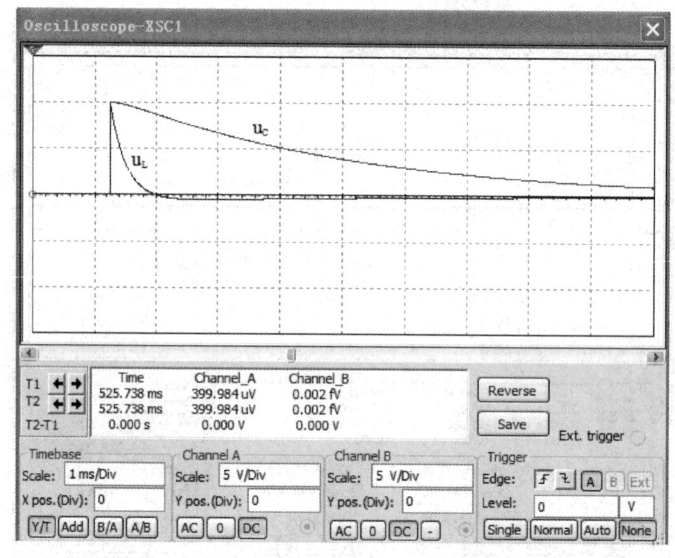

图 3-26　二阶电路非振荡放电过程仿真波形

2. $R<2\sqrt{\dfrac{L}{C}}$，振荡放电过程

图 3-25 所示电路中，如果 $R=1\ \text{k}\Omega$，其他参数不变，电路为振荡放电过程。仿真波形如图 3-27 所示。由于电阻较小，消耗的能量较少，在整个暂态过程中，电流的流动将周期性的改变方向，储能元件 L 和 C 也将周期性的交换能量，直至所有的能量被电阻耗尽。这种振荡过程在电路中有时可能会引起过电压或过电流。在实际的电力系统中，由于设备的起停控制，引起电网电压的波动，有时会引起过浪涌电流或电压，对用电设备带来危害。

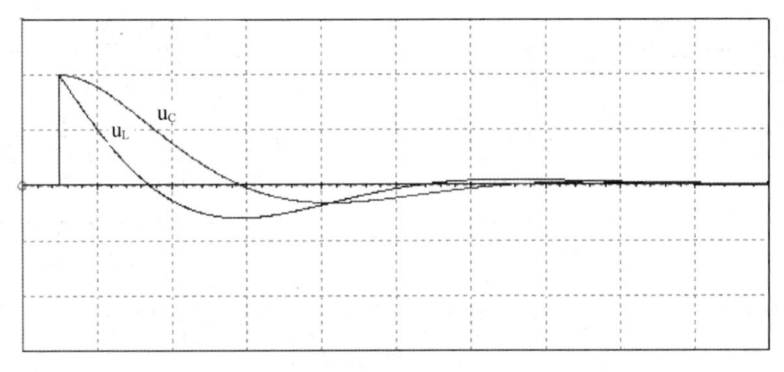

图3-27　二阶电路振荡放电过程仿真波形

小结

1. 含有储能元件的电路从一个稳定状态转变到另一个稳定状态的过程称为电路的暂态过程。产生暂态过程的内在原因是电路有储能元件,外部原因是电路发生了换路。

2. 由于能量不能跃变,所以电容器两端的电压和电感中的电流在换路前和换路后的瞬间应保持不变,这就是换路定律,其数学表达式是

$$u_C(0_+)=u_C(0_-)$$

$$i_L(0_+)=i_L(0_-)$$

3. 一阶线性电路的全响应可以看成是零输入响应和零状态响应的叠加,零输入响应和零状态响应可以看成是全响应的特例。

4. $f(\infty)$,$f(0_+)$和τ称为一阶电路的三要素。只要知道这三个要素,代入到三要素公式,任一支路的电流或电压都可求得,这个方法叫求解一阶电路的三要素法。

5. 微分电路和积分电路是RC电路暂态过程的两个实例,输入信号是矩形波电压,但由于条件的不同,可构成输出电压与输入电压不同的波形关系。

构成微分电路的条件:时间常数$\tau \ll t_p$;输出电压从电阻R两端输出。

构成积分电路的条件:时间常数$\tau \gg t_p$;输出电压从电容器C两端输出。

第3章　习　题

1. 电路如图所示,换路前电路已处于稳态,求开关S断开瞬间的$i_C(0_+)$、$u_L(0_+)$、$u_C(0_+)$。

2. 在图示的电路中,已知$U=10$ V,$R_1=R_3=10$ kΩ,$R_2=20$ kΩ,$C=10$ μF,开关S在1位置时,电路已处于稳态。当将开关由1切换到2位置时,求$u_C(t)$和$i(t)$。

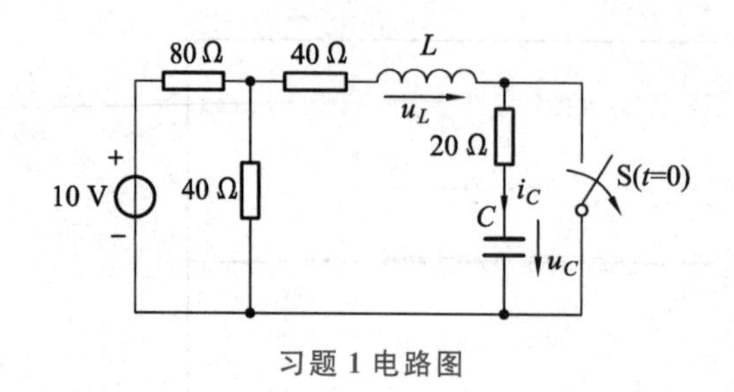

习题 1 电路图

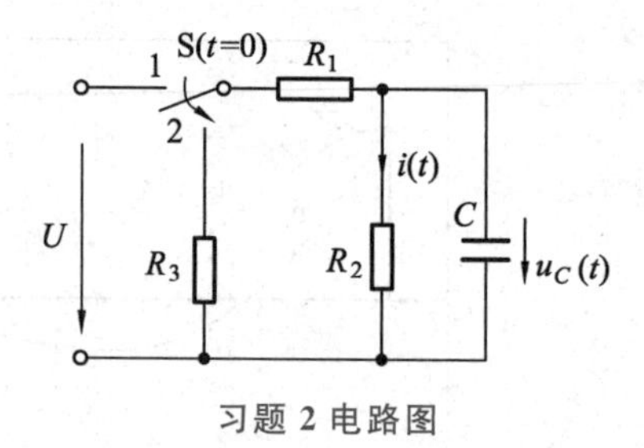

习题 2 电路图

3. 图示电路中，开关在 $t=0$ 时闭合，求开关闭合后的 $u_C(t)$ 和 $i(t)$，并画出它们随时间变化的曲线(开关闭合前电容元件无初始能量)。

4. 在图示电路中，开关 S 原来在“1”位置，电路已处于稳态，$t=0$ 时开关由“1”切换到“2”，求电容上的电压 $u_C(t)$，并画出 $u_C(t)$ 的变化曲线。已知 $E_1=E_2=5$ V，$C=0.2$ μF，$R_1=2$ Ω，$R_2=R_3=3$ Ω。

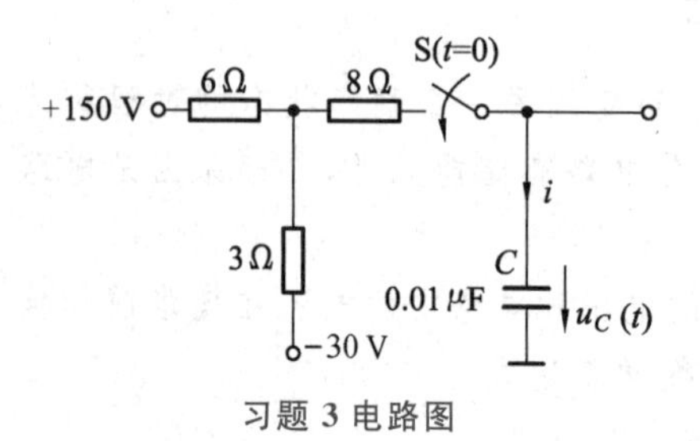

习题 3 电路图

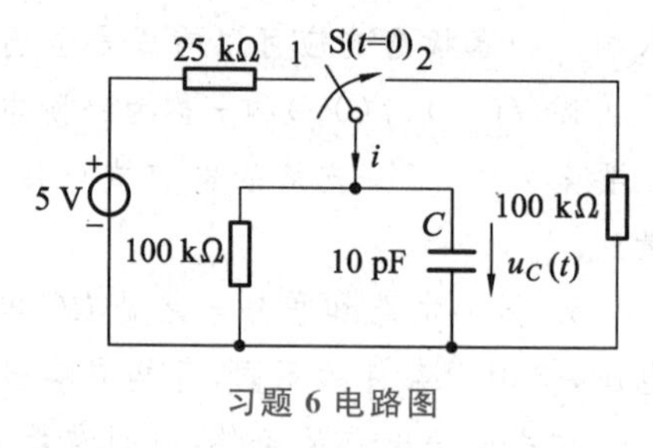

习题 4 电路图

5. 图示电路中，电路原已处于稳态，在 $t=0$ 时开关 S 闭合，求 $u_C(t)$。

6. 图示电路中，开关 S 在位置“1”已久，在 $t=0$ 时合向位置 2，求 $u_C(t)$ 和 $i(t)$。

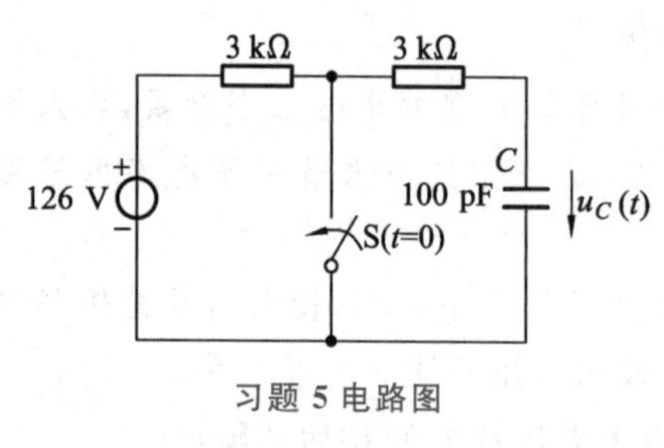

习题 5 电路图

习题 6 电路图

7. 图示电路为发电机的励磁电路，励磁绕组的参数为 $R=40$ Ω，$L=1.5$ H，接在 $U=120$ V 的直流电源上。当打开开关 S 时，要求绕组两端的电压不超过正常工作电压的 2.5 倍，并使电流在 0.05 s 内衰减到初值的 5%，试求并联放电电阻 R_d 为多大？(图中二极管的作用是：当开关 S 闭合时，放电电阻 R_d 中无电流；当 S 打开后，绕组电流将通过 R_d 衰减到零，此时二极管如同短路。)

8. 图示电路中，开关 S 原与“1”接通，电路已达稳态。$t=0$ 时，S 换接到“2”时，试求电流 $i(t)$ 和电压 $u_L(t)$。已知 $U_S=10$ V，$R_1=R_2=R_3=10$ Ω，$L=1$ H。

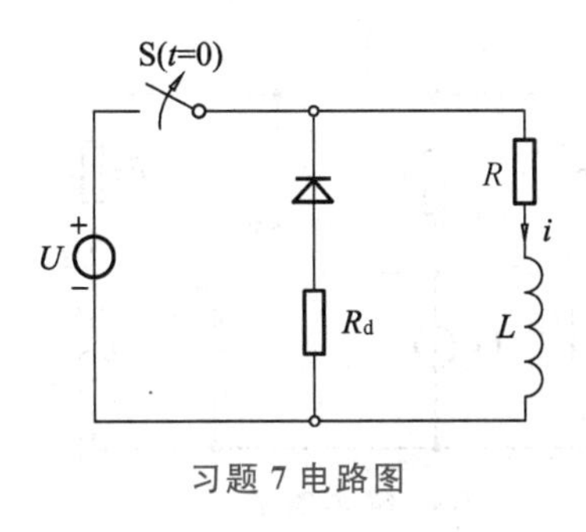

习题7电路图

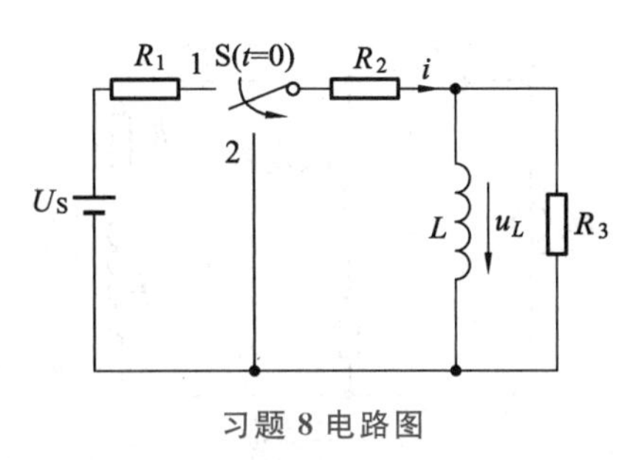

习题8电路图

9. 图示电路中，已知 $R_1=10\ \text{k}\Omega$，$R_2=40\ \text{k}\Omega$，$R_3=10\ \text{k}\Omega$，$U_S=250\ \text{V}$，$C=0.01\ \mu\text{F}$。开关S原闭合且已稳定，试求开关S断开后的电压 u_{ab}，并画出 u_{ab} 的变化曲线。

10. 图示电路中，已知 $U_S=10\ \text{V}$，$R_1=R_2=20\ \Omega$，$R_3=10\ \Omega$，$L=1\ \text{H}$。求：

(1) 当开关闭合和打开时，时间常数各为多少？

(2) 开关闭合很久后再打开，求打开后 R_2 两端电压的变化规律。

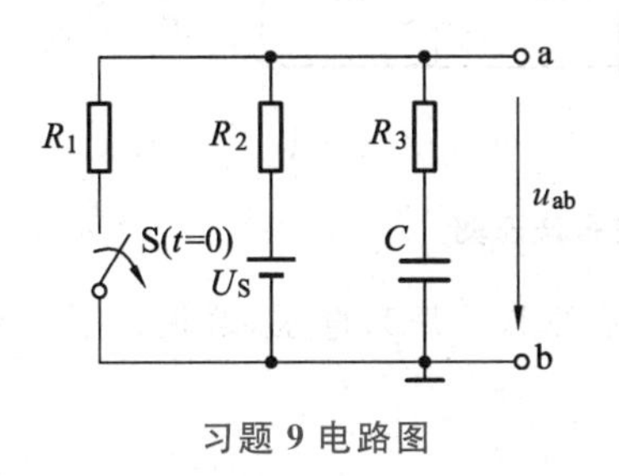

习题9电路图

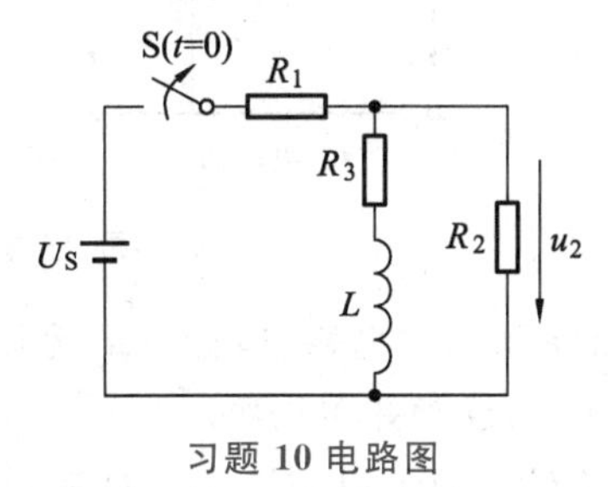

习题10电路图

11. 图示电路中，$U_S=120\ \text{V}$，$R_1=R_4=300\ \Omega$，$R_2=R_3=600\ \Omega$，$C=0.01\ \mu\text{F}$，电路原已处于稳态。求S闭合后的 $u_{ab}(t)$，并绘出波形。

12. 图示电路中，$R_1=6\ \text{k}\Omega$，$R_2=1\ \text{k}\Omega$，$R_3=2\ \text{k}\Omega$，$C=0.1\ \mu\text{F}$，$I_S=6\ \text{mA}$，换路前电路已处于稳态，求S闭合后的 $u_C(t)$。

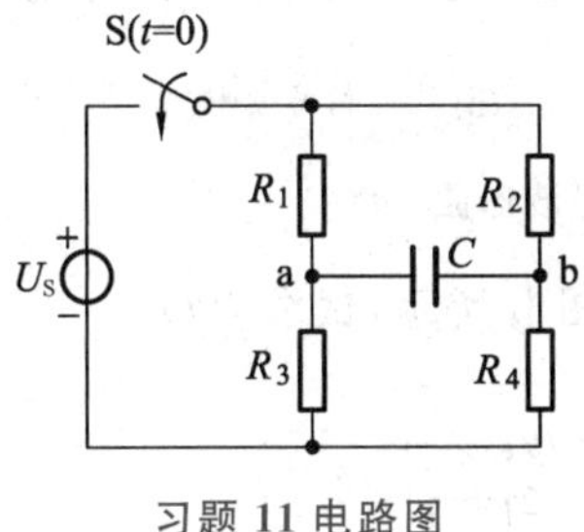

习题11电路图

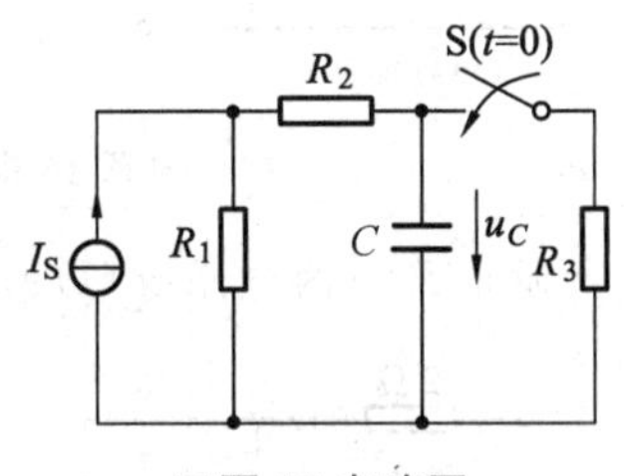

习题12电路图

13. 图示电路中，已知 $U_S=4\ \text{V}$，$R_1=5\ \Omega$，$R_2=R_3=15\ \Omega$，$L=10\ \text{mH}$，开关S闭合前电路已处于稳态，求S闭合后的 $i(t)$。

14. 图示电路中，$U_S=10\ \text{V}$，$R_1=R_2=100\ \Omega$，$R_3=150\ \Omega$，$L=0.1\ \text{H}$，$C=20\ \mu\text{F}$，电路开关S不闭合时处于稳态。

(1) S在 $t=0$ 时合到端子a，求 $u_C(t)$ 和 $i_L(t)$。

(2) S在 $t=0$ 时合到端子b，求 $u_C(t)$ 和 $i_L(t)$。

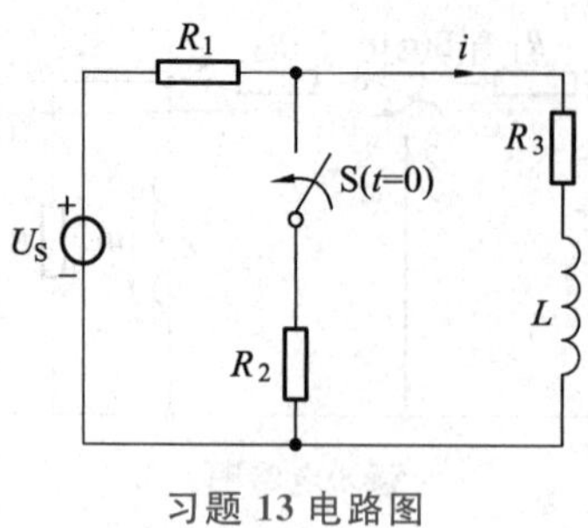

习题 13 电路图

习题 14 电路图

15. 图 a 所示电路中，输入信号波形如图 b 所示。试求在 $t=2\times10^{-4}$ s 时，使输出电压 $u_o=0$ 的负脉冲的幅值 U。设信号加入前电路为零状态。

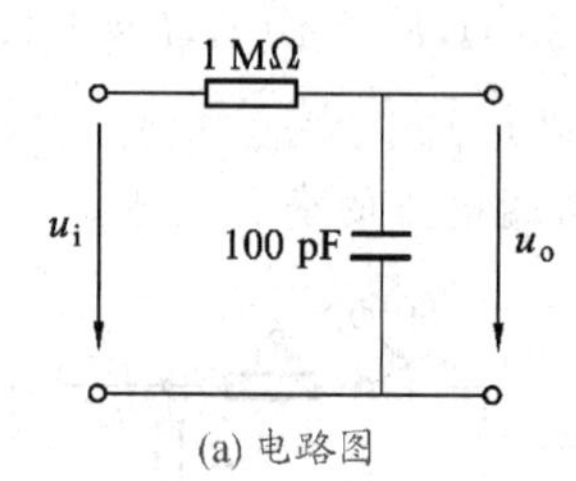

(a) 电路图

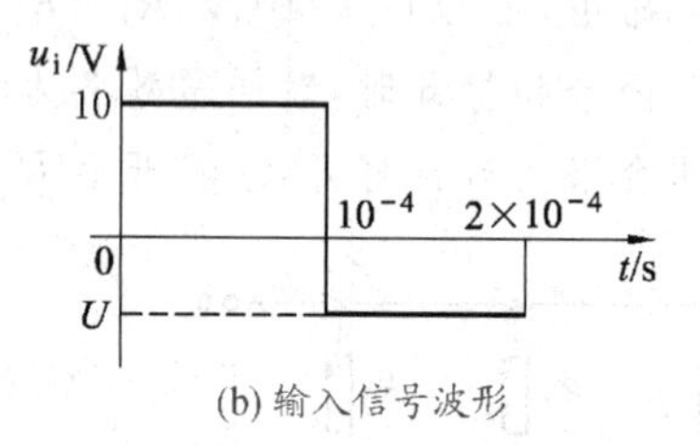

(b) 输入信号波形

习题 15 电路及信号波形图

16. 图 a 所示的电路中，输入 u_i 为图 b 所示的脉冲序列电压，试根据下面两种情况定性绘出 u_o 的波形并作说明。

(1) 当 $C=0.01\ \mu\text{F}, R=100\ \Omega$ 时；

(2) 当 $C=10\ \mu\text{F}, R=100\ \text{k}\Omega$ 时。

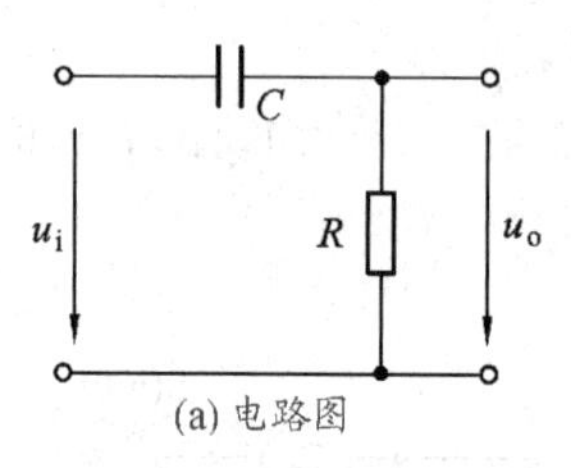

(a) 电路图

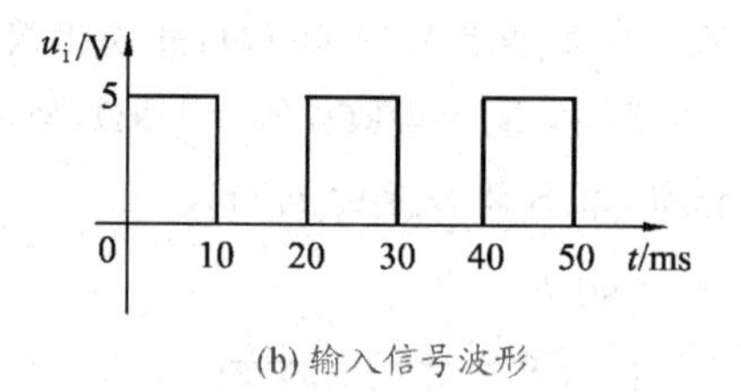

(b) 输入信号波形

习题 16 电路及信号波形图

17. 图 a 所示电路中的电压 $u_i(t)$ 的波形如图 b 所示，试求 $i(t)$。

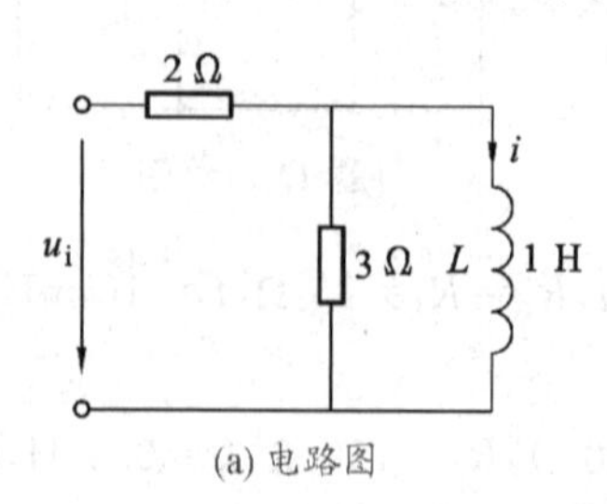

(a) 电路图

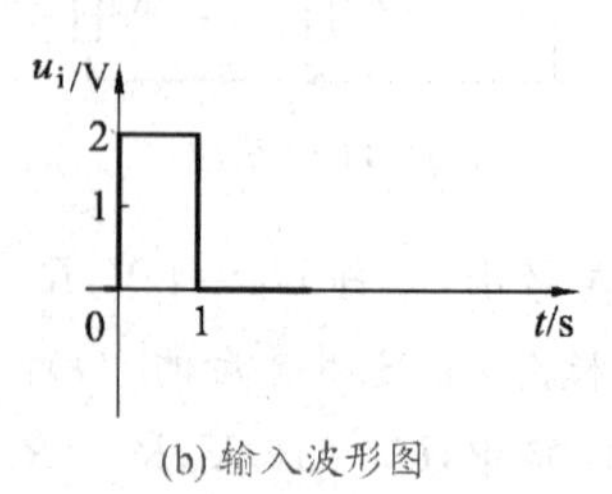

(b) 输入波形图

习题 17 电路及信号波形图

18. 图示电路中，开关 S 打开以前已处于稳定状态。$t=0$ 时开关 S 打开，求 $t\geqslant0$ 时的 $u_C(t)$ 和电压源发出的功率。

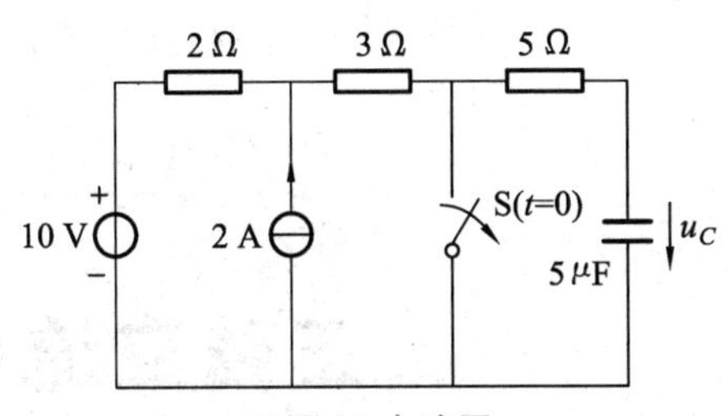

习题 18 电路图

19. 图示电路中，开关 S 闭合前已处于稳定状态。已知 $U_{S1}=25\ \text{V}$，$U_{S2}=40\ \text{V}$，$L=0.05\ \text{H}$，$C=200\ \mu\text{F}$，$R_1=5\ \Omega$，$R_2=R_3=10\ \Omega$。当 $t=0$ 时，S 闭合，接入 $U_{S3}(t)$，其波形见图 b。求 $t\geqslant 0$ 的 $u_C(t)$ 和 $i_L(t)$。

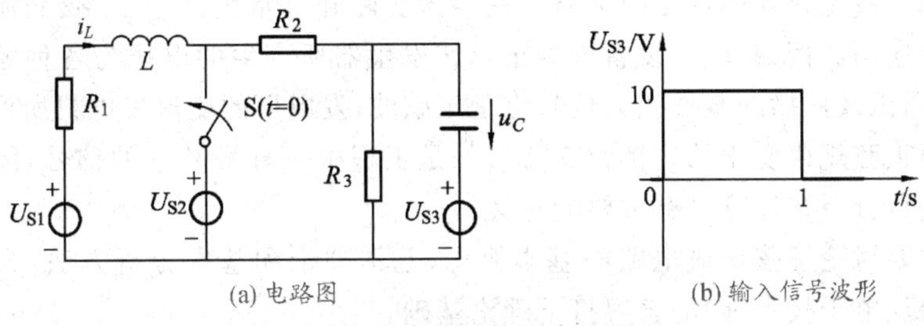

(a) 电路图　　(b) 输入信号波形

习题 19 电路及信号波形图

第 4 章 正弦交流电路

正弦交流电路是指线性电路中的电源(激励)及其在电路中各部分产生的电压和电流(响应)都是按正弦规律变化的电路。在生产实际和日常生活中，正弦交流电得到了最为广泛的应用。例如：电子设备中的正弦波发生器所产生的电压为各种频率的正弦交流电压；通讯及广播的载波主频信号也是正弦波；发电厂的交流发电机所产生的电动势也是按照正弦规律变化的。正弦交流信号是工程中一种最基本的信号，因此对正弦交流电路进行分析和计算具有重要的意义。

本章主要讨论正弦交流电路的基本概念、基本理论和基本分析方法，为后续内容(交流电动机、电子技术等)的学习打下理论基础。

4.1 正弦交流电的基本概念

4.1.1 正弦量

电路中凡随时间按正弦规律周期性变化的电压和电流均称为正弦交流电，统称为正弦量。以正弦电流为例，其一般数学表达为

$$i = I_m \sin(\omega t + \psi_i) \quad (4\text{-}1)$$

正弦电流随时间变化的图形为正弦波，如图 4-1 所示。

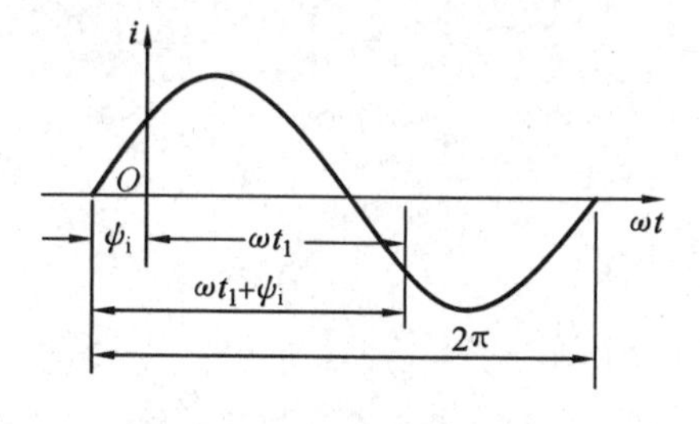

图 4-1 正弦电流的波形图

4.1.2 正弦量的三要素

电路中正弦量是最基本的周期信号。所谓周期信号就是指每隔一定的时间 T，其电流或电压的波形重复出现一次的信号，或者说，每隔一定的时间 T，电流或电压完成一次循环变化。正弦量具有三个特征，即式(4-1)中的 ω、I_m 和 ψ_i，它们分别反映正弦量循环变化的快慢(角频率)、值的大小(幅值)和 $t=0$ 时刻的相位(初相位)。通常把角频率 ω、幅值 I_m 和初相位 ψ_i 称为正弦量的三要素。

1. 频率和周期

频率和周期反映了正弦量变化的快慢。正弦量每变化一个循环(一个周期)所需要

的时间为周期，用 T 表示，单位为秒(s)。每秒内正弦量变化的次数为频率，用 f 表示，单位为赫兹(Hz)。两者之间的关系为

$$f=\frac{1}{T}$$

除此以外，还常用角频率 ω 来表示，因为正弦量在一个周期内经历了 2π 弧度，所以角频率与频率之间的关系为

$$\omega=\frac{2\pi}{T}=2\pi f$$

其单位为弧度每秒(rad/s)。

我国和其他大多数国家都采用 50 Hz 作为电力标准频率(而美国和日本等少数国家采用 60 Hz)，这种频率的正弦交流电在工业上应用广泛，因此 50 Hz 频率也称为工频。

在其他各个不同的技术领域使用着各种不同频率信号。例如：常见的收音机中波波段的频率是 530～1 600 kHz，短波波段的频率是 2.3～23 MHz。

2. 幅值和有效值

幅值和有效值反映了正弦量值的大小。正弦量在任意时刻的值称为瞬时值，一般用小写字母表示，如 u、i 及 e 分别表示电压、电流和电动势的瞬时值。瞬时值中最大的值称为幅值或最大值，用带有下标 m 的大写字母表示，如 U_m、I_m 及 E_m 分别表示电压、电流及电动势的幅值。

工程上常将周期电压或电流在一个周期内产生的平均热效应换算为在效应上与之相等的直流量，以衡量和比较周期电压或电流的热效应，这一直流量就称为周期量的有效值，用大写字母表示，如 U、I 及 E 分别表示电压，电流和电动势的有效值。

从电流的热效应角度出发，无论是正弦电流 i 还是直流电流 I，只要它们在同一段时间内通过同一电阻 R，如果两者的热效应相等，即消耗的能量相等，就将直流电流 I 定义为正弦电流 i 的有效值。以一个周期的时间为例，上述定义用公式表示为

$$\int_0^T Ri^2\,\mathrm{d}t = RI^2T$$

则正弦电流的有效值

$$I=\sqrt{\frac{1}{T}\int_0^T i^2\,\mathrm{d}t}$$

对正弦电流 $i=I_m\sin(\omega t+\psi_i)$ 来说，其有效值

$$I=\sqrt{\frac{1}{T}\int_0^T i^2\,\mathrm{d}t}=\sqrt{\frac{1}{T}\int_0^T I_m^2\sin^2(\omega t+\psi_i)\,\mathrm{d}t}=\frac{I_m}{\sqrt{2}}$$

即
$$I_m=\sqrt{2}I$$

上式适用于任一正弦量的幅值与其有效值之间的计算。由此，式(4-1)可表示为

$$i=\sqrt{2}I\ \sin(\omega t+\psi_i)$$

需要指出的是，大部分用于正弦交流电路的测量仪表的读数都是有效值。我们使用的交流电流和电压，如不加特别说明，通常是指有效值。如照明系统使用的 220 V 交流电压，工业上使用的 380 V 交流电压，工程中使用的交流电气设备铭牌上标出的额定电压、额定电流等都是有效值。

3. 初相位

初相位反映了正弦量在 $t=0$ 时的相位。在式(4-1)中，正弦量随时间变化的角度 $(\omega t+\psi_i)$ 称为正弦量的相位。在时刻 $t=0$ 的相位 ψ_i 称为正弦量的初相位，简称为初相。一般初相位的绝对值小于或等于 π。

初相位与计时起点有关，所取的计时起点不同，正弦量的初相位就不同。但对一个电路中的许多相关的正弦量，它们只能相对于一个共同的计时起点确定各自的相位。

由于正弦量的初相与设定的参考方向有关，当改变某一正弦量的参考方向时，则该正弦量的初相将改变 π，它与其他正弦量的相位差也将相应地改变。

综上所述，正弦量的三要素(ω、I_m 和 ψ_i)是正弦量比较和区分的依据。

4.1.3 相位差

电路中常引用相位差概念来描述两个同频率正弦量之间的相位关系。假设有两个同频率的正弦电流，它们的表达式分别为 $i_1=I_{1m}\sin(\omega t+\psi_1)$ 和 $i_2=I_{2m}\sin(\omega t+\psi_2)$，波形如图4-2a 所示。它们的相位差用 φ 表示，即

$$\varphi=(\omega t+\psi_1)-(\omega t+\psi_2)=\psi_1-\psi_2$$

这说明，两个同频率正弦量的相位差就等于它们的初相位之差。

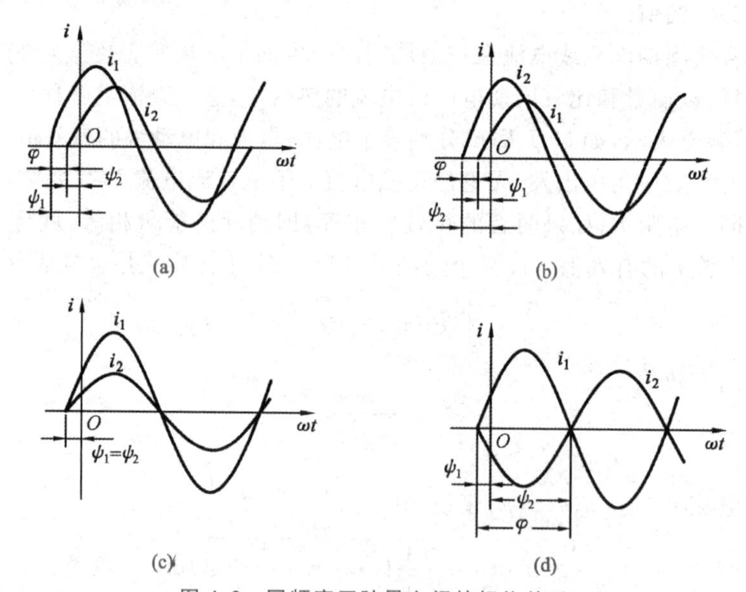

图 4-2 同频率正弦量之间的相位关系

若 $\varphi>0$，则称电流 i_1 超前电流 i_2(或 i_2 滞后 i_1)，说明电流 i_1 先于电流 i_2 到达正的最大值，如图 4-2a 所示。

若 $\varphi<0$，则称电流 i_1 滞后电流 i_2(或 i_2 超前 i_1)，说明电流 i_2 先于电流 i_1 到达正的最大值，如图 4-2b 所示；

若 $\varphi=0$，则称电流 i_1 与电流 i_2 同相位，简称同相，说明两电流同时到达最大值，同时到达最小值，也同时过零，如图 4-2c 所示；

若 $\varphi=180^\circ$，则称电流 i_1 与电流 i_2 反相位，简称反相，即电流 i_1 到达正最大值时，

电流 i_2 到达最小值，如图 4-2d 所示。

正弦量乘以常数、正弦量的积分和微分、同频率正弦量的代数和，这些运算的结果仍为一个同频率的正弦量。正弦量的这个性质十分重要。

【例 4-1】 正弦电压和正弦电流分别为：$u=220\sqrt{2}\sin(\omega t-50^\circ)$ V，$i=141\sin(\omega t+30^\circ)$ A，试分别求出电压和电流的幅值、有效值、初相位及其两者之间的相位差。

解

$$U_m=220\sqrt{2}=311\ \text{V}\quad U=\frac{U_m}{\sqrt{2}}=220\ \text{V}\quad \psi_u=-50^\circ$$

$$I_m=141\ \text{A}\quad I=\frac{I_m}{\sqrt{2}}=100\ \text{A}\quad \psi_i=30^\circ$$

$$\varphi=-50^\circ-30^\circ=-80^\circ$$

显然，由于 $\varphi<0$，电压 u 滞后电流 i（或电流 i 超前电压 u）。

练习与思考

1. 某正弦电压的有效值为 380 V，频率为 100 Hz，在 $t=0$ 时的值 $u(0)=380$ V，该正弦电压的表达式为（　　）。

   A. $u=380\sin 628t$ V　　B. $u=537\sin(628t+45^\circ)$ V

   C. $u=380\sin(628t+90^\circ)$ V

2. 电压 $u=100\sin(314t+10^\circ)$ V 与电流 $i=3\cos(314t-15^\circ)$ A 之间的相位差为（　　）。

   A. 25°　　B. −65°　　C. −25°

4.2 正弦量的相量表示法

由 4.1 节可知，正弦量有函数式和波形图两种基本表示方式，但这两种形式都难以方便地进行正弦量的加、减、乘、除等运算，这给交流电路的分析计算带来不便。因此，本节将介绍关于正弦量计算的一种简便方法，即借助复数表示正弦量，把正弦量的计算转化为复数运算，从而大大简化正弦交流电路的计算。

4.2.1 复数

1. 复数及复数表示形式

采用直角坐标系的横坐标表示复数的实部，称为实轴，以 +1 为单位；纵轴表示虚部，称为虚轴，以 +j 为单位（这里的复数单位不再用 i 而是用 j 表示，避免与电路中的电流 i 混淆），$\mathrm{j}=\sqrt{-1}$。实轴与虚轴构成的平面称为复平面，如图 4-3 所示。复数有以下几种表示形式。

（1）代数形式

复数 A 的代数形式为

$$A=a+\mathrm{j}b$$

其中，a 为复数 A 的实部，b 为虚部。

（2）三角形式

由图 4-3 可知，复数的三角形式为

$$A=r\cos\psi+\mathrm{j}r\sin\psi=r(\cos\psi+\mathrm{j}\sin\psi)$$

式中，$r=\sqrt{a^2+b^2}$ 称为复数的模；$\psi=\arctan\dfrac{b}{a}$ 表示复数与实轴正方向的夹角，称为复数的辐角。因此 $a=r\cos\psi$，$b=r\sin\psi$。

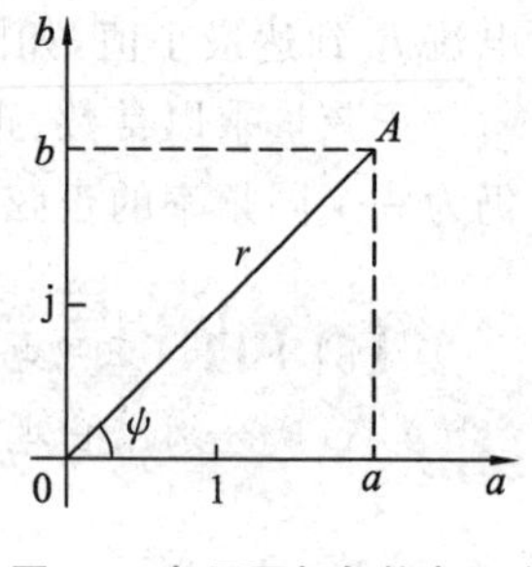

图 4-3 复平面与复数表示法

（3）指数形式

根据欧拉公式

$$\cos\psi=\frac{\mathrm{e}^{\mathrm{j}\psi}+\mathrm{e}^{-\mathrm{j}\psi}}{2}\qquad \sin\psi=\frac{\mathrm{e}^{\mathrm{j}\psi}-\mathrm{e}^{-\mathrm{j}\psi}}{2\mathrm{j}}$$

复数 A 又可以表示为指数形式

$$A=r\mathrm{e}^{\mathrm{j}\psi}$$

（4）极坐标形式

复数的极坐标形式为 $A=r\underline{/\psi}$

因此，一个复数可用上述 4 种不同的形式来表示。在复数的运算过程中，根据需要，各种形式之间可以相互转换。

两个复数相等必须满足的条件是：实部与实部相等、虚部与虚部相等或两个复数的模和辐角分别相等。

2. 复数的运算

复数 $A=a+\mathrm{j}b=r_1\underline{/\psi_1}$，$B=c+\mathrm{j}d=r_2\underline{/\psi_2}$ 的运算如下：

复数的加减运算常用代数形式进行，即

$$A\pm B=(a\pm c)+\mathrm{j}(b\pm d)$$

复数的乘除运算常用极坐标形式进行，即

$$AB=r_1\underline{/\psi_1}\cdot r_2\underline{/\psi_2}=r_1r_2\underline{/\psi_1+\psi_2}$$

$$\frac{A}{B}=\frac{r_1\underline{/\psi_1}}{r_2\underline{/\psi_2}}=\frac{r_1}{r_2}\underline{/\psi_1-\psi_2}$$

【例 4-2】 试写出复数 $A=4+\mathrm{j}3$，$B=3-\mathrm{j}4$ 的极坐标形式。

解 复数 A 的模 $r=\sqrt{4^2+3^2}=5$

辐角 $\psi=\arctan\dfrac{3}{4}=37°$

则复数 A 的极坐标形式为 $A=5\underline{/37°}$。

复数 B 的模 $r=\sqrt{3^2+(-4)^2}=5$

辐角 $\psi=\arctan\dfrac{-4}{3}=-53°$

则复数 B 的极坐标形式为 $B=5\underline{/-53°}$。

4.2.2 正弦量的相量表示法

对线性电路而言，如果电路中的电源都是同一频率的正弦量，则电路中各支路的电流和电压也将是与电源同频率的正弦量。对于多个同频率的正弦量来说，各个正弦量之间的区别在于幅值和初相位这两个要素。为了克服正弦交流电路计算困难，常借助于复数运算的方法，亦称为相量法。相量法的实质就是撇开频率这一要素，采用具有模和辐角的复数去表示正弦量的有效值和初相位，从而可以将复杂的正弦量运算转化为简单的复数运算。

1. 正弦量的相量法表示

图 4-4 中的有向线段 A 以 ω 角速度逆时针旋转，经过时间 t 后（转过 ωt），由 A 变为 A_1，即

$$A_1 = r\mathrm{e}^{\mathrm{j}(\omega t+\psi)} = r\mathrm{e}^{\mathrm{j}\psi}\mathrm{e}^{\mathrm{j}\omega t}$$

这时它在虚轴上的投影为

$$x = r\sin(\omega t+\psi)$$

故正弦量可以用这样旋转的有向线段的虚部表示

$$x = \mathrm{Im}A_1 = \mathrm{Im}[r\mathrm{e}^{\mathrm{j}\psi}\mathrm{e}^{\mathrm{j}\omega t}] = r\sin(\omega t+\psi)$$

图 4-4　复数的旋转

其中，$\mathrm{e}^{\mathrm{j}\omega t}$ 为旋转因子，Im 表示复数的虚部。

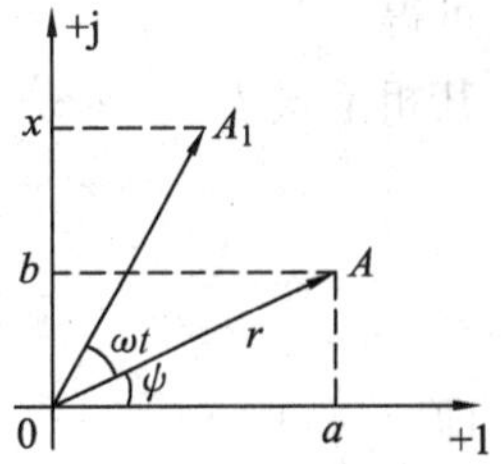

综上所述，多个同频率正弦量的旋转因子是相同的，不同的是幅值和初相位。因此，可用 $A=r\mathrm{e}^{\mathrm{j}\psi}$ 或 $A=r\underline{/\psi}$ 来表示不同初始相位和幅值的正弦量，这种特有的用复数表示正弦量的方法称为正弦量的相量表示法。相量的模等于正弦量的幅值，辐角等于正弦量的初相位。同时，为了与一般的复数加以区别，规定用上方加“·”的大写字母来表示相量。例如，正弦电压 $u=U_{\mathrm{m}}\sin(\omega t+\psi)$ 的最大值相量为

$$\dot{U}_{\mathrm{m}} = U_{\mathrm{m}}\underline{/\psi}$$

有效值相量为

$$\dot{U} = U\underline{/\psi}$$

应当指出的是：

① 以后本书中如不特别说明，均使用有效值相量。

② 相量仅是表示正弦量的一种方法，它并不等于正弦量。这是因为相量只表达了正弦量的两个要素：有效值和初相位，而不出现频率这一要素。

2. 相量图

把正弦量的有效值和初相位用有向线段表示在复平面上的图形，称为相量图。几个同频率正弦量的相量图可画在同一复平面上，这样可直观地比较出它们的有效值、初相位以及彼此之间的相对位置关系（即相位差），如图 4-5 所示。

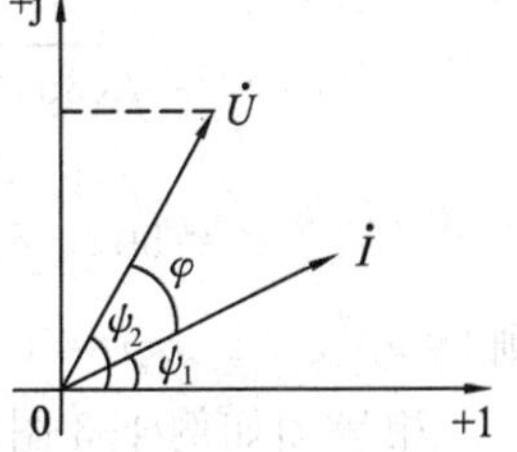

图 4-5　正弦量的相量图

4.2.3 基尔霍夫定律的相量形式

基尔霍夫 KCL 和 KVL 定律是分析电路的基本定律，交流电路的计算同样离不开这两个定律。下面根据正弦量及其相量之间的关系，推导出基尔霍夫定律的相量形式。

由 KCL 定律，对任一结点的正弦电流有

$$\sum i = i_1 + i_2 + \cdots + i_k = 0$$

用复数表示为

$$\mathrm{Im}[\dot{I}_{1\mathrm{m}} \mathrm{e}^{\mathrm{j}\omega t}] + \mathrm{Im}[\dot{I}_{2\mathrm{m}} \mathrm{e}^{\mathrm{j}\omega t}] + \cdots + \mathrm{Im}[\dot{I}_{k\mathrm{m}} \mathrm{e}^{\mathrm{j}\omega t}] = 0$$

可得
$$\mathrm{Im}[(\dot{I}_{1\mathrm{m}} + \dot{I}_{2\mathrm{m}} + \cdots + \dot{I}_{k\mathrm{m}}) \mathrm{e}^{\mathrm{j}\omega t}] = 0$$

其相量式为

$$\dot{I}_{1\mathrm{m}} + \dot{I}_{2\mathrm{m}} + \cdots + \dot{I}_{k\mathrm{m}} = 0$$

或
$$\dot{I}_1 + \dot{I}_2 + \cdots + \dot{I}_k = 0$$

即
$$\sum \dot{I} = 0$$

同理，KVL 定律的相量式为

$$\sum \dot{U} = 0$$

【例 4-3】 已知：$i_1 = 30\sqrt{2}\sin(\omega t + 45°)\,\mathrm{A}$，$i_2 = 40\sqrt{2}\sin(\omega t - 45°)\,\mathrm{A}$，求 $i = i_1 + i_2$。

解 由已知条件可得电流的有效值相量为

$$\begin{aligned}\dot{I}_1 &= 30\angle 45° = 30\cos 45° + \mathrm{j}30\sin 45° \\ &= 15\sqrt{2} + \mathrm{j}15\sqrt{2}\ \mathrm{A} \\ \dot{I}_2 &= 40\angle -45° = 40\cos(-45°) + \mathrm{j}40\sin(-45°) \\ &= 20\sqrt{2} - \mathrm{j}20\sqrt{2}\ \mathrm{A} \\ \dot{I} &= \dot{I}_1 + \dot{I}_2 = (15\sqrt{2} + \mathrm{j}15\sqrt{2}) + (20\sqrt{2} - \mathrm{j}20\sqrt{2}) \\ &= 35\sqrt{2} - \mathrm{j}5\sqrt{2}\ \mathrm{A} \\ &= \sqrt{(35\sqrt{2})^2 + (-5\sqrt{2})^2}\ \angle \arctan\frac{-5\sqrt{2}}{35\sqrt{2}} \\ &= 50\angle -8.13°\ \mathrm{A}\end{aligned}$$

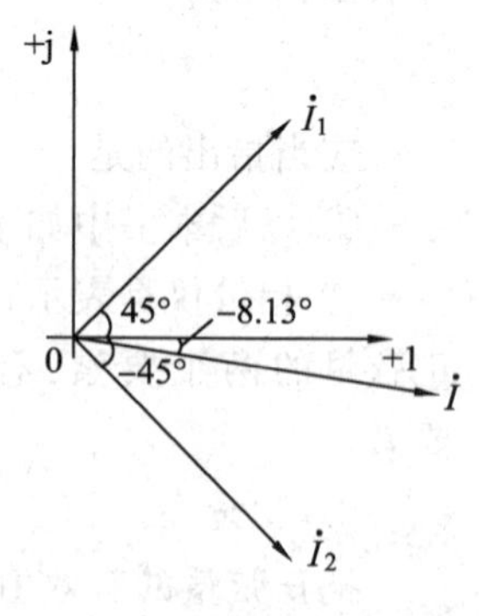

例 4-3 的相量图

则
$$i = 50\sqrt{2}\sin(\omega t - 8.13°)\,\mathrm{A}$$

相量图如例 4-3 图所示。

练习与思考

1. 与 $i=10\sqrt{2}\sin(\omega t+36.9°)$ A 对应的电流相量 $\dot{I}=($　　$)$ A。

　A. 8+j6　　　　B. 8−j6　　　　C. 3+j4

2. 判断下列各式的对错。

　A. $i=6\angle 30°$ A　　B. $\dot{U}=60\sin(\omega t+45°)$ V　　C. $I=2\sin(\omega t+10°)$ A

　D. $i=(3+\text{j}4)$ A　　E. $u=220\sqrt{2}\sin(\omega t-40°)=5\angle -45°$ V

3. 已知几个电流的相量表达式如下：

　$\dot{I}_1=2\sqrt{3}+\text{j}2$ A，$\dot{I}_2=-2\sqrt{3}+\text{j}2$ A，$\dot{I}_3=-2\sqrt{3}-\text{j}2$ A，$\dot{I}_4=2\sqrt{3}-\text{j}2$ A，

　试把它们转化为极坐标形式，并写出它们的瞬时表达式。

4.3　电阻元件的正弦响应

4.3.1　伏安关系

电阻电路如图 4-6a 所示，设流过电阻的电流 $i=\sqrt{2}I\sin\omega t$ 为参考正弦量(其初相位为 0)，由欧姆定律得

$$u=Ri=R\sqrt{2}I\sin\omega t=\sqrt{2}U\sin\omega t \tag{4-2}$$

这表明，线性电阻元件的电压与电流是同频率的正弦量，且同相。则

$$U=IR \quad 或 \quad \frac{U}{I}=\frac{u}{i}=R$$

如果用相量表示，则为

$$\dot{I}=I\angle 0°\ ,\ \dot{U}=U\angle 0°\ ,\ \frac{\dot{U}}{\dot{I}}=R$$

$$或\quad \dot{U}=\dot{I}R \tag{4-3}$$

由上述可知，线性电阻元件的电压和电流的有效值之间、相量之间的关系都遵循欧姆定律，它们的波形图和相量图如图 4-6b 和 4-6c 所示。

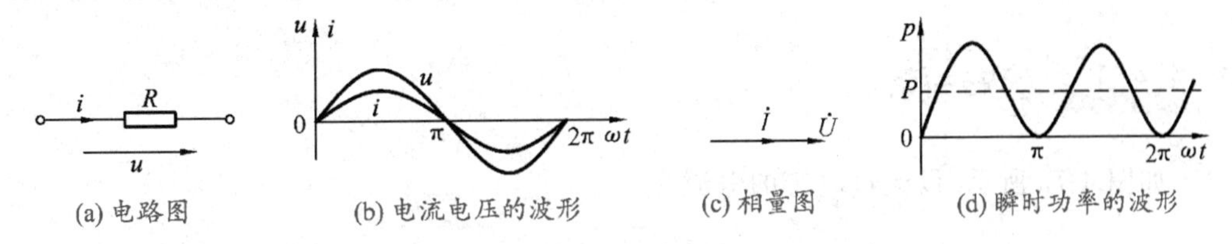

(a) 电路图　(b) 电流电压的波形　(c) 相量图　(d) 瞬时功率的波形

图 4-6　电阻元件的正弦响应

4.3.2 功率关系

1. 瞬时功率

在任何瞬间，电阻上的瞬时功率为电压瞬时值 u 与电流瞬时值 i 的乘积，瞬时功率用小写字母 p 表示

$$p=ui=\sqrt{2}U\cdot\sqrt{2}I\sin^2\omega t=2UI\cdot\frac{1-\cos 2\omega t}{2}=UI(1-\cos 2\omega t)$$

上式表明，电阻元件的电压与电流为正弦量时，其功率不再是正弦量，它由两部分组成：第一部分是常数 UI；第二部分是幅值为 UI，并以 2ω 的角速度随时间而变化的正弦量。瞬时功率 p 随时间变化的波形如图 4-6d 所示。

由于电阻上的电压 u 与电流 i 同相位，它们同时为正，同时为负，所以电阻的瞬时功率 $p\geqslant 0$，这表明电阻元件总是从电源吸收能量。因此，在正弦交流电路中，电阻仍然是耗能元件。

2. 平均功率

通常在工程上所指的功率是瞬时功率在一个周期(T)内的平均值，称为平均功率，用大写字母 P 表示。即

$$P=\frac{1}{T}\int_0^T p\mathrm{d}t=\frac{1}{T}\int_0^T UI(1-\cos 2\omega t)\mathrm{d}t=UI=RI^2=\frac{U^2}{R} \tag{4-4}$$

练习与思考

1. 电阻 $R=11\ \Omega$，接在 $U=220$ V 的直流电源上，流过它的电流是多少？如改接在 220 V 的工频交流电源上，流过它的电流是多少？接不同电源时电阻所消耗的功率又各是多少？
2. 把一个 10 Ω 的电阻元件接到电压有效值为 50 V 的正弦交流电源上，当电源的频率由 $f_1=50$ Hz 变成 $f_2=100$ Hz 时，流过电阻的电流将(　　)。

   A. 增加　　　B. 减小　　　C. 不变

4.4 电感元件的正弦响应

4.4.1 伏安关系

如图 4-7a 所示，设流过电感的电流为

$$i=\sqrt{2}I\sin\omega t$$

则其两端的电压为

$$\begin{aligned}u&=L\frac{\mathrm{d}i}{\mathrm{d}t}=L\frac{\mathrm{d}}{\mathrm{d}t}(\sqrt{2}I\sin\omega t)=\omega L\sqrt{2}I\cos\omega t\\&=\sqrt{2}U\sin(\omega t+90^\circ)\end{aligned} \tag{4-5}$$

上式表明，电感元件的电压与其流过的电流是同频率的正弦量，但需要注意的是，

电压在相位上超前电流 90°，电流与电压的波形如图 4-7b 所示。

式 4-5 中有

$$U=\omega LI \text{ 或 } \frac{U}{I}=\omega L$$

由此可见，在电感电路中电压与电流的有效值之比为 ωL（注意：不是它们的瞬时值之比），说明电感元件对交流电流呈阻碍作用。其单位与电阻的单位相同，为欧姆（Ω），通常称 ωL 为电感元件的感抗，用符号 X_L 表示，即

$$X_L=\omega L=2\pi fL \tag{4-6}$$

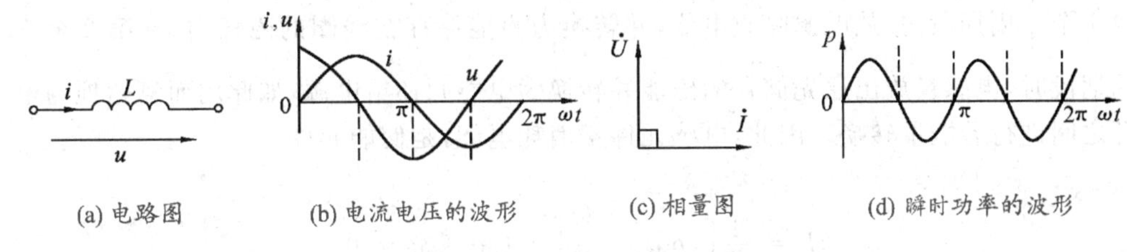

(a) 电路图　(b) 电流电压的波形　(c) 相量图　(d) 瞬时功率的波形

图 4-7　电感元件的正弦响应

与电阻不同的是，电感对交流电流阻碍作用的大小与电源的频率有关，流过电感的电流的频率越高，电感对电流的阻碍作用越大。感抗随频率变化的关系如图 4-8 所示。

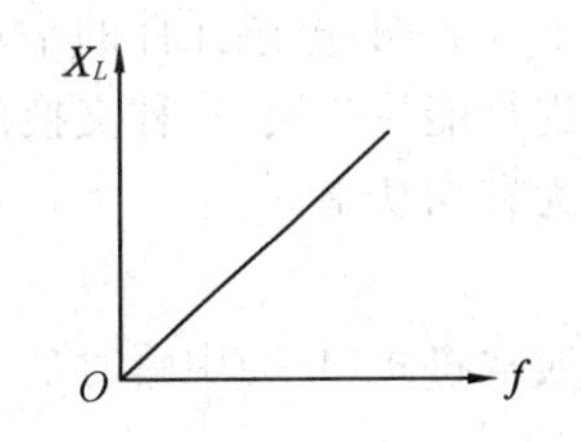

图 4-8　感抗与频率之间的关系

在直流电路中，由于 $\omega=0$，则 $X_L=0$，即电感对直流电路可视为短路，这也是在稳态直流电路中不讨论含有电感元件电路的原因。

如果用相量表示电感元件的电压与电流，则

$$\dot{I}=I\angle 0^\circ \quad \dot{U}=U\angle 90^\circ$$

电压与电流的相量关系为

$$\frac{\dot{U}}{\dot{I}}=\frac{U\angle 90^\circ}{I\angle 0^\circ}=X_L\angle 90^\circ=\mathrm{j}X_L$$

或

$$\dot{U}=\mathrm{j}X_L\dot{I} \tag{4-7}$$

电感元件的电压和电流的相量关系如图 4-7c 所示。

式(4-7)中的 j 称为 90°的旋转因子，一个相量乘以 j 就可得到相位超前原相量 90°的另一个相量。在这里 j 表示了电感元件上电压超前其电流 90°的相位关系。

4.4.2 功率关系

1. 瞬时功率

按照定义，瞬时功率

$$p=ui=\sqrt{2}I\sin\omega t\sqrt{2}U\sin(\omega t+90^\circ)=2UI\sin\omega t\cos\omega t$$

$$=2UI\ \frac{\sin 2\omega t}{2}=UI\sin 2\omega t \tag{4-8}$$

电感的瞬时功率 p 是一个幅值为 UI，角频率为 2ω 的正弦量，其波形如图 4-7d 所示。

图 4-7b 所示波形中，可将电压 u 与电流 i 的一个周期划分为 4 个$\frac{1}{4}$周期段，在第 1 个和第 3 个$\frac{1}{4}$周期段内，由于 u 和 i 同为正或同为负，瞬时功率 $p\geqslant 0$，这意味着电感元件从电源吸收电能；而在第 2 个和第 4 个$\frac{1}{4}$周期段内，u 和 i 一正一负，瞬时功率 $p\leqslant 0$，这意味着电感元件把前一个$\frac{1}{4}$周期段中从电源所吸收的电能归还给电源。即：电感在第 1 个$\frac{1}{4}$周期段内，从电源吸收电能，并转换为磁能储存在线圈的磁场内，到第 2 个$\frac{1}{4}$周期段时，电感释放出原先储存的磁能并转换为电能归还给电源，如此周而复始地与电源之间进行着能量转换。因此，电感元件不消耗电能，是储能元件。

2. 平均功率

$$P=\frac{1}{T}\int_0^T p\,\mathrm{d}t=\frac{1}{T}\int_0^T UI\sin 2\omega t=0$$

上式表明，电感元件的平均功率为零，这说明理想电感元件不消耗能量，只与电源之间进行能量交换，这种交换的规模通常用无功功率 Q 表示。与之相对应，平均功率又称为有功功率。

3. 无功功率

通常将式(4-8)中瞬时功率 p 的幅值定义为电感元件的无功功率，即

$$Q=UI=I^2X_L=\frac{U^2}{X_L} \tag{4-9}$$

无功功率的单位是乏(var)或千乏(kvar)。

练习与思考

1. 把 $u_1=100\sqrt{2}\sin(314t-60°)$ V 和 $u_2=100\sqrt{2}\sin(628t-60°)$ V 的两个正弦交流电源分别与 $L=1$ H 的电感线圈相接，则两种情况下流过电感线圈电流的有效值(　　)。

A. 相等　　B. 不相等　　C. 无法比较

2. 已知流过电感线圈的电流 $i=5\sqrt{2}\sin(314t+30°)$ A，$L=100$ mH，求电感元件两端的电压 u_L，并画出相量图。

3. 指出下列各式正确的是(　　)，错误的是(　　)。

① $\frac{u}{i}=X_L$；② $\frac{U}{I}=\mathrm{j}\omega L$；③ $\frac{\dot{U}}{\dot{I}}=X_L$；④ $u=L\frac{\mathrm{d}i}{\mathrm{d}t}$；⑤ $\dot{I}=\frac{\dot{U}}{\mathrm{j}\omega L}$；⑥ $\dot{I}=-\mathrm{j}\frac{\dot{U}}{\omega L}$

4.5 电容元件的正弦响应

4.5.1 伏安关系

电容电路如图 4-9a 所示，设电容两端的电压 $u=\sqrt{2}U\sin\omega t$，则流过电容元件的电

流为

$$i=C\frac{\mathrm{d}u}{\mathrm{d}t}=C\frac{\mathrm{d}}{\mathrm{d}t}(\sqrt{2}U\sin\omega t)=\omega C\sqrt{2}U\cos\omega t$$

$$=\sqrt{2}I\sin(\omega t+90^\circ) \tag{4-10}$$

式(4-10)表明，流过电容元件的电流是与其两端电压同频率的正弦量，但是电流在相位上超前电压 90°。电压与电流的波形如图 4-9b 所示。

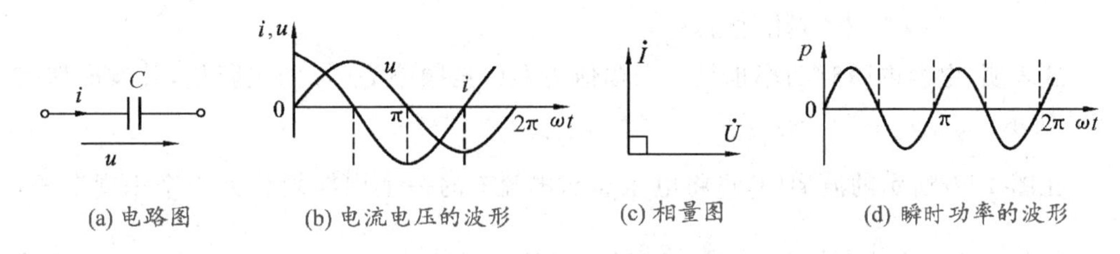

图 4-9　电容元件的正弦响应

式(4-10)中

$$I=\omega CU$$

或

$$\frac{U}{I}=\frac{1}{\omega C}$$

由此可见，在电容电路中，电压与电流的有效值之比为$\frac{1}{\omega C}$(注意：不是它们的瞬时值之比)，说明电容元件对交流电流具有阻碍作用，其单位与电阻的单位相同，为欧姆(Ω)，通常称它为电容元件的容抗，用符号 X_C 表示，即

$$X_C=\frac{1}{\omega C}=\frac{1}{2\pi fC} \tag{4-11}$$

与电感元件一样，电容对交流电流的阻碍作用也与电源的频率有关。通过电容的电流频率越高，电容对其阻碍作用越小，这刚好与电感相反。容抗随频率变化的关系如图 4-10 所示。

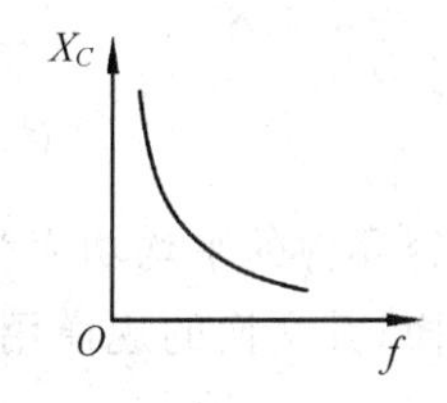

图 4-10　容抗与频率之间的关系

在直流电路中，$\omega=0$，故 $X_C=\infty$，即电容对直流电路可视为开路(或断路)，这就是在稳态直流电路中不讨论含有电容元件电路的原因。

如果用相量表示，电压与电流的相量式为

$$\dot{U}=U\angle 0^\circ \qquad \dot{I}=I\angle 90^\circ$$

电压与电流的相量关系为

$$\frac{\dot{U}}{\dot{I}}=\frac{U\angle 0^\circ}{I\angle 90^\circ}=X_C\angle -90^\circ=-\mathrm{j}X_C$$

即

$$\dot{U}=-\mathrm{j}X_C\dot{I} \tag{4-12}$$

电压和电流的相量关系如图 4-9c 中所示。

式(4-12)中的 $-\mathrm{j}$ 称为 -90° 的旋转因子，一个相量乘以 $-\mathrm{j}$ 就可得到相位滞后原相量 90°的另一个相量。$-\mathrm{j}$ 表示了电容元件上电压滞后于电流 90°的相位关系。

4.5.2 功率关系

1. 瞬时功率

按照定义，电容元件的瞬时功率

$$p=ui=\sqrt{2}U\sin\omega t\ \sqrt{2}I\sin(\omega t+90^\circ)=2UI\sin\omega t\cos\omega t$$
$$=UI\sin 2\omega t$$

这表明，电容的瞬时功率也是一个幅值为 UI，角频率为 2ω 的正弦量，其波形如图 4-9d 所示。

在图 4-9b 所示的波形中，可将电压 u 与电流 i 的一个周期划分为 4 个 $\frac{1}{4}$ 周期段，在第 1 个和第 3 个 $\frac{1}{4}$ 周期段内，由于 u 和 i 同为正或同为负，瞬时功率 $p\geqslant 0$，这意味着电容元件从电源吸收电能；而在第 2 个和第 4 个 $\frac{1}{4}$ 周期段内，u 和 i 一正一负，瞬时功率 $p\leqslant 0$，这意味着电容元件把前一个 $\frac{1}{4}$ 周期段从电源所吸收的电能归还电源。即：电容在第 1 个 $\frac{1}{4}$ 周期段内，从电源吸收电能，并转换为电场能储存起来，到第 2 个 $\frac{1}{4}$ 周期段时，电容释放出原先储存的电场能并转换为电能归还给电源，如此周而复始地与电源之间进行着能量转换。因此，电容元件也是储能元件。

2. 平均功率

$$P=\frac{1}{T}\int_0^T p\,\mathrm{d}t=\frac{1}{T}\int_0^T UI\sin 2\omega t\,\mathrm{d}t=0$$

电容元件的平均功率为零，这表明理想电容元件也不消耗能量，只与电源之间进行能量交换，其交换的规模用无功功率 Q 表示。

3. 无功功率

将瞬时功率 p 的幅值定义为电容元件的无功功率，即

$$Q=UI=I^2X_C=\frac{U^2}{X_C} \tag{4-13}$$

【例 4-4】 如例 4-4 图所示电路中，LC 并联电路接于 220 V 工频电源上，已知 $L=2$ H，$C=4.3\ \mu$F，求：(1) 感抗、容抗；(2) I_L、I_C 和总电流 I；(3) 画出相量图；(4) Q_L、Q_C 和总无功功率 Q。

解 (1) $X_L=\omega L=2\pi fL=2\pi\times 50\times 2=628\ \Omega$

$$X_C=\frac{1}{\omega C}=\frac{1}{2\pi fC}=\frac{1}{2\pi\times 50\times 4.3\times 10^{-6}}=741\ \Omega$$

(2) $I_L=\frac{U}{X_L}=\frac{220}{628}=0.35$ A

$$I_C=\frac{U}{X_C}=\frac{220}{741}=0.3\ \text{A}$$

要求出总电流 I，必须通过相量来运算。

设 $\dot{U}=U\angle 0^\circ$ V 为参考相量，

故　　$\dot{I}_L=0.35\angle -90^\circ \text{A}$，$\dot{I}_C=0.3\angle 90^\circ$ A

则　　$\dot{I}=\dot{I}_L+\dot{I}_C=0.35\angle -90^\circ+0.3\angle 90^\circ$

$=-\text{j}0.35+\text{j}0.3=-\text{j}0.05=0.05\angle -90^\circ$ A

所以　$I=0.05\text{A}$。

(a) 电路图

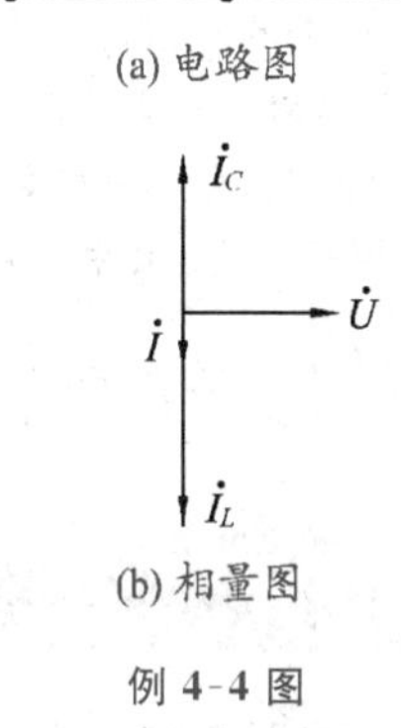

(b) 相量图

例 4-4 图

需要注意的是：

① $I\neq I_L+I_C$，即总电流的有效值不等于各支路电流的有效值之和；

② $I<I_L$ 且 $I<I_C$，表明在交流电路中，总电流的有效值可能小于各支路电流的有效值。

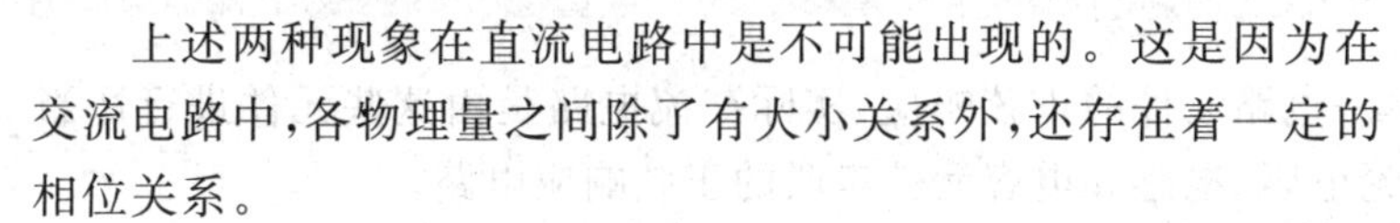

上述两种现象在直流电路中是不可能出现的。这是因为在交流电路中，各物理量之间除了有大小关系外，还存在着一定的相位关系。

(3) 相量图如例 4-4 图 b 所示。

(4) 在本例中，电感电流与电容电流总是反相，即一个电流值为正时，另一个电流值必然为负；这同时也表明电感向电源吸收电能的同时，电容向电源输送电能，反之亦然。因此，在任一瞬时，电感、电容与电源之间进行转换能量的方向总是相反的。

$$Q_L=UI_L=220\times 0.35=77 \text{ var}$$

$$Q_C=UI_C=220\times 0.3=66 \text{ var}$$

所以

$$Q=Q_L-Q_C=77-66=11 \text{ var}$$

该计算结果表明：整个电路与电源之间进行能量转换的规模为 11 var。有 66 var 是在电感与电容之间交换的。

为了便于读者学习，下面将交流电路中三个单一元件(R,L,C)的电压与电流关系、功率关系列入表 4-1 中。

表 4-1　三种电路元件的电压与电流关系和功率关系

关系		电路元件		
		R	L	C
元件性质		阻性 R	感抗 $X_L=\omega L$	容抗 $X_C=\dfrac{1}{\omega C}$
伏安关系	有效值关系	$I=\dfrac{U}{R}$	$I=\dfrac{U}{X_L}$	$I=\dfrac{U}{X_C}$
	相位关系	电压电流同相	电压超前电流 90°	电压滞后电流 90°
	相量关系	$\dot{U}=R\dot{I}$	$\dot{U}=\text{j}X_L\dot{I}$	$\dot{U}=-\text{j}X_C\dot{I}$
功率关系		耗能元件	储能元件	储能元件
		$P=UI=RI^2=\dfrac{U^2}{R}$	$Q=UI=X_LI^2=\dfrac{U^2}{X_L}$	$Q=UI=X_CI^2=\dfrac{U^2}{X_C}$

练习与思考

1. 将两正弦交流电源 $u_1=100\sqrt{2}\sin(314t-40°)$ V 和 $u_2=100\sqrt{2}\sin(628t-40°)$ V 分别与 $C=100\ \mu$F的电容元件相接，则两种情况下流过电容电流的有效值(　　)。

   A. 相等　　　　B. 不相等　　　　C. 无法比较

2. 已知流过电容元件的电流 $i=10\sqrt{2}\sin(314t+50°)$ A，$C=100\ \mu$F，求电容元件两端的电压 u，并画出电流、电压的相量图。

3. 指出下列各式中正确的是(　　)，错误的是(　　)。

   ① $\frac{u}{i}=X_C$；② $\frac{U}{I}=\mathrm{j}\omega C$；③ $\frac{\dot{U}}{\dot{I}}=X_C$；④ $i=L\frac{\mathrm{d}u}{\mathrm{d}t}$；⑤ $\dot{I}=\mathrm{j}\omega C\dot{U}$；⑥ $\dot{I}=-\mathrm{j}\frac{\dot{U}}{\omega C}$

4.6 电阻、电感与电容串联电路的正弦响应

前面3节讨论了单一电路元件的正弦响应，实际交流电路是由这些元件进行适当的连接而成的，本节讨论电阻、电感和电容元件串联的正弦响应电路。

4.6.1 电压关系

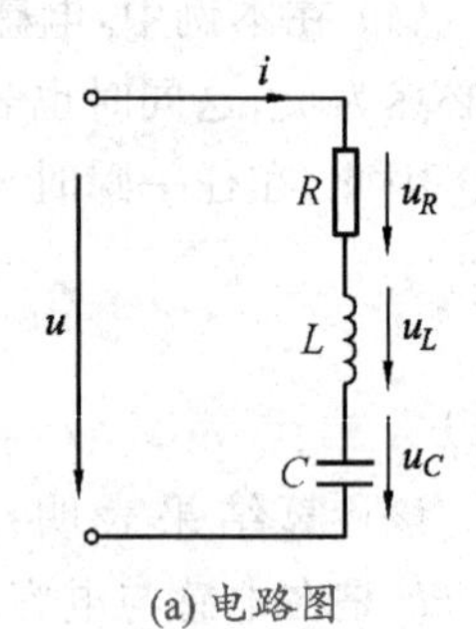

(a) 电路图

电阻、电感与电容串联的交流电路及电路中电压、电流的参考方向如图4-11a所示。

由KVL定律列出总电压与各元件电压之间的关系式为

$$u=u_R+u_L+u_C \tag{4-14}$$

设电路中的电流 $i=I_\mathrm{m}\sin\omega t$，其有效值相量为

$$\dot{I}=I\angle 0°$$

则式(4-14)的相量式为

$$\dot{U}=\dot{U}_R+\dot{U}_L+\dot{U}_C$$

各电压的相量如图4-11b所示。设 $U_L>U_C$，运用相量的加法运算，得知 $\dot{U}$、$\dot{U}_R$ 及 $(\dot{U}_L+\dot{U}_C)$ 组成一个直角三角形，通常称之为电压三角形。电源电压 $\dot{U}$ 的有效值

$$U=\sqrt{U_R^2+(U_L-U_C)^2}$$

注意：在交流电路中，$U\neq U_R+U_L+U_C$。

电源电压 u 与电流 i 之间的相位差

$$\varphi=\arctan\frac{U_L-U_C}{U_R}>0$$

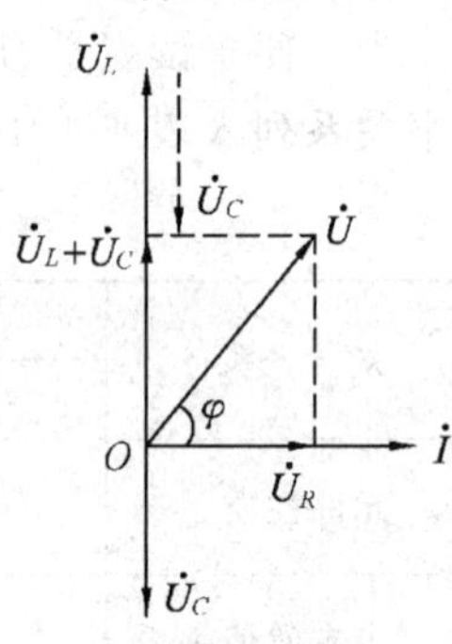

(b) 相量图

图4-11 *RLC* 串联电路

电源电压相量为 $\dot{U}=U\angle\varphi$，可见在上述 $U_L>U_C$ 的假设前提下，电源电压 u 在相位上超前电流 i。反之，若 $U_L<U_C$，则 $\varphi<0$，意味着电源电压 u 在相位上滞后电流 i。

4.6.2 伏安关系

由
$$\dot{U}=\dot{U}_R+\dot{U}_L+\dot{U}_C=R\dot{I}+\mathrm{j}X_L\dot{I}-\mathrm{j}X_C\dot{I}$$
$$=\dot{I}[R+\mathrm{j}(X_L-X_C)]$$

得
$$\frac{\dot{U}}{\dot{I}}=R+\mathrm{j}(X_L-X_C)$$

令
$$\frac{\dot{U}}{\dot{I}}=Z \text{ 或 } \dot{U}=\dot{I}Z$$

则
$$Z=R+\mathrm{j}(X_L-X_C)=|Z|\underline{/\varphi} \tag{4-15}$$

从式(4-15)可以看出，Z 是个复数，它对交流电流具有阻碍作用，单位也是 Ω，称之为复阻抗。$|Z|$ 称为复阻抗的模或阻抗，其值为

$$|Z|=\frac{U}{I}=\sqrt{R^2+(X_L-X_C)^2}$$

φ 称为阻抗角，是电源电压与电流之间的相位差，其值为

$$\varphi=\arctan\frac{X_L-X_C}{R}=\frac{X}{R} \tag{4-16}$$

同样，在上述假设 $U_L>U_C$ 的前提下，有 $X_L>X_C$，则 $\varphi>0$，意味着电压 u 超前电流 i 一个 φ 角，电路是电感性的；反之，若 $U_L<U_C$，有 $X_L<X_C$，则 $\varphi<0$，即电压 u 滞后电流 i 一个 φ 角，电路是电容性的；若 $X_L=X_C$，则 $\varphi=0$，电压 u 与电流 i 同相，电路是电阻性的。

式(4-16)中 $X=X_L-X_C$，称为电抗。同样 R、X 和 $|Z|$ 也组成一直角三角形，称之为阻抗三角形，如图 4-12 所示。阻抗三角形由电路的参数决定，它与电压三角形相似。它既能反映电路中各元件参数之间的关系，又能反映各电压之间、电压与电流之间的关系。

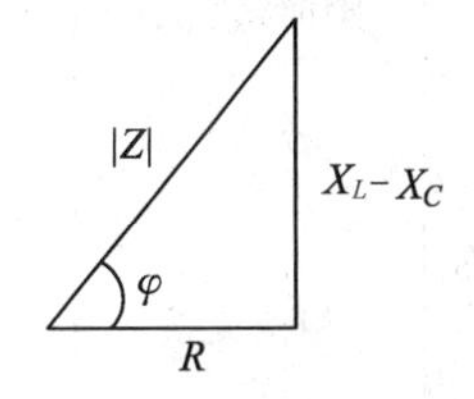

图 4-12　阻抗三角形

4.6.3 功率关系

1. 平均功率

在上述 RLC 串联电路中，只有电阻元件消耗能量。因此，该电路的平均功率为

$$P=P_R=RI^2=U_RI$$

由图 4-11b 所示的电压三角形可知 $U_R=U\cos\varphi$，因此上式又可改写为

$$P=UI\cos\varphi \tag{4-17}$$

与电阻的功率表达式相比较，上式中多了因子 $\cos\varphi$，通常称 $\cos\varphi$ 为功率因数(有关功率因数的讨论见 4.8 节)。

2. 无功功率

电路中的无功功率由两部分组成：一部分是电感元件的无功功率 Q_L，一部分是电容元件的无功功率 Q_C。由于 RLC 串联电路中电感和电容流过的是同一电流，而两者

的电压反相，所以在同一时刻，两者与电源之间进行能量交换的方向相反，电路总的无功功率为 Q_L 与 Q_C 之差，即

$$Q=Q_L-Q_C=U_LI-U_CI=(U_L-U_C)I=UI\sin\varphi \tag{4-18}$$

3. 视在功率

通常许多电力设备的容量是由它们的额定电压与额定电流的乘积决定的。为此，引入视在功率概念，用大写字母 S 表示，定义为

$$S=UI \tag{4-19}$$

或

$$S=\sqrt{P^2+Q^2}$$

其单位为伏·安(V·A)或千伏·安(kV·A)。后面介绍的交流电气设备(如变压器)额定视在功率 $S_N=U_NI_N$ 也就是电气设备的容量。

事实上，交流电路的平均功率、无功功率和视在功率三者也组成了一个直角三角形，即功率三角形(如图 4-13 所示)，而且它与电压、阻抗三角形也是相似的。需要注意的是：功率和阻抗不是相量。除了上述介绍的 RLC 串联电路外，实际中常常碰到 RL 串联电路(如日光灯电路等)和 RC 串联电路，这两种电路是 RLC 串联电路的特殊形式，后面将通过具体的例题来介绍。

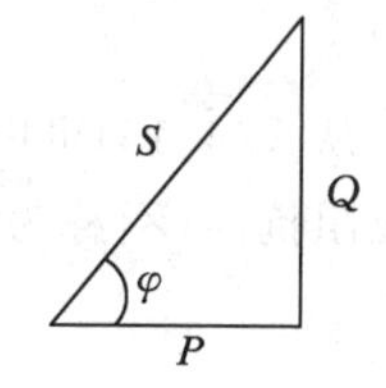

图 4-13 功率三角形

为了便于读者比较和掌握 RLC、RL、RC 串联电路中电压与电流大小和相位关系，现将这三种正弦交流电路中的电压与电流的关系列于表 4-2 中。

表 4-2 三种串联电路中电压与电流的关系

关系		RL 串联电路	RC 串联电路	RLC 串联电路
伏安关系	瞬时值关系	$u=u_R+u_L$	$u=u_R+u_C$	$u=u_R+u_L+u_C$
	有效值关系	$I=\dfrac{U}{\sqrt{R^2+X_L^2}}$	$I=\dfrac{U}{\sqrt{R^2+X_C^2}}$	$I=\dfrac{U}{\sqrt{R^2+(X_L-X_C)^2}}$
	相位关系	$\dot{U}$ φ $\dot{I}$ $\varphi>0$	φ $\dot{I}$ $\dot{U}$ $\varphi<0$	$\varphi<0$ $\varphi=0$ $\varphi>0$
	相量关系	$\dot{I}=\dfrac{\dot{U}}{R+jX_L}$	$\dot{I}=\dfrac{\dot{U}}{R-jX_C}$	$\dot{I}=\dfrac{\dot{U}}{R+j(X_L-X_C)}$
复阻抗 Z		$R+jX_L$	$R-jX_C$	$R+j(X_L-X_C)$

【例 4-5】 在电阻、电感和电容元件的串联电路中，已知 $R=300\ \Omega$，$L=0.7$ H，$C=4.3\ \mu$F，电源电压 $u=100\sqrt{2}\sin(314t+20°)$ V。求：(1) 感抗、容抗和复阻抗；(2) 电流 i；(3) 各元件上的电压 u_R、u_L、u_C；(4) 画出相量图；(5) 功率 P、Q 和 S。

解 (1) $X_L=\omega L=314\times0.7=220\ \Omega$

$$X_C=\frac{1}{\omega C}=\frac{1}{314\times(4.3\times10^{-6})}=741\ \Omega$$

$$Z=R+j(X_L-X_C)=300+j(220-741)=601\underline{/-60°}\ \Omega$$

由 Z 的表达式可知电路是容性的。

(2) $\dot{U}=100\angle 20^\circ$ V

$$\dot{I}=\frac{\dot{U}}{Z}=\frac{100\angle 20^\circ}{601\angle -60^\circ}=0.166\angle 80^\circ \text{ A}$$

$$i=0.166\sqrt{2}\sin(314t+80^\circ)\text{A}$$

(3) $\dot{U}_R=R\dot{I}=300\times 0.166\angle 80^\circ=50\angle 80^\circ$ V

$$\dot{U}_L=\mathrm{j}X_L\dot{I}=220\angle 90^\circ\times 0.166\angle 80^\circ=36.5\angle 170^\circ \text{ V}$$

$$\dot{U}_C=-\mathrm{j}X_C\dot{I}=741\angle -90^\circ\times 0.166\angle 80^\circ=123\angle -10^\circ \text{ V}$$

各元件电压的瞬时表达式为

$$u_R=50\sqrt{2}\sin(314t+80^\circ)\text{ V}$$

$$u_L=36.5\sqrt{2}\sin(314t+170^\circ)\text{ V}$$

$$u_C=123\sqrt{2}\sin(314t-10^\circ)\text{ V}$$

式中 $U_R=50$ V，$U_L=36.5$ V，$U_C=123$ V，$U=100$ V，很显然，$U\neq U_R+U_L+U_C$，且出现了部分电压(U_C)大于电源电压(U)的现象，这再次反映了交流电路与直流电路的不同之处。

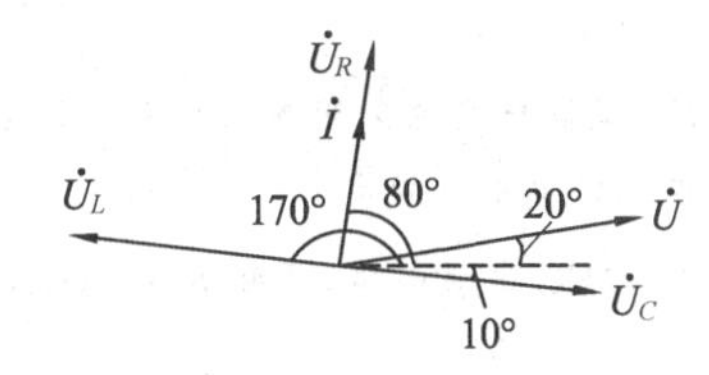

例 4-5 的相量图

(4) 相量图如例 4-5 图所示。

(5) $P=UI\cos\varphi=100\times 0.166\cos(-60^\circ)=8.3$ W

或　$P=U_RI=50\times 0.166=8.3$ W

$Q=UI\sin\varphi=100\times 0.166\times\sin(-60^\circ)=-14.45$ var

或　$Q=U_LI-U_CI=36.5\times 0.166-123\times 0.166=-14.45$ var

$S=UI=100\times 0.166=16.6$ V·A

或　$S=\sqrt{P^2+Q^2}=\sqrt{8.3^2+(-14.45)^2}=16.6$ V·A

【例 4-6】 例 4-6 图示为相位滞后电路。已知 $C=0.01\ \mu$F，$u_1=\sqrt{2}\sin\omega t$ V，式中 $\omega=1200\pi$ rad/s，要使输出电压 u_2 的相位后移 60°，应配多大的电阻？写出 $\dot{U}_2$、$\dot{I}$ 及其瞬时表达式。

解　$\dot{U}_1=1\angle 0^\circ$，$\dot{U}_2$ 比 $\dot{U}_1$ 滞后 60°，而 $\dot{I}$ 或 $\dot{U}_R$ 要比 $\dot{U}_2$ 超前 90°，所以电流 $\dot{I}$ 或 $\dot{U}_R$ 要比 $\dot{U}_1$ 超前 30°(电容性电路)，则电路的阻抗角 $\varphi=-30^\circ$。

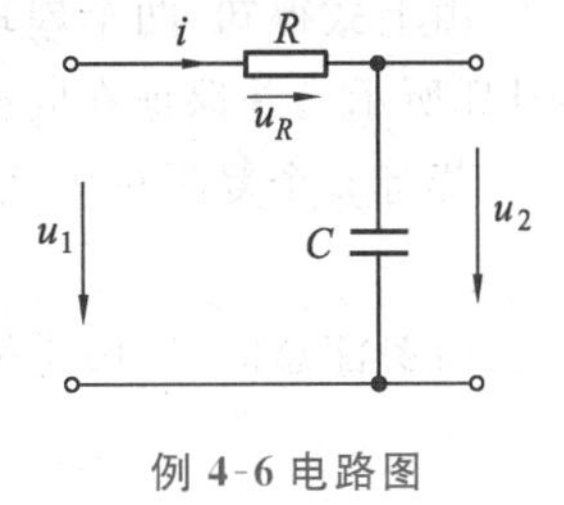

例 4-6 电路图

已知　$X_C=\dfrac{1}{\omega C}=\dfrac{1}{1200\pi\times(0.01\times 10^{-6})}=26.6\ \text{k}\Omega$

因为　$\tan\varphi=\dfrac{-X_C}{R}$

则　$R=\dfrac{-X_C}{\tan\varphi}=\dfrac{-26.6}{\tan(-30^\circ)}=46.1\ \text{k}\Omega$

$$Z=R-\mathrm{j}X_C=46.1-\mathrm{j}26.6=53.3\angle -30^\circ\ \text{k}\Omega$$

$$\dot{I}=\frac{\dot{U}}{Z}=\frac{1}{53.3\angle-30^\circ}=0.0187\angle 30^\circ\ \text{mA}$$

$$\dot{U}_2=-\text{j}X_C\dot{I}=-\text{j}26.6\times 0.0187\angle 30^\circ=0.5\angle-60^\circ\ \text{V}$$

瞬时值表达式为

$$i=0.0187\sqrt{2}\sin(1200\pi t+30^\circ)\ \text{mA}$$

$$u_2=0.5\sqrt{2}\sin(1200\pi t-60^\circ)\ \text{V}$$

练习与思考

1. 有一 RLC 串联电路，已知 $R=X_L=X_C=20\ \Omega$，$I=1$ A，试求其两端的电压 U。
2. 在例 4-5 中，$U_C>U$，即部分电压大于电源电压，为什么？在 RLC 电路中，是否还可能出现 $U_L>U$，或 $U_R>U$？
3. RL 串联电路的复阻抗 $Z=8+\text{j}63\ \Omega$，试问：该电路的电阻和感抗各为多少？并求出电路的电压与电流之间的相位差。
4. 有一 RC 串联电路，已知 $R=4\ \Omega$，$X_C=3\ \Omega$，电源电压 $\dot{U}=100\angle 0^\circ$ V，求电流 $\dot{I}$。

4.7 正弦交流电路的响应

在正弦交流电路中，各元件的连接往往是比较复杂的，但是有了复阻抗 Z 的概念后，将复阻抗 Z 作为交流电路的基本元件来讨论交流电路的响应，就会方便许多。

4.7.1 复阻抗的串联与并联

1. 复阻抗的串联

图 4-14a 所示为两个复阻抗串联的电路。根据串联电路的特点：总电压等于各分压之和，即

$$\dot{U}=\dot{U}_1+\dot{U}_2=Z_1\dot{I}+Z_2\dot{I}=(Z_1+Z_2)\dot{I}=Z\dot{I}$$

由上式得知，两个串联的复阻抗可以用一个复阻抗 $Z=Z_1+Z_2$ 等效代替（如图 4-14b所示），并保证在同样电压的作用下，电路中电流的大小和相位不变。

若有 n 个复阻抗串联，则等效复阻抗为

$$Z=Z_1+Z_2+\cdots+Z_n \tag{4-20}$$

需要注意的是：由于复阻抗是复数，它既有大小又有阻抗角，所以，一般情况下

$$|Z|\neq|Z_1|+|Z_2|+\cdots+|Z_n|$$

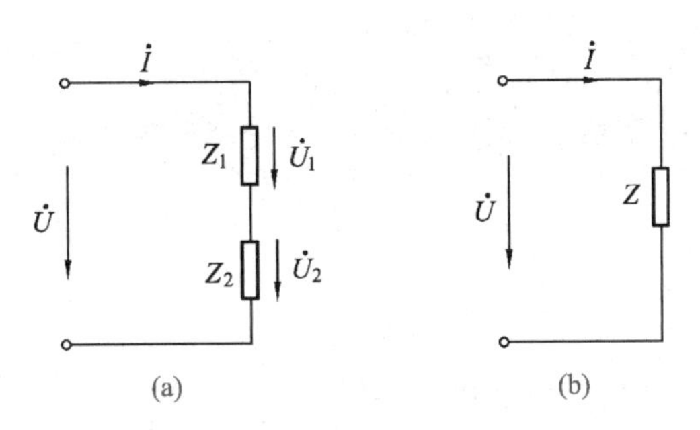

图 4-14　复阻抗的串联及其等效电路

【例 4-7】 在图 4-14a 所示电路中，有两个复阻抗 $Z_1=(6.16+\mathrm{j}9)\ \Omega$ 和 $Z_2=(2.5-\mathrm{j}4)\ \Omega$ 串联在 $\dot{U}=220\underline{/30^\circ}\ \mathrm{V}$ 的电源上。试计算电路中的电流 $\dot{I}$ 和各个复阻抗上的电压 $\dot{U}_1$、$\dot{U}_2$。

解　$Z=Z_1+Z_2=(6.16+\mathrm{j}9)+(2.5-\mathrm{j}4)=(6.16+2.5)+\mathrm{j}(9-4)$
$=8.66+\mathrm{j}5=10\underline{/30^\circ}\ \Omega$

$$\dot{I}=\frac{\dot{U}}{Z}=\frac{220\underline{/30^\circ}}{10\underline{/30^\circ}}=22\underline{/0^\circ}\ \mathrm{A}$$

$$\dot{U}_1=Z_1\dot{I}=(6.16+\mathrm{j}9)\times 22=10.9\underline{/55.6^\circ}\times 22=239.8\underline{/55.6^\circ}\ \mathrm{V}$$

$$\dot{U}_2=Z_2\dot{I}=(2.5-\mathrm{j}4)\times 22=4.71\underline{/-58^\circ}\times 22=103\underline{/-58^\circ}\ \mathrm{V}$$

2. 复阻抗的并联

图 4-15a 所示是两个复阻抗并联的电路。根据并联电路的特点：总电流等于各支路电流之和，则其相量表示式为

$$\dot{I}=\dot{I}_1+\dot{I}_2=\frac{\dot{U}}{Z_1}+\frac{\dot{U}}{Z_2}=\dot{U}\left(\frac{1}{Z_1}+\frac{1}{Z_2}\right)=\frac{\dot{U}}{Z}$$

用一个等效复阻抗 Z 来代替两个并联的复阻抗，如图 4-15b 所示。

由　$\dfrac{1}{Z}=\dfrac{1}{Z_1}+\dfrac{1}{Z_2}$　得　$Z=\dfrac{Z_1Z_2}{Z_1+Z_2}$

若有 n 个复阻抗并联，则

$$\frac{1}{Z}=\frac{1}{Z_1}+\frac{1}{Z_2}+\cdots+\frac{1}{Z_n}\qquad(4\text{-}21)$$

同理

$$\frac{1}{|Z|}\neq\frac{1}{|Z_1|}+\frac{1}{|Z_2|}+\cdots+\frac{1}{|Z_n|}$$

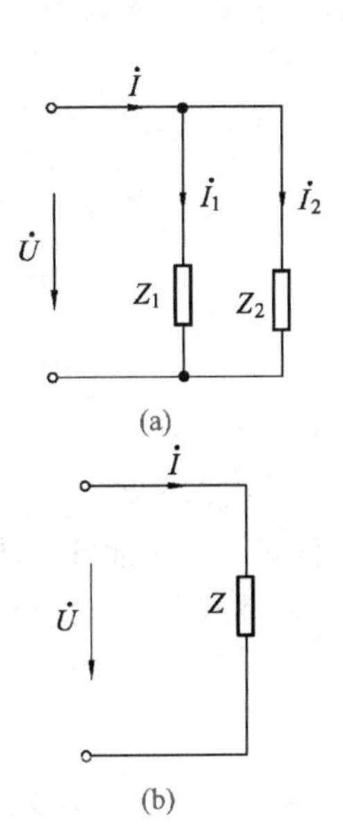

图 4-15　复阻抗的并联及其等效电路

【例 4-8】 在图 4-15a 所示电路中，有两个复阻抗 $Z_1=(4-j3)\ \Omega$ 和 $Z_2=(6+j8)\ \Omega$，它们并联在 $\dot{U}=220\angle 0^\circ$ V 的电源上。试计算电路中的电流$\dot{I}_1$、$\dot{I}_2$和 $\dot{I}$。

解 $Z_1=4-j3=5\angle -36.9^\circ\ \Omega$

$Z_2=6+j8=10\angle 53.1^\circ\ \Omega$

$$\dot{I}_1=\frac{\dot{U}}{Z_1}=\frac{220\angle 0^\circ}{5\angle -36.9^\circ}=44\angle 36.9^\circ\ \text{A}$$

$$\dot{I}_2=\frac{\dot{U}}{Z_2}=\frac{220\angle 0^\circ}{10\angle 53.1^\circ}=22\angle -53.1^\circ\ \text{A}$$

$$\dot{I}=\dot{I}_1+\dot{I}_2=44\angle 36.9^\circ+22\angle -53.1^\circ=49.2\angle 10.4^\circ\ \text{A}$$

或

$$Z=\frac{Z_1Z_2}{Z_1+Z_2}=\frac{5\angle -36.9^\circ\times 10\angle 53.1^\circ}{4-j3+6+j8}=\frac{50\angle 16.2^\circ}{11.8\angle 26.6^\circ}=4.47\angle -10.4^\circ\ \Omega$$

$$\dot{I}=\frac{\dot{U}}{Z}=\frac{220\angle 0^\circ}{4.47\angle -10.4^\circ}=49.2\angle 10.4^\circ\ \text{A}$$

4.7.2 正弦交流电路中的功率

本节主要讨论无源二端网络的功率。无源二端网络如图 4-16 所示，不管它内部的复阻抗如何连接，在求它端口上的功率时，可用下列方法进行计算。

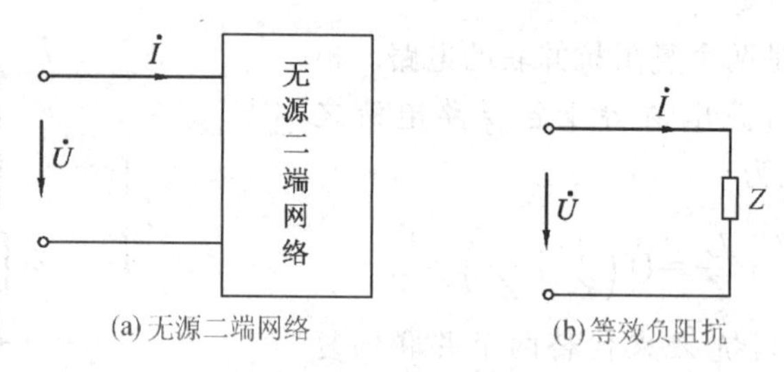

(a) 无源二端网络　　(b) 等效负阻抗

图 4-16 无源二端网络

方法一：由部分到整体。

该方法是先求出无源二端网络内部各元件上的有功功率 P_k、无功功率 Q_{Lk} 和 Q_{Ck}（设该网络内部共有 b 条支路），再求出整个无源二端网络的总功率，即

$$P=P_1+P_2+\cdots+P_b=\sum_{k=1}^{b}P_k$$

$$Q_L=Q_{L1}+Q_{L2}+\cdots+Q_{Lb}=\sum_{k=1}^{b}Q_{Lk}$$

$$Q_C=Q_{C1}+Q_{C2}+\cdots+Q_{Cb}=\sum_{k=1}^{b}Q_{Ck}$$

$$Q=Q_L-Q_C$$

$$S=\sqrt{P^2+Q^2}$$

方法二：归一法。

该方法是将无源二端网络用一个等效复阻抗 $Z=|Z|\underline{/\varphi}$ 来表示，如图 4-16b 所示，设端口的电压和电流分别为 $\dot{U}=U\underline{/\psi_u}$ 和 $\dot{I}=I\underline{/\psi_i}$，则

$$P=UI\cos\varphi$$
$$Q=UI\sin\varphi$$
$$S=UI$$

其中 $\varphi=\psi_u-\psi_i$ 为端口电压和电流的相位差，也是无源二端网络等效复阻抗的阻抗角；$\cos\varphi$ 为电路的功率因数。

【例 4-9】 有一个二端网络，当外加端口电压为 $\dot{U}=50\underline{/30^\circ}$ V 时，端口电流为 $\dot{I}=1\underline{/-7^\circ}$ A。求该二端网络的等效阻抗及等效电路。

解　等效阻抗为

$$Z=\frac{\dot{U}}{\dot{I}}=\frac{50\underline{/30^\circ}}{1\underline{/-7^\circ}}=50\underline{/37^\circ}\ \Omega$$

$$R=50\cos37^\circ=40\ \Omega$$

$$X_L=50\sin37^\circ=30\ \Omega$$

等效电路如例 4-9 图所示。

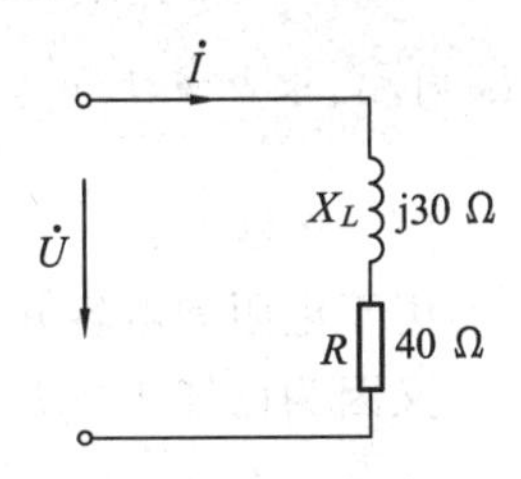

例 4-9 等效电路图

【例 4-10】 在例 4-10 图示的电路中，已知 $\dot{U}=100\underline{/0^\circ}$ V，试求：

(1) $\dot{I}$、$\dot{I}_1$ 和 $\dot{I}_2$；

(2) P、Q 和 S。

解　(1) 整个电路可看成是三个复阻抗连接而成的，其中

$Z_1=(3+\mathrm{j}4)\ \Omega$，$Z_2=4\ \Omega$，$Z_3=-\mathrm{j}3\ \Omega$

则

例 4-10 电路图

$$Z=Z_1+\frac{Z_2Z_3}{Z_2+Z_3}$$
$$=3+\mathrm{j}4+\frac{4\times(-\mathrm{j}3)}{4-\mathrm{j}3}$$
$$=3+\mathrm{j}4+2.4\underline{/-53.1^\circ}=3+\mathrm{j}4+1.44-\mathrm{j}1.92$$
$$=4.44+\mathrm{j}2.08=4.9\underline{/25.1^\circ}\ \Omega$$

$$\dot{I}=\frac{\dot{U}}{Z}=\frac{100\underline{/0^\circ}}{4.9\underline{/25.1^\circ}}=20.4\underline{/-25.1^\circ}\ \mathrm{A}$$

$$\dot{I}_1=\frac{Z_3}{Z_2+Z_3}\times\dot{I}=\frac{-\mathrm{j}3}{4-\mathrm{j}3}\times20.4\underline{/-25.1^\circ}=12.24\underline{/-78.2^\circ}\ \mathrm{A}$$

$$\dot{I}_2=\frac{Z_2}{Z_2+Z_3}\times\dot{I}=\frac{4}{4-\mathrm{j}3}\times20.4\underline{/-25.1^\circ}=16.32\underline{/11.8^\circ}\ \mathrm{A}$$

(2) $P=UI\cos\varphi=100\times20.4\cos25.1°=1847.36\ \text{W}$

$Q=UI\sin\varphi=100\times20.4\sin25.1°=865.37\ \text{var}$

$S=UI=100\times20.4=2040\ \text{V}\cdot\text{A}$

或 $P=\sum P_R=I^2\times3+I_1{}^2\times4$

$=20.4^2\times3+12.2^2\times4\approx1847.75\ \text{W}$

$Q=Q_L-Q_C=I^2\times4-I_2{}^2\times3$

$=20.4^2\times4-16.32^2\times3\approx865.61\ \text{var}$

$S=\sqrt{P^2+Q^2}=\sqrt{1847.75^2+865.61^2}\approx2040.45\ \text{V}\cdot\text{A}$

由上述计算结果发现：两种不同计算方法计算出的结果近似相等(由于是小数，所以存在误差)。

【例 4-11】 在例 4-11 电路图中，已知总电压 $U=100\ \text{V}$，$I_1=I_2=10\ \text{A}$，且 $\dot{I}$ 和 $\dot{U}$ 同相，求电流 I 和各元件参数 R、L、C 的值(电源的频率为工频)。

解 解法一：

由于电阻和电容并联，所以 $U_R=U_C$。

又因为已知 $I_1=I_2$，所以 $R=X_C$。

若设 $\dot{I}_2=10\underline{/0°}\ \text{A}$ 则 $\dot{I}_1=10\underline{/90°}\ \text{A}$

$\dot{I}=\dot{I}_1+\dot{I}_2=10+\text{j}10=10\sqrt{2}\underline{/45°}\ \text{A}$

$I=14.14\ \text{A}$

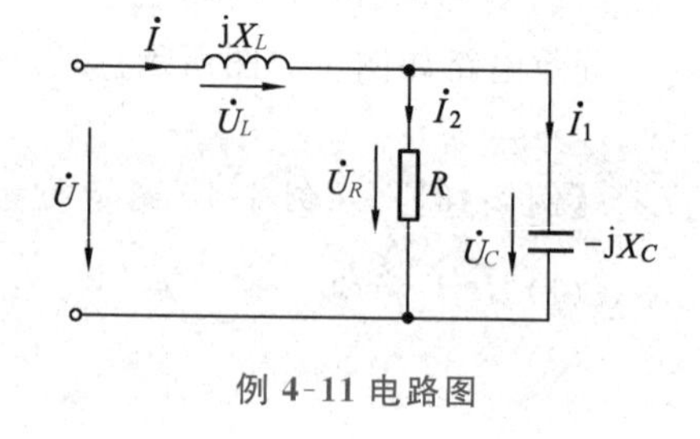

例 4-11 电路图

该电路的复阻抗

$$Z=\text{j}X_L+\frac{R(-\text{j}X_C)}{R-\text{j}X_C}=\frac{R}{2}+\text{j}\left(X_L-\frac{R}{2}\right)$$

由已知条件 $\dot{I}$ 和 $\dot{U}$ 同相知，复阻抗的虚部为 0，即

$$Z=\frac{R}{2}=\frac{U}{I}=\frac{100}{10\sqrt{2}}=\frac{10}{\sqrt{2}}\ \Omega$$

$$R=14.14\ \Omega$$

$$X_C=R=14.14\ \Omega \qquad C=\frac{1}{X_C\,\omega}=225\ \mu\text{F}$$

$$X_L=\frac{R}{2}=7.07\ \Omega \qquad L=\frac{X_L}{\omega}=22.5\ \text{mH}$$

解法二：借助于相量图分析。

设并联部分电压 $\dot{U}_R=\dot{U}_C$ 为参考相量，即 $\dot{U}_R=U_R\underline{/0°}\ \text{V}$，$\dot{U}_C=U_C\underline{/0°}\ \text{V}$，$U_R=U_C$，则

$\dot{I}_2$ 与之同相，大小为 10 A，即 $\dot{I}_2=10\underline{/0°}\ \text{A}$；

$\dot{I}_1$ 超前 $\dot{U}_C$ 90°，大小为 10 A，即 $\dot{I}_1=10\underline{/90°}\ \text{A}$；

总电流 $\dot{I}$ 超前 $\dot{U}_C$ 45°，大小为 $10\sqrt{2}$ A，即 $\dot{I}=10\sqrt{2}\underline{/45°}\ \text{A}$；

$\dot{U}_L$超前 $\dot{I}$ 90°，即超前 $\dot{U}$90°，而 $\dot{U}$ 与$\dot{U}_C$的相位差是 45°，又有$\dot{U}_L+\dot{U}_C=\dot{U}$，所以$\dot{U}_L$、$\dot{U}_C$ 和 $\dot{U}$ 组成一个等腰直角三角形，如例 4-11 相量图所示。

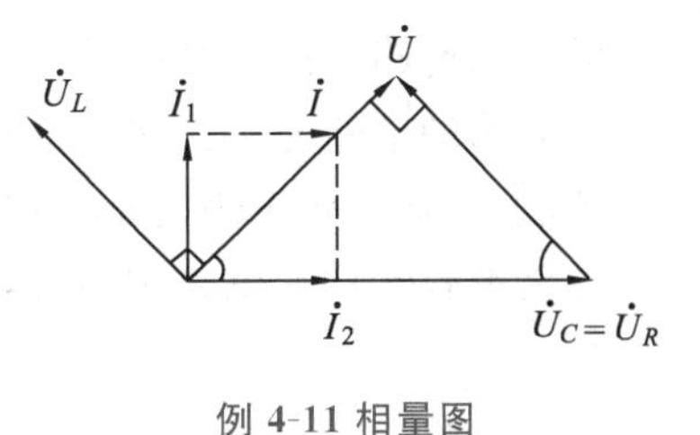

例 4-11 相量图

$$U_L=U=100\ \text{V}$$

则有

$$U_C=U_R=100\sqrt{2}\ \text{V}$$

$$R=\frac{U_R}{I_2}=\frac{100\sqrt{2}}{10}=10\sqrt{2}=14.14\ \Omega$$

$$X_C=\frac{U_C}{I_1}=\frac{100\sqrt{2}}{10}=10\sqrt{2}=14.14\ \Omega,\ C=\frac{1}{X_C\,\omega}=225\ \mu\text{F}$$

$$X_L=\frac{U_L}{I}=\frac{100}{10\sqrt{2}}=5\sqrt{2}=7.07\ \Omega,\ L=\frac{X_L}{\omega}=22.5\ \text{mH}$$

【例 4-12】 例 4-12 图是一个测量电感线圈参数 R 和 L 的实验电路(工频)，测得电压表、电流表、功率表的读数分别为 $U=50$ V，$I=1$ A，$P=40$ W，求 R 和 L 的值。

解　由功率表和电流表的读数，可求得电阻 R 的值为

$$R=\frac{P}{I^2}=40\ \Omega$$

由电压表和电流表的读数，可求得电感线圈阻抗的模为

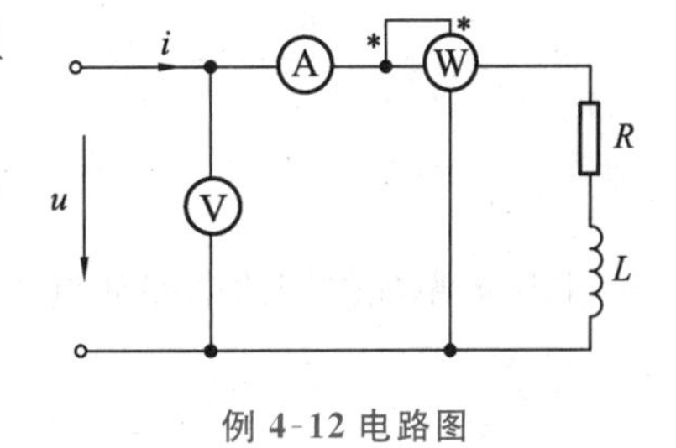

例 4-12 电路图

$$|Z|=\frac{U}{I}=50\ \Omega$$

而　$$|Z|=\sqrt{R^2+(\omega L)^2}$$

则　$$\omega L=\sqrt{|Z|^2-R^2}=30\ \Omega$$

因为电源频率为 50 Hz，则

$$L=\frac{30}{2\pi\times 50}=0.0955\ \text{H}$$

***【例 4-13】** 在例 4-13 图(解法一)a 所示的电路中，已知$\dot{U}_S=\sqrt{2}\angle 0^\circ$V，$\dot{I}_S=\sqrt{2}\angle 90^\circ$mA，$R_1=R_2=X_L=X_C=1$ kΩ，求$\dot{U}_C$。

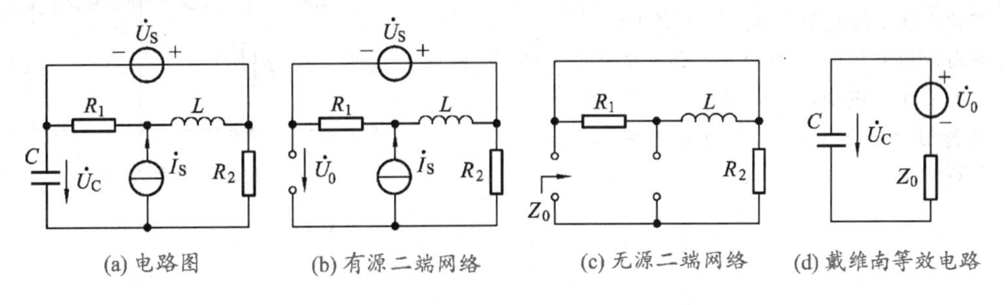

(a) 电路图　(b) 有源二端网络　(c) 无源二端网络　(d) 戴维南等效电路

例 4-13 图(解法一)

解　该电路与前面介绍的所有交流电路不同，电路中含有两个电源，这里同样可以用前面介绍的电路分析方法来进行求解。

解法一：运用戴维南定理求解。

先将电容元件从电路中断开，剩下的有源二端网络如图 b 所示，则开路电压为

$$\dot{U}_0=-\dot{U}_S+R_2\dot{I}_S=-\sqrt{2}\angle 0^\circ+1\times\sqrt{2}\angle 90^\circ=2\angle 135^\circ\ \text{V}$$

除源后的无源二端网络如图 c 所示，则

$$Z_0=R_2=1\ \text{k}\Omega$$

戴维南等效电路如图 d 所示，则

$$\dot{U}_C=\frac{-\text{j}X_C}{Z_0-\text{j}X_C}\times\dot{U}_0=\frac{-\text{j}}{1-\text{j}}\times 2\angle 135^\circ=\sqrt{2}\angle 90^\circ\ \text{V}$$

解法二：运用叠加原理求解。

电流源单独作用的电路如例 4-13 图(解法二)a 所示，则

$$\dot{U}'_C=\frac{-\text{j}R_2X_C}{R_2-\text{j}X_C}\times\dot{I}_S=\frac{1\angle -90^\circ}{\sqrt{2}\angle -45^\circ}\times\sqrt{2}\angle 90^\circ=1\angle 45^\circ\ \text{V}$$

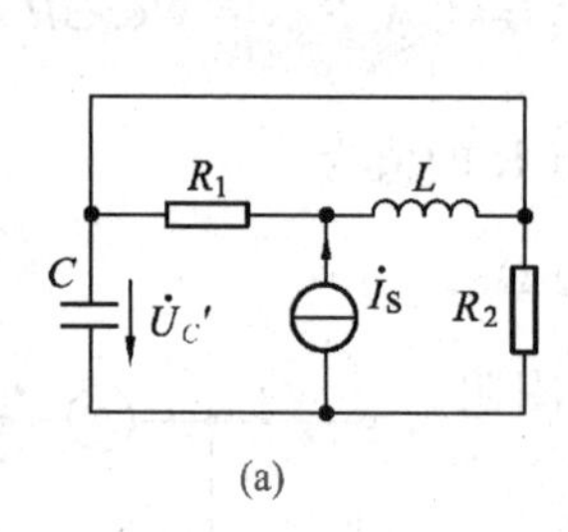

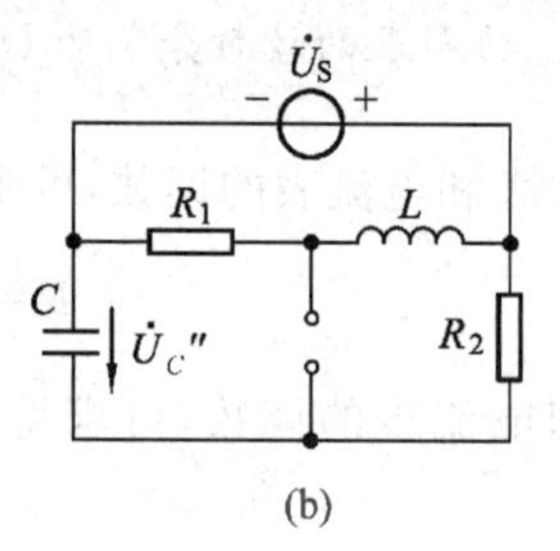

例 4-13 图(解法二)

电压源单独作用的电路如例 4-13 图(解法二)b 所示，则

$$\dot{U}''_C=-\frac{-\text{j}X_C}{R_2-\text{j}X_C}\times\dot{U}_S=-\frac{-\text{j}}{1-\text{j}}\times\sqrt{2}\angle 0^\circ=1\angle 135^\circ\text{V}$$

两电源共同作用时，则

$$\dot{U}_C=\dot{U}'_C+\dot{U}''_C=1\angle 45^\circ+1\angle 135^\circ=\sqrt{2}\angle 90^\circ\text{V}$$

练习与思考

1. 两个复阻抗串联，在一般情况下 $|Z|\neq|Z_1|+|Z_2|$，试问在什么特定的条件下 有 $|Z|=|Z_1|+|Z_2|$？
2. 在图示的电路中，已知 $X_L=X_C=R$，且电流表 A_1 的读数为 2 A，试问 A_2 和 A_3 的读数为多少？
3. 判断图示电路中，每个电路的电压、电流和阻抗正确与否？

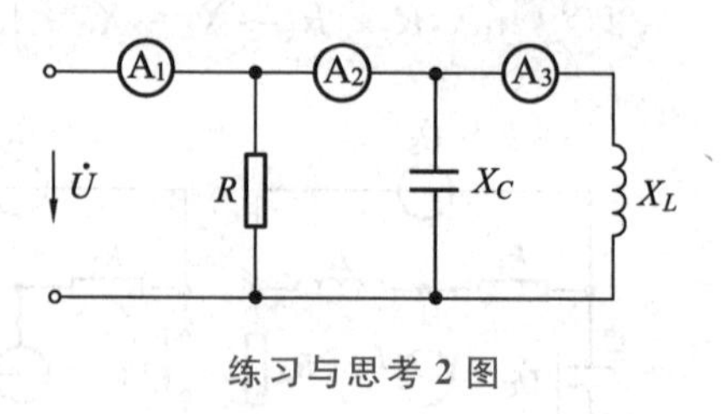

练习与思考 2 图

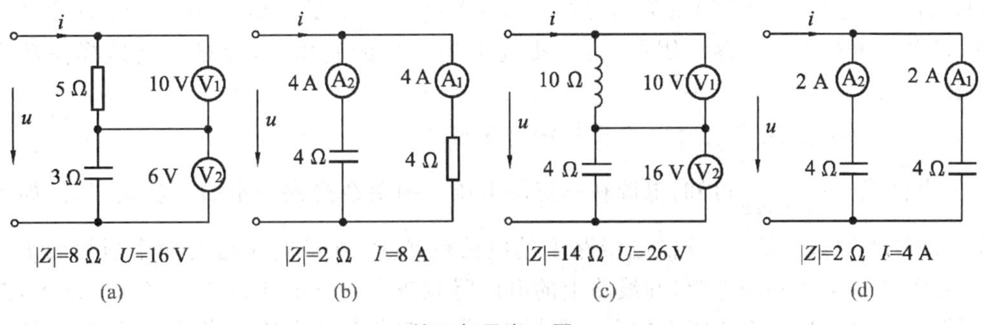

练习与思考3图

4. 计算图示两电路的等效复阻抗 Z。

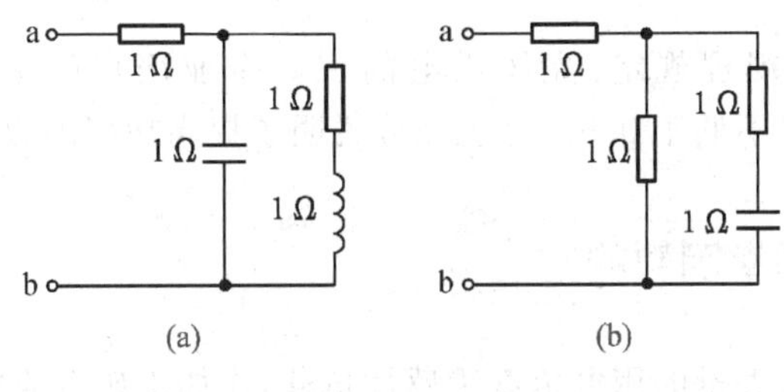

练习与思考4图

4.8 功率因数的提高

由前面的讨论得知,交流电路平均功率的计算公式为 $P=UI\cos\varphi$,与直流电路功率计算公式之间的差别在于多了一个因子 $\cos\varphi$,即功率因数。

在供电系统中,功率因数是一个十分重要的参数。一般负载都以并联的方式接到供电线路上,任何一种电气设备的容量取决于它的额定电压和额定电流的大小。但电气设备产生的有功功率不但与电路中的电流和电压有关外,还与负载的功率因数 $\cos\varphi$ 有关,而功率因数取决于负载的参数。当负载为纯电阻时(如白炽灯等),电压与电流同相,功率因数为1。若负载为电感性或电容性时,功率因数总是大于0而小于1,这是由于电感性或电容性负载工作时,除了需要电源提供有功功率外,还需要电源提供无功功率。

4.8.1 提高功率因数的意义

1. 提高电源设备的利用率

因为电源设备的额定容量等于其额定电压与额定电流的乘积(即 $S_N=U_N I_N$),而电源的电压和电流不能超过额定值。当电源带负载时,在额定电压和额定电流情况下,给负载提供的有功功率为

$$P=U_N I_N\cos\varphi=S_N\cos\varphi$$

由此可见,负载的功率因数越低,电源提供的有功功率越少。例如,一容量为1000 kV·A 的电源,当带功率因数为0.5的日光灯负载时,电源输出的有功功率为

500 kW，可容纳 40 W 的日光灯 12500 盏；若将功率因数提高到 0.9 时，则可容纳 40 W 的日光灯 22500 盏。因此，为了提高电源设备的利用率，应尽可能地提高功率因数。

2. 降低供电线路上的功率损耗和电压降

由公式 $I=\dfrac{P}{U\cos\varphi}$ 可知，电源在一定的电压下向负载提供一定的有功功率时，如果负载的功率因数越低，流过供电线路上的电流就越大，则供电线路的功率损耗（$\Delta P=I^2R_1$，R_1 为供电线路的电阻）和线路上的电压降就越大。供电线路的功率损耗加大，造成较大的电能浪费；而线路上的电压降增大，会引起负载端电压的降低，从而影响负载的正常工作，如白炽灯不够亮等。反之，提高功率因数就可以降低供电线路上的功率损耗和电压降。

国家供用电管理规程规定：高压供电的工矿企业用户的平均功率因数不低于 0.95，低压供电的用户不低于 0.9。这也充分说明了提高功率因数的意义。

4.8.2 提高功率因数的方法

由于工业生产中，大量的用电负载为感性负载，比如工矿企业中广泛使用的三相交流异步电动机，在额定负载时的功率因数为 0.7～0.9，而轻载时可低至 0.2～0.3。日常生活中用于照明的日光灯也是低功率因数的感性负载。

为了提高功率因数，通常在感性负载的两端并联一个适当的电容器，来提高整个电路的功率因数，同时也不影响负载的正常工作。从物理意义上讲，就是用电容的无功功率去补偿感性负载的无功功率，从而使得电源输出的无功功率减少，提高功率因数，其原理如图 4-17 所示。

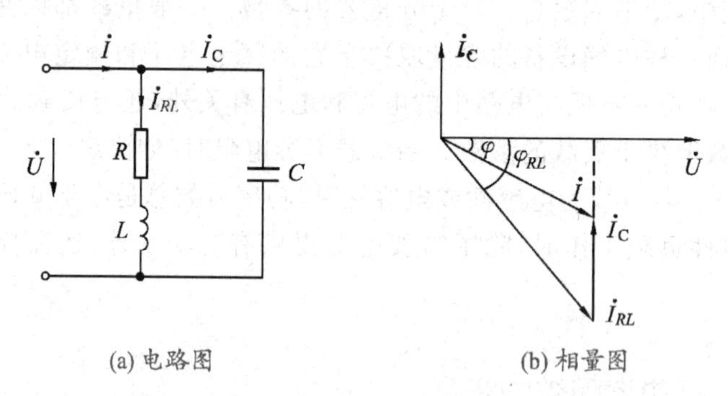

图 4-17 功率因数的提高

感性负载并联电容器的电路如图 4-17a 所示，相量图如 4-17b 所示。以电压作为参考相量，并联电容前，感性负载的电流 $I_{RL}=\dfrac{U}{\sqrt{R^2+X_L^2}}$，功率因数 $\cos\varphi_{RL}=\dfrac{R}{\sqrt{R^2+X_L^2}}$。

并联合适的电容后，感性负载的电流与功率因数均未发生变化，这是因为电源电压和负载的参数都未改变。而电源电压 $\dot{U}$ 与线路电流 $\dot{I}$ 之间的相位差 φ 变小了（由图

4-17b 所示)，功率因数得到了提高。当然，这里提高的功率因数是指整个电路的功率因数，而不是某个感性负载的功率因数。另外，在并联电容以后线路上的电流 I 值也变小了，因而减小了供电线路上的功率损耗和电压降。

需要注意的是：由于电容元件不消耗电能，因此，并联电容器以后电路的有功功率没有改变。另外，并不是并联电容越大越好，并联电容过大有时出现过补偿反而不经济。

4.8.3 并联电容器容量的计算

由图 4-17b 得

$$I_C = I_{RL}\sin\varphi_{RL} - I\sin\varphi = \frac{P}{U\cos\varphi_{RL}}\sin\varphi_{RL} - \frac{P}{U\cos\varphi}\sin\varphi$$

$$= \frac{P}{U}(\tan\varphi_{RL} - \tan\varphi)$$

因为
$$I_C = \frac{U}{X_C} = U\omega C$$

所以
$$U\omega C = \frac{P}{U}(\tan\varphi_{RL} - \tan\varphi)$$

则
$$C = \frac{P}{\omega U^2}(\tan\varphi_{RL} - \tan\varphi) \tag{4-22}$$

【例 4-14】 有一感性负载接在工频 220 V 的电源上，吸收的有功功率为 10 kW，功率因数为 0.6，求：

(1) 将功率因数提高到 0.9 时所需要并联的电容；

(2) 计算并联电容前后电路中的电流；

(3) 如果将功率因数提高到 1，并联电容还需增加多少？

解　电路如图 4-17a 所示。

(1) 当 $\cos\varphi_{RL} = 0.6$ 时，$\varphi_{RL} = 53.13°$。

当 $\cos\varphi = 0.9$ 时，$\varphi = 25.84°$。

由式(4-22)可得

$$C = \frac{P}{\omega U^2}(\tan\varphi_{RL} - \tan\varphi)$$

$$= \frac{10\times10^3}{2\pi\times50\times220^2}(\tan 53.13° - \tan 25.84°)$$

$$= 5.59\times10^{-4}\ \text{F} = 559\ \mu\text{F}$$

(2) 并联电容前电路中的电流，即负载电流为

$$I_{RL} = \frac{P}{U\cos\varphi_{RL}} = \frac{10\times10^3}{220\times0.6} = 75.76\ \text{A}$$

并联电容后电路中的电流为

$$I = \frac{P}{U\cos\varphi} = \frac{10\times10^3}{220\times0.9} = 50.51\ \text{A}$$

(3) 若 $\cos\varphi=1$，则 $\varphi=0$，应并联的电容为

$$C=\frac{10\times10^3}{2\pi\times50\times220^2}(\tan 53.13°-0)=876.7\ \mu\text{F}$$

故需增加的电容量为

$$C'=876.7-559=317.7\ \mu\text{F}$$

通过上面的计算可以看出，当功率因数较低时，并联 559 μF 电容就可将功率因数从 0.6 提高到 0.9，而在功率因数比较高的情况下，再继续提高功率因数，则需要增加较大的电容量。

【例 4-15】 某变压器的额定容量为 60 kV·A，出线端的额定电压为 230 V，额定电流为 261 A。

(1) 额定运行时，若感性负载的功率因数为 0.5，求有功功率及无功功率；

(2) 若变压器供给的有功功率不变，而将功率因数提高到 0.9，求输出的实际电流，并说明其意义。

解 (1) 满载时的有功功率及无功功率分别为

$$P=S_N\cos\varphi=60\times0.5=30\text{ kW}$$

$$Q=\sqrt{S_N^2-P^2}=\sqrt{60^2-30^2}=52\text{ kvar}$$

(2) $\cos\varphi=0.9$ 时的电流及视在功率分别为

$$I=\frac{P}{U_N\cos\varphi}=\frac{30\times10^3}{230\times0.9}=144.9\text{ A}$$

$$S_X=U_NI=230\times144.9=33.33\text{ kV}\cdot\text{A}<S_N$$

上述计算结果表明：功率因数提高后，变压器输出的有功功率没有减少，但输出电流降低，变压器未满载，说明变压器还可以对更多的用户进行供电。由此可见，提高功率因数确实具有很大的经济效益。

练习与思考

1. 对感性负载，(　　)采用串联电容的方法提高功率因数。

A. 可以　　B. 不可以

2. 若每支日光灯的功率因数为 0.5，则当 N 支日光灯并联时，总的功率因数为(　　)。

A. 等于 0.5　　B. 大于 0.5　　C. 小于 0.5

3. 日光灯的技术数据如下：$U_N=220$ V，$I_N=0.41$ A，功率因数为 0.5，若要把功率因数提高到 0.95，应并联多大的电容器？

4.9 交流电路的频域分析

在交流电路中，除电阻外，感抗和容抗的大小都与频率有关，如果电源的频率一定，它们都是确定值。当电源(其幅值不变)的频率发生变化时，感抗和容抗将随之变化，从而使电路中各部分的响应(电压和电流)也随之变化。通常把这种响应与频率之间的关

系称为频率特性或频率响应。研究电路的频率特性也称为电路的频域分析,在实际应用中具有很重要的意义。

4.9.1　RC 电路的频率特性

对 RC 电路来说,输出信号的取出端不同,电路的频率特性也不同,下面介绍 RC 电路的各种频率特性。

1. 高通滤波器

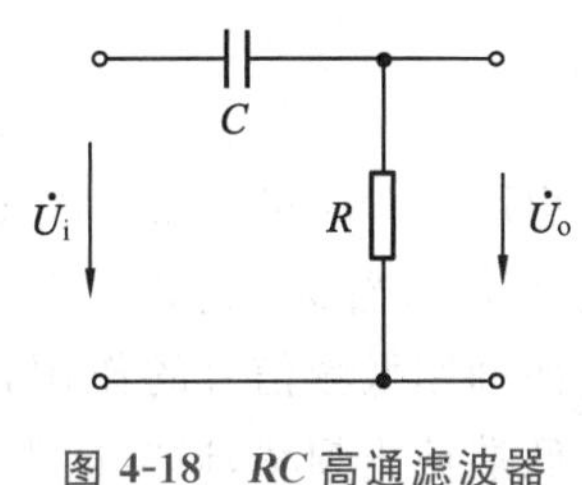

图 4-18　RC 高通滤波器

图 4-18 所示是一个 RC 串联电路,$\dot{U}_i$ 为输入电压,$\dot{U}_o$ 为输出电压(从电阻两端取出),两者都是频率的函数。通常将输出电压 $\dot{U}_o$ 与输入电压 $\dot{U}_i$ 的比值称为电路的传递函数,用 $H(j\omega)$ 表示,它是一个复数。图 4-18 所示电路的传递函数为

$$H(j\omega)=\frac{\dot{U}_o}{\dot{U}_i}=\frac{R}{R-j\dfrac{1}{\omega C}}$$

$$=\frac{1}{\sqrt{1+\left(\dfrac{1}{\omega RC}\right)^2}}\angle \arctan\frac{1}{\omega RC}$$

$$=|H(j\omega)|\angle\varphi(\omega)$$

式中,$|H(j\omega)|=\dfrac{U_o}{U_i}=\dfrac{1}{\sqrt{1+\left(\dfrac{1}{\omega RC}\right)^2}}$是传递函数 $H(j\omega)$ 的模,其大小随 ω 变化的特性称为幅频特性;$\varphi(\omega)=\arctan\dfrac{1}{\omega RC}$是传递函数 $H(j\omega)$ 的辐角,其大小随 ω 变化的特性称为相频特性。

设

$$\omega_0=\frac{1}{RC}$$

则

$$H(j\omega)=\frac{1}{1-j\dfrac{\omega_0}{\omega}}=\frac{1}{\sqrt{1+\left(\dfrac{\omega_0}{\omega}\right)^2}}\angle\arctan\frac{\omega_0}{\omega}$$

频率特性中几个特征值如表 4-3 所示。

表 4-3　高通滤波器的特征值

条件	$\|H(j\omega)\|$	$\varphi(\omega)$
$\omega=0$ 时	0	90°
$\omega=\omega_0$ 时	0.707	45°
$\omega=\infty$ 时	1	0°

频率特性如图 4-19 所示。

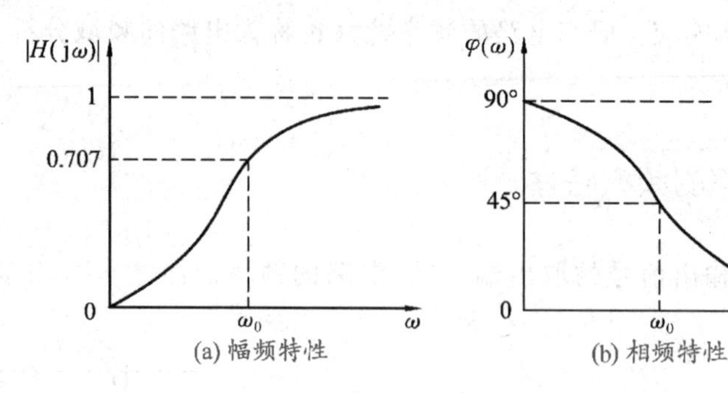

(a) 幅频特性　　(b) 相频特性

图 4-19　高通滤波器的频率特性

由图 4-19a 可知，$\omega=\omega_0$ 时，$|H(\mathrm{j}\omega)|=0.707$；当 $\omega>\omega_0$ 时，$|H(\mathrm{j}\omega)|$ 变化缓慢，幅值近似于 1；当 $\omega<\omega_0$ 时，$|H(\mathrm{j}\omega)|$ 幅值较小，这表明上述 RC 电路具有使高频信号较易通过而抑制低频信号的作用，因此称该电路为高通滤波电路，亦称为高通滤波器。ω_0 称为低端截止频率，通常认为频率低于截止频率 ω_0 的输入信号不能通过该电路传送到输出端。

2. 低通滤波器

低通滤波器电路如图 4-20 所示，与高通滤波器不同，输出电压从电容两端取出，其传递函数为

$$H(\mathrm{j}\omega)=\frac{\dot{U}_0}{\dot{U}_\mathrm{i}}=\frac{\frac{1}{\mathrm{j}\omega C}}{R+\frac{1}{\mathrm{j}\omega C}}=\frac{1}{1+\mathrm{j}\omega RC}$$

$$=\frac{1}{\sqrt{1+(\omega RC)^2}}\angle-\arctan(\omega RC)$$

$$=|H(\mathrm{j}\omega)|\angle\varphi(\omega)$$

图 4-20　RC 低通滤波器

式中，$|H(\mathrm{j}\omega)|=\dfrac{1}{\sqrt{1+(\omega RC)^2}}$，$\varphi(\omega)=-\arctan(\omega RC)$。

设　$\omega_0=\dfrac{1}{RC}$

则　$H(\mathrm{j}\omega)=\dfrac{1}{1+\mathrm{j}\dfrac{\omega}{\omega_0}}=\dfrac{1}{\sqrt{1+\left(\dfrac{\omega}{\omega_0}\right)^2}}\angle-\arctan\dfrac{\omega}{\omega_0}$

频率特性中几个特征值如表 4-4 所示。

表 4-4　低通滤波器的特征值

条件	$\lvert H(\mathrm{j}\omega)\rvert$	$\varphi(\omega)$
$\omega=0$ 时	1	0°
$\omega=\omega_0$ 时	0.707	−45°
$\omega=\infty$ 时	0	−90°

频率特性如图 4-21 所示，当 $\omega<\omega_0$ 时，$|H(\mathrm{j}\omega)|$ 变化不大，接近于 1；当 $\omega>\omega_0$ 时，$|H(\mathrm{j}\omega)|$ 明显减小。这表明上述 RC 电路具有使低频信号较易通过而抑制高频信号的作用，因此称该电路为低通滤波电路，又称为低通滤波器。ω_0 称为高端截止频率，通常

认为频率高于截止频率 ω_0 的输入信号不能通过该电路传送到输出端。

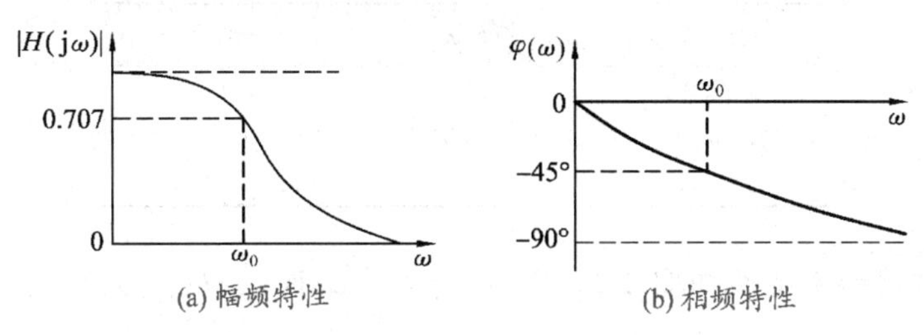

(a) 幅频特性　　(b) 相频特性

图 4-21　*RC* 低通滤波器的频率特性

3. 带通滤波器

带通滤波器电路如图 4-22 所示，其传递函数为

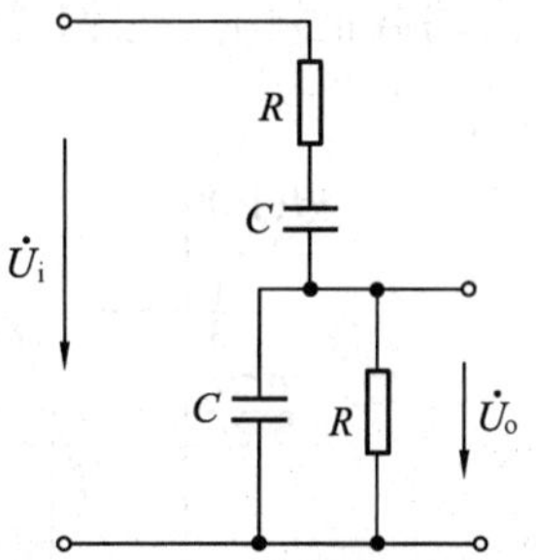

图 4-22　*RC* 带通滤波器

$$H(\mathrm{j}\omega)=\frac{\dot{U}_{\mathrm{o}}}{\dot{U}_{\mathrm{i}}}=\frac{\dfrac{\dfrac{R}{\mathrm{j}\omega C}}{R+\dfrac{1}{\mathrm{j}\omega C}}}{R+\dfrac{1}{\mathrm{j}\omega C}+\dfrac{\dfrac{R}{\mathrm{j}\omega C}}{R+\dfrac{1}{\mathrm{j}\omega C}}}$$

$$=\frac{\dfrac{R}{1+\mathrm{j}\omega RC}}{\dfrac{1+\mathrm{j}\omega RC}{\mathrm{j}\omega C}+\dfrac{R}{1+\mathrm{j}\omega RC}}$$

$$=\frac{\mathrm{j}\omega RC}{(1+\mathrm{j}\omega RC)^2+\mathrm{j}\omega RC}=\frac{1}{3+\mathrm{j}\left(\omega RC-\dfrac{1}{\omega RC}\right)}$$

$$=\frac{1}{\sqrt{3^2+\left(\omega RC-\dfrac{1}{\omega RC}\right)^2}}\angle\arctan\frac{1-(\omega RC)^2}{3\omega RC}$$

$$=|H(\mathrm{j}\omega)|\angle\varphi(\omega)$$

式中

$$|H(\mathrm{j}\omega)|=\frac{1}{\sqrt{3^2+\left(\omega RC-\dfrac{1}{\omega RC}\right)^2}}$$

$$\varphi(\omega)=\arctan\frac{1-(\omega RC)^2}{3\omega RC}$$

设

$$\omega_0=\frac{1}{RC}$$

$$H(\mathrm{j}\omega)=\frac{1}{3+\mathrm{j}\left(\dfrac{\omega}{\omega_0}-\dfrac{\omega_0}{\omega}\right)}$$

$$=\frac{1}{\sqrt{3^2+\left(\dfrac{\omega}{\omega_0}-\dfrac{\omega_0}{\omega}\right)^2}}\angle-\arctan\frac{\dfrac{\omega}{\omega_0}-\dfrac{\omega_0}{\omega}}{3}$$

频率特性中几个特征值如表 4-5 所示。

表 4-5 带通滤波器的特征值

条　件	$\lvert H(\mathrm{j}\omega)\rvert$	$\varphi(\omega)$
$\omega=0$ 时	0	90°
$\omega=\omega_0$ 时	1/3	0°
$\omega=\infty$ 时	0	−90°

带通滤波器频率特性如图 4-23 所示，当 $\omega=\omega_0$ 时，$\lvert H(\mathrm{j}\omega_0)\rvert=\frac{1}{3}$ 为最大值；而 $\varphi(\omega_0)=0$ 表明这时的输出电压与输入电压同相。频率大于或小于 ω_0 时，传递函数的幅值均下降，当下降到最大值 0.707 倍时的低、高端频率 ω_1 和 ω_2 分别称为低端截止频率和高端截止频率。它们之间的差值称为通频带，即

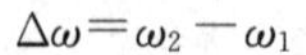

$$\Delta\omega=\omega_2-\omega_1$$

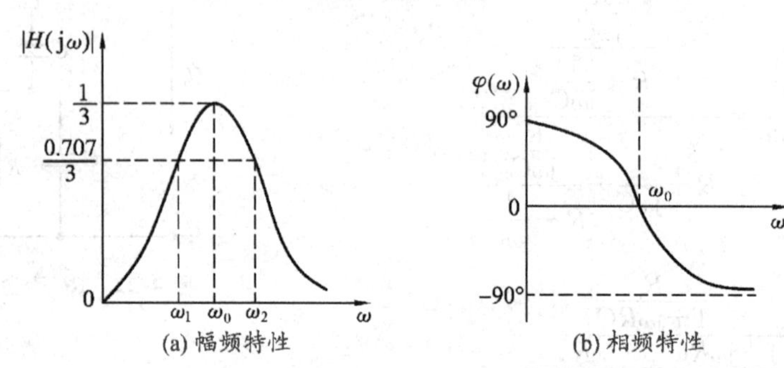

(a) 幅频特性　　(b) 相频特性

图 4-23 带通滤波器的频率特性

与高、低通滤波器不同，该电路只允许中间频带的信号通过，因此，称之为带通滤波器，它可作为电子技术中 *RC* 振荡器的选频电路。

4.9.2 交流电路的谐振

在同时具有电感和电容元件的交流电路中，一般情况下，电路的总电压与总电流之间是不同相的。如果调节电源的频率或电路的参数使它们同相，这时电路中就发生了谐振现象。在生产实践中，谐振既有其有用的一面，又有其危害的一面。因此，研究谐振现象一方面为生产实际服务，另一方面防止其危害的产生。按谐振电路组成的不同，可分为串联谐振和并联谐振。下面分别讨论这两种谐振发生时的条件、电路的特征和频率特性。

1. 串联谐振

(1) 串联谐振的条件

在 4.6 节讨论的 *RLC* 串联电路，其复阻抗

$$Z=R+\mathrm{j}(X_L-X_C)$$

当 $X_L=X_C$，

即

$$\omega L=\frac{1}{\omega C} \tag{4-23}$$

时，电源电压 u 与电路中的电流 i 同相，也就是电路发生了谐振，由于发生在 *RLC* 串联

电路中，故称之为串联谐振。式(4-23)是发生串联谐振的条件。谐振时的频率为

$$\omega_0=\frac{1}{\sqrt{LC}}\quad 或 \quad f_0=\frac{1}{2\pi\sqrt{LC}} \tag{4-24}$$

由式(4-24)可见，f_0 仅与电路的参数有关，称之为电路的固有谐振频率。只要调节电路参数 L、C 或改变电源频率 f 都能使 RLC 串联电路发生谐振。

(2) 串联谐振的特征

① 阻抗。谐振时，电路的复阻抗 $Z=Z_0=R$，其值最小，为纯电阻性。

② 电流。$I=I_0=\dfrac{U}{R}$ 达到最大值。

图 4-24 所示的是复阻抗的模和电流的有效值等随频率变化的曲线。

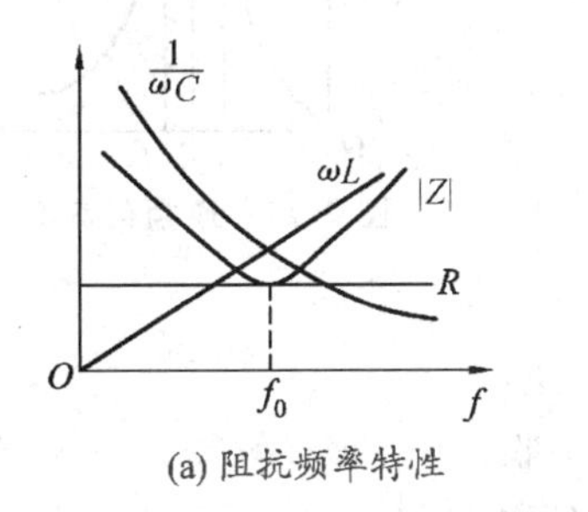

(a) 阻抗频率特性

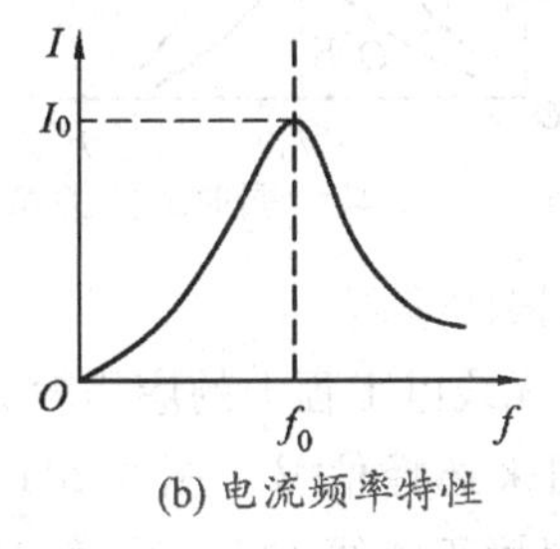

(b) 电流频率特性

图 4-24　阻抗及电流频率特性

③ 电压。由于谐振时 $X_L=X_C$，则电感与电容的电压大小相等($U_{L0}=U_{C0}$)，相位相反，对外部的作用互相抵消。电压的相量图如图 4-25 所示。

$$U_{L0}=\omega_0 LI_0=\omega_0 L\frac{U}{R}=\frac{\omega_0 L}{R}U$$

$$U_{C0}=\frac{1}{\omega_0 C}I_0=\frac{1}{\omega_0 RC}U$$

令 $$Q=\frac{U_{L0}}{U}=\frac{U_{C0}}{U}=\frac{\omega_0 L}{R}=\frac{1}{\omega_0 RC}$$

即有 $$U_{L0}=U_{C0}=QU$$

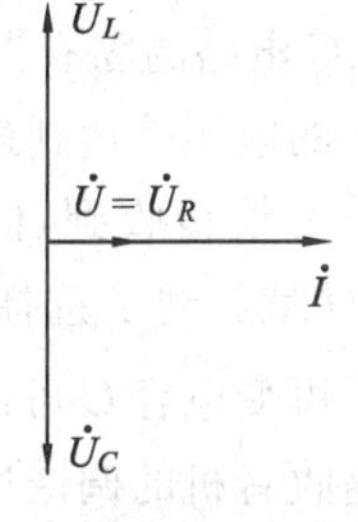

图 4-25　串联谐振相量图

Q 称为电路的品质因数，其大小与电路的元件参数有关。

当 $X_L=X_C>R$ 时，$Q>1$，一般可达几十至几百。这样电路发生谐振时，就可能出现 $U_{L0}=U_{C0}\gg U$，因而串联谐振又称为电压谐振。在电力工程上应避免电压谐振的发生，因为电压谐振时产生的过电压会损坏电气设备。

④ 功率。由于电路谐振时具有纯阻性，电源提供的能量全部被电阻消耗，且电源与谐振电路之间不进行能量的交换，只有电感与电容彼此之间进行等量的能量交换。

(3) 电流的频率特性

当电源电压 u 的频率变化时，电路中的电流 i 将是频率的函数，即

$$I(\omega)=\frac{U}{\sqrt{R^2+\left(\omega L-\dfrac{1}{\omega C}\right)^2}}=\frac{U}{\sqrt{R^2+R^2\left(\dfrac{\omega}{\omega_0}\dfrac{\omega_0 L}{R}-\dfrac{\omega_0}{\omega}\dfrac{1}{\omega_0 RC}\right)^2}}$$

$$=\frac{U}{R\sqrt{1+Q^2\left(\frac{\omega}{\omega_0}-\frac{\omega_0}{\omega}\right)^2}}=\frac{I_0}{\sqrt{1+Q^2\left(\frac{\omega}{\omega_0}-\frac{\omega_0}{\omega}\right)^2}}$$

电流的谐振曲线如图 4-26 所示。实质上电流谐振曲线的形状与品质因数有关，Q 值越大，曲线越尖，表明电路的频率选择性越强。这里也可以运用通频带概念，Q 值越大，通频带越窄，选择性越强，通频带宽度与电源频率的关系如图 4-27 所示。

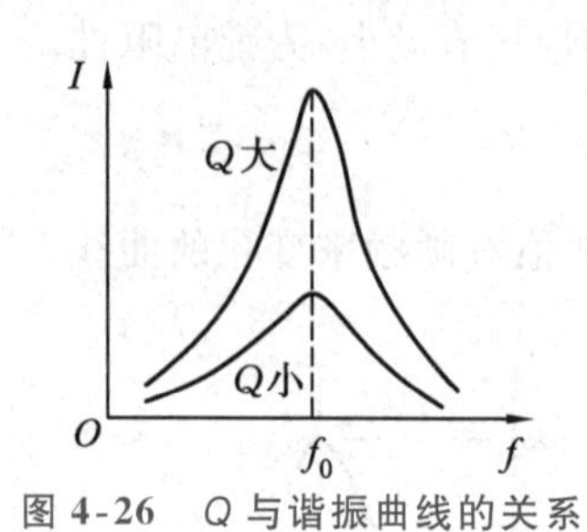

图 4-26 Q 与谐振曲线的关系

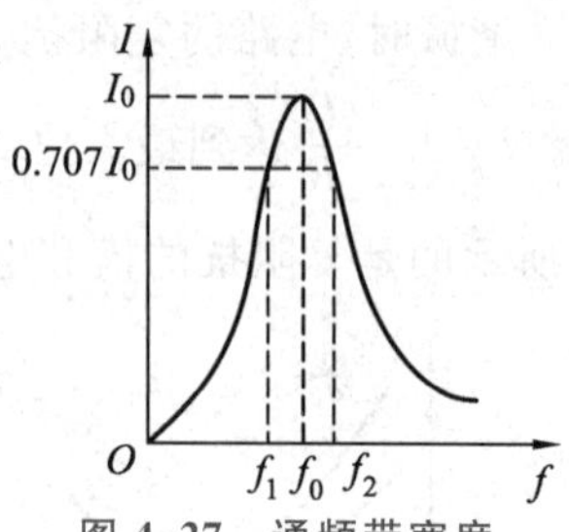

图 4-27 通频带宽度

（4）串联谐振的应用

串联谐振在无线电工程上的应用较为广泛，如在收音机中用来选择信号。图 4-28a 为一收音机接收电路，是由天线线圈 L_1、互感线圈 L 和可变电容器 C 组成的串联谐振电路，其等效电路如图 4-28b 所示，天线接收到的不同频率信号都会在 LC 电路中感应出电动势，当某一信号的频率与 LC 电路的固有谐振频率相等时，在电容两端产生的电压就达到最大，而其他频率的信号虽然也被天线接收到，但感应出的电动势通常很小，这样就起到了选择信号和抑制信号的作用。如调节可变电容 C 可使电路对不同频率的信号发生谐振，从而可以收听不同电台的广播，这就是收音机的调谐过程。

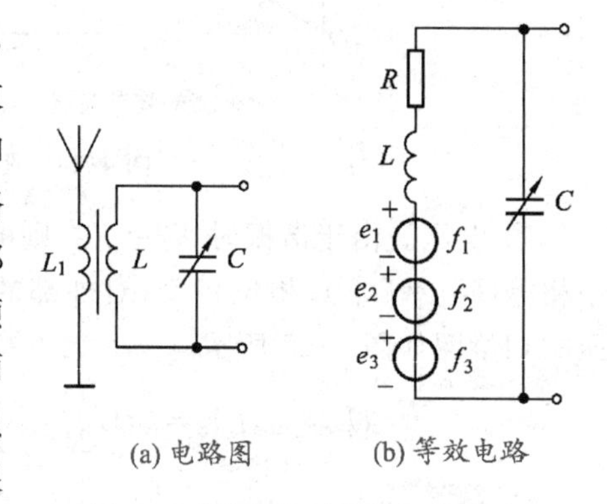

图 4-28 收音机的输入调谐电路

【例 4-16】 某收音机的输入电路如图 4-28a 所示，线圈 $L=0.3\ \text{mH}$，$R=16\ \Omega$，欲收听某电台 640 kHz 的广播，应将可变电容器 C 调到何值？如在调谐回路中感应出电压 $U=2\ \mu\text{V}$，试求这时回路中的电流有多大？在电容两端产生的电压是多少？

解 根据式(4-24)得

$$640\times10^3=\frac{1}{2\pi\sqrt{0.3\times10^{-3}C}}$$

解之得

$$C=206\ \text{pF}$$

这时

$$I=\frac{U}{R}=\frac{2}{16}\ \mu\text{A}=0.125\ \mu\text{A}$$

$$X_L=2\pi f_0L=2\pi\times640\times10^3\times0.3\times10^{-3}\ \Omega=1206\ \Omega$$

电容元件两端的电压为

$$U_C \approx U_L = I\,X_L = 0.125 \times 1206\ \mu V = 150.8\ \mu V$$

2. 并联谐振

(1) 并联谐振的条件

图 4-29 所示是一线圈与电容器并联的电路。该电路的等效复导纳 Y(复导纳定义为复阻抗 Z 的倒数)为

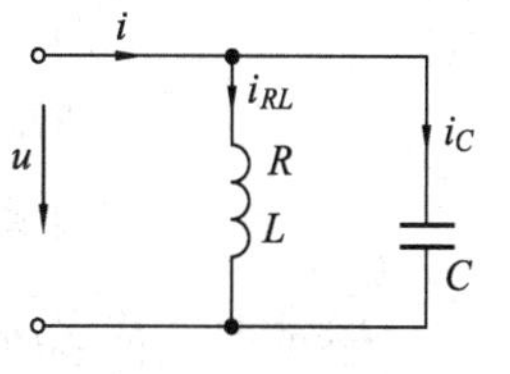

图 4-29　并联谐振电路

$$Y = \frac{1}{Z} = \frac{\dot{I}}{\dot{U}} = \frac{1}{R + j\omega L} + j\omega C$$

$$= \frac{R}{R^2 + (\omega L)^2} + j\left(\omega C - \frac{\omega L}{R^2 + (\omega L)^2}\right)$$

电路发生谐振时,电源电压 u 与电流 i 同相,则上式的虚部应为 0,即

$$\omega C = \frac{\omega L}{R^2 + (\omega L)^2}$$

所以,电路的谐振频率为

$$\omega_0 = \sqrt{\frac{1}{LC} - \frac{R^2}{L^2}} \quad 或 \quad f_0 = \frac{1}{2\pi}\sqrt{\frac{1}{LC} - \frac{R^2}{L^2}} \tag{4-25}$$

由上式可见,并联电路的谐振频率也是由电路的参数所决定的。通常要求线圈的电阻很小,所以一般在谐振时有 $R \ll \omega_0 L$,则

$$\omega_0 \approx \sqrt{\frac{1}{LC}} \quad 或 \quad f_0 \approx \frac{1}{2\pi}\sqrt{\frac{1}{LC}}$$

(2) 并联谐振的特征

① 阻抗。$Z = Z_0 = \dfrac{R^2 + \omega_0^2 L^2}{R}$,呈纯电阻性,且值为最大。

② 电流。$I = I_0 = \dfrac{UR}{R^2 + \omega_0^2 L^2}$,此时电流最小。

阻抗的模和频率之间的关系如图 4-30 所示。

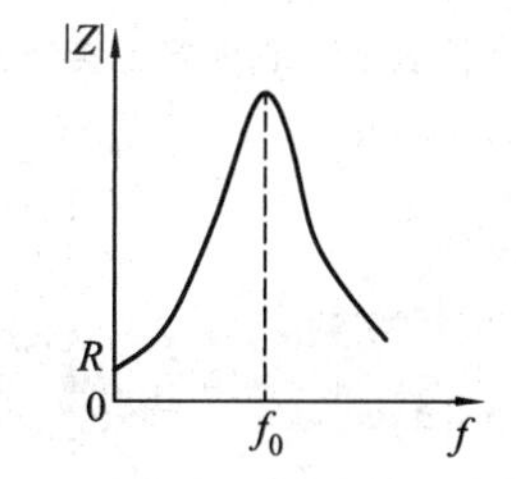

图 4-30　阻抗随频率变化的曲线

若 $R \ll \omega_0 L$,则

$$I_0 \approx \frac{UR}{(\omega_0 L)^2}$$

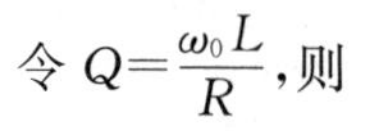

令 $Q = \dfrac{\omega_0 L}{R}$,则

$$I_{L0} = \frac{U}{\omega_0 L} = QI_0$$

$$I_{C0} = U\omega_0 C = QI_0$$

这里 $Q = \dfrac{\omega_0 L}{R}$ 也称为品质因数,其值越大,电路的选择性越强。

通常由于 R 很小,Q 值很大,且

$$I_{L0} = I_{C0} = QI_0 \gg I_0$$

所以,并联谐振又称为电流谐振。并联谐振时的相量图如图 4-31 所示,电流响应曲线如图 4-32 所示。

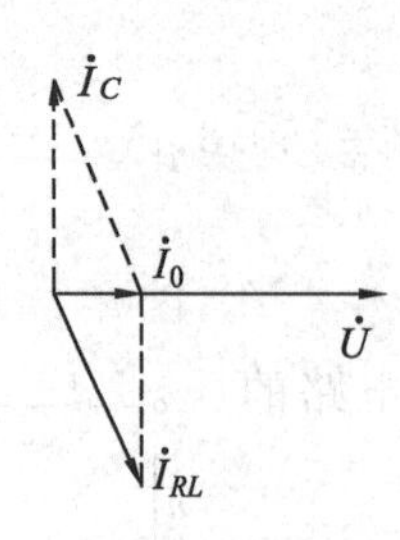

图 4-31　并联谐振时的相量图

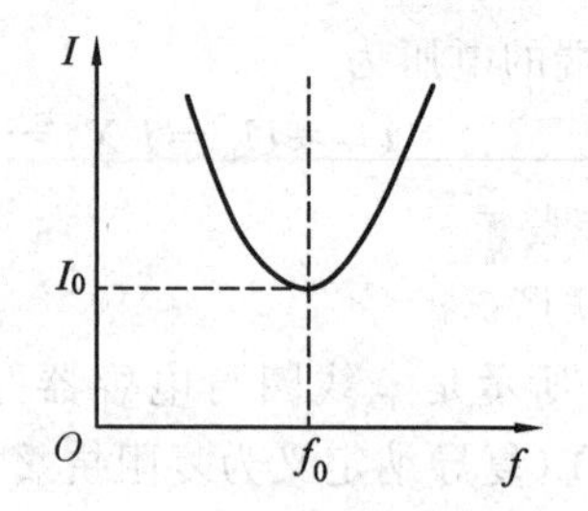

图 4-32　电流随频率变化的曲线

并联谐振也常应用在无线电工程和电子技术中来选择信号和消除干扰。

练习与思考

1. 试写出图示两电路的传递函数，并说明它们的滤波性能。

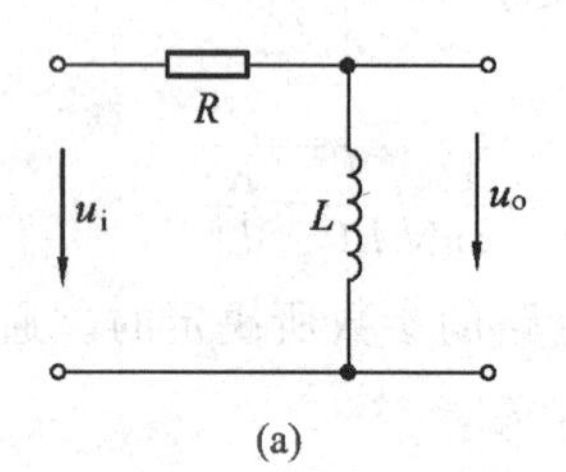

练习与思考 1 图

2. 处于谐振状态的 RLC 串联电路，若减小电容 C 的值，则电路将呈现(　　)。
   A. 电感性　　B. 电容性　　C. 电阻性
3. 处于谐振状态的 RLC 并联电路，若增加电感 L 的值，则电路将呈现(　　)。
   A. 电感性　　B. 电容性　　C. 电阻性
4. 某感性负载串联电容后接额定电压 U_N，若所串联的电容使电路发生谐振，则负载所承受的电压 U 与额定电压 U_N 的关系是(　　)。
   A. $U=U_N$　　B. $U>U_N$　　C. $U<U_N$

*4.10　非正弦周期交流电路

4.10.1　非正弦周期信号

1. 非正弦周期信号

在前面讨论的正弦交流电路，电路中的电压和电流都是正弦量。事实上，在生产实践和科学实验中还常常遇到不是正弦量的电压和电流。

实验室常用的信号发生器，除正弦信号发生器外，还有产生非正弦周期信号的，如矩形波电压(见图 4-33a)、脉冲波电压(见图 4-33b)、锯齿波电压(见图 4-33c)等，另外还有图 4-33d 是单相半波整流电路输出电压的波形。

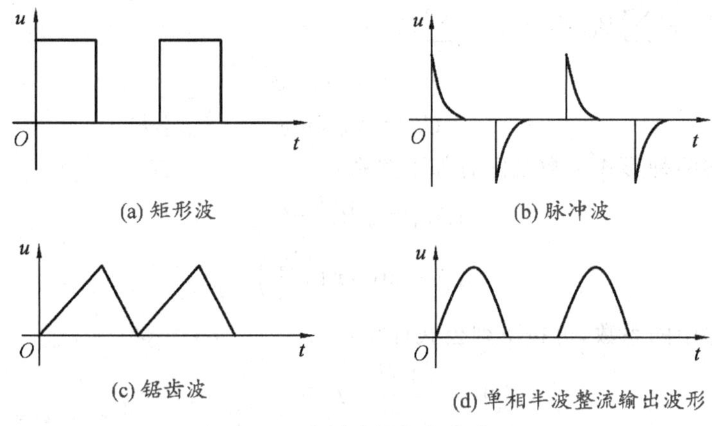

图 4-33 各种非周期信号波形

在电子工程、自动控制、测量、计算机技术等领域中所遇到的各种信号大多是非正弦周期信号；在电力工程中应用的正弦电流和电压，严格意义上来讲也只是近似的，而且，在发电机、变压器等主要电气设备中都存在非正弦周期电流或电压，分析电力系统工作状态时，也常常需要考虑这些非正弦周期电流和电压的影响。因此，分析非周期交流电路是具有实际意义的。

本节主要讨论在非正弦周期信号的作用下，线性电路的稳态分析方法。其实质是把非正弦周期信号电路的计算转化为一系列正弦交流信号电路的计算。

2. 非正弦周期信号的分解

周期电流、电压都可以用一个周期函数来表示，即

$$f(t)=f(t+kT)$$

式中，T 为周期函数 $f(t)$ 的周期，$k=0,1,2,\cdots$

在高等数学中已学过，任何一个周期函数，只要满足狄里赫利条件，都可以展开为傅里叶级数，而在电工技术中遇到的非正弦周期函数信号，通常都能满足这一条件，因此，都能展开成傅里叶级数，即

$$\begin{aligned} f(t) &= A_0+A_{1m}\sin(\omega t+\psi_1)+A_{2m}\sin(2\omega t+\psi_2)+\cdots+A_{km}\sin(k\omega t+\psi_k)+\cdots \\ &= A_0+\sum_{k=1}^{\infty}A_{km}\sin(k\omega t+\psi_k) \end{aligned} \tag{4-26}$$

傅里叶级数是一个无穷三角级数。式(4-26)中的第 1 项 A_0 是常数，称为周期函数 $f(t)$ 的恒定分量(或直流分量)；第 2 项 $A_{1m}\sin(\omega t+\psi_1)$ 称为 1 次谐波(或基波分量)，其角频率与原周期函数 $f(t)$ 的角频率($\omega=2\pi/T$)相同，其他各项的频率均为周期函数频率的整数倍，称为高次谐波。例如 $k=2,3,\cdots$ 的各项，分别称为 2 次谐波、3 次谐波…

式(4-26)为傅里叶级数，还可以表示成另一种形式，即

$$\begin{aligned} f(t) &= A_0+A_{1m}\cos\psi_1\sin\omega t+A_{1m}\sin\psi_1\cos\omega t+ \\ &\quad A_{2m}\cos\psi_2\sin 2\omega t+A_{2m}\sin\psi_2\cos 2\omega t+\cdots \\ &\quad A_{km}\cos\psi_k\sin k\omega t+A_{km}\sin\psi_k\cos k\omega t+\cdots \\ &= A_0+\sum_{k=1}^{\infty}(A_{km}\cos\psi_k)\sin k\omega t+\sum_{k=1}^{\infty}(A_{km}\sin\psi_k)\cos k\omega t \end{aligned}$$

$$= A_0 + \sum_{k=1}^{\infty} B_{km} \sin k\omega t + \sum_{k=1}^{\infty} C_{km} \cos k\omega t \tag{4-27}$$

式(4-27)中
$$\begin{cases} B_{km} = A_{km} \cos \psi_k \\ C_{km} = A_{km} \sin \psi_k \end{cases}$$

不难得出上述两种形式系数之间有如下关系：

$$\begin{cases} A_{km} = \sqrt{B_{km}^2 + C_{km}^2} \\ \psi_k = \arctan\left(\dfrac{C_{km}}{B_{km}}\right) \end{cases}$$

式(4-27)中的系数，可按下列公式计算：

$$\begin{cases} A_0 = \dfrac{1}{T}\displaystyle\int_0^T f(t)\,\mathrm{d}t \\ B_{km} = \dfrac{2}{T}\displaystyle\int_0^T f(t)\sin k\omega t\,\mathrm{d}t \\ C_{km} = \dfrac{2}{T}\displaystyle\int_0^T f(t)\cos k\omega t\,\mathrm{d}t \end{cases} \tag{4-28}$$

从理论上来讲，傅里叶级数是一个无穷级数，它有无穷多项。但傅里叶级数是一个收敛级数，即随着 k 值越来越大，高次谐波的值越来越小。实际运算中，只要截取有限的项，究竟截取多少项，具体看精度要求和级数收敛的快慢程度，一般取 3～5 项即可。

【例 4-17】 求例 4-17 图示周期性矩形信号 $f(t)$ 的傅里叶级数展开式。

解 $f(t)$ 在第一个周期内的表达式为

$$f(t) = \begin{cases} F_m, & 0 \leqslant t \leqslant \dfrac{T}{2} \\ -F_m, & \dfrac{T}{2} \leqslant t \leqslant T \end{cases}$$

例 4-17 波形图

根据式(4-12)求得其系数

$$A_0 = \frac{1}{2\pi}\int_0^{2\pi} f(t)\,\mathrm{d}(\omega t) = 0$$

$$B_k = \frac{1}{\pi}\int_0^{2\pi} f(t)\sin k\omega t\,\mathrm{d}(\omega t) = \frac{1}{\pi}\left[\int_0^{\pi} F_m \sin k\omega t\,\mathrm{d}(\omega t) + \int_{\pi}^{2\pi}(-F_m)\sin k\omega t\,\mathrm{d}(\omega t)\right]$$

$$= \frac{2F_m}{\pi}\int_0^{\pi}\sin k\omega t\,\mathrm{d}(\omega t) = \frac{2F_m}{\pi}\left[-\frac{1}{k}\cos k\omega t\right]_0^{\pi}$$

$$= \frac{2F_m}{k\pi}(1-\cos k\pi) = \begin{cases} 0 & (k\text{ 为偶数}) \\ \dfrac{4F_m}{k\pi} & (k\text{ 为奇数}) \end{cases}$$

$$C_k = \frac{1}{\pi}\int_0^{2\pi} f(t)\cos k\omega t\,\mathrm{d}(\omega t) = \frac{1}{\pi}\left[\int_0^{\pi} F_m \cos k\omega t\,\mathrm{d}(\omega t) + \int_{\pi}^{2\pi}(-F_m)\cos k\omega t\,\mathrm{d}(\omega t)\right]$$

$$= \frac{2F_m}{\pi}\int_0^{\pi}\cos k\omega t\,\mathrm{d}(\omega t) = \frac{2F_m}{\pi}\left[\frac{1}{k}\cos k\omega t\right]_0^{\pi} = 0$$

由此求得 $f(t) = \dfrac{4F_m}{\pi}\left[\sin\omega t + \dfrac{1}{3}\sin 3\omega t + \dfrac{1}{5}\sin 5\omega t + \cdots\right]$

图 4-34a 中点画线所示曲线是取展开式中前 3 项，即取到 5 次谐波时画出的合成曲线。图 4-34b 是取到 11 次谐波时的合成曲线。比较两个曲线可见，谐波项数取得越多，合成曲线就越接近原来的波形。

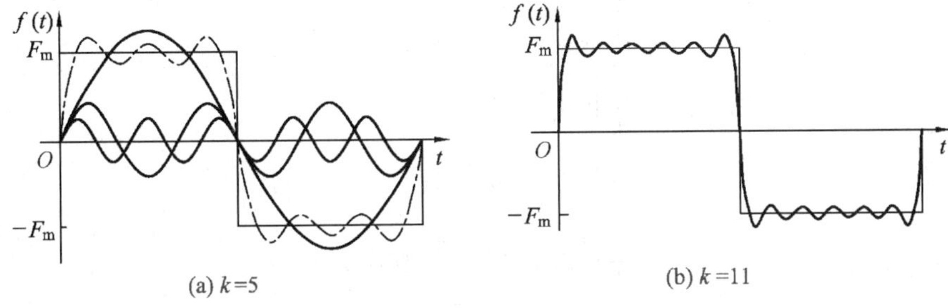

图 4-34　谐波合成示意图

3. 非正弦周期信号的频谱

由例 4-17 中的非正弦周期信号的傅里叶级数展开式可以看到，谐波次数愈高其振幅愈小。为了表示一个非正弦周期信号分解为傅里叶级数后所包含的频率分量以及各分量所占的“比重”，通常用长度与各次谐波振幅大小相对应的线段，按频率从低到高的顺序把它们依次排列起来，就得到图 4-35 所示的图形。这种图形称为该非正弦周期信号的频谱。这种频谱只表示各谐波分量的振幅，所以又称为幅度频谱。如果把各次谐波的初相位也用线段依次排列起来就可以得到相位频谱。如无特别说明，一般所说频谱是指幅度频谱。

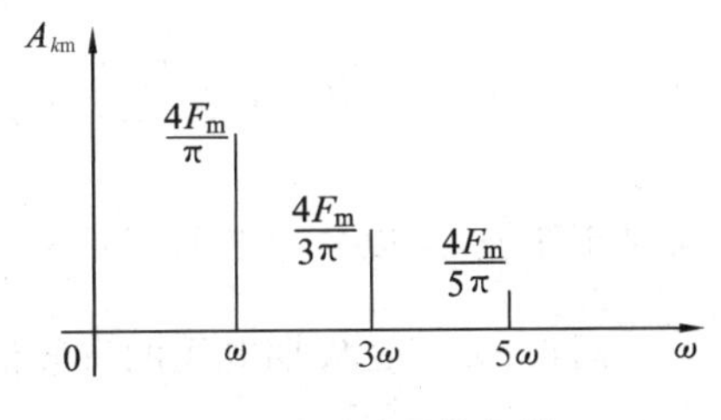

图 4-35　信号的频谱

4.10.2 非正弦周期信号的有效值和平均值

1. 有效值

根据有效值的定义，任何周期电流 i 的有效值为

$$I=\sqrt{\frac{1}{T}\int_0^T i^2\,\mathrm{d}t}$$

同样，任何周期电压 u 的有效值为

$$U=\sqrt{\frac{1}{T}\int_0^T u^2\,\mathrm{d}t}$$

设某一非正弦周期电流 i 已分解成傅里叶级数为

$$\begin{aligned}i&=I_0+\sum_{k=1}^{\infty}I_{km}\sin(k\omega t+\psi_k)\\&=I_0+i_1+i_2+\cdots+i_k\end{aligned}$$

则其有效值为

$$I=\sqrt{\frac{1}{T}\int_0^T i^2\,\mathrm{d}t}$$

$$=\sqrt{\frac{1}{T}\int_0^T[I_0+i_1+i_2+\cdots+i_k+\cdots]^2\mathrm{d}t}$$

将上式根号内的积分按公式展开将包含下列形式的项：

$$\frac{1}{T}\int_0^T I_0{}^2\mathrm{d}t=I_0{}^2$$

$$\frac{1}{T}\int_0^T i_k{}^2\mathrm{d}t=I_k{}^2$$

$$\frac{1}{T}\int_0^T 2I_0 i_k\mathrm{d}t=0$$

$$\frac{1}{T}\int_0^T 2i_k i_n\mathrm{d}t=0,\text{其中 } k\neq n$$

因此非正弦周期电流 i 的有效值为

$$I=\sqrt{I_0{}^2+\sum_{k=1}^{\infty}I_k{}^2}=\sqrt{I_0{}^2+I_1{}^2+I_2{}^2+\cdots}\tag{4-29}$$

式(4-29)中 $I_1=\frac{I_{1\mathrm{m}}}{\sqrt{2}}$，$I_2=\frac{I_{2\mathrm{m}}}{\sqrt{2}}$，…分别为基波、二次谐波……的有效值。因为它们本身都是正弦波，所以各次谐波有效值等于其幅值的$\frac{1}{\sqrt{2}}$。

同理，非正弦周期电压的有效值为

$$U=\sqrt{U_0^2+U_1^2+U_2^2+\cdots}\tag{4-30}$$

【例 4-18】 设有一非正弦周期电压为

$$u=10+6\sqrt{2}\sin\omega t\ \mathrm{V}$$

求该非正弦周期电压的有效值。

解　该非正弦周期电压的有效值为

$$U=\sqrt{U_0^2+U_1^2}=\sqrt{10^2+6^2}\approx 11.7\ \mathrm{V}$$

【例 4-19】 一矩形波电压如例 4-19 图所示，试求该矩形波电压的有效值。

解　直接运用例 4-17 的结论，则

$$u(t)=\frac{4U_\mathrm{m}}{\pi}\left[\sin\omega t+\frac{1}{3}\sin 3\omega t+\frac{1}{5}\sin 5\omega t+\cdots\right]$$

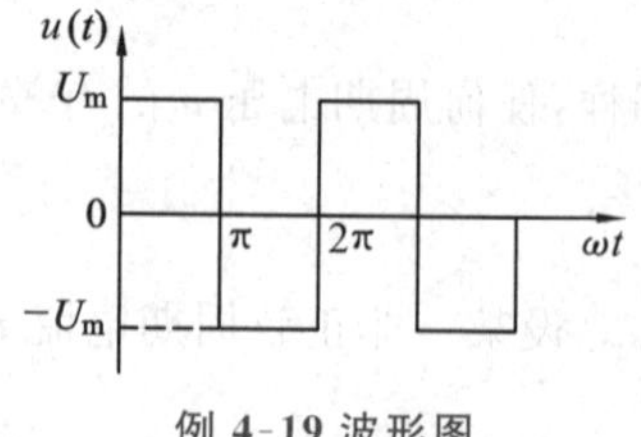

例 4-19 波形图

取前 3 项计算该电压的有效值为

$$U=\frac{4U_\mathrm{m}}{\pi\cdot\sqrt{2}}\sqrt{1^2+\left(\frac{1}{3}\right)^2+\left(\frac{1}{5}\right)^2}\approx 0.966U_\mathrm{m}$$

从上述计算结果看出，取前 3 项所引起的相对误差为 3.4%，这在工程上是允许的。

2. 平均值

非正弦周期信号在一个周期内的平均值就是傅里叶级数表达式中的直流分量，即

$$I_0 = \frac{1}{T}\int_0^T i\mathrm{d}t$$

$$U_0 = \frac{1}{T}\int_0^T u\mathrm{d}t$$

对于同一非正弦周期电流或电压，当用不同类型的仪表进行测量时，会得到不同的结果。例如用磁电系仪表(直流仪表)测量时，它的指针偏转角正比于周期信号的恒定分量 $\frac{1}{T}\int_0^T i(t)\mathrm{d}t$，所测得的结果是电流或电压的直流分量，故测直流电流或直流电压时就用磁电系仪表。用电磁系仪表或电动仪表测量时，仪表的读数将是电流或电压的有效值，因为这类仪表指针的偏转角正比于 $\frac{1}{T}\int_0^T i^2\mathrm{d}t$。如用全波整流仪表测量时，所得结果为电流的平均值，因为这种仪表指针的偏转角正比于 $\frac{1}{T}\int_0^T |i|\mathrm{d}t$。由此可见，在测量非正弦周期电流或电压时，要注意选择合适的仪表，并注意不同类型仪表读数表示的含义(关于仪表的知识将在附录 A 电工测量里介绍)。

4.10.3　非正弦周期交流电路中的功率

设作用于图 4-36 所示无源二端网络 N_0 的非正弦周期电压为

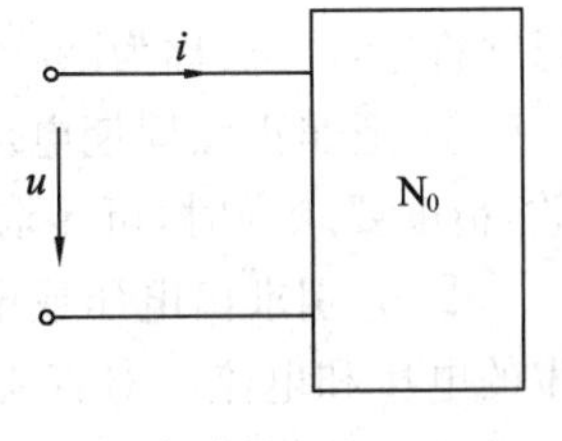

图 4-36　无源二端网络

$$u = U_0 + \sum_{k=1}^{\infty} U_{km}\sin(k\omega t + \psi_{uk})$$

由非正弦周期电压所产生的非正弦周期电流为

$$i = I_0 + \sum_{k=1}^{\infty} I_{km}\sin(k\omega t + \psi_{ik})$$

则该二端网络的瞬时功率为

$$\begin{aligned} p &= ui \\ &= \left[U_0 + \sum_{k=1}^{\infty} U_{km}\sin(k\omega t + \psi_{uk})\right]\times\left[I_0 + \sum_{k=1}^{\infty} I_{km}\sin(k\omega t + \psi_{ik})\right] \end{aligned}$$

它的平均功率(有功功率)仍定义为

$$P = \frac{1}{T}\int_0^T p\mathrm{d}t$$

上述不同频率的正弦电压与电流乘积的积分为零(即不产生平均功率)；同频率的正弦电压、电流乘积的积分不为零。这样不难证明

$$\begin{aligned} P &= U_0 I_0 + U_1 I_1\cos\varphi_1 + U_2 I_2\cos\varphi_2 + \cdots + U_k I_k\cos\varphi_k + \cdots \\ &= \sum_{k=0}^{\infty} P_k \end{aligned} \tag{4-31}$$

式中

$$U_k = \frac{U_{km}}{\sqrt{2}},\quad I_k = \frac{I_{km}}{\sqrt{2}}$$

$\varphi_k = \psi_{uk} - \psi_{ik}\,(k=1,2,\cdots)$ 是 k 次谐波电压与 k 次谐波电流之间的相位差。

由式(4-31)可知，平均功率等于恒定分量的功率和各次谐波的平均功率之和。由此可见，只有同频率正弦周期电压和电流的情况才产生平均功率，不同频率的电压和电流不产生平均功率。

【例 4-20】 已知某无源二端网络的端电压 u 及电流 i 分别为

$$u=50+84.6\sin(\omega t+30°)+56.6\sin(2\omega t+10°)\ \text{V}$$

$$i=1+0.707\sin(\omega t-20°)+0.424\sin(2\omega t+50°)\ \text{A}$$

求该二端网络吸收的平均功率。

解 根据式(4-31)得

$$P=50\times1+\frac{84.6}{\sqrt{2}}\times\frac{0.707}{\sqrt{2}}\cos[30°-(-20°)]+\frac{56.6}{\sqrt{2}}\times\frac{0.424}{\sqrt{2}}\cos(10°-50°)$$

$$=50+30\cos50°+12\cos(-40°)=78.5\ \text{W}$$

4.10.4 非正弦周期交流电路的计算

线性电路在非正弦周期电源的作用下，各支路中的电流(或电压)可以看成是在电源的直流分量及各次谐波分量分别单独作用下，在该支路中所产生的电流(或电压)的叠加。通常将这种方法称为谐波分析法。谐波分析法只适用于线性电路，具体分析步骤如下：

① 把非正弦周期电压或电流分解为傅里叶级数，根据精度要求决定高次谐波的项数，精度要求高时，可多取几项，反之则少取几项。

② 分别求出电压或电流的直流分量以及各次谐波分量单独作用时在各支路中产生的电压和电流。对直流分量($\omega=0$)单独作用时，电容看作开路，电感看作短路；对各次谐波单独作用时，可以采用正弦交流电路中的相量法求解，但要注意电容、电感在不同谐波分量作用下的容抗和感抗值是不同的。

③ 将上述计算得到的结果转化成瞬时表达式相加，这样就得到非正弦周期电源作用下支路中的电压或电流。应注意不能将各相量直接相加，因为这些相量所表示的正弦量的频率是不同的。

下面通过具体例子来说明非正弦周期交流电路的计算过程。

【例 4-21】 例 4-21 图 a 所示电路中，输入电压信号的波形如图 b 所示，其中 $U_m=311$ V，$\omega=314$ rad/s，电路参数 $L=5$ H，$C=30\ \mu$F，$R=2000\ \Omega$，求电阻两端的电压 $u_R(t)$ 及其有效值 U_R，并计算电路所消耗的平均功率 P。

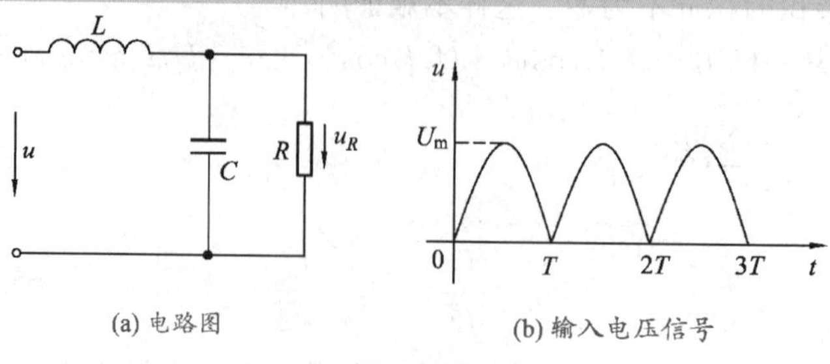

(a) 电路图 (b) 输入电压信号

例 4-21 图

解　输入非正弦周期电压的傅里叶级数展开式为

$$u=\frac{2}{\pi}\times 311\times\left(1-\frac{2}{3}\cos 2\omega t-\frac{2}{15}\cos 4\omega t-\cdots\right)$$
$$=197+132\sin(2\omega t-90^\circ)+26\sin(4\omega t-90^\circ)+\cdots$$

则

$$U_0=197\ \text{V}$$
$$\dot{U}_2=\frac{132}{\sqrt{2}}\angle -90^\circ\ \text{V}$$
$$\dot{U}_4=\frac{26}{\sqrt{2}}\angle -90^\circ\ \text{V}$$

对于直流分量 U_0 来说，电感线圈相当于短路，电容相当于开路，所以电阻两端的电压的直流分量为

$$U_{R0}=U_0=197\ \text{V}$$

对于二次谐波分量，有

$$X_{L2}=2\omega L=2\times 314\times 5=3140\ \Omega$$
$$X_{C2}=\frac{1}{2\omega C}=\frac{1}{2\times 314\times 30\times 10^{-6}}=53\ \Omega$$
$$\dot{U}_{R2}=\frac{R/\!/(-\text{j}X_{C2})}{\text{j}X_{L2}+R/\!/(-\text{j}X_{C2})}\times\dot{U}_2=\frac{2.24}{\sqrt{2}}\angle 91.5^\circ\ \text{V}$$

（式中//表示并联计算）

则

$$u_{R2}=2.24\sin(2\omega t+91.5^\circ)\ \text{V}$$

对于四次谐波，有

$$X_{L4}=4\omega L=4\times 314\times 5=6280\ \Omega$$
$$X_{C4}=\frac{1}{4\omega C}=\frac{1}{4\times 314\times 30\times 10^{-6}}=26.5\ \Omega$$
$$\dot{U}_{R4}=\frac{R/\!/(-\text{j}X_{C4})}{\text{j}X_{L4}+R/\!/(-\text{j}X_{C4})}\times\dot{U}_2=\frac{0.11}{\sqrt{2}}\angle 90.9^\circ\ \text{V}$$

则

$$u_{R4}=0.11\sin(4\omega t+90.9^\circ)\ \text{V}$$

将以上 3 个分量叠加起来，得电阻 R 两端电压的瞬时表达式为

$$u_R(t)=197+2.24\sin(2\omega t+91.5^\circ)+0.11\sin(4\omega t+90.9^\circ)\ \text{V}$$

电阻 R 两端电压的有效值为

$$U_R=\sqrt{U_{R0}{}^2+U_{R2}{}^2+U_{R4}{}^2}=\sqrt{197^2+\left(\frac{2.24}{\sqrt{2}}\right)^2+\left(\frac{0.11}{\sqrt{2}}\right)^2}\approx 197\ \text{V}$$

电路所消耗的平均功率就是电阻 R 所消耗的平均功率，即

$$P=\frac{U_{R0}{}^2}{R}+\frac{U_{R2}{}^2}{R}+\frac{U_{R4}{}^2}{R}+\cdots\approx\frac{U_{R0}{}^2}{R}=\frac{197^2}{2000}\approx 19.4\ \text{W}$$

练习与思考

1. 基波及各次谐波是如何定义的？
2. 各次谐波的幅值如何确定？
3. 非正弦周期信号电路中，电流和电压的平均值及有效值如何计算？
4. 非正弦周期电流电路的功率如何计算？

4.11 交流电路的 Multisim 仿真

4.11.1 RLC 串联电路正弦响应

RLC 串联电路，输入为某一频率的正弦信号时，如果改变电容的容值，电路的性质将会发生改变，可能会由电感性变成电阻性再变成电容性。通过 Multisim 仿真，可以观察到电流与电压之间的相位变化，从而可以判断出电路的性质。

在 Multisim 元件库中调出相应的元件和仪器，修改参数并连接成图 4-37 所示的电路。该电路中有一个可变电容，通过敲击 A 键，可以改变电容的容值，可变电容设置增量为 0.5%。我们用功率表来测量电路中消耗的总功率和功率因数。当电路处于谐振状态时，电路中的电流与电压同相位。

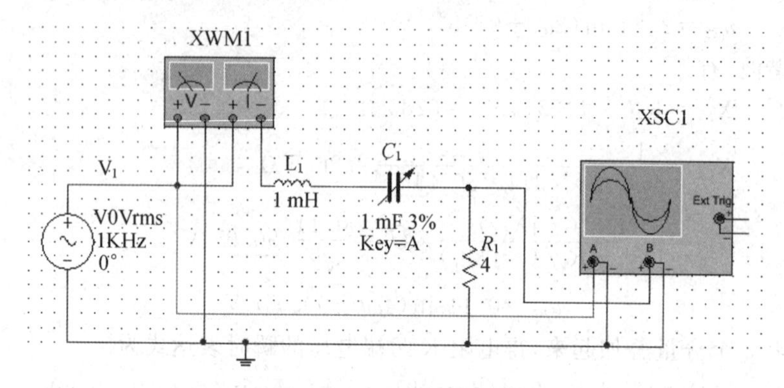

图 4-37 *RLC* 串联电路

图 4-38 是仿真波形与测量值，当电容调节到 2.5%时，功率最大，总电压与电流几乎同相位，电路十分接近谐振状态，功率因数达到 0.99979。

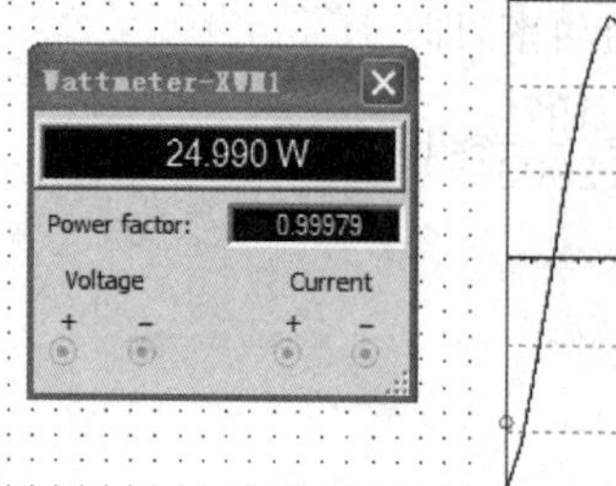

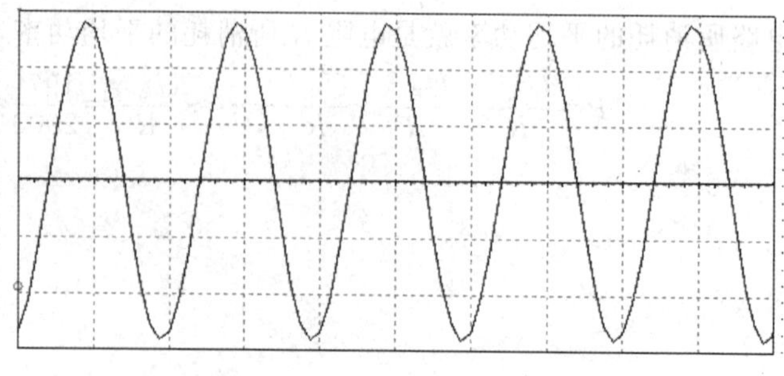

图 4-38 仿真结果

4.11.2　低通滤波器电路仿真分析

在 Multisim 元件库中调出相应的元件和仪器，修改参数并连接成图 4-39 所示的电路。该电路是一个低通滤波器电路，低频信号容易通过，高频信号将被滤掉。信号源是两个正弦波信号源叠加而成，其中一个是正弦波信号，有效值为 10 V，频率是 50 Hz，另一个是峰-峰值为 2 V 的方波信号，频率为 100 kHz。

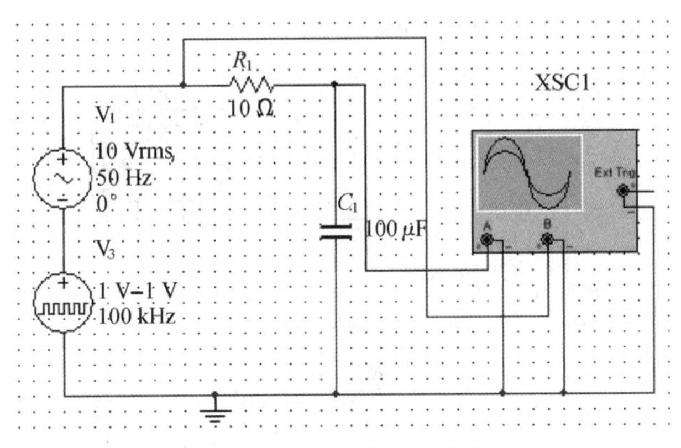

图 4-39　低通滤波器电路

仿真波形如图 4-40 所示。电容两端的电压为正弦波，100 kHz 的方波信号几乎很少。而输入信号是在正弦波信号的基础上叠加了一个方波信号。由此可见，这是一个低通滤波器电路，高频信号受阻，低频率信号通过。通过调节示波器参数，可以更清楚地看到波形的细节。

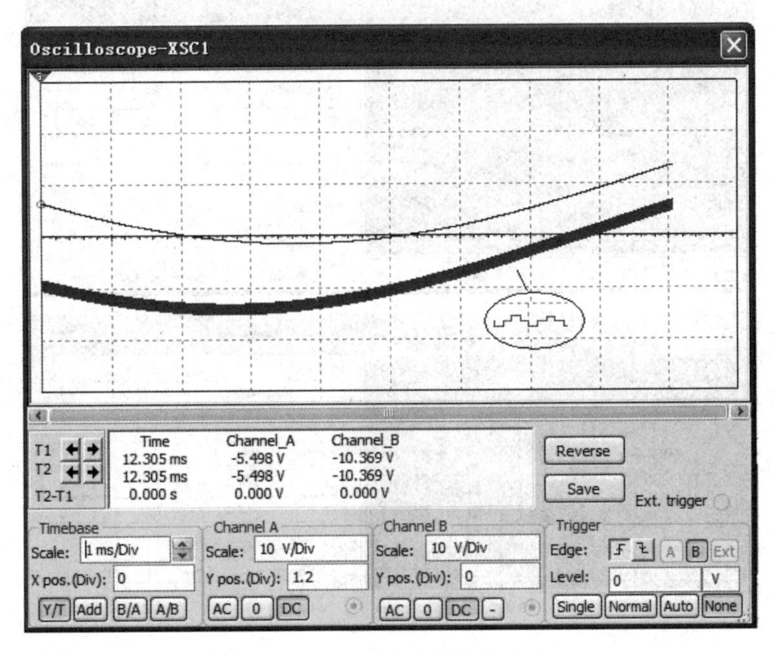

图 4-40　低通滤波器仿真波形

4.11.3 电路的频率特性

在 4.9 节介绍了电路的幅特性和相频特性。用 Multisim 仿真的方法可以获得电路的幅频特性和相频特性，测量出电路的谐振频率和通频带。

在 Multisim 元件库中调出相应的元件和仪器，修改参数并连接成图 4-41 所示的电路。值得注意的是，Multisim 是通过仿真计算获得电路的频率特性，因此电路中需要有一个激励源，它的大小和频率不影响结果。

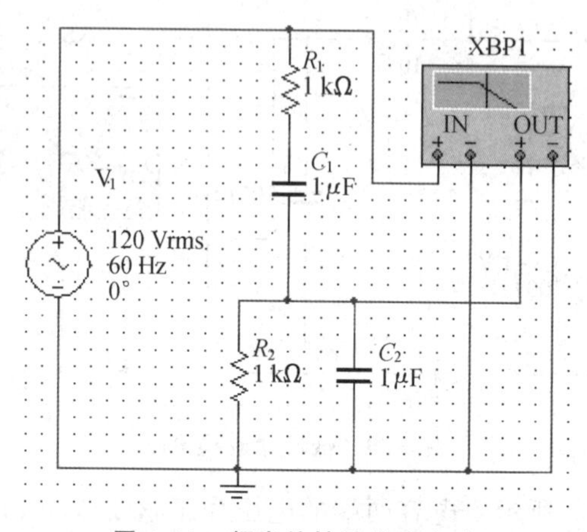

图 4-41　频率特性的仿真电路

仿真结果如图 4-42 所示。由图可得谐振频率约为 153 Hz。

图 4-42　频率特性

4.11.4 波形合成

4.10 节介绍了非正弦周期电路。任何一个周期函数，只要满足狄里赫利条件，都可以展开为傅里叶级数。我们也可以用多个谐波信号来合成。

例如：$u(t)=10\left[\sin 100\pi t+\frac{1}{3}\sin(300\pi t)+\frac{1}{5}\sin(500\pi t)\right]$

在 Multisim 元件库中调出相应的元件和仪器，修改参数并连接成图 4-43 所示的电路。仿真波形如图 4-44 所示。由于只取了三项合成，有较大的误差，但已看出矩形波的端倪。

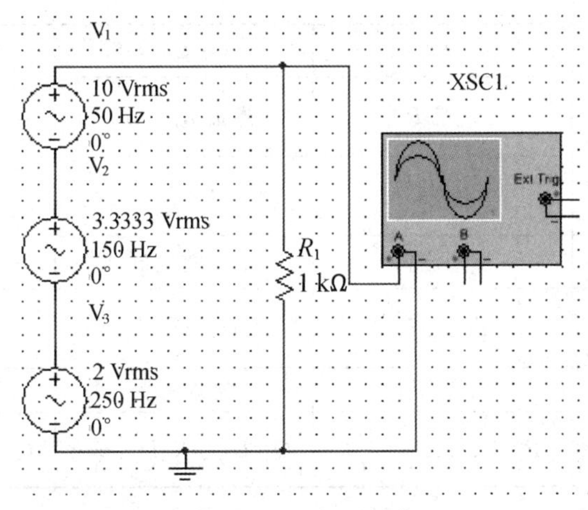

图 4-43 波形合成

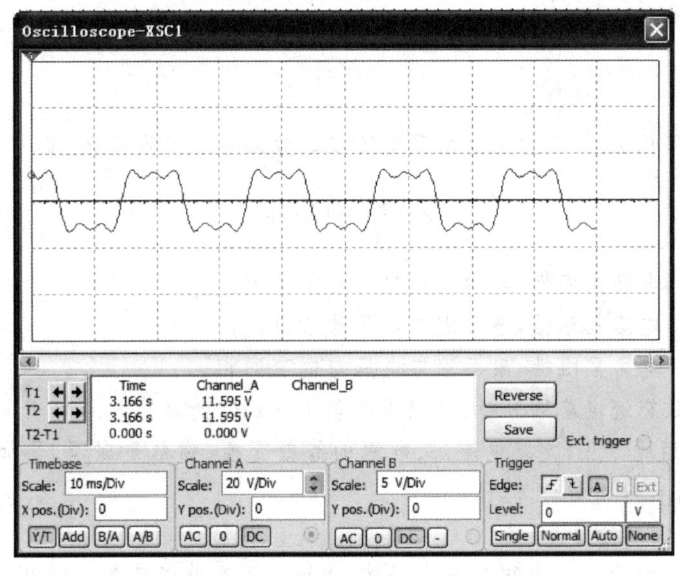

图 4-44 仿真波形

小结

1. 正弦量的三要素

学习正弦交流电路首先要弄清楚正弦量的三要素：角频率(ω)、幅值(I_m 或 U_m)和初相位(ψ)的物理意义；幅值与有效值(I、U)之间的关系，即 $I_m=\sqrt{2}I, U_m=\sqrt{2}U$。

2. 正弦量的相量表示法

在电路的分析与计算中，把表示正弦量的复数称为相量。

3. R、L、C 三种电路元件的电压与电流关系、功率关系如下表所示。

电路元件		R	L	C
元件性质		电阻 R	感抗 $X_L=\omega L$	容抗 $X_C=\dfrac{1}{\omega C}$
伏安关系	有效值关系	$I=\dfrac{U}{R}$	$I=\dfrac{U}{X_L}$	$I=\dfrac{U}{X_C}$
	相位关系	电压电流同相	电压超前电流 90°	电压滞后电流 90°
	相量关系	$\dot{U}=R\dot{I}$	$\dot{U}=\mathrm{j}X_L\dot{I}$	$\dot{U}=-\mathrm{j}X_C\dot{I}$
功率关系		耗能元件	储能元件	储能元件
		$P=UI=RI^2=\dfrac{U^2}{R}$	$Q=UI=X_LI^2=\dfrac{U^2}{X_L}$	$Q=UI=X_CI^2=\dfrac{U^2}{X_C}$

4. RLC 串联电路

掌握该电路中电压三角形、阻抗三角形和功率三角形所表示的相关物理量之间的关系。

5. 正弦交流电路的分析

(1) 复阻抗 Z：一个无源二端网络可以等效成一个复阻抗 Z，即

$$Z=\frac{\dot{U}}{\dot{I}}=|Z|\angle\varphi$$

$\varphi>0$ 时，电路呈感性，表示端口电压超前电流；

$\varphi<0$ 时，电路呈容性，表示端口电压滞后电流；

$\varphi=0$ 时，电路呈阻性，表示端口电压与电流同相。

(2) 正弦交流电路的分析：可根据相量形式的欧姆定律和基尔霍夫定律，利用第 2 章所介绍的方法(支路电流法、电源的等效变换、弥尔曼定理、叠加定理、戴维南定理等)进行分析与计算。

6. 功率因数的提高

提高功率因数有着重要的经济意义，它可以提高电源设备的利用率，减小线路损耗。提高功率因数的方法是在感性负载两端并联电容。

7. 电路的频率特性

电路的频率特性是指在电源幅值不变的条件下，电路中的电压和电流的大小，以及电压和电流之间的相位差随电源的频率变化而变化的情况。其原因在于感抗和容抗都是频率的函数。

(1) 滤波器

RC 高通滤波器允许频率高于 $\omega_0\left(\omega_0=\dfrac{1}{RC}\right)$ 的信号通过，低通滤波器允许频率低于 $\omega_0\left(\omega_0=\dfrac{1}{RC}\right)$ 的信号通过，带通滤波器允许频率在($\omega_1\sim\omega_2$)之间的信号通过。

(2) 谐振电路

串联谐振电路的条件：$X_L=X_C$，谐振频率 $f_0=\dfrac{1}{2\pi\sqrt{LC}}$。

特征：阻抗最小，电流最大，电压与电流同相位，$U_{L0}=U_{C0}=QU$(电感和电容电压可能远远大于电源电压)。

并联谐振电路的条件：谐振频率 $f_0=\dfrac{1}{2\pi}\sqrt{\dfrac{1}{LC}-\dfrac{R^2}{L^2}}\approx\dfrac{1}{2\pi\sqrt{LC}}$。

特征：阻抗最大，电流最小，电压与电流同相位，支路电流可能远远大于总电流。

8. 非正弦周期交流电路

非正弦周期电流可用傅里叶级数分解为平均值 I_0、基波分量及各次谐波分量，其有效值为

$$I=\sqrt{I_0{}^2+\sum_{k=1}^{\infty}I_k{}^2}$$

式中 I_k 为 k 次谐波分量的有效值。

非正弦周期电路的平均功率为

$$P=P_0+P_1+P_2+\cdots+P_k+\cdots$$

式中 P_k 为 k 次谐波分量的平均功率。

需要特别注意的是，不同频率的正弦量的相量不能用来相加，应该为瞬时值相加。

第4章 习 题

1. 已知电流 $i=5\sqrt{2}\sin(628t+45°)$ A，试求：

(1) 该电流的幅值、有效值、角频率、频率和初相位；

(2) 经过多少时间该电流达到最大值？

2. 已知两正弦电压 $u_1=150\sqrt{2}\sin 314t$ V，$u_2=100\sqrt{2}\sin(314t-120°)$ V，试求：(1) 两者之间的相位差；(2) 各电压对应的相量式；(3) 画出它们的相量图。

3. 已知正弦交流电压及电流的相量式分别为 $\dot{U}=100\angle 50°$ V，$\dot{I}_1=3\angle -20°$ A，$\dot{I}_2=-4\angle 60°$ A，且 $\omega=314$ rad/s，试画出相量图，并写出它们对应的正弦量的瞬时表达式。

4. 已知$\dot{U}_1=6\angle 30^\circ$ V，$\dot{U}_2=8\angle 120^\circ$ V，$\dot{I}_1=10\angle -30^\circ$ A，$\dot{I}_2=20\angle 60^\circ$ A，试求：

(1) $\dot{U}_1+\dot{U}_2$；(2) $\dot{I}_1+\dot{I}_2$。

5. 已知通过电感线圈的电流为 $i=2\sqrt{2}\sin(100t-30^\circ)$ A，线圈的电感 $L=35$ mH（线圈的电阻忽略不计），求电感线圈的端电压 u。

6. 流过 0.25 F 电容的电流为 $i=5\sqrt{2}\sin(314t+45^\circ)$ A，求电容的端电压 u，并画出相量图。

7. 在 RLC 串联的正弦交流电路中，已知电路电流 $I=2$ A，各电压分别为 $U_R=30$ V，$U_L=80$ V，$U_C=40$ V。求：(1) 电路总电压 U；(2) 电路的有功功率 P；(3) R、X_L、X_C。

8. 在 RLC 串联电路中，已知 $R=100\ \Omega$，$L=0.05$ H，$C=13\ \mu$F，电源电压 $\dot{U}=100\angle 30^\circ$ V，$f=400$ Hz。试求：(1) 电路的复阻抗，电流和各元件上的电压；(2) 画出相量图；(3) 各元件上的功率。

9. 在图示各电路中，除 A_0 和 V_0 外，其余电流表和电压表的读数在图上已标出（均为正弦量的有效值），试求电流表 A_0 和电压表 V_0 的读数。

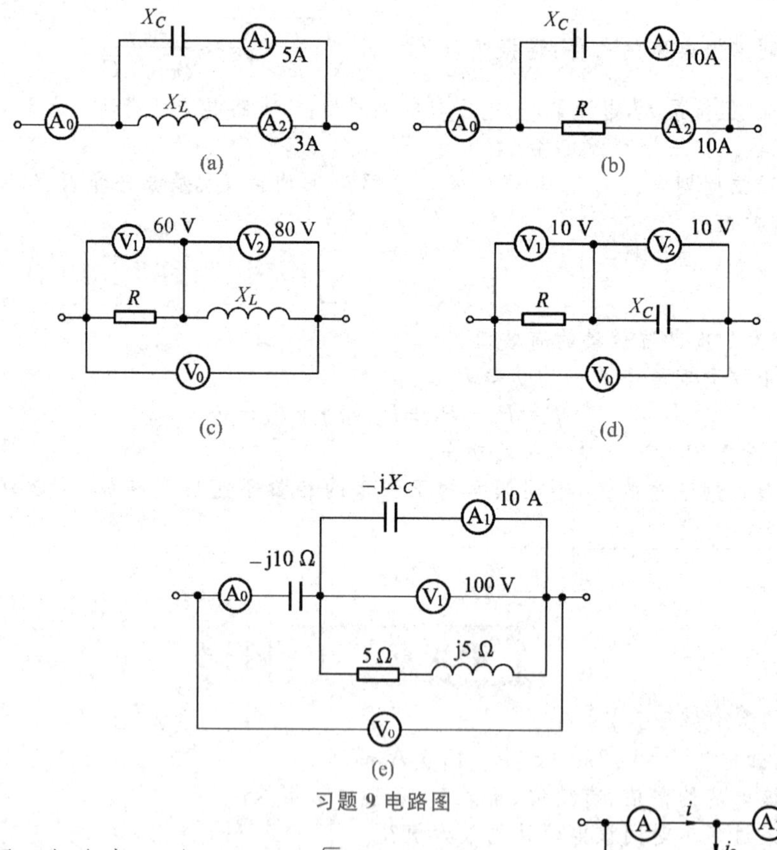

习题 9 电路图

10. 图示电路中，已知 $u=220\sqrt{2}\sin 314t$ V，$i_1=22\sin(314t+45^\circ)$ A，$i_2=11\sqrt{2}\sin(314t-90^\circ)$ A。试求：

(1) 各仪表读数；

(2) 电路参数 R、L 和 C；

(3) 该电路的有功功率和无功功率。

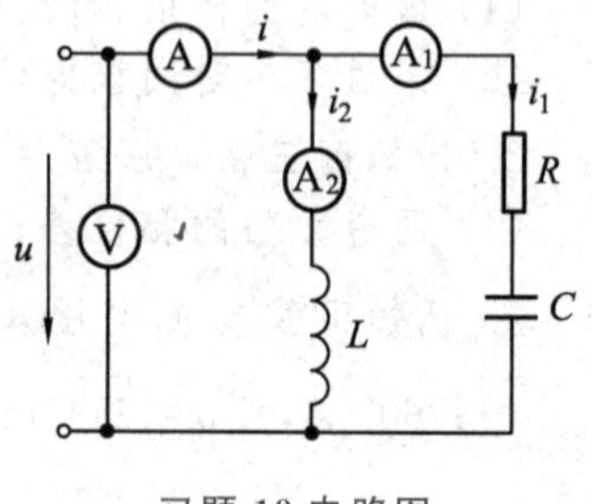

习题 10 电路图

11. 在图示电路中，电流表 A_1 和 A_2 的读数分别为 $I_1=3$ A，$I_2=4$ A。

(1) 设 $Z_1=R$，$Z_2=-jX_C$，则电流表 A 的读数应为多少？

(2) 设 $Z_1=R$，问 Z_2 为何种参数才能使电流表 A 的读数最大？此读数应为多少？

(3) 设 $Z_1=jX_L$，问 Z_2 为何种参数才能使电流表 A 的读数最小？此读数应为多少？

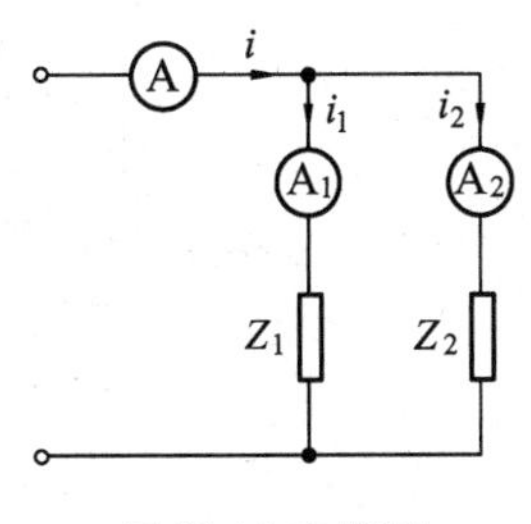

习题 11 电路图

12. 一电感线圈接在 50 V 的直流电源上，流过的电流为 $I=5$ A；如果接在 50 V，50 Hz 的正弦交流电源上，流过的电流为 $I=0.5$ A，求线圈的电阻 R 和电感 L。若将该线圈接在 110 V、100 Hz 的正弦交流电源上，线圈消耗的功率是多少？

13. 一盏日光灯接于 220 V 的交流电源上，测得灯管两端电压为 59 V，镇流器两端的电压为 204 V，整流器消耗的功率为 4 W，电路中的电流为 0.35 A，求灯管的电阻、灯管消耗的有功功率及整个电路消耗的有功功率。

14. 有一 RC 串联电路，电源电压为 u，电阻和电容上的电压分别为 u_R 和 u_C，已知电路的复阻抗为 1 kΩ，频率为 100 Hz，并设 u 与 u_C 之间的相位差为 60°，试求 R 和 C 的值，并说明在相位上 u_C 超前还是落后 u？

15. 某 RC 串联电路，已知 $R=8\ \Omega$，$X_C=6\ \Omega$，总电压 $U=100$ V，试求电流 $\dot{I}$ 和电压 $\dot{U}_R$、$\dot{U}_C$，并画出相量图。

16. 已知图示无源二端网络的输入端的电压和电流为

$u=110\sqrt{2}\sin(314t+20°)$ V

$i=11\sqrt{2}\sin(314t-53°)$ A

试求此二端网络由两个元件串联的等效电路和元件的参数值，并求二端网络的功率因数，输入的有功功率和无功功率。

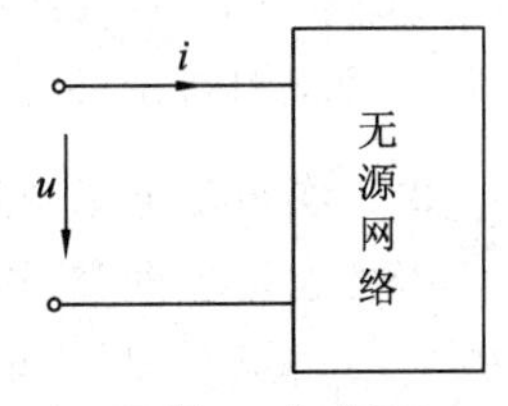

习题 16 电路图

17. 计算图 a 所示电路中的电流 $\dot{I}$ 和各元件上的电压 $\dot{U}_1$ 及 $\dot{U}_2$，并作出相量图；计算图 b 所示电路中各支路电流 $\dot{I}_1$ 与 $\dot{I}_2$ 和电压 $\dot{U}$，并作出相量图。

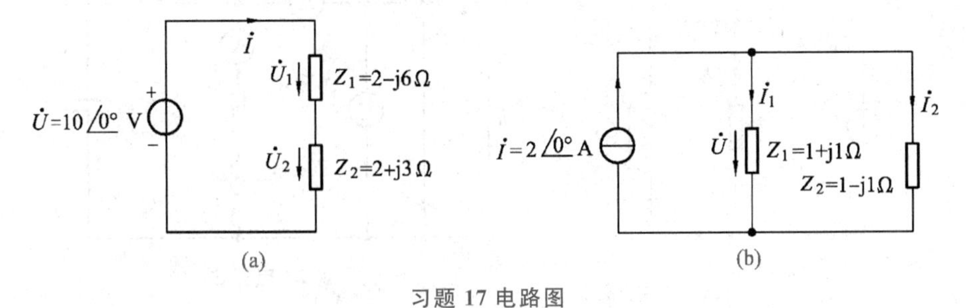

习题 17 电路图

18. 求图示电路的等效复阻抗 Z_{AB}。

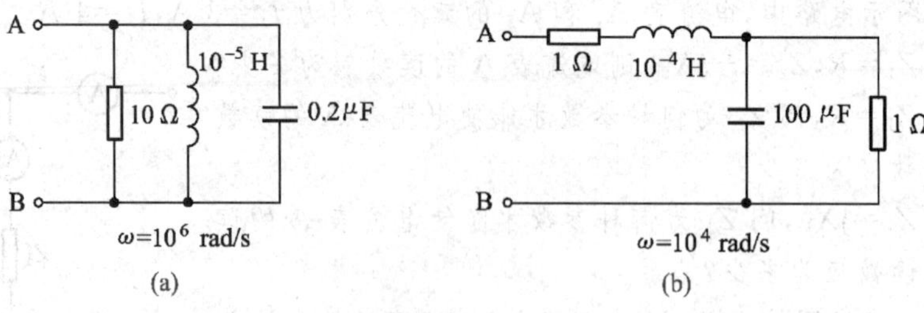

习题 18 电路图

19. 在图示电路中，欲使电感和电容上的电压有效值相等，试求 R 值及各支路电流。

20. 在图示电路中，求电表 A 及 V 的读数。

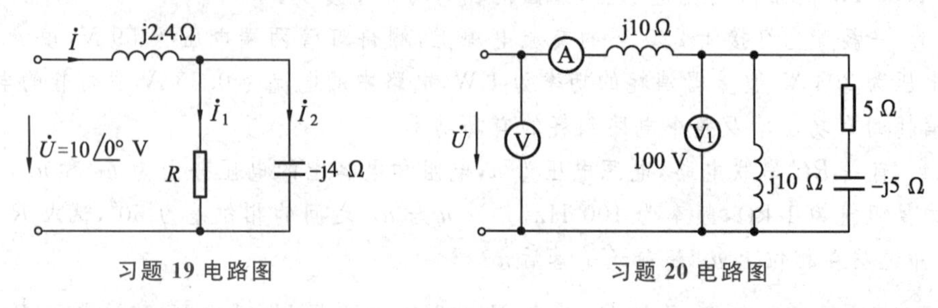

习题 19 电路图　　　　习题 20 电路图

21. 有一照明电路，已知电源电压为 220 V、50 Hz，容量为 6 kV·A，电路的功率因数 $\cos\varphi=0.88$，负载有白炽灯和日光灯，已知日光灯本身的功率因数为 0.5，计算日光灯和白炽灯各有多少瓦？

22. 在图示电路中，已知 $\dot{U}_2$ 超前 $\dot{U}_S$ 90°，且 $U_S=5$ V，$\omega=1000$ rad/s，求 R、L、C。

23. 在图示电路中，u 为一工频正弦电压，在未并电容之前，电压表的读数为 220 V，功率表的读数为 900 W，电流表 A 与 A_1 的读数均为 10 A。如果维持电源电压不变，试问：(1) 并联一个 $C=100\ \mu$F 的电容后，各电流表的读数是否变化？如有变化，则求其变化后的数值是多少？(2) 分别计算并联电容前后电路的功率因数。

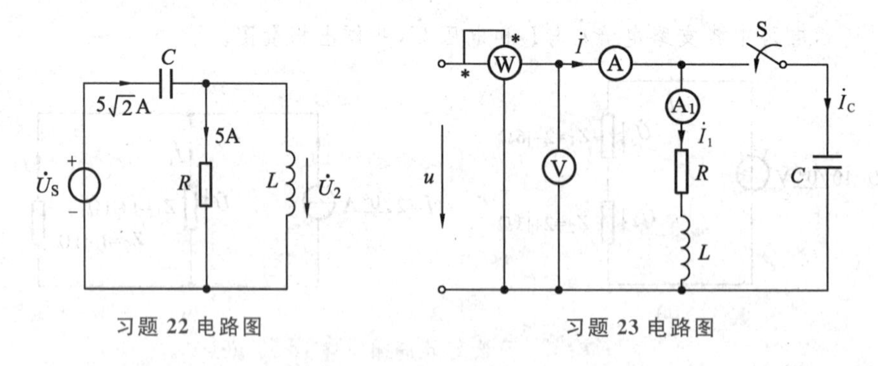

习题 22 电路图　　　　习题 23 电路图

*24. 在图示电路中，已知 $\dot{U}_S=10\underline{/0^\circ}$ V，$\dot{I}_S=0.1\underline{/0^\circ}$ A，两电源的频率均为50 Hz，试用叠加原理求 $\dot{I}_L$ 及 $\dot{U}_L$。

*25. 在图示电路中，已知 $u=220\sqrt{2}\sin(1000t-45^\circ)$ V，$R_1=100\ \Omega$，$R_2=200\ \Omega$，$L=0.1$ H，$Z=50+\mathrm{j}50\ \Omega$，$C=5\ \mu$F。用戴维南定理求 $\dot{I}$。

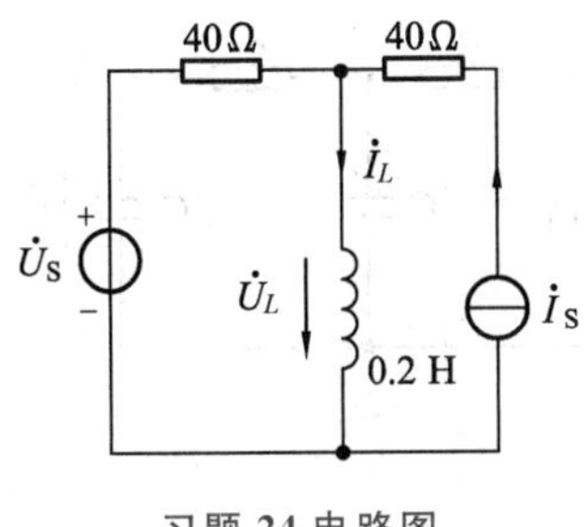

习题 24 电路图

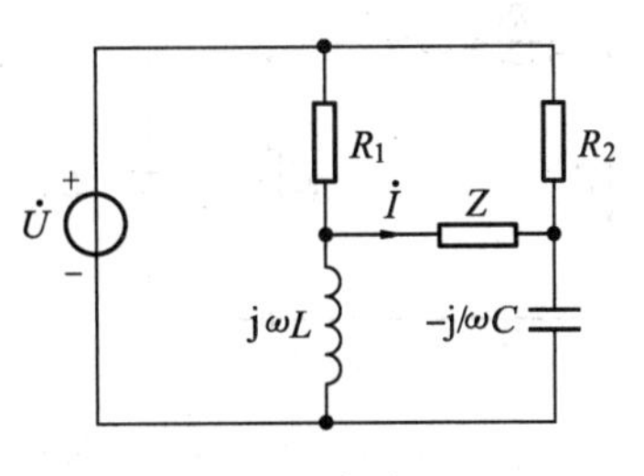

习题 25 电路图

26. 在图示电路中，已知 Z_1 和 Z_2 为某车间的两个单相负载，它们并接 $U=220$ V 的工频电源上，Z_1 的有功功率 $P_1=800$ W，$\cos\varphi_1=0.5$（感性），Z_2 的有功功率 $P_2=500$ W，$\cos\varphi_2=0.65$（感性）。试求：(1) 线路电流 $\dot{I}$；(2) 两个负载的总功率因数 $\cos\varphi$；(3) 欲使功率因数提高到 0.85，求并联电容 C 的值；(4) 并联电容后线路上的电流为多少？

27. 在图示电路中，已知 $\dot{U}=20\underline{/0^\circ}$ V，电路消耗的总功率 $P=34.64$ W，总功率因数 $\cos\varphi=0.866$（容性），$X_C=10\ \Omega$，$R_1=25\ \Omega$，试求 R_2 和 X_L 的值。

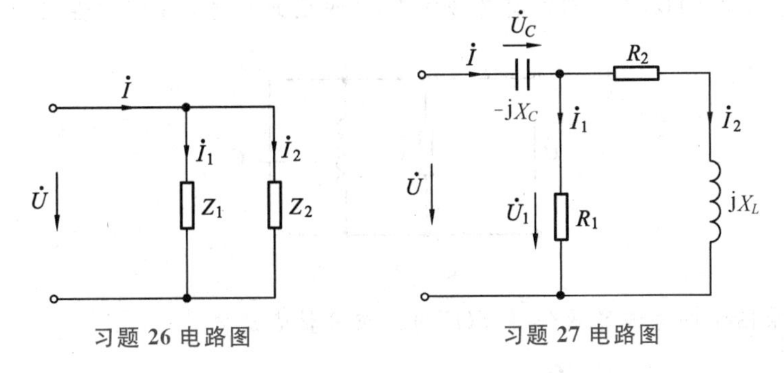

习题 26 电路图　　　　习题 27 电路图

28. 图示电路中，已知 $U=200$ V，$P=1500$ W，$f=50$ Hz，$R_1=R_2=R_3=R$，$I_1=I_2=I_3=I$，试求 I、R、L、C 各为多少？

29. 图示电路中，已知 $R=R_1=10\ \Omega$，$R_2=6\ \Omega$，$L_1=1$ mH，$C_1=10\ \mu$F，$C_2=12.5\ \mu$F，$i_2=\sqrt{2}\sin\omega t$ A。若 i_1 与 u_1 同相位，求电源的角频率、总电流的有效值 I、电源电压有效值 U 及电路的有功功率 P，并画出相量图。

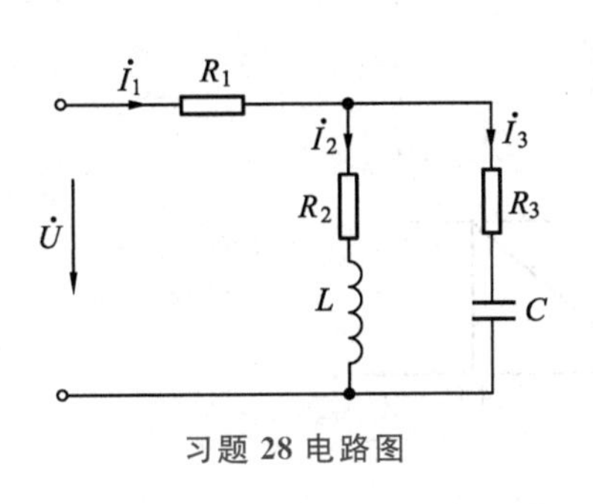

习题 28 电路图

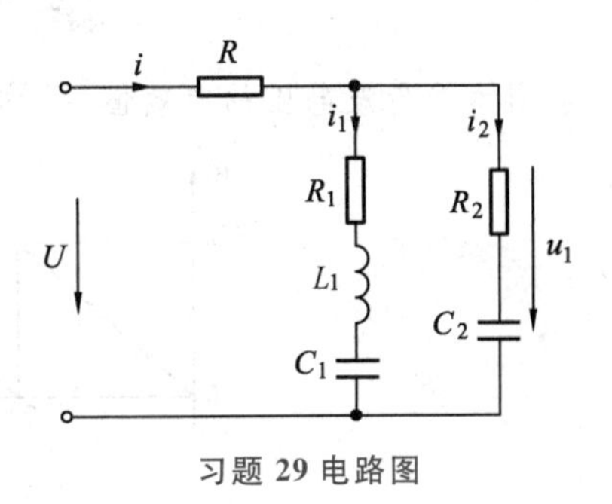

习题 29 电路图

30. 分别写出图示电路的传递函数。

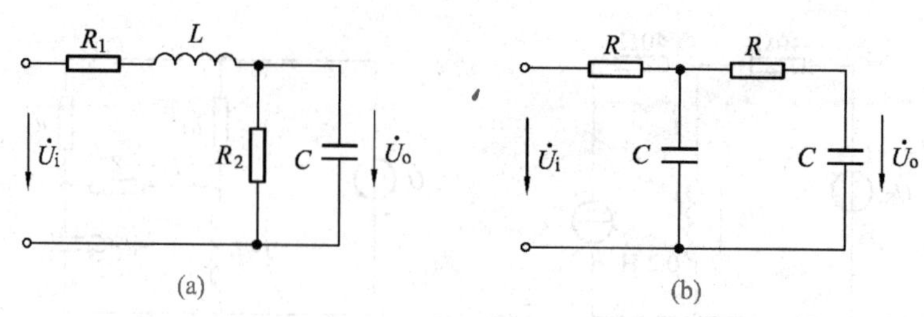

习题30电路图

31. 某收音机输入电路的电感约为0.3 mH，可变电容器的调节范围为25～360 pF。试问能否满足收听中波段535～1605 kHz的要求。

32. 有一RLC串联电路，它在电源频率$f=500$ Hz时发生谐振。谐振时电流I为0.2 A，容抗$X_C=314\ \Omega$，并测得电容电压U_C为电源电压的20倍。试求该电路的电阻R和电感L。

33. 在图示RLC并联电路中，已知$R=2.5\ \text{k}\Omega$，$C=2\ \mu\text{F}$，该电路在$f=1000$ Hz时发生谐振，且谐振电流$I=0.1$ A，试求：(1) 电感L；(2) 若R、L、C的值及电源电压的有效值不变，而频率变为500 Hz，求电路的有功功率P，并说明此时电路呈何种性质。

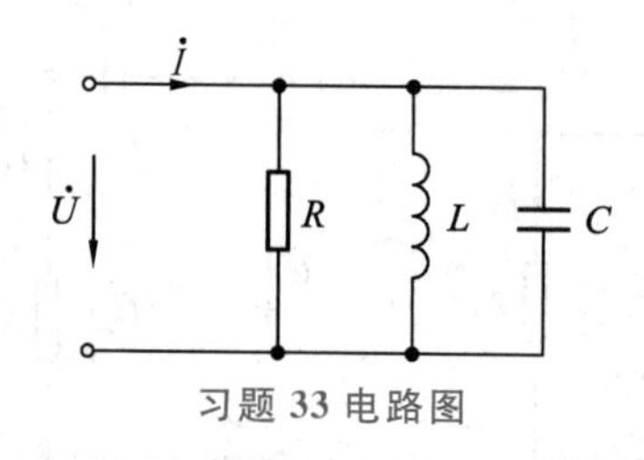

习题33电路图

34. 试求图示的全波整流信号$f(t)$的谐波分量表达式。

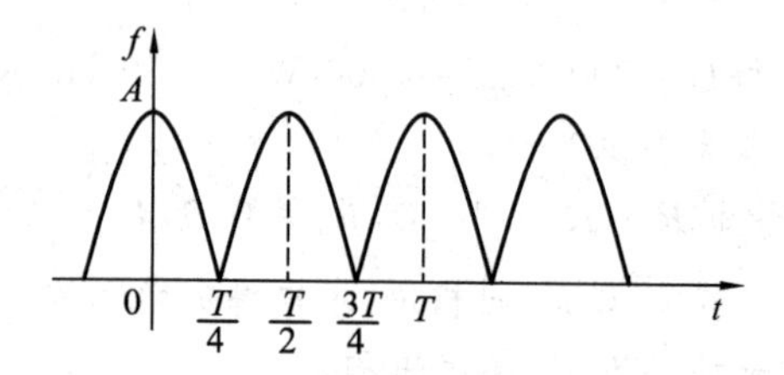

习题34的波形图

35. 求图示锯齿波电压的有效值、平均值。

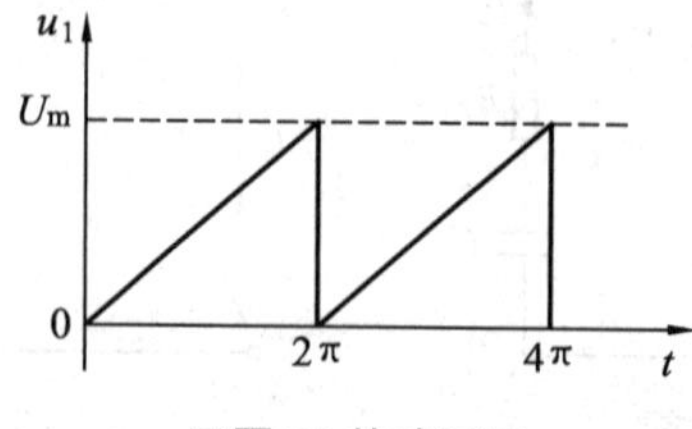

习题35的波形图

36. 已知一无源单端口网络的端口电压和电流为

$$u(t)=141\sin\left(\omega t-\frac{\pi}{4}\right)+84.6\ \sin 2\omega t+56.4\ \sin\left(3\omega t+\frac{\pi}{4}\right)\ \text{V}$$

$i(t)=10\sin\left(\omega t+\dfrac{\pi}{4}\right)+56\sin\left(2\omega t+\dfrac{\pi}{4}\right)+30.5\sin\left(3\omega t+\dfrac{\pi}{4}\right)$ A

试求：(1) 电压、电流的有效值；(2) 电压、电流的平均值；(3) 网络消耗的平均功率。

37. 在图示电路中，已知 $R=6\ \Omega$，$\omega L=4\ \Omega$，$\dfrac{1}{\omega C}=12\ \Omega$，$u=15+80\sin(\omega t+30°)+18\sin 3\omega t$ V，求电路中的电流和所消耗的功率。

38. 在图示电路中，已知 $R_1=50\ \Omega$，$R_2=10\ \Omega$，$X_L=\omega L=20\ \Omega$，$X_C=\dfrac{1}{\omega C}=15\ \Omega$，电压信号为 $u=10+141\sin\omega t+70.7\sin(3\omega t+30°)$ V，求各支路电流瞬时值及 R_1 支路的平均功率。

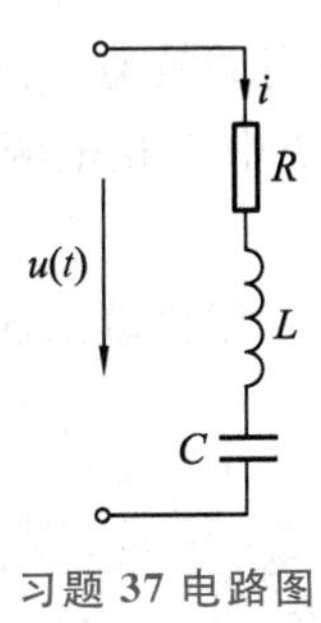

习题37电路图

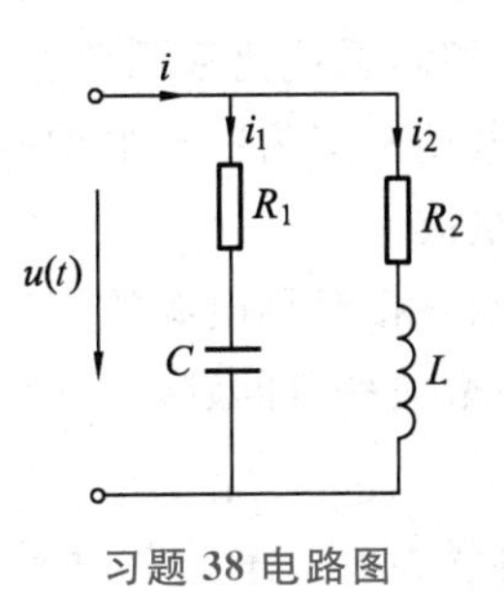

习题38电路图

第5章 三相电路

目前世界上大多数国家的电力系统均采用三相制系统(三相电力系统)，从发电、输电到配电，采用三相制系统比采用单相制系统能取得更高的效益。例如，工农业生产中大量使用的交流电动机多为三相电动机。三相电力系统由三相电源、三相负载和三相输电线路三部分组成。

本章主要讨论三相对称电源的产生及其连接方式，三相负载的连接方式，三相电路中电压、电流及功率关系等问题。

5.1 三相电源

5.1.1 三相电源

图5-1是三相交流发电机的原理图，发电机主要是由定子和转子两大部分组成。其中定子铁芯由硅钢片叠成，是固定不动的部分，其内表面冲有槽，槽中放置3个完全相同的三相绕组。三相绕组的首端分别用A、B、C表示，末端分别用X、Y、Z表示，在空间位置上首端与首端(末端与末端)之间彼此相隔120°。转子是发电机中可以转动的部分，是一直流电磁铁，即在转子铁芯上绕有线圈，用直流励磁，布置适当的励磁绕组，配以合适的极面形状，可使空气隙中产生的磁感应强度按正弦规律分布。

当原动机拖动转子以角速度ω顺时针方向旋转时，定子绕组依次被磁力线切割，在三相定子绕组中分别感应出幅值相等、频率相同的正弦电动势e_A、e_B、e_C。它们的参考方向均选为由末端(用⊗表示)指向首端(用⊙表示)，如图5-2所示。

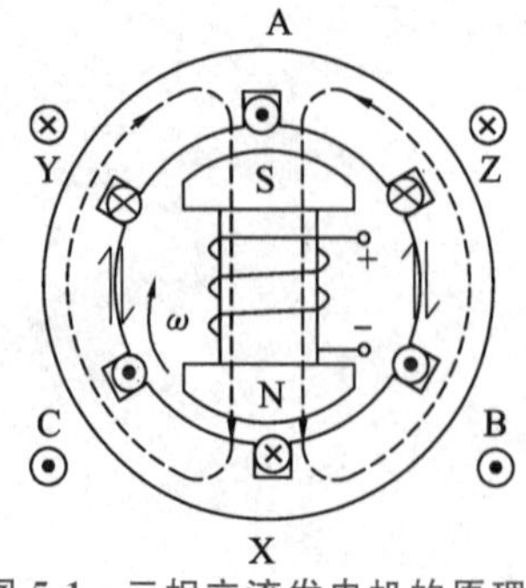

图5-1 三相交流发电机的原理图

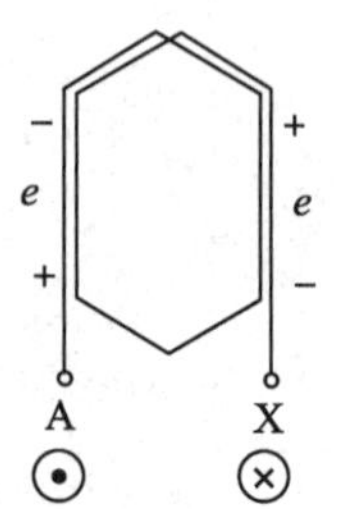

图5-2 A相绕组及其中的感应电动势

当磁极的轴线转到A处时，如图5-1所示，A相绕组的电动势达到正的幅值；经过120°后，磁极的轴线转到B处时，B相绕组的电动势达到正的幅值；再经过120°后，磁极的轴线转到C处，C相绕组的电动势达到正的幅值。以后又是A相、B相、C相……如此周而复始。所以e_A比e_B，e_B比e_C在相位上超前120°。以A相电动势作参考，三相电动势可表示为

$$\begin{cases} e_A = E_m \sin \omega t \\ e_B = E_m \sin (\omega t - 120°) \\ e_C = E_m \sin (\omega t + 120°) \end{cases}$$

用相量表示为

$$\begin{cases} \dot{E}_A = E\angle 0° \\ \dot{E}_B = E\angle -120° = E\left(-\frac{1}{2} - j\frac{\sqrt{3}}{2}\right) \\ \dot{E}_C = E\angle +120° = E\left(-\frac{1}{2} + j\frac{\sqrt{3}}{2}\right) \end{cases}$$

如果用正弦波形和相量图来表示，如图5-3所示。

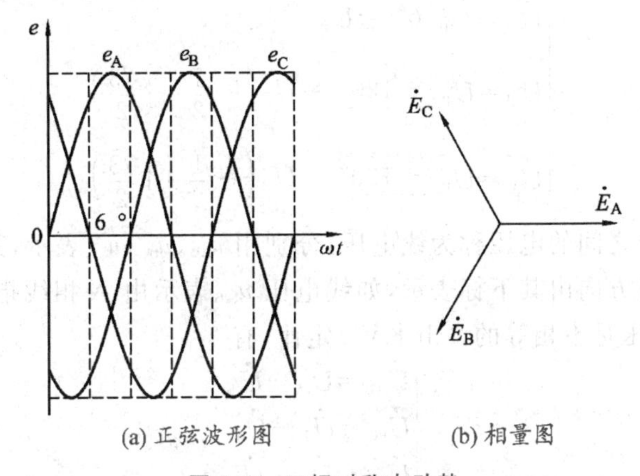

(a) 正弦波形图　　(b) 相量图

图5-3　三相对称电动势

通常把这三个“幅值相等、频率相同、相位互差120°”的电动势称为三相对称电动势。它们的特点为

$$e_A + e_B + e_C = 0$$

或

$$\dot{E}_A + \dot{E}_B + \dot{E}_C = 0$$

5.1.2 三相电源的相序

当磁极顺时针旋转时，三相对称电动势依次到达正幅值的先后次序称作相序。如图5-3a所示的正弦波形，相序为A—B—C—A（或B—C—A，C—A—B），称为正相序（或顺序）；若磁极逆时针旋转，相序为A—C—B—A（或C—B—A，B—A—C），称为负相序（或逆序）。

5.1.3 三相电源的星形连接

三相电源通常采用星形连接，亦称Y形连接，如图5-4所示。将三相绕组的末端连在一起，这个连接点称为电源中性点或零点，用N表示。从中性点引出一根导线称为中线(俗称零线)，从首端A、B、C引出的三根导线称为相线(俗称火线)。三相电源由三根相线和一根中线向外供电的系统称为三相四线制系统。

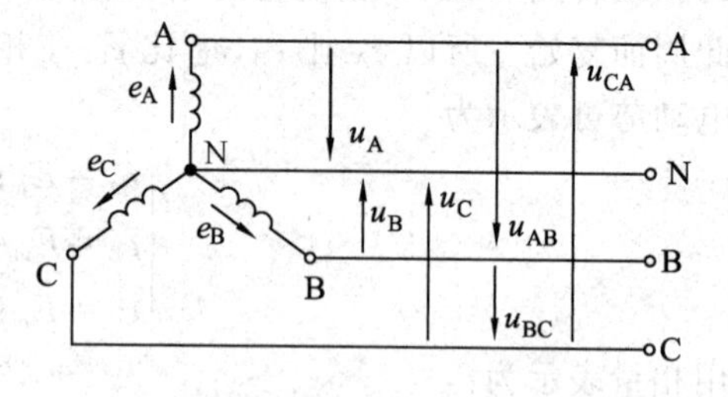

图5-4 三相电源的星形连接

每相绕组首端与末端的电压，即相线与中线之间的电压，称为相电压，分别用 u_A、u_B、u_C 表示，其有效值一般用 U_P 表示。相电压的参考方向均由相线指向中线。由于三相电源的内阻抗相等，而且内阻抗很小，其电压降与输出电压相比可以忽略不计，所以每相电源的相电压基本上等于每相的电动势。由于三相电动势对称，因此三个相电压也是对称的。以A相电压为参考，有

$$\begin{cases}\dot{U}_A=U_P\angle 0^\circ =U_P\\ \dot{U}_B=U_P\angle -120^\circ =U_P\left(-\frac{1}{2}-j\frac{\sqrt{3}}{2}\right)\\ \dot{U}_C=U_P\angle +120^\circ =U_P\left(-\frac{1}{2}+j\frac{\sqrt{3}}{2}\right)\end{cases} \tag{5-1}$$

任意两根相线之间的电压称为线电压，分别用 u_{AB}、u_{BC}、u_{CA} 表示，其有效值用 U_L 表示。线电压的参考方向由其下标表示，如线电压 u_{AB} 表示由A相线指向B相线。很显然，线电压与相电压是不相等的。由KVL定律，有

$$\begin{cases}\dot{U}_{AB}=\dot{U}_A-\dot{U}_B\\ \dot{U}_{BC}=\dot{U}_B-\dot{U}_C\\ \dot{U}_{CA}=\dot{U}_C-\dot{U}_A\end{cases}$$

将式(5-1)分别代入上面三个式子，有

$$\dot{U}_{AB}=U_P-U_P\left(-\frac{1}{2}-j\frac{\sqrt{3}}{2}\right)=\sqrt{3}U_P\angle 30^\circ$$

$$\dot{U}_{BC}=U_P\left(-\frac{1}{2}-j\frac{\sqrt{3}}{2}\right)-U_P\left(-\frac{1}{2}+j\frac{\sqrt{3}}{2}\right)=\sqrt{3}U_P\angle -90^\circ$$

$$\dot{U}_{CA}=U_P\left(-\frac{1}{2}+j\frac{\sqrt{3}}{2}\right)-U_P=\sqrt{3}U_P\angle 150^\circ$$

由此可见，三相电源的线电压也是对称的，其有效值是相电压的 $\sqrt{3}$ 倍，即 $U_L=\sqrt{3}U_P$，线电压的相位超前相应的相电压30°(如 $\dot{U}_{AB}$ 超前 $\dot{U}_A$ 30°)。

上述结论也可以由相量图得出，图5-5所示为相电压和线电压的相量图，运用平行四边形法则，可知线电压在相位上超前相应的相电压30°，大小关系为

$$\frac{1}{2}U_L=U_P\cos 30^\circ=\frac{\sqrt{3}}{2}U_P$$

即 $$U_L=\sqrt{3}U_P$$

综上所述，当三相电源星形连接并且采用三相四线制系统供电时，可得到两组对称的电压：一组对称的相电压和一组对称的线电压。在我国，通常低压配电系统采用三相四线制，相电压为 220 V，线电压为 380 V。

当然，有时星形连接的三相电源不一定都引出中线（称为三相三线制），有关这一点将在后面的内容中作相应的介绍。

如果把三相电源的绕组按首末端依次接成一个回路，再从三个连接点引出三根导线，如图 5-6 所示，就称为三相电源的三角形连接，亦称为△形连接，其特点是线电压等于相电压。三角形连接的电源不能引出中线。

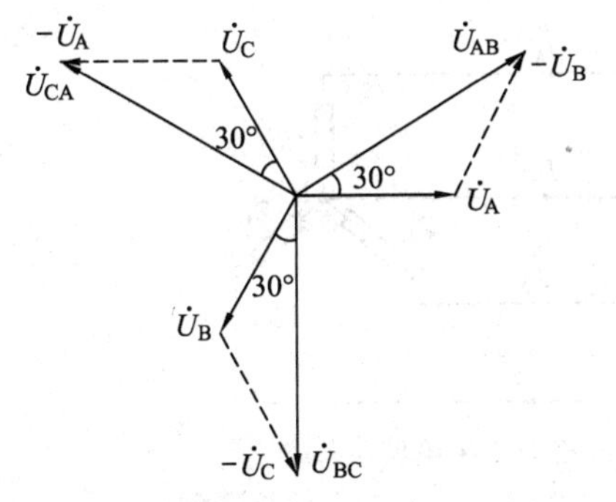

图 5-5 三相电源 Y 连接时相电压和线电压的相量图

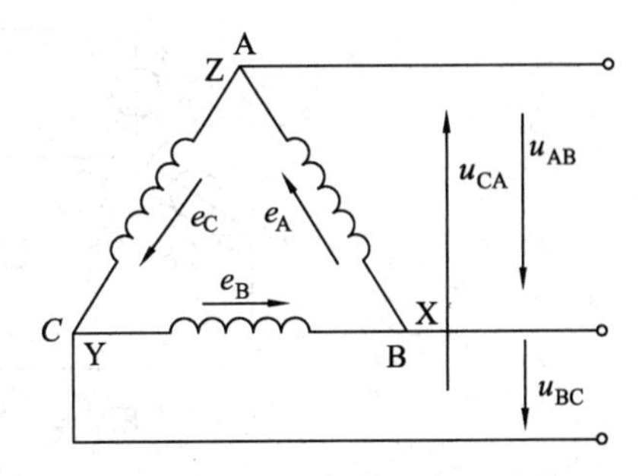

图 5-6 三相电源的三角形连接

练习与思考

1. 欲将发电机的三相绕组连接成星形时，如果误将 X、B、Z 连接成中性点，是否也可以产生对称的三相电动势？
2. 当发电机的三相绕组接成星形时，设电源线电压 $u_{BC}=380\sqrt{2}\sin(\omega t-30°)$ V，试写出其他两个线电压和三个相电压的瞬时表达式。
3. 某对称三相电源接为星形，已知 $\dot{U}_{AB}=380\angle 15°$ V，当 $t=15$ s 时，三个线电压之和为（　　）。

A. 380 V　　B. 0 V　　C. 220 V　　D. 660 V

5.2 负载星形连接的三相电路

三相电力系统中的三相负载通常由三个部分组成，其中每一部分称为一相负载。与三相电源一样，三相负载也有星形和三角形两种连接方式，具体连接方式视负载的额定电压与电源的线电压之间的关系来确定。本节介绍的是负载星形连接情况下的电压与电流关系。

三相四线制电路如图 5-7 所示，设其线电压为 380 V。照明负载（单相负载）的额定电压为 220 V，因此只能接在相线与中线之间，而大量使用的照明负载不能集中接在一相电源上，通常是将它们尽量均匀地分配在三相中，如图 5-7 所示。负载的这种连接方法称为星形连接。该电路还可用图 5-8 所示的电路表示。生产中广泛使用的某些三相异步电动机也为星形连接。

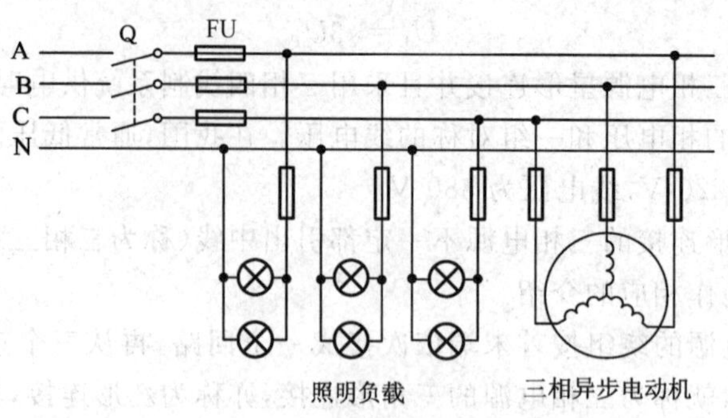

图 5-7　三相四线制电路

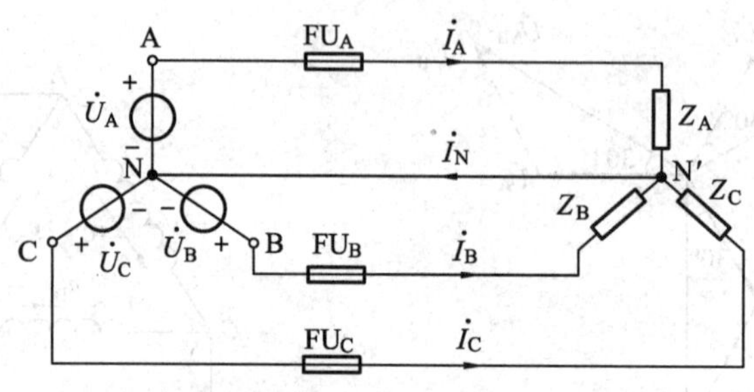

图 5-8　负载星形连接的三相电路

三相电路中的电流分为相电流和线电流两种。相电流是指流过每相负载的电流(如$\dot{I}_A$、$\dot{I}_B$、$\dot{I}_C$)，有效值用 I_P 表示；线电流是指流过每根相线的电流，其有效值用 I_L 表示。显然，在负载星形连接的三相电路中有

$$I_P = I_L$$

以电源相电压 $\dot{U}_A$ 为参考相量，则

$$\dot{U}_A = U_P\angle 0^\circ \qquad \dot{U}_B = U_P\angle -120^\circ \qquad \dot{U}_C = U_P\angle 120^\circ$$

5.2.1 一般负载星形连接的三相电路

由图 5-8 可以看出，每相负载的电压就等于电源的相电压，每相负载中流过的电流为

$$\begin{aligned}
\dot{I}_A &= \frac{\dot{U}_A}{Z_A} = \frac{U_P\angle 0^\circ}{|Z_A|\angle\varphi_A} = I_A\angle -\varphi_A \\
\dot{I}_B &= \frac{\dot{U}_B}{Z_B} = \frac{U_P\angle -120^\circ}{|Z_B|\angle\varphi_B} = I_B\angle -120^\circ-\varphi_B \\
\dot{I}_C &= \frac{\dot{U}_C}{Z_C} = \frac{U_P\angle 120^\circ}{|Z_C|\angle\varphi_C} = I_C\angle 120^\circ-\varphi_C
\end{aligned} \tag{5-2}$$

式(5-2)中，每相负载电流的有效值分别为

$$I_A = \frac{U_P}{|Z_A|} \qquad I_B = \frac{U_P}{|Z_B|} \qquad I_C = \frac{U_P}{|Z_C|}$$

各相负载的电压与电流之间的相位差(即各相负载的阻抗角)为

$$\varphi_A = \arctan\frac{X_A}{R_A} \quad \varphi_B = \arctan\frac{X_B}{R_B} \quad \varphi_C = \arctan\frac{X_C}{R_C}$$

由 KCL 定律求得中线电流为

$$\dot{I}_N = \dot{I}_A + \dot{I}_B + \dot{I}_C$$

5.2.2 对称负载星形连接的三相电路

对称负载是指各相负载的复阻抗相等，即

$$Z_A = Z_B = Z_C = Z$$

或
$$|Z_A| = |Z_B| = |Z_C| = |Z| \text{且} \varphi_A = \varphi_B = \varphi_C = \varphi$$

则三相电流为

$$\begin{cases} \dot{I}_A = \dfrac{\dot{U}_A}{Z} = \dfrac{U_P\angle 0^\circ}{|Z|\angle\varphi} = I_P\angle -\varphi \\ \dot{I}_B = \dfrac{\dot{U}_B}{Z} = \dfrac{U_P\angle -120^\circ}{|Z|\angle\varphi} = I_P\angle -120^\circ - \varphi \\ \dot{I}_C = \dfrac{\dot{U}_C}{Z} = \dfrac{U_P\angle 120^\circ}{|Z|\angle\varphi} = I_P\angle 120^\circ - \varphi \end{cases} \tag{5-3}$$

其中

$$I_P = \frac{U_P}{|Z|}$$

由式(5-3)可见，当三相负载对称时，三相电流也是对称的，即三相电流的有效值相等，频率相同，相位互差120°，相量图如图5-9所示。这时电路的计算可简化为一相来计算，即只要计算其中某一相(如A相)的电流，其他两相的电流可由对称性直接写出。中线电流为

$$\dot{I}_N = \dot{I}_A + \dot{I}_B + \dot{I}_C = 0$$

既然中线的电流为零，在对称负载情况下一般就不需要中线，如后面介绍的三相异步电动机就是典型的三相对称负载，工作时不需要接中线，如图5-7中所示。

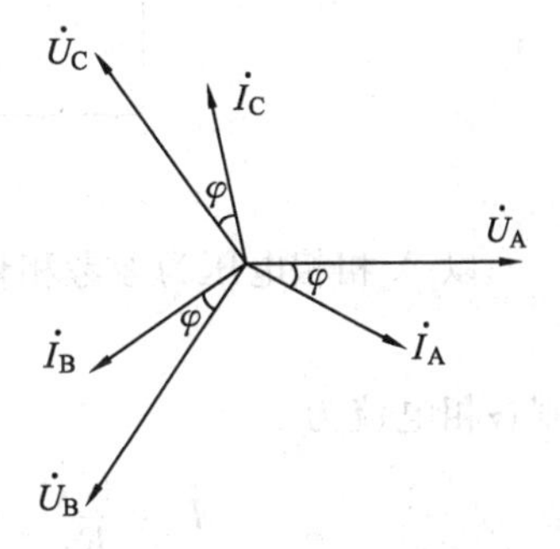

图5-9 对称负载星形连接时电压和电流的相量图

【例5-1】 三相对称电源 $u_{AB} = 380\sqrt{2}\sin\omega t$ V，有一组三相对称负载星形连接，每相负载的电阻 $R = 8\ \Omega$，感抗 $X_L = 6\ \Omega$。试求各相负载电流的瞬时表达式。

解 由于负载对称，故可归为一相计算。

已知条件 $U_L = 380$ V，则相电压为

$$U_P = \frac{U_L}{\sqrt{3}} = 220 \text{ V}$$

A相电压的相量式为

$$\dot{U}_A = 220\angle -30^\circ \text{ V}$$

由
$$Z = 8 + j6 = 10\angle 37^\circ\ \Omega$$

得
$$\dot{I}_A=\frac{\dot{U}_A}{Z}=\frac{220\angle -30^\circ}{10\angle 37^\circ}=22\angle -67^\circ\ \text{A}$$

$$i_A=22\sqrt{2}\sin(\omega t-67^\circ)\ \text{A}$$

由对称性得
$$i_B=22\sqrt{2}\sin(\omega t+173^\circ)\ \text{A}$$

$$i_C=22\sqrt{2}\sin(\omega t+53^\circ)\ \text{A}$$

【例 5-2】 根据例 5-2 图示三相电路，求负载的相电压、相电流和中线电流。已知电源电压对称，且线电压 $U_L=380$ V，负载为电灯组，其额定电压为 220 V，各相电阻为 $R_A=5\ \Omega$，$R_B=20\ \Omega$，$R_C=10\ \Omega$。

解　尽管在本题中，三相负载不对称，但由于有中线，若忽略导线压降，则负载的相电压就等于电源线电压的 $\frac{1}{\sqrt{3}}$，也是对称的，其有效值为 220V，即电灯的额定电压。

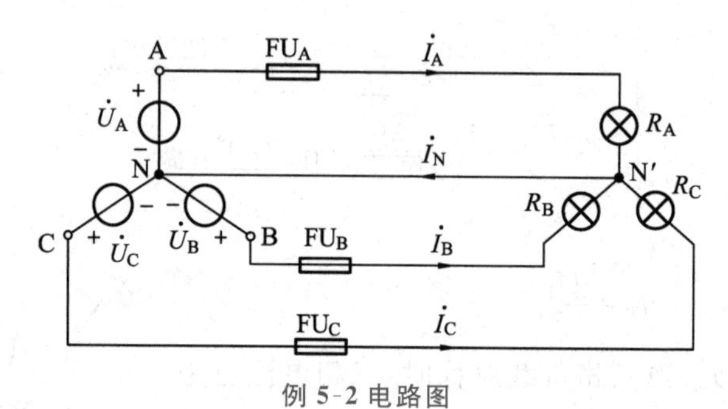

例 5-2 电路图

以 A 相相电压为参考相量，即
$$\dot{U}_A=220\angle 0^\circ\ \text{V}$$

则各相电流为
$$\dot{I}_A=\frac{\dot{U}_A}{R_A}=\frac{220\angle 0^\circ}{5}=44\angle 0^\circ\ \text{A}$$

$$\dot{I}_B=\frac{\dot{U}_B}{R_B}=\frac{220\angle -120^\circ}{20}=11\angle -120^\circ\ \text{A}$$

$$\dot{I}_C=\frac{\dot{U}_C}{R_C}=\frac{220\angle 120^\circ}{10}=22\angle 120^\circ\ \text{A}$$

$$\dot{I}_N=\dot{I}_A+\dot{I}_B+\dot{I}_C=44\angle 0^\circ+11\angle -120^\circ+22\angle 120^\circ$$
$$=29.1\angle 19.1^\circ\ \text{A}$$

由此可见，当三相负载不对称时，中线的电流不等于零。此时，中线的作用是使不对称三相负载仍然得到对称电压（即它们的额定电压），以保证负载的正常工作。

【例 5-3】 对上例电路进行事故分析：(1) A 相负载断路或短路；(2) 中线断开；(3) 中线断开后，A 相断路或短路。

解　(1) A 相负载断路，电路如例 5-3 图 a 所示，$I_A=0$，即 A 相负载不工作，而 B、C 两相负载照常工作。

A 相负载短路，电路如例 5-3 图 b 所示，这时 A 相线中将流过很大的短路电流，将熔断器 FU_A 熔断。由于中线的存在，B、C 两相负载不受 A 相短路事故的影响，仍能正常工作。

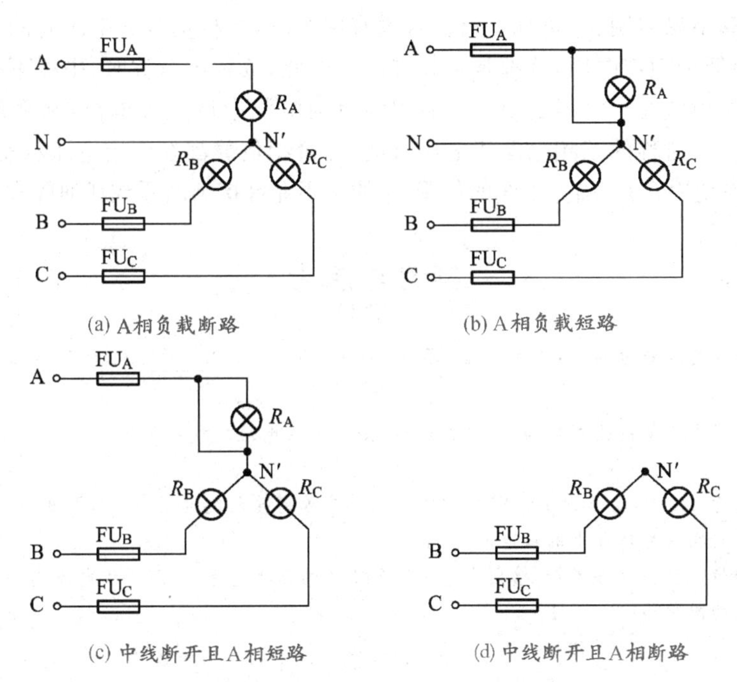

例 5-3 解用图

(2) 中线断开，由于负载不对称，中线的断开使得负载中性点和电源中性点之间的电位不再相等，可运用弥尔曼定理求出两中性点之间的电位差为

$$\dot{U}_{N'N}=\frac{\dfrac{\dot{U}_A}{R_A}+\dfrac{\dot{U}_B}{R_B}+\dfrac{\dot{U}_C}{R_C}}{\dfrac{1}{R_A}+\dfrac{1}{R_B}+\dfrac{1}{R_C}}=\frac{29.1\angle 19.1^\circ}{\dfrac{1}{5}+\dfrac{1}{20}+\dfrac{1}{10}}=85.14\angle 19.1^\circ\ \text{V}$$

由基尔霍夫电压定律求出各相负载的相电压为

$$\dot{U}_{AN'}=\dot{U}_A-\dot{U}_{N'N}=144\angle 10.9^\circ\ \text{V}$$
$$\dot{U}_{BN'}=\dot{U}_B-\dot{U}_{N'N}=288\angle -131.8^\circ\ \text{V}$$
$$\dot{U}_{CN'}=\dot{U}_C-\dot{U}_{N'N}=249\angle 139.1^\circ\ \text{V}$$

由上述计算结果看出：此时各相负载的电压已不再等于负载的额定电压。A 相电灯承受的实际电压为 144 V，小于其额定电压，因此不能正常工作；而 B 相电灯和 C 相电灯承受的电压分别为 288 V 与 249 V，都超过了它们的额定电压，电灯将损坏，也不能正常工作。

(3) 中线断开且 A 相短路时电路如例 5-3 图 c 所示，这时 A 相负载不工作，但 B、C 相电灯均承受电源的线电压 380 V，大大超过了它们的额定电压，电灯很快被烧坏。

中线断开且 A 相线断路时电路如例 5-3 图 d 所示，则 B 相和 C 相电灯串联起来承受 380 V 线电压，B 相和 C 相各自承受的电压为

$$U_{R_B}=\frac{U_{BC}}{R_B+R_C}\times R_B=\frac{380}{20+10}\times 20\approx 253.3\ \text{V}>220\ \text{V}$$

$$U_{R_C}=U_{BC}-U_{R_B}=380-253.3=126.7\ \text{V}<220\ \text{V}$$

B相电灯的电压高于其额定电压，C相电灯的电压低于其额定电压，两相电灯均不能正常工作。

上述计算结果表明：当负载不对称且没有中线时，各相负载的电压有的会高于额定电压，有的会低于额定电压，这都是不允许的。因此，负载不对称时，中线不能省掉。

中线的作用就在于它强制使得负载中性点与电源中性点等电位，从而使得不对称的三相负载获得对称的三相电源相电压，以保证每相负载都在额定电压状态下工作。

在照明系统中，为了确保中线的作用，中线上不允许接熔断器或任何隔离开关。

练习与思考

1. 若三相负载的复阻抗分别为：$Z_1=10\ \Omega$，$Z_2=10\angle 60^\circ\ \Omega$，$Z_3=10\angle -60^\circ\ \Omega$，此三相负载是否对称？为什么？
2. 不对称负载星形连接的三相电路，若中线断开，则三个相电流之和不为零，即$\dot{I}_A+\dot{I}_B+\dot{I}_C\neq 0$，对吗？为什么？
3. 有额定电压为220 V，功率为100 W的电灯30盏，应如何接入线电压为380 V的三相四线制电路中？计算负载在对称情况下的线电流。
4. 一台三相异步电动机星形连接，接到线电压为380 V的三相电源上，测得线电流$I_L=10$ A，则电动机每相绕组的阻抗为(　　)Ω。

   A. 38　　B. 22　　C. 66　　D. 11

5.3 负载三角形连接的三相电路

图5-10所示的是负载三角形连接的三相电路，由于各相负载都直接接在两根相线之间，所以负载的相电压就等于电源的线电压，而且，不论负载对称与否，其相电压都是对称的，即$U_L=U_P$，而相电流与线电流是不相等的。

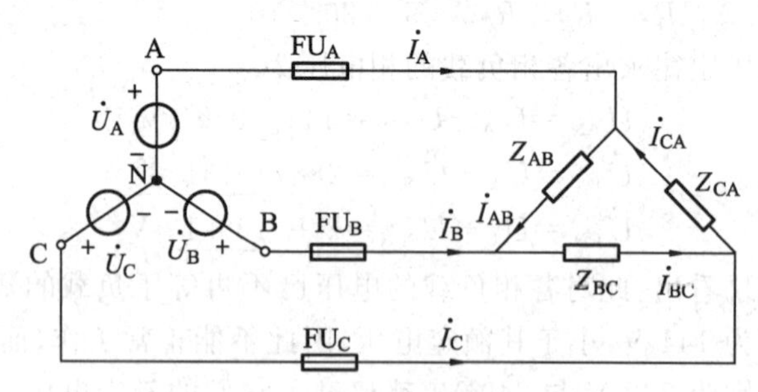

图5-10　负载三角形连接的三相电路

以线电压$\dot{U}_{AB}$为参考相量，则

$$\dot{U}_{AB}=U_L\angle 0^\circ\quad \dot{U}_{BC}=U_L\angle -120^\circ\quad \dot{U}_{CA}=U_L\angle 120^\circ$$

5.3.1 一般负载三角形连接的三相电路

一般负载三角形连接的三相电路，各相的相电流分别为

$$\dot{I}_{AB}=\frac{\dot{U}_{AB}}{Z_{AB}}=\frac{U_L\angle 0^\circ}{|Z_{AB}|\angle\varphi_{AB}}=I_{AB}\angle -\varphi_{AB}$$

$$\dot{I}_{BC}=\frac{\dot{U}_{BC}}{Z_{BC}}=\frac{U_L\angle -120^\circ}{|Z_{BC}|\angle\varphi_{BC}}=I_{BC}\angle -120^\circ-\varphi_{BC}$$

$$\dot{I}_{CA}=\frac{\dot{U}_{CA}}{Z_{CA}}=\frac{U_L\angle 120^\circ}{|Z_{CA}|\angle\varphi_{CA}}=I_{CA}\angle 120^\circ-\varphi_{CA}$$

各相线的线电流为

$$\dot{I}_A=\dot{I}_{AB}-\dot{I}_{CA}$$
$$\dot{I}_B=\dot{I}_{BC}-\dot{I}_{AB}$$
$$\dot{I}_C=\dot{I}_{CA}-\dot{I}_{BC}$$

5.3.2 对称负载三角形连接的三相电路

当三相负载对称时，$|Z_{AB}|=|Z_{BC}|=|Z_{CA}|=|Z|$，且 $\varphi_{AB}=\varphi_{BC}=\varphi_{CA}=\varphi$。各相电流为

$$\dot{I}_{AB}=\frac{\dot{U}_{AB}}{Z_{AB}}=\frac{U_L\angle 0^\circ}{|Z|\angle\varphi}=I_P\angle -\varphi$$

$$\dot{I}_{BC}=\frac{\dot{U}_{BC}}{Z_{BC}}=\frac{U_L\angle -120^\circ}{|Z|\angle\varphi}=I_P\angle -120^\circ-\varphi$$

$$\dot{I}_{CA}=\frac{\dot{U}_{CA}}{Z_{CA}}=\frac{U_L\angle 120^\circ}{|Z|\angle\varphi}=I_P\angle 120^\circ-\varphi$$

式中

$$I_P=\frac{U_L}{|Z|}$$

显然三相负载的相电流也是对称的。

图 5-11 为对称负载三角形连接时的三个相电流的相量图，同时运用平行四边形法则，画出三个线电流的相量图，显然线电流也对称，在相位上线电流滞后相应的相电流 30°(如 $\dot{I}_A$ 滞后 $\dot{I}_{AB}$ 30°)。大小关系也可从相量图得出，即

$$I_L=\sqrt{3}I_P$$

同理，对称三相负载三角形连接的三相电路，也可以归为一相计算，先求出某一相的相电流，其他两相的相电流及三个线电流均可利用对称性及线电流与相电流的关系直接得出。

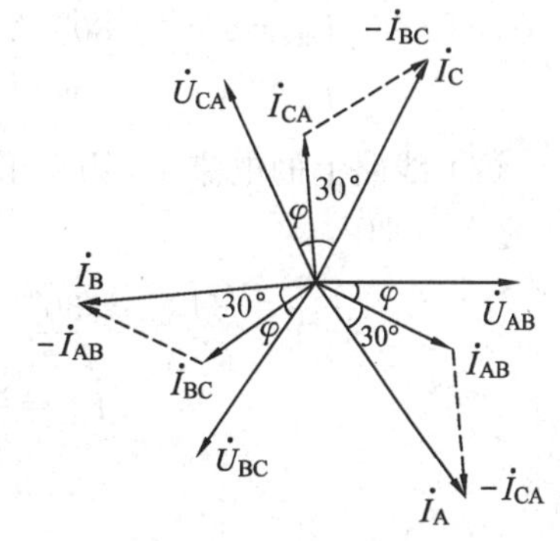

图 5-11 对称负载三角形连接时电压和电流的相量图

【例 5-4】 在例 5-4 图示的三相电路中，电源的线电压为 380 V，星形接法的负载阻抗 $Z_2=22\angle -30^\circ\ \Omega$，三角形连接的负载阻抗 $Z_1=38\angle 60^\circ\ \Omega$。求：(1) 星形连接负载的相电压$\dot{U}_A$、$\dot{U}_B$、$\dot{U}_C$；(2) 三角形连接负载的相电流$\dot{I}_{AB}$、$\dot{I}_{BC}$、$\dot{I}_{CA}$；(3) 线路上的电流$\dot{I}_A$。

解　设$\dot{U}_{AB}=380\angle 0^\circ$ V。

(1) 由于星形连接的三相负载对称，则各相负载的相电压为

$$\dot{U}_A=\frac{\dot{U}_{AB}}{\sqrt{3}}\angle -30^\circ=220\angle -30^\circ\ \text{V}$$

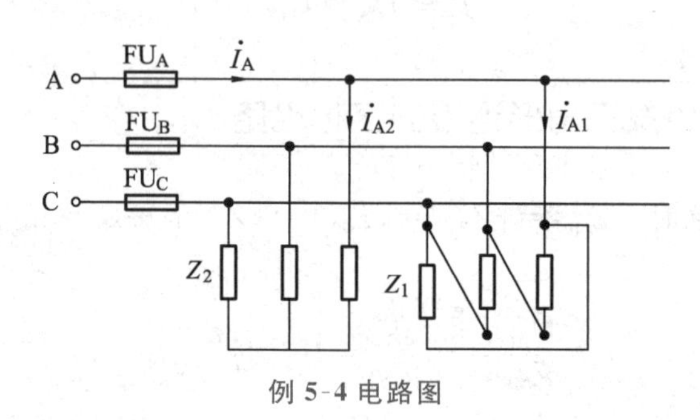

例 5-4 电路图

$$\dot{U}_B=220\angle -150^\circ\ \text{V}$$

$$\dot{U}_C=220\angle 90^\circ\ \text{V}$$

(2) 三角形连接负载的相电流为

$$\dot{I}_{AB}=\frac{\dot{U}_{AB}}{Z_1}=\frac{380\angle 0^\circ}{38\angle 60^\circ}=10\angle -60^\circ\ \text{A}$$

由于三相负载对称，则另外两相的相电流为

$$\dot{I}_{BC}=10\angle -180^\circ\ \text{A}$$

$$\dot{I}_{CA}=10\angle 60^\circ\ \text{A}$$

(3) 线路上的电流 $\dot{I}_A$ 为星形连接负载的线电流 $\dot{I}_{A2}$与三角形连接负载的线电流$\dot{I}_{A1}$之和。即

$$\dot{I}_{A1}=\sqrt{3}\dot{I}_{AB}\angle -30^\circ=\sqrt{3}\times 10\angle -60^\circ-30^\circ=10\sqrt{3}\angle -90^\circ\ \text{A}$$

$$\dot{I}_{A2}=\frac{\dot{U}_A}{Z_2}=\frac{220\angle -30^\circ}{22\angle -30^\circ}=10\angle 0^\circ\ \text{A}$$

所以

$$\dot{I}_A=\dot{I}_{A1}+\dot{I}_{A2}=10\angle 0^\circ+10\sqrt{3}\angle -90^\circ=10-\text{j}10\sqrt{3}=20\angle -60^\circ\ \text{A}$$

【例 5-5】 在例 5-5 图示的三相电路中，已知三相对称电源的线电压为 380 V，$Z_1=(16+\text{j}12)\ \Omega$，$Z_2=(8-\text{j}6)\ \Omega$。试求线路上的总电流$\dot{I}_A$、$\dot{I}_B$、$\dot{I}_C$。

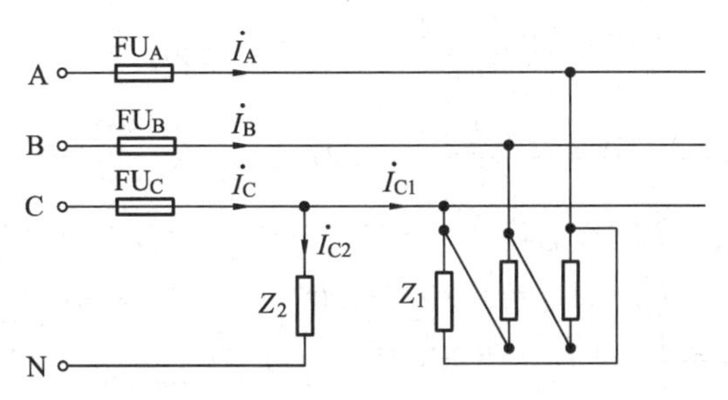

例 5-5 电路图

解　将所有负载分解为两组负载，一组为三角形连接的对称负载 Z_1，另一组为单相负载 Z_2。$\dot{I}_A$、$\dot{I}_B$、$\dot{I}_{C1}$分别为对称负载的三个线电流，而线电流$\dot{I}_C$为单相负载的相电流$\dot{I}_{C2}$与三相负载的线电流$\dot{I}_{C1}$之和。

设电源的线电压$\dot{U}_{AB}=380\angle 0°$ V，则$\dot{U}_C=220\angle 90°$ V。

三相对称负载的相电流为

$$\dot{I}_{AB}=\frac{\dot{U}_{AB}}{Z_1}=\frac{380\angle 0°}{16+j12}=\frac{380\angle 0°}{20\angle 37°}=19\angle -37° \text{ A}$$

线电流　$\dot{I}_A=\sqrt{3}\dot{I}_{AB}\angle -30°=\sqrt{3}\times 19\angle -37°-30°=19\sqrt{3}\angle -67°$ A

由于三相负载对称，所以　$\dot{I}_B=19\sqrt{3}\angle 173°$ A

$$\dot{I}_{C1}=19\sqrt{3}\angle 53° \text{ A}$$

单相负载的相电流为

$$\dot{I}_{C2}=\frac{\dot{U}_C}{Z_2}=\frac{220\angle 90°}{8-j6}=\frac{220\angle 90°}{10\angle -37°}=22\angle 127° \text{ A}$$

C 相线的总电流为

$$\dot{I}_C=\dot{I}_{C1}+\dot{I}_{C2}=19\sqrt{3}\angle 53°+22\angle 127°=40.4\angle 80.7° \text{ A}$$

【例 5-6】　设有额定功率 $P_N=100$ W，额定电压 $U_N=220$ V 的白炽灯共 14 盏，三角形连接，接在线电压为 220 V 的三相电源上，若 A、B 相线间接 6 盏，B、C 相线间接 3 盏，C、A 相线间接 5 盏，试求各相电流和线电流。

解　由于各相所接白炽灯数量不同，所以三相负载不对称。

设　$\dot{U}_{AB}=220\angle 0°$ V

每盏电灯的电阻　$R=\frac{U_N^2}{P_N}=\frac{(220)^2}{100}\approx 484\ \Omega$

则 A、B 相线之间的等效电阻　$R_{AB}=\frac{R}{6}=\frac{484}{6}\approx 80.7\ \Omega$

B、C 相线之间的等效电阻　$R_{BC}=\frac{R}{3}=\frac{484}{3}\approx 161\ \Omega$

C、A 相线之间的等效电阻　$R_{CA}=\frac{R}{5}=\frac{484}{5}\approx 97\ \Omega$

相电流　$\dot{I}_{AB}=\frac{\dot{U}_{AB}}{R_{AB}}=\frac{220\angle 0°}{80.7}\approx 2.73$ A

$$\dot{I}_{BC}=\frac{\dot{U}_{BC}}{R_{BC}}=\frac{220\underline{/-120^\circ}}{161}\approx 1.37\underline{/-120^\circ}\ \text{A}$$

$$\dot{I}_{CA}=\frac{\dot{U}_{CA}}{R_{CA}}=\frac{220\underline{/120^\circ}}{97}\approx 2.27\underline{/120^\circ}\ \text{A}$$

线电流
$$\dot{I}_A=\dot{I}_{AB}-\dot{I}_{CA}=2.73-2.27\underline{/120^\circ}=4.35\underline{/-27^\circ}\ \text{A}$$
$$\dot{I}_B=\dot{I}_{BC}-\dot{I}_{AB}=1.37\underline{/-120^\circ}-2.73=3.61\underline{/-161^\circ}\ \text{A}$$
$$\dot{I}_C=\dot{I}_{CA}-\dot{I}_{BC}=2.27\underline{/120^\circ}-1.37\underline{/-120^\circ}=3.19\underline{/98^\circ}\ \text{A}$$

5.3.3 三相负载的连接原则

以上分析了三相负载星形连接及三角形连接的三相电路，那么，日常生活及生产实际中三相负载的连接到底应根据什么原则来确定，是采用星形连接还是三角形连接？

三相负载的连接原则是：应使负载实际承受的电压等于其额定电压。我国的低压配电系统普遍采用三相四线制供电，它提供的相电压为 220 V，线电压为 380 V。当三相负载的额定电压等于电源的相电压时，负载采用星形连接（如图 5-8）。当三相负载的额定电压等于电源的线电压时，负载采用三角形连接（如图 5-10）。

星形连接的三相负载若是对称的，可以不要中线；若三相负载不对称，必须接有中线，以保证各相负载的电压等于其额定电压。

练习与思考

1. 某三相异步电动机的额定电压为 380/220 V，在什么情况下需接成星形或三角形？
2. 在三相电路中，什么情况下 $U_L=\sqrt{3}U_P$？什么情况下 $I_L=\sqrt{3}I_P$？
3. 一对称三相负载接入三相交流电源后，其相电压等于电源的线电压，则该三相负载是（　　）连接法？

   A. 三角形　　　　B. 星形
4. 一台变压器的三相绕组星形连接，每相额定电压 220 V。出厂时 $U_A=U_B=U_C=220$ V，但线电压却为 $U_{BC}=U_{CA}=220$ V，$U_{AB}=380$ V，这种现象是由于（　　）。

   A. A 相绕组头尾接反　　　　B. B 相绕组头尾接反　　　　C. C 相绕组头尾接反

5.4 三相电路的功率

5.4.1 三相电路的功率

1. 有功功率（平均功率）

不管三相负载对称与否，负载是星形连接还是三角形连接，三相负载吸收的总有功功率都等于各相负载吸收的有功功率之和。以三相负载星形连接的电路为例，则

$$P=P_A+P_B+P_C=U_AI_A\cos\varphi_A+U_BI_B\cos\varphi_B+U_CI_C\cos\varphi_C \tag{5-4}$$

式中，φ_A、φ_B、φ_C 分别是各相相电压与相电流之间的相位差（也即各相负载的阻

抗角)。

在对称负载的三相电路中,各相负载吸收的有功功率相等,则总有功功率为

$$P=3U_{P}I_{P}\cos\varphi \tag{5-5}$$

当负载星形连接时,$U_{L}=\sqrt{3}U_{P}$,$I_{L}=I_{P}$;当负载三角形连接时,$U_{L}=U_{P}$,$I_{L}=\sqrt{3}I_{P}$。因此,将这两种关系式分别代入上式,均有

$$P=\sqrt{3}U_{L}I_{L}\cos\varphi \tag{5-6}$$

注意:式(5-6)中 φ 仍然是各相相电压与相电流之间的相位差(即对称负载的阻抗角)。

2. 无功功率

在三相电路中,三相负载的总无功功率(以三相负载星形连接电路为例)为

$$Q=Q_{A}+Q_{B}+Q_{C}=U_{A}I_{A}\sin\varphi_{A}+U_{B}I_{B}\sin\varphi_{B}+U_{C}I_{C}\sin\varphi_{C}$$

同理,在对称负载的三相电路中,各相负载的无功功率也都相等,则

$$Q=3U_{P}I_{P}\sin\varphi \tag{5-7}$$

或

$$Q=\sqrt{3}U_{L}I_{L}\sin\varphi \tag{5-8}$$

式(5-8)中 φ 仍然是各相相电压与相电流之间的相位差(即对称负载的阻抗角)。

3. 视在功率

三相电路的视在功率为

$$S=\sqrt{P^{2}+Q^{2}}$$

负载对称时

$$S=3U_{P}I_{P} \tag{5-9}$$

或

$$S=\sqrt{3}U_{L}I_{L} \tag{5-10}$$

【例 5-7】 有一台三相异步电动机,每相绕组的等效电阻 $R=30\ \Omega$,等效感抗 $X_{L}=40\ \Omega$,试求在下列两种情况下电动机的相电流、线电流以及从电源输入的功率,并比较所得结果。(1) 电动机星形连接,接于线电压 $U_{L}=380$ V 的三相电源上;(2) 电动机三角形连接,接于线电压 $U_{L}=220$ V 的电源上。

解　(1) 星形连接时

$$I_{P}=\frac{U_{P}}{|Z|}=\frac{220}{\sqrt{30^{2}+40^{2}}}=4.4\text{A}$$

$$I_{L}=I_{P}=4.4\ \text{A}$$

$$P=\sqrt{3}U_{L}I_{L}\cos\varphi\approx1.742\ \text{kW}$$

(2) 三角形连接时

$$I_{P}=\frac{U_{P}}{|Z|}=\frac{220}{\sqrt{30^{2}+40^{2}}}=4.4\ \text{A}$$

$$I_{L}=\sqrt{3}I_{P}=\sqrt{3}\times4.4=7.62\ \text{A}$$

$$P=\sqrt{3}U_{L}I_{L}\cos\varphi\approx1.742\ \text{kW}$$

比较上述两种情况下的计算结果,结论为:

当电源的线电压为220 V时，电动机应接成三角形；当电源的线电压为380 V时，电动机应接成星形。在两种不同的接法中，相电压、相电流及功率都未改变(即电动机的工作状态相同)，仅线电流发生了变化，三角形连接时的线电流为星形连接时线电流的$\sqrt{3}$倍。

5.4.2 对称三相电路中的瞬时功率

设相电压为

$$u_A=\sqrt{2}U_P\sin\omega t$$

$$u_B=\sqrt{2}U_P\sin(\omega t-120°)$$

$$u_C=\sqrt{2}U_P\sin(\omega t+120°)$$

则三相负载星形连接时的相电流为

$$i_A=\sqrt{2}I_P\sin(\omega t-\varphi)$$

$$i_B=\sqrt{2}I_P\sin(\omega t-120°-\varphi)$$

$$i_C=\sqrt{2}I_P\sin(\omega t+120°-\varphi)$$

三相电路总的瞬时功率为

$$\begin{aligned}p&=p_A+p_B+p_C=u_Ai_A+u_Bi_B+u_Ci_C\\&=\sqrt{2}U_P\sin\omega t\sqrt{2}I_P\sin(\omega t-\varphi)+\\&\quad\sqrt{2}U_P\sin(\omega t-120°)\sqrt{2}I_P\sin(\omega t-120°-\varphi)+\\&\quad\sqrt{2}U_P\sin(\omega t+120°)\sqrt{2}I_P\sin(\omega t+120°-\varphi)\\&=U_PI_P[\cos\varphi-\cos(2\omega t-\varphi)]+U_PI_P[\cos\varphi-\cos(2\omega t-240°-\varphi)]+\\&\quad U_PI_P[\cos\varphi-\cos(2\omega t+240°-\varphi)]\\p&=3U_PI_P\cos\varphi=P\end{aligned}$$

这表明，对称三相电路中的瞬时功率是一个常量，就等于平均功率P，这是三相对称电路的优点。生产实际中使用的三相交流异步电动机，是一种典型的三相对称负载，由于它的瞬时功率不变，所以电动机运转非常平稳。

练习与思考

1. 某三相对称负载的相电压$u_A=\sqrt{2}U_P\sin(314t+60°)$ V，相电流$i_A=\sqrt{2}I_P\sin(314t+60°)$ A，则该三相电路的无功功率Q为(　　)。

   A. $3U_PI_P\cos 60°$　　B. 0　　C. $3U_PI_P\sin 60°$

2. 上题中，该三相电路的有功功率P为(　　)。

   A. $3U_PI_P\cos 60°$　　B. 0　　C. $3U_PI_P$

3. 某三角形连接的纯电容组成对称负载接于三相对称电源上，已知各相容抗$X_C=6\ \Omega$，各线电流为10 A，则三相电路的视在功率为(　　)。

   A. 1800 V·A　　B. 600 V·A　　C. 600 W

4. 对称三相负载星形连接时总功率为 10 kW，线电流为 10 A。若把它改为三角形连接，并接到同一个对称三相电源上，则总功率为(　　)kW。

A. 30　　B. 10　　C. $10\sqrt{3}$　　D. $30\sqrt{3}$

5.5 安全用电

安全用电是指人们在使用电气设备的过程中应保证自身和设备的安全。电能造福于人类，也能给人类带来灾难。在现实生活中，由于违反电气操作规程、不采取安全保护措施而引起的人身触电事故、设备损坏事故和电气火灾事故时有发生。因此，应了解安全用电知识和安全保护技术，避免上述事故的发生。

5.5.1 安全用电知识

当人不慎触及带电体而产生触电事故时，会使人体器官受到伤害。通常触电可分为电击和电伤两种。电击是指有电流流过人体，使人体器官组织受到损伤，如不能立即摆脱带电体，会造成死亡事故。电伤是指对人体局部皮肤的损伤等。

1. 人体电阻

触电对人体的伤害程度与人体电阻的大小及通过人体电流的大小、持续的时间等因素有关。

所谓人体电阻，是指电流经过人体组织的电阻之和。它包括两部分，即内部组织电阻和皮肤电阻。内部组织电阻是由肌肉组织、血液和神经等组成，其阻值较小，约 500 Ω，并且不受外界的影响。皮肤电阻是指皮肤角质层的电阻，它随皮肤表面干湿程度及接触电压而变化。

不同类型的人，皮肤电阻差异很大，因而人体电阻差别也很大。一般认为，人体电阻可按 1000～2000 Ω 考虑。

影响人体电阻的因素很多，除皮肤厚薄外，皮肤潮湿、多汗、有损伤，或带有导电粉尘等，都会降低人体电阻，接触面积加大、接触压力增加也会降低人体电阻。

2. 触电电流

一般通过人体的电流超过 5 mA，就会有生命危险。不同电流强度对人体的影响如表 5-1 所示。

表 5-1　不同电流强度对人体的影响

电流(mA)	50 Hz 交流电	直流电
0.6～1.5	开始有感觉，手指麻痹	无感觉
2～3	手指强烈麻痹，颤抖	无感觉
5～7	手部痉挛	热感
8～10	手部剧痛，勉强可以摆脱电源	热感增强
20～25	手指迅速麻痹，不能自立，呼吸困难	手部轻微痉挛
50～80	呼吸麻痹，心室开始颤动	手部痉挛，呼吸困难
90～100	呼吸麻痹，心室经 3 s 颤动即发生麻痹，停止跳动	呼吸麻痹

表 5-1 的数据指的是一般情况。具体对每个人来讲，可能有较大差异。有的人比较敏感，即使比上述电流小很多，也会有危险；有的人则相反，危害敏感性较小；女性对电流的敏感性往往比男性强，危害也比较大。

3. 安全电压

通常，接触 36 V 以下的电压时，通过人体的电流不超过 5 mA，因此将 36 V 以下的电压称为安全电压。如果在一些潮湿的场所（如船舶），安全电压还要低，通常是 24 V或 12 V。

5.5.2 人体触电方式与触电急救

人体触电一般有与带电体直接接触触电和跨步电压触电等几种形式。

1. 人体与带电体接触触电

人体与电气设备的带电部分接触发生的触电又可分为单相触电和两相触电。

(1) 单相触电

当人体直接碰到带电设备的其中一相时，电流通过人体流入大地，这种触电现象称为单相触电。单相触电又分为两种情况。

① 电源中性点接地的单相触电。低压用电设备的开关、灯头及电熨斗、洗衣机等家用电器，由于绝缘损坏，带电部分裸露而使外壳带电，如图 5-12 所示。这时人体承受电源的相电压，形成单相触电，危险性较大。此时，如果人体站在绝缘地板上，危险性可以大大减小。

② 电源中性点不接地的单相触电如图 5-13 所示，这种触电方式同样有危险。表面上看起来，似乎人体没有电流流过。事实上，由于输电线与大地之间存在分布电容，电流会经过人体和另外两相的分布电容形成回路。

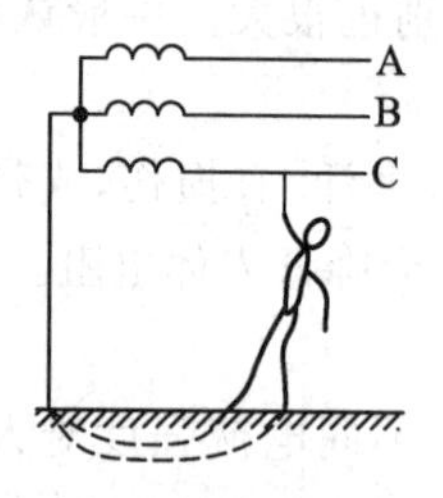

图 5-12 电源中性点接地的单相触电

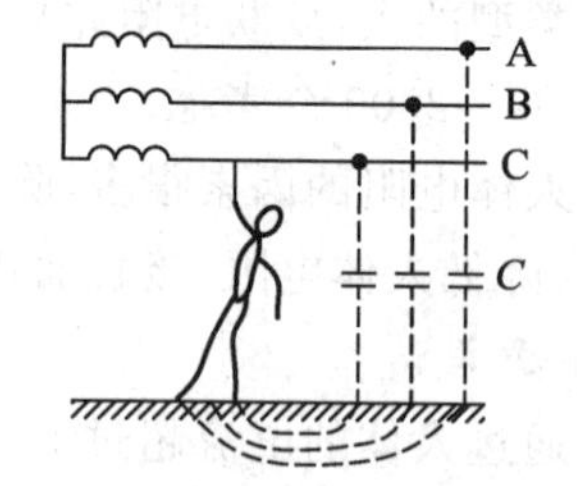

图 5-13 电源中性点不接地的单相触电

(2) 两相触电

两相触电如图 5-14 所示，这时人体承受的是 380 V 电源线电压，是最危险的一种触电方式。

2. 跨步电压触电

在高压输电线断线落地时，有强大电流流入大地，在接地点周围产生电压降，如图 5-15 所示。当人体接近接地点时，两脚之间承受跨步电压而触电，跨步电压的大小与人和接地点距离、两脚之间的跨距、接地电压大小等因素有关。

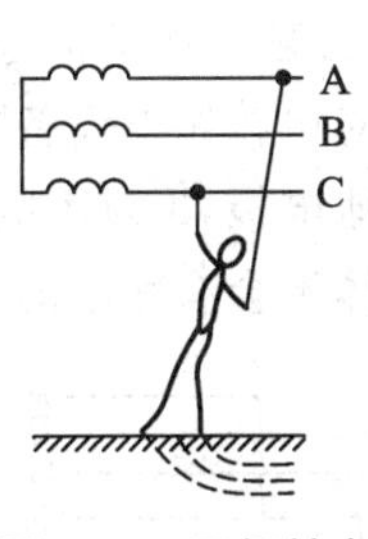

图 5-14 两相触电

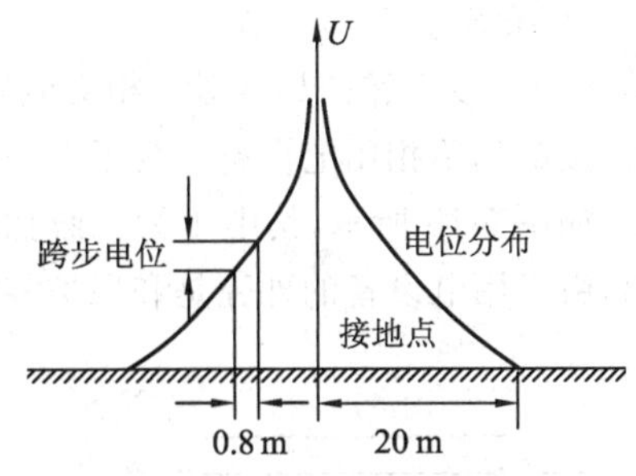

图 5-15 跨步电压示意图

人体双脚跨步以 0.8 m 计，在 10 kV 高压线接地点 20 m 以外、380 V 火线接地点 5 m 以外才是安全的。如果误入危险区域，应双脚并拢或单脚跳离危险区，以免发生触电伤害。

3. 触电急救

触电急救的首要措施是迅速切断电源。如离电源开关较远，救护人员应手持绝缘体，脚踩绝缘物将触电者与带电体分开，同时防止触电者摔倒或高空跌落造成的二次伤害。救护人员切记千万不要直接接触触电者，避免自己也触电。对已脱离电源的触电者，受伤较重的要用人工呼吸、心脏挤压法进行现场急救，并通知专业医生进行专业救护。

5.5.3 触电防护措施

为了防止触电事故的发生，通常需要采取相应的防护措施。

1. 保护接地

保护接地是指把电气设备的外壳和接地线连接起来，如图 5-16 所示。这一保护措施多用于中性点不接地的低压电力系统中，接地电阻不大于 4 Ω。当人不小心碰到电气设备（如电动机）的外壳时，相当于人体电阻与接地电阻并联，由于人体电阻比接地电阻大得多，因此几乎没有电流流过人体，就不会有触电危险。

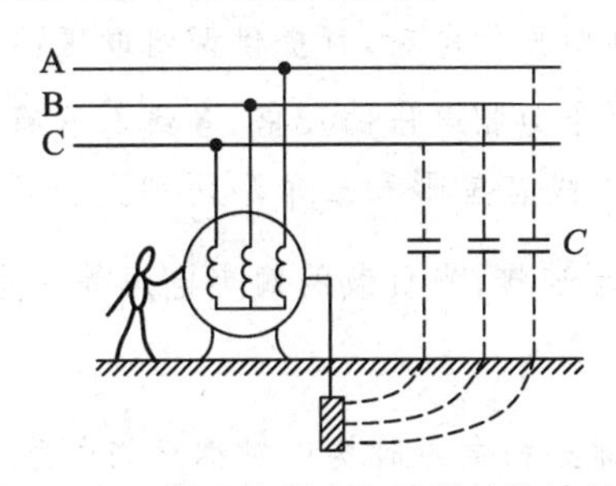

图 5-16 三相交流异步电动机的接地保护

2. 保护接零

保护接零是指把电气设备的外壳和电源的零线连接起来，一般用于中性点接地的三相四线制供电系统中，如图 5-17 所示。当电动机的某相绕组碰壳时，则该相绕组与零线短路，短路电流迅速将故障相熔断器的熔丝熔断，切断电源，从而避免了人体触电的危险。但零线中不允许安装熔断器。在有的情况下，电气设备的外壳接入专门的保护零线。

3. 采用三孔插座和三极插头

上述接地保护和接零保护是针对三相交流电气设备的防触电保护措施，而在日常生活中，人们经常接触到单相用电设备。为了保证人身安全，对单相用电设备要使用三孔插座和三极插头，如图 5-18 所示，其中 1 为三眼插座，2 为接地电极，3 为用电设备的外壳。从图中可看出，由于用电设备的外壳是和保护零线相接，人体不会有触电的危险。

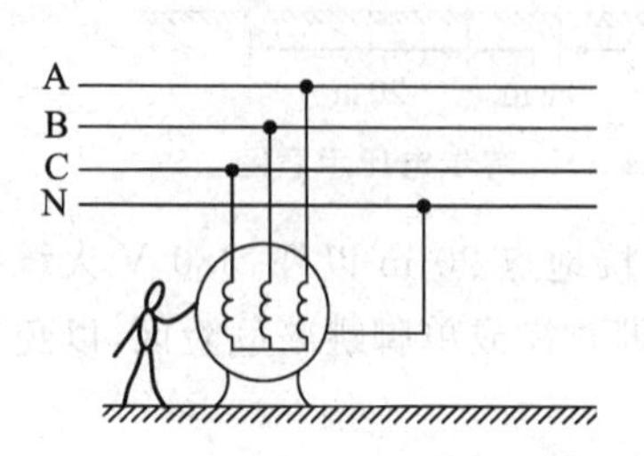

图 5-17　三相交流异步电动机的接零保护

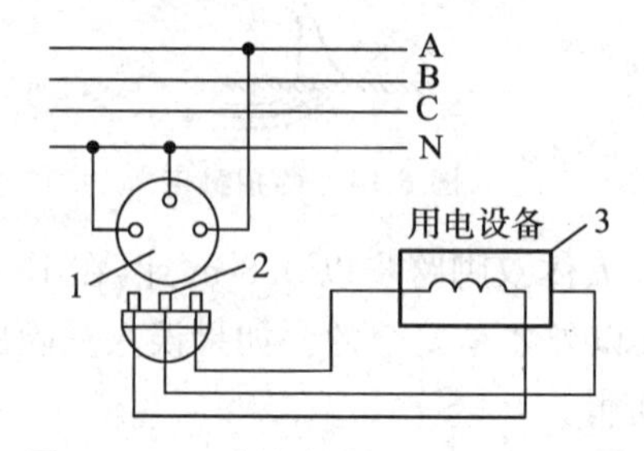

图 5-18　三孔插座和三极插头的接零

练习与思考

1. 在三相三线制低压供电系统中，为了防止触电事故，对电气设备应采取(　　)措施。

A. 保护接地　　B. 保护接零　　C. 保护接地或保护接零

2. 有人触电停止呼吸，应首先采取的措施是(　　)。

A. 打电话叫医生　　B. 送医院抢救　　C. 做人工呼吸　　D. 切断电源

小结

1. 三相发电机产生三相对称电动势(幅值相等、频率相同、相位互差 120°)。三相电源采用三相四线制向外供电时，可提供两组电压：一组对称的相电压和一组对称的线电压。线电压大小为相电压的$\sqrt{3}$倍，各线电压超前相应的相电压 30°。

2. 三相负载的连接方式有星形和三角形两种。当负载的额定电压等于电源的线电压时，应采用三角形连接；当负载的额定电压等于电源线电压的$\frac{1}{\sqrt{3}}$时，应采用星形连接。

3. 对称负载接于对称三相电源时构成对称三相电路，此时电路中的三相电压和三相电流均完全对称。因此计算时只需计算其中一相即可，其余两相由对称关系直接得出。

对称三相电路中线电压与相电压、线电流与相电流之间的关系为：

负载星形连接时，$U_L=\sqrt{3}U_P$，$I_L=I_P$，线电压超前相应的相电压 30°；

负载三角形连接时，$U_L=U_P$，$I_L=\sqrt{3}I_P$，线电流滞后相应的相电流 30°。

对称三相电路的功率，不管是星形连接还是三角形连接，均有

$$P=3U_{P}I_{P}\cos\varphi=\sqrt{3}U_{L}I_{L}\cos\varphi$$

$$Q=3U_{P}I_{P}\sin\varphi=\sqrt{3}U_{L}I_{L}\sin\varphi$$

$$S=3U_{P}I_{P}=\sqrt{3}U_{L}I_{L}$$

其中 $\cos\varphi$ 为对称负载的功率因数。

4. 不对称负载(特别是照明负载)星形连接时，应采用三相四线制，此时中线的作用是使不对称负载获得对称三相电压，因此中线上不允许接熔断器或开关，以防止由于中线断开后三相负载不能正常工作。

不对称三相电路的分析与计算要逐相进行。

5. 为了安全用电，应了解安全用电的知识和技术。通过人体的电流超过5 mA时，或加载人体的电压超过36 V时就会有危险。

防止触电的安全技术有：使用安全电压、保护接地、保护接零、单相电路采用三线孔插座和三极插头等。

第5章 习 题

1. 已知三相对称负载的电阻 $R=80\ \Omega$，容抗 $X_C=60\ \Omega$，星形连接于线电压为380 V的三相电源上，求负载的相电压、线电流及中线电流。

2. 如图所示，三相电源的线电压为380 V，每相负载的阻抗均为20 Ω。(1) 能否称该三相负载为对称负载，该三相电路为三相对称电路？(2) 计算各相电流和中线电流；(3) 画出相量图。

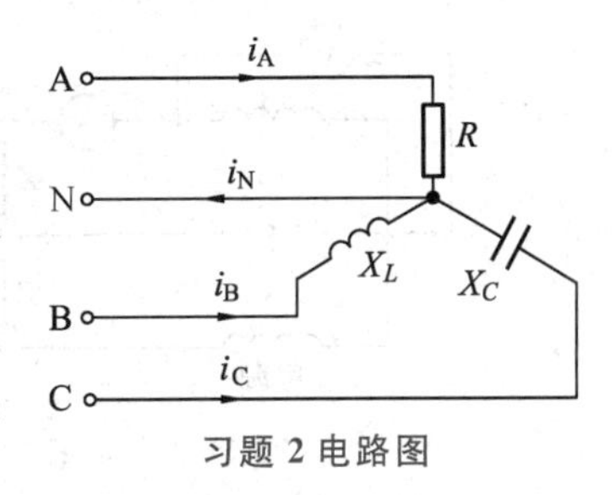

习题2电路图

3. 某工厂有3个工作间，每间的照明由三相电源中的一相供电，供电方式为三相四线制。已知电源的线电压为380 V，每个工作间装有220 V、100 W的白炽灯10盏。(1) 画出电路图；(2) 所有负载工作时的各线电流及中线电流为多少？(3) 若第一工作间不工作，第二工作间的白炽灯全部工作，第三工作间只开了两盏灯，且电源的中线因故断开，这时各个工作间白炽灯两端的电压分别为多少？白炽灯的工作情况如何？

4. 在图示电路中，三相四线制电源的线电压为380 V，接有星形连接的对称负载——白炽灯，其总功率为180 W。此外，在B相上接有额定电压为220 V、功率为40 W、功率因数为0.5的日光灯一支。求电流 $\dot{I}_A$、$\dot{I}_B$、$\dot{I}_C$ 及 $\dot{I}_N$。设 $\dot{U}_A=220\angle 0^\circ$ V。

5. 已知对称三相负载星形连接的电路如图所示，负载的每相阻抗 $Z=(165+j84)\ \Omega$，电源的线电压为380 V。当考虑相线的阻抗 $Z_1=(1+j1)\ \Omega$、中线的阻抗 $Z_N=(1+j1)\ \Omega$ 时，求负载的电流和电压。

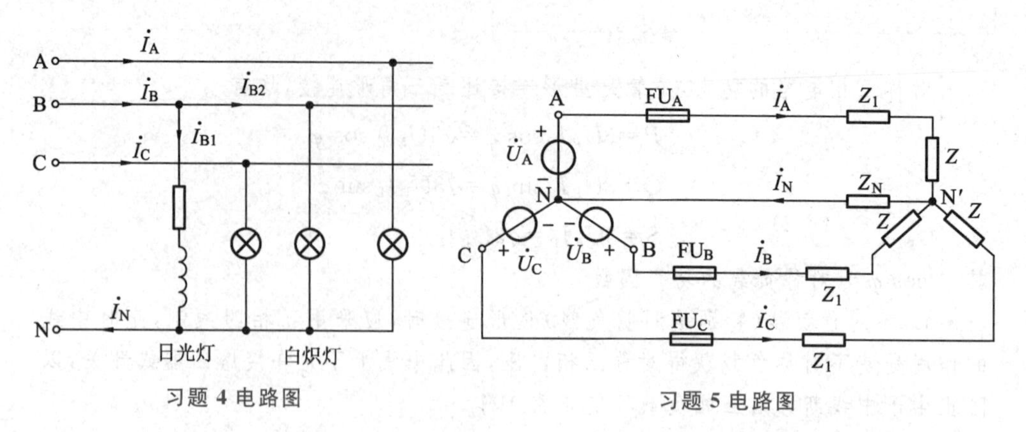

习题 4 电路图　　　　习题 5 电路图

6. 已知对称三相电路每相负载的电阻 $R=40\ \Omega$，感抗 $X_L=60\ \Omega$。

(1) 设电源线电压为 380 V，求负载星形连接时的相电压和线电流，功率 P 和 Q；

(2) 设电源线电压为 220 V，求负载三角形连接时的相电压、相电流和线电流，功率 P 和 Q。

7. 图示电路中，$Z=(12+\mathrm{j}16)\ \Omega$，电流表的读数 19.1 A，求电压表的读数。

8. 在图示电路中，对称负载 $Z=R+\mathrm{j}X_L$ 接成三角形，已知电源的线电压为 220 V，电流表的读数为 17.3 A，三相功率 $P=4.5$ kW。试求：(1) 每相负载的电阻和感抗；(2) 当AB相之间负载断开时，图中各电流表的读数和总功率；(3) 当 A 相线断开时，图中各电流表的读数和总功率 P。

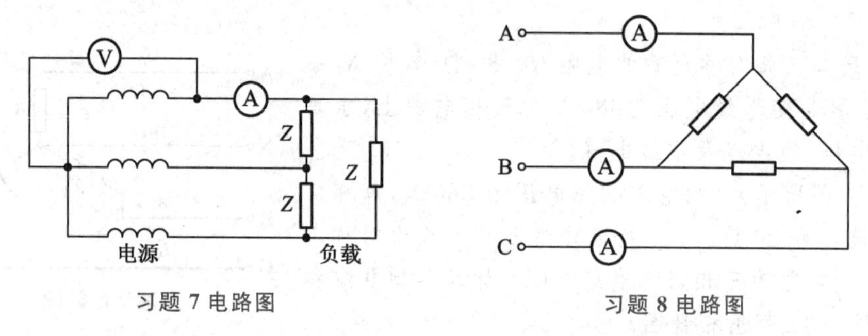

习题 7 电路图　　　　习题 8 电路图

9. 三相异步电动机绕组连接成三角形，接在线电压为 380 V 的电源上，从电源取用的功率 $P=11$ kW，功率因数 $\cos\varphi=0.87$，求电动机的相电流和线电流。

10. 图示电路中，$Z_1=(10\sqrt{3}+\mathrm{j}10)\ \Omega$，$Z_2=(10\sqrt{3}-\mathrm{j}30)\ \Omega$，电源的线电压为 380 V。求线路上的电流 $\dot{I}_A$、$\dot{I}_B$、$\dot{I}_C$。

11. 图示电路中，对称三相电源给两组星形负载供电，一组为对称负载 Z；另一组为不对称负载，其各相阻抗分别为 $Z_A=10\ \Omega$，$Z_B=\mathrm{j}10\ \Omega$，$Z_C=-\mathrm{j}10\ \Omega$，电源的线电压为 380 V，求接在两个负载中性点间电压表的读数(电压表的内阻为无穷大)。

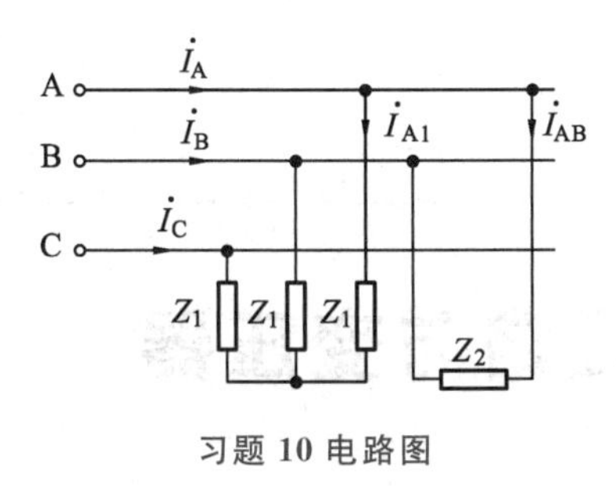

习题 10 电路图

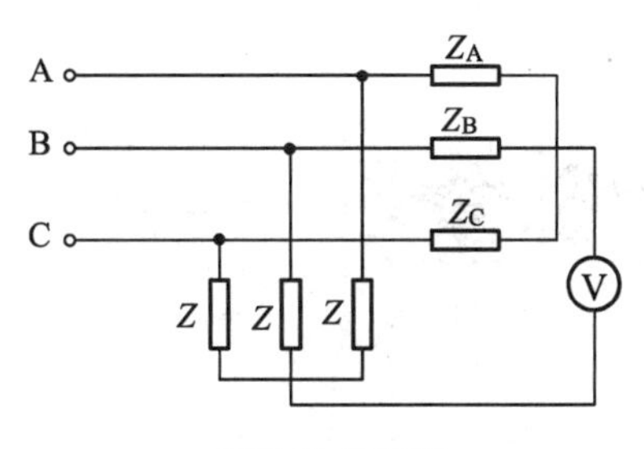

习题 11 电路图

12. 在对称三相电路中，三相电源的相电压为220 V，三相感性负载的功率为3.2 kW，功率因数为0.8。试求：(1) 线电流及负载的阻抗角；(2) 若对称负载星形连接，求负载阻抗；(3) 若对称负载三角形连接，求负载阻抗。

13. 三相电路如图所示，已知对称三相电源的线电压为 380 V，对称三相负载吸收的平均功率 $P_1=53$ kW，功率因数 $\cos\varphi=0.9$(感性)，电阻 R 吸收的平均功率 $P_2=7$ kW，试求线电流 $\dot{I}_A$、$\dot{I}_B$ 和 $\dot{I}_C$。

14. 如图所示对称三相电路，已知线电压为 380 V，星形负载的功率为 10 kW，功率因数 $\cos\varphi_1=0.85$(感性)，三角形负载的功率为 20 kW，功率因数为 $\cos\varphi_2=0.8$(感性)。试求：(1) 线电流 $\dot{I}_A$、$\dot{I}_B$、$\dot{I}_C$；(2) 三相电路的有功功率、无功功率和功率因数。

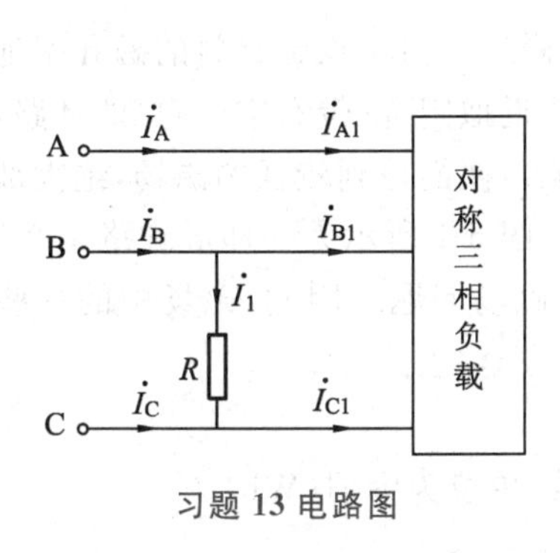

习题 13 电路图

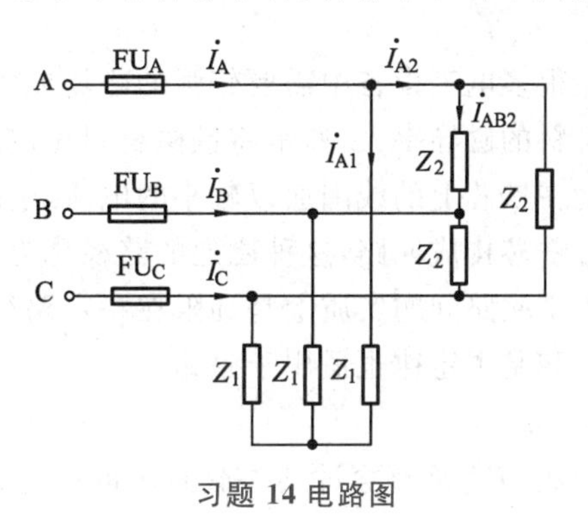

习题 14 电路图

*15. 图示的电路中，已知线电压为 380 V，$R_A=38\ \Omega$，$X_C=38\ \Omega$，$R_C=19\ \Omega$，$X_L=19\sqrt{3}\ \Omega$。试求：(1) 线电流 $\dot{I}_A$、$\dot{I}_B$、$\dot{I}_C$；(2) 画线电压、线电流和相电流的相量图；(3) 求三相电路的总功率 P、Q；(4) 计算功率表 W_1 和 W_2 的值。

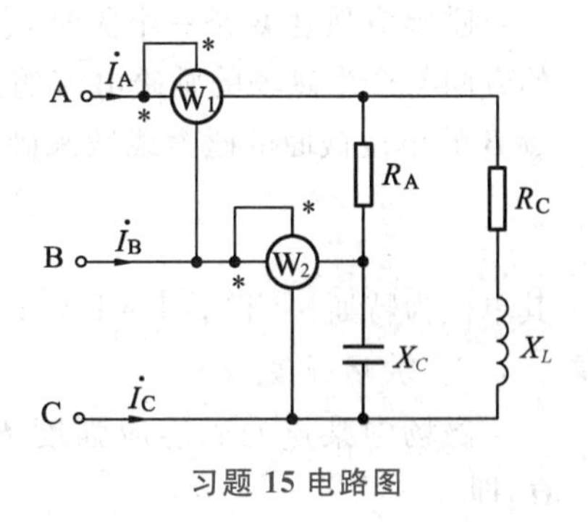

习题 15 电路图

16. 某楼共有 3 层，一次照明线路发生故障，第 1 层和第 2 层的所有电灯都突然暗淡下来，而第 3 层楼的电灯亮度未变，试问这是什么原因？这楼的电灯是如何连接的？同时又发现第 2 层的电灯比第 1 层楼的还要暗些，这又是什么原因？画出电路图。

第6章 磁路与变压器

在生产实际中使用的各种电器、电工仪表中，不仅有电路的问题，而且有磁路的问题，它们是利用电与磁的相互作用而实现能量转换的。因此，本章首先介绍磁路的基本概念和基本定律，再介绍铁芯线圈和变压器等电气设备。

6.1 磁路的基本概念和基本定律

6.1.1 磁路的基本概念

在很多电工设备中需要较强的磁场或较大的磁通。由于铁磁材料的磁导率远比非铁磁材料的磁导率大，通常将铁磁材料做成闭合或近似闭合（带有空气隙）的环路，即铁芯。绕在铁芯上的线圈通以较小的电流（励磁电流），便能得到较强的磁场，绝大部分磁通通过铁芯构成回路，这种磁通的路径称为磁路。图6-1所示为一环形磁路。

由于磁路问题实质上是局限在一定路径内的磁场问题。因此，磁场中的一些主要物理量和基本定律也适用于磁路。

1. 磁通

磁通 Φ 为垂直穿过某一截面 S 的磁力线总数，单位为韦伯（Wb）。

2. 磁感应强度

磁感应强度 $\boldsymbol{B}$ 是一个矢量，它是表示磁场中某一点磁场强弱和方向的物理量。它的方向与产生磁场的励磁电流的方向之间遵循右手螺旋定则，其大小用通过垂直于矢量 $\boldsymbol{B}$ 的单位截面的磁力线数来确定，即

$$B=\frac{\Phi}{S}$$

其单位为特斯拉（T），$1\mathrm{T}=1\ \mathrm{Wb/m^2}$。

3. 磁场强度

磁场中某点的磁感应强度 $\boldsymbol{B}$ 与该点的磁导率 μ 的比值定义为该点的磁场强度 $\boldsymbol{H}$，即

$$\boldsymbol{H}=\frac{\boldsymbol{B}}{\mu}$$

其单位为安培/米（A/m）。

磁场强度是计算磁场时所引用的一个物理量，它也是矢量。

4. 磁导率

磁导率 μ 是衡量物质导磁能力的物理量，其单位为亨/米（H/m）。真空的磁导率用 μ_0 表示，它是一常数，$\mu_0=4\pi\times10^{-7}$ H/m。

为了比较各种物质的导磁能力，通常把某种导磁物质的磁导率 μ 和真空的磁导率 μ_0 之比称为该物质的相对磁导率，用 μ_r 表示，即

$$\mu_r=\frac{\mu}{\mu_0}$$

自然界的所有物质按磁导率的大小，或者说按其导磁能力的强弱，大体上可分为铁磁材料和非铁磁材料两大类。对非铁磁材料而言，$\mu\approx\mu_0$，$\mu_r\approx1$，几乎不具有导磁的能力，而且每一种非铁磁材料的磁导率都可视为常数。关于铁磁材料的磁性能将在下一节中讨论。

6.1.2 磁路的基本定律

1. 磁路的安培环路定律

磁路的安培环路定律也称为全电流定律，该定律指出：在磁路中，沿任一闭合路径，磁场强度的线积分等于包围在该闭合路径内各电流的代数和，即

$$\oint H\mathrm{d}l=\sum I \tag{6-1}$$

其中，电流的方向与回路的绕行方向符合右手螺旋关系的取正号，反之取负号。

对图6-1所示的环形线圈来说，设环形线圈是密绕的，且绕得很均匀。若取其中心线为积分回路，则中心线上各点的磁场强度大小相等，式(6-1)可写为

$$Hl=NI \tag{6-2}$$

式中 l 为积分路径的长度，即磁路的平均长度；N 为线圈的匝数。

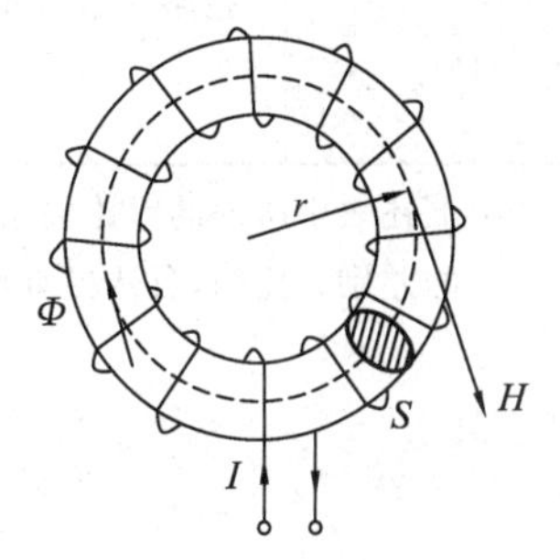

图6-1 环形磁路

2. 磁路的欧姆定律

将式(6-2)改写为

$$NI=Hl=\frac{B}{\mu}l=\frac{\Phi}{\mu S}l$$
$$\Phi=\frac{NI}{\dfrac{l}{\mu S}}=\frac{F}{R_m} \tag{6-3}$$

其中，S 为磁路的截面积，$F=NI$ 称为磁动势，$R_m=\dfrac{l}{\mu S}$ 为磁路的磁阻，Hl 称为磁压降，式(6-3)称为磁路欧姆定律。

在磁路的任一闭合回路中，即使磁路是分段的，磁路中磁压降的代数和总是等于磁动势，即

$$\sum Hl=NI \tag{6-4}$$

式(6-4)也称为磁路的基尔霍夫第二定律。

事实上，磁路与电路之间有许多相似之处，将其关系对比列于表6-1中，供读者学习和比较。

表6-1 磁路与电路的对比关系

	磁 路	电 路
典型结构	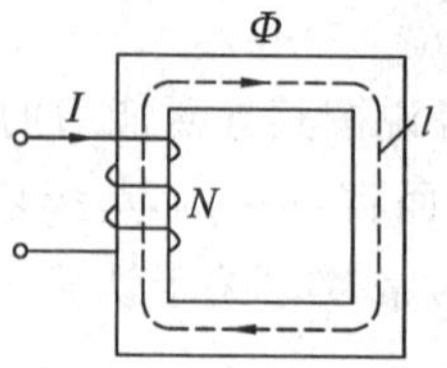 Φ, I, N, l	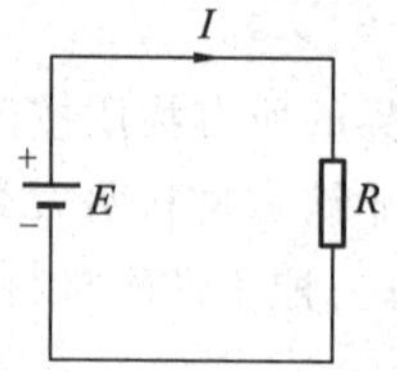 I, E, R
对应的物理量	磁动势 F 磁压降 Hl 磁通 Φ 磁通密度 B 磁阻 R_m 磁导率 μ	电动势 E 电压 U 电流 I 电流密度 J 电阻 R 电导率 γ
对应的关系式	磁阻 $R_m=l/(\mu S)$ 磁路的欧姆定律 $\Phi=F/R_m$ 磁路的基尔霍夫定律 $\sum\Phi=0$ $\sum Hl=NI$	电阻 $R=l/(\gamma S)$ 电路的欧姆定律 $I=E/R$ 电路的基尔霍夫定律 $\sum I=0$ $\sum IR=\sum E$

注意：上述表中所列的对比关系仅仅代表了磁路与电路之间的相似之处，实际上两者之间有着本质的差别。比如，自然界有良好的电绝缘材料，但尚未发现对磁通绝缘的材料。

6.2 铁磁材料

物质按其导磁能力大体上分为铁磁物质和非铁磁物质两类。非铁磁物质的导磁能力很弱，在工程上认为它们的磁导率与真空的磁导率近似相等，即$\mu\approx\mu_0$，如空气、铜、木材、橡胶等。铁磁物质的导磁能力很强，其磁导率不仅大，而且常常与所在磁场的强弱以及物质磁状态的历史有关，所以铁磁物质的μ不是一个常量，如图6-2中的曲线2所示。铁磁物质又叫作铁磁材料，如铁、镍、钴及其合金和铁氧体等。

6.2.1 铁磁材料的特性

1. 高磁导性

铁磁材料具有很高的导磁特性，这是由它们的内部结构所决定的。它们的相对磁导率$\mu_r\gg1$，可高达数百、数千甚至数万。

利用铁磁材料做成铁芯线圈时，只要在线圈中通入不大的励磁电流，就可产生足够大的磁通。这就解决了既要磁通大又要励磁电流小的矛盾。所以，利用优质的铁磁材料可使电气设备的重量和体积大大减轻和减小。

2. 磁饱和性

物质的磁化性质一般用磁化曲线即 B-H 曲线表示。非铁磁材料，如真空、空气的 $B=\mu_0 H$，其 B-H 曲线为一直线，如图 6-2 中的直线 1 所示。

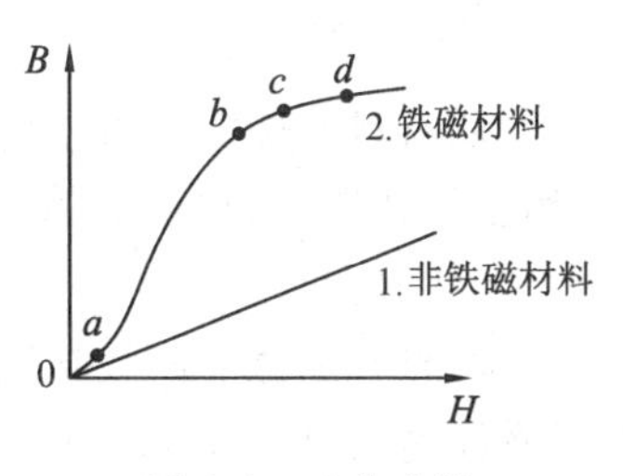

图 6-2　磁化曲线

铁磁材料的 B-H 曲线可通过实验测出。在磁场强度 H 较小的情况下，如图 6-2 曲线 2 中的 Oa 段，铁磁材料中的磁感应强度 B 随 H 的增大而增大，其增长率不大。但随着 H 的继续增大，B 急剧增大，如曲线 2 中的 ab 段所示。若 H 继续增大，B 的增长率反而变小，如图中 bc 段所示。在 d 点以后，B 增加很少，这种现象称为磁饱和。

从曲线 2 可知，铁磁材料的 B 和 H 之间的关系为非线性关系，说明铁磁材料的磁导率 μ 不是常数。图 6-3 所示为几种不同材料的磁化曲线。

3. 磁滞性

铁磁材料在反复磁化过程中具有磁滞现象。当外磁场 H 值作正负变化使铁磁材料反复磁化时，得到近似对称于原点的闭合曲线，如图 6-4 所示。由图 6-4 可见，当 H 已减到零值时，B 并未回到零值，而是 B_r 值，通常称 B_r 为剩余磁感应强度，简称剩磁。这种磁感应强度滞后于磁场强度变化的性质称为铁磁材料的磁滞性。如果要消去剩磁，需当 H 在相反方向达到图中的 H_C 值时才能使 B 值降为零，H_C 值称为矫顽磁场强度，简称为矫顽力。图 6-4 中的闭合曲线称为磁滞回线，图中箭头表示反复磁化的过程。

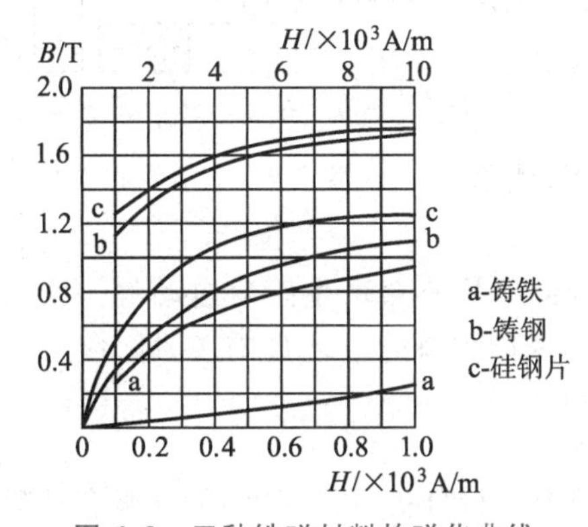

图 6-3　三种铁磁材料的磁化曲线

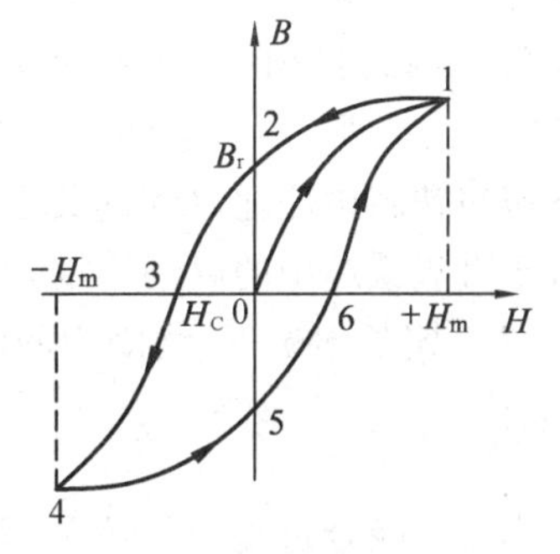

图 6-4　磁滞回线

6.2.2　铁磁材料的分类

不同铁磁材料磁滞回线的形状不同，包围的面积也不同。根据磁滞回线形状的不同，铁磁材料通常可分为三类。

1. 软磁材料

软磁材料的特点是容易被磁化也容易被退磁，矫顽力较小，磁滞回线较窄。这类材料有铸铁、硅钢、坡莫合金、铁氧体等，常用来制造电机、变压器、继电器和电表的铁芯。

2．硬磁材料

硬磁材料的磁滞回线较宽，矫顽力较大，且剩磁很大。这类材料有碳钢、钴钢、稀土钴、稀土钕铁硼等，常用来制作永久性磁铁。

3．矩磁材料

矩磁材料的磁滞回线接近矩形，具有较小的矫顽力和较大的剩磁，稳定性好。这类材料有镁锰铁氧体及1J51型铁镍合金等，可用来制造计算机和控制系统中的记忆元件、开关元件和逻辑元件。

6.3 铁芯线圈

将铁磁材料做成闭合或近似闭合（带有空气隙）的环路并绕上线圈，即成为铁芯线圈。通常铁芯线圈分为由直流励磁的直流铁芯线圈和由交流励磁的交流铁芯线圈。

6.3.1 直流铁芯线圈

由于直流铁芯线圈的励磁电流是直流，其大小和方向都不随时间变化，所以它产生的磁通的大小和方向也不随时间变化，为恒定磁通。直流铁芯线圈的铁芯多用整块的铸铁、铸钢等制成。

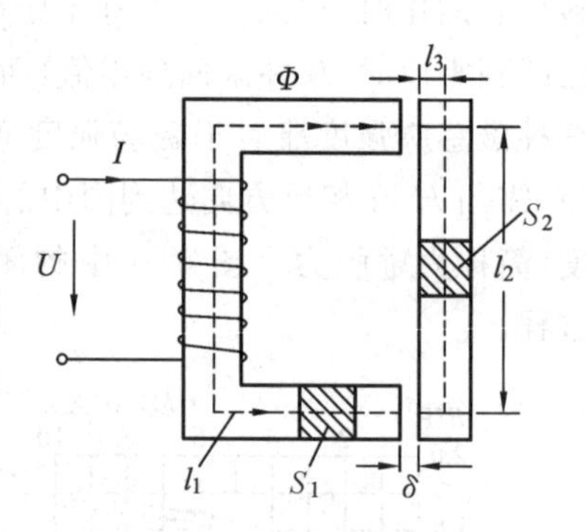

图6-5 直流铁芯线圈

图6-5是一直流铁芯线圈。当线圈通电时，侧面的衔铁将受到电磁力的作用处于吸合状态。当线圈断电时，衔铁因受到外力的作用处于释放状态。衔铁释放时，磁路中有空气隙存在，而衔铁吸合时，不存在空气隙。那么，在这两种不同的情况下，线圈中的电流与铁芯中磁通之间的关系如何呢？

由于直流铁芯中的磁通不变，在铁芯和线圈中均不会产生感应电动势。所以在直流电压 U 一定的情况下，线圈中的电流 I 只与线圈本身的电阻 R 有关，即

$$I=\frac{U}{R}$$

若不考虑吸合过程中的情况，只就稳定情况进行分析，可以认为衔铁吸合前后电流不会发生变化，与没有铁芯时完全一样，并且符合欧姆定律。

另外，在衔铁吸合前后的稳态情况下，由于磁动势 IN 大小不变，而磁阻由 R_m+R_0 变成 R_m，减小许多（R_m 为铁芯部分的磁阻，R_0 为空气隙的磁阻），因而，吸合后的磁通将增大许多。在吸合过程中，由于磁通 Φ 增大，线圈中将产生阻碍磁通 Φ 增大的感应电动势，线圈中电流 I 也将变化且比稳态时的值小。吸合过程结束后，Φ 达到新的稳态值，电流 I 将恢复到原来的值。

因而，直流铁芯线圈的问题也就是直流磁路的问题，其相关计算以例6-1说明。

【例 6-1】 直流铁芯线圈如图 6-5 所示，其铁芯由铸钢制成。铁芯尺寸为：$S_1=20\ \text{cm}^2$，$l_1=45\ \text{cm}$，$S_2=25\ \text{cm}^2$，$l_2=15\ \text{cm}$，$l_3=2\ \text{cm}$，空气隙 $\delta=0.1\ \text{cm}$。要产生 $\Phi=2.8\times10^{-3}\ \text{Wb}$ 的磁通量，若用直流励磁，求所需要的磁动势 F。

解　第一步：由磁通量求出各段磁路中的磁感应强度 B 值。

$$B_1=\frac{\Phi}{S_1}=\frac{2.8\times10^{-3}}{20\times10^{-4}}=1.4\ \text{T}$$

$$B_2=\frac{\Phi}{S_2}=\frac{2.8\times10^{-3}}{25\times10^{-4}}=1.12\ \text{T}$$

第二步：根据 B_1 和 B_2 值，查图 6-3 中铸钢的磁化曲线，分别找出对应的磁场强度 H_1 和 H_2，得

$$H_1=2.1\times10^3\ \text{A/m}$$

$$H_2=1.1\times10^3\ \text{A/m}$$

空气隙的磁场强度为

$$H_0=\frac{B_0}{\mu_0}=\frac{1.4}{4\pi\times10^{-7}}=11.14\times10^5\ \text{A/m}$$

第三步：计算各段的磁压降。

$$H_1l_1=2.1\times10^3\times0.45=0.945\times10^3\ \text{A}$$

$$H_2l_2=1.1\times10^3\times0.15=0.165\times10^3\ \text{A}$$

$$2H_2l_3=2\times1.1\times10^3\times0.02=0.044\times10^3\ \text{A}$$

$$2H_0\delta=2\times11.14\times10^5\times0.001=2.228\times10^3\ \text{A}$$

第四步：求出总的磁动势。

$$\begin{aligned}F=NI=\sum Hl&=H_1l_1+H_2l_2+2H_2l_3+2H_0\delta\\&=(0.945+0.165+0.044+2.228)\times10^3\\&=3.382\times10^3\ \text{A}\end{aligned}$$

从上述结果可以看出，空气隙尽管很小，但由于空气的磁导率很低，磁阻却很大，所占的磁压降也很大。

【例 6-2】 一个闭合的均匀铁芯的线圈，其匝数为 300，铁芯中的磁感应强度为 0.9 T，磁路的平均长度为 45 cm。试求：(1) 铁芯材料为铸铁时线圈中的电流；(2) 铁芯材料为硅钢片时线圈中的电流。

解　先从图 6-3 中的磁化曲线查出磁场强度 H，再由式(6-4)求出电流。

(1) 由图 6-3 中的曲线 a，查出 $H_1=9000\ \text{A/m}$，则

$$I_1=\frac{H_1l}{N}=\frac{9000\times0.45}{300}=13.5\ \text{A}$$

(2) 由图 6-3 中的曲线 c，查出 $H_2=260\ \text{A/m}$，则

$$I_2=\frac{H_2l}{N}=\frac{260\times0.45}{300}=0.39\ \text{A}$$

由上述计算结果发现，由于铁芯所用材料的不同，要得到同样大小的磁感应强度，

所需要的磁动势或励磁电流的大小相差很悬殊。因此，采用磁导率高的铁磁材料，可使线圈的用铜量大为减少。

在上例两种情况下，若线圈中的励磁电流相同，均为 0.39 A，磁场强度相等，都是 260 A/m，从图 6-3 的磁化曲线中可查出

$$B_1 = 0.05\ \text{T} \qquad B_2 = 0.9\ \text{T}$$

两者相差 17 倍，磁通也相差 17 倍。在这种情况下，如果要得到相同的磁通，那么铸铁铁芯的截面积就必须增加至原来的 17 倍。因此，采用磁导率高的材料，可使铁芯的材料用量也大为降低。

6.3.2 交流铁芯线圈

交流铁芯线圈是由交流电流励磁的，其磁通的大小和方向均随时间而变化。因此，它内部的电磁关系、电流电压关系等与直流铁芯线圈有很大的不同。

1. 电磁关系

图 6-6 所示为一交流铁芯线圈，其匝数为 N，线圈电阻为 R。当线圈两端施加交流电压 u 后，线圈中就产生了电流 i 及磁动势 Ni。磁动势产生的磁通绝大部分通过铁芯而闭合，这部分磁通称为主磁通 Φ；另外还有很少一部分磁通通过空气（或其他非铁磁物质）而闭合，这部分磁通称为漏磁通 Φ_σ（其实在直流铁芯线圈也存在漏磁通，但忽略未计），这两个磁通分别在线圈中感应出电动势 e 和 e_σ。交流铁芯线圈的电磁关系如下：

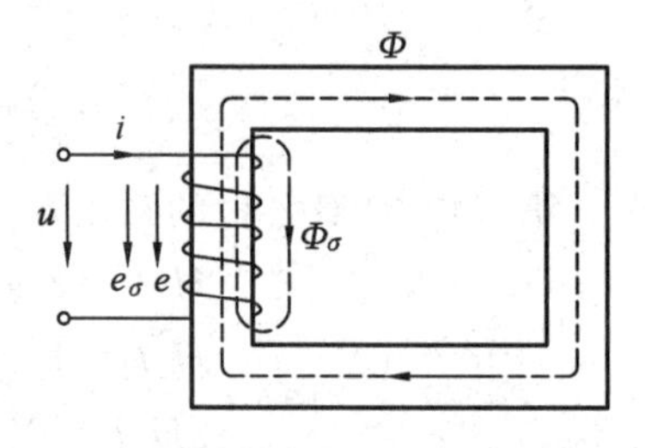

图 6-6 交流铁芯线圈

$$u \to i(Ni) \begin{cases} \to \Phi \to e = -N\dfrac{d\Phi}{dt} \\ \to \Phi_\sigma \to e_\sigma = -N\dfrac{d\Phi_\sigma}{dt} = -L_\sigma\dfrac{di}{dt} \\ \to Ri \end{cases}$$

由于漏磁通主要经过空气隙，所以励磁电流 i 及 Φ_σ 之间可以认为是线性关系，铁芯线圈的漏电感 $L_\sigma = \dfrac{N\Phi_\sigma}{i}$ 为常数。

而主磁通经过铁芯，所以励磁电流 i 及 Φ 之间不是线性关系，说明铁芯线圈的主磁电感 L 不是一个常数。因此，铁芯线圈是一个非线性电感元件。

2. 伏安关系

由 KVL 定律得出图 6-6 所示铁芯线圈中的电压电流关系，即

$$u = -e - e_\sigma + Ri$$

当 u 为正弦交流电压时，上式可用相量表示为

$$\dot{U} = -\dot{E} - \dot{E}_\sigma + R\dot{I}$$

其中漏感电动势 $\dot{E}_\sigma = -\mathrm{j}X_\sigma\dot{I}$，漏感抗 $X_\sigma = \omega L_\sigma$。

设主磁通为 $$\Phi = \Phi_m \sin \omega t$$

则主磁通产生的感应电动势为

$$e=-N\frac{d\Phi}{dt}=-N\frac{d(\Phi_m\sin\omega t)}{dt}$$
$$=-N\omega\Phi_m\cos\omega t=2\pi fN\Phi_m\sin(\omega t-90°)$$
$$=E_m\sin(\omega t-90°)$$

其幅值为
$$E_m=2\pi fN\Phi_m$$

有效值为
$$E=\frac{E_m}{\sqrt{2}}=4.44fN\Phi_m$$

通常，由于线圈的电阻 R 和漏感抗 X_σ 较小，因而其上的电压也较小，与主磁通产生的感应电动势比较起来可忽略不计，则 $\dot{U}\approx-\dot{E}$，即

$$U\approx E=4.44fN\Phi_m \tag{6-5}$$

式(6-5)是一个常用的公式，它表示当线圈匝数 N 与电源频率 f 一定时，交流铁芯线圈中主磁通的最大值 Φ_m 正比于外加交流电压的有效值 U。

3. 功率损耗

(1) 铜损

交流铁芯线圈电阻 R 上的功率损耗 RI^2 称为铜损，用 ΔP_{Cu}表示。

(2) 铁损

铁芯中的损耗称为铁损，用$\triangle P_{Fe}$表示，铁损又分为涡流损耗和磁滞损耗两种。

① 涡流损耗。如图 6-7 所示，当线圈中有交流电流通过时，它产生的磁通也是交变的。该磁通除了在线圈中产生感应电动势外，在铁芯中也要产生感应电动势(铁芯材料既导磁又导电)，铁芯中的感应电动势在铁芯中产生旋涡状的感应电流，这种感应电流称为涡流，它在垂直于磁通方向的平面内环流着。涡流会引起铁芯发热，由此产生的能量损耗，称为涡流损耗，用 ΔP_e 表示。

在电机、变压器等设备中，常采用两种方法来减小涡流损耗。一是在钢片中加入少量的半导体硅，以增大铁芯的电阻率，我国生产的低硅钢片含硅量在 1%～3%，而高硅钢片含硅量在 3%～5%；二是将铁芯做成彼此绝缘的薄硅钢片顺着磁通的方向叠成，如图 6-8 所示，以增大铁芯中涡流路径的电阻。这两种方法都可以有效地减少铁芯中的涡流，从而降低涡流损耗。在工频下常用的硅钢片有 0.35 mm 和 0.5 mm 两种规格，在高频时常采用电阻率更大的铁淦氧磁体等材料。

在有些场合，涡流也是有用的。例如，在冶金行业中用到的高频熔炼、高频焊接以及各种感应加热设备等，都是以涡流效应为基础的。

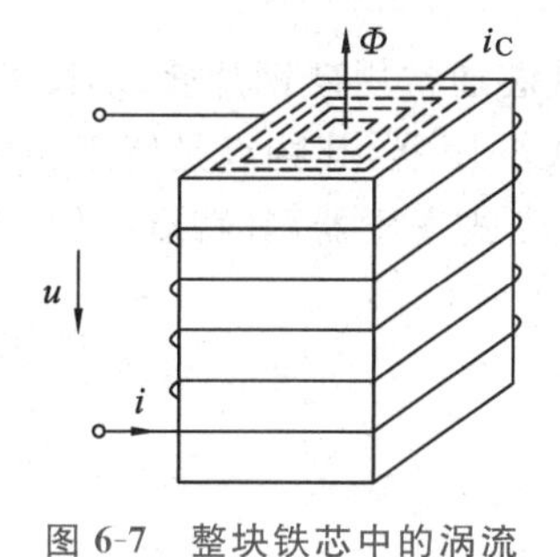

图 6-7　整块铁芯中的涡流

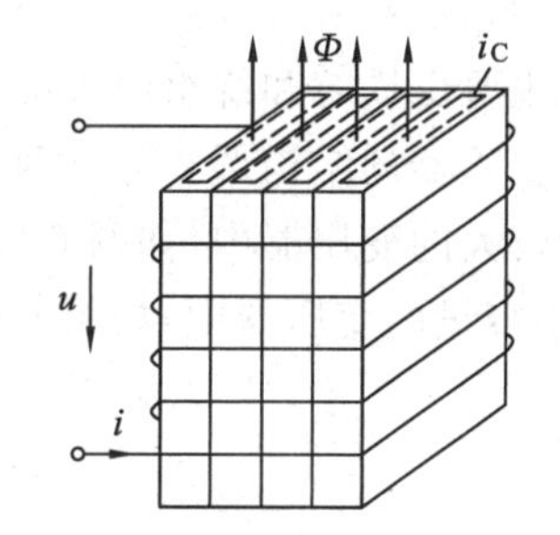

图 6-8　硅钢片铁芯中的涡流

② 磁滞损耗。由铁磁材料的磁滞现象所产生的能量损失称为磁滞损耗，用 ΔP_h

表示。可以证明磁滞损耗正比于磁滞回线所包围的面积。

磁滞损耗要引起铁芯发热，为了减少磁滞损耗，应选用磁滞回线狭小的磁性材料制作铁芯，如硅钢、铁氧体等。

综上所述，铁芯线圈的功率损耗为

$$\Delta P=\Delta P_{Cu}+\Delta P_{Fe}=RI^2+\Delta P_e+\Delta P_h$$

练习与思考

1. 直流铁芯线圈消耗的功率为（　　）。
   A. 铁损　　B. 铜损　　C. 铁损加铜损
2. 交流铁芯线圈消耗的功率为（　　）。
   A. 铁损　　B. 铜损　　C. 铁损加铜损
3. 将额定电压为 220 V 的直流铁芯线圈接到 220 V 的交流电源上使用，结果（　　）。
   A. 电流过大，烧毁线圈　　B. 电流过小，吸力不足，铁芯发热
   C. 没有影响，正常工作
4. 两交流铁芯线圈除了匝数不同$\left(N_1=\frac{1}{2}N_2\right)$外，其他参数相同，若将这两个线圈接在同一交流电源上，则它们的电流 I_1 和 I_2 的关系为（　　）。
   A. $I_1<I_2$　　B. $I_1>I_2$　　C. $I_1=I_2$
5. 一交流铁芯线圈，分别接在电源电压相同而频率不同（$f_1<f_2$）的交流电源上，问此两种情况下的磁感应强度 B_1 和 B_2 的关系为（　　）。
   A. $B_1<B_2$　　B. $B_1>B_2$　　C. $B_1=B_2$
6. 如果线圈的铁芯由彼此绝缘的硅钢片在垂直磁场方向叠成，是否可以？

6.4 变压器

在交流铁芯线圈的铁芯上再绕上一个或多个线圈，就可构成变压器。变压器利用电磁感应作用传递交流电能和交流信号，广泛应用于电力系统和电子线路中，具有变换电压、变换电流和变换阻抗的功能。

6.4.1 变压器的构造和分类

变压器主要由铁芯和绕组两大部分组成，其铁芯通常用硅钢片叠成，图 6-9 是其结构示意图。变压器的结构形式分为两类：一是芯式变压器，其特点是绕组包围着铁芯，多用于容量较大的变压器中，如图 6-9a 所示；二是壳式变压器，其特点是铁芯包围着绕组，多用于小容量的变压器中，如图 6-9b 所示。

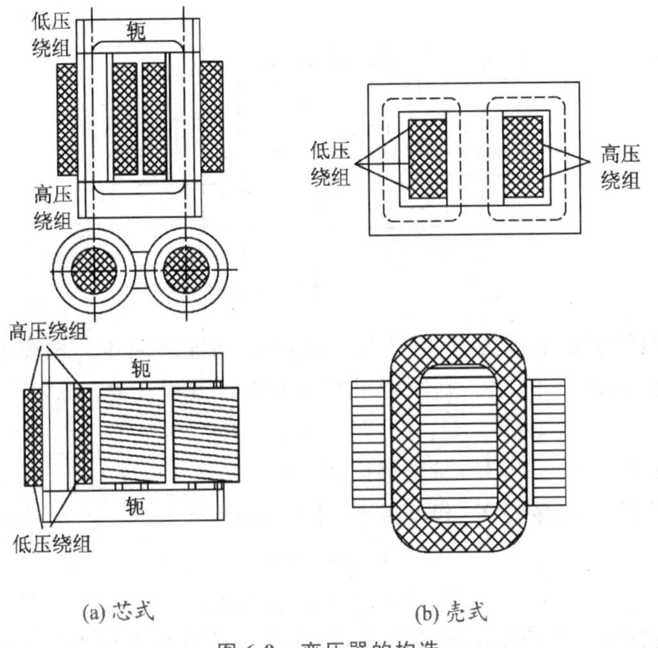

(a) 芯式　　(b) 壳式

图 6-9　变压器的构造

变压器接电源的绕组，称为原绕组或一次绕组；接负载的绕组，称为副绕组或二次绕组。铁芯、原绕组和副绕组之间要相互绝缘，其电路符号如图 6-10 所示。

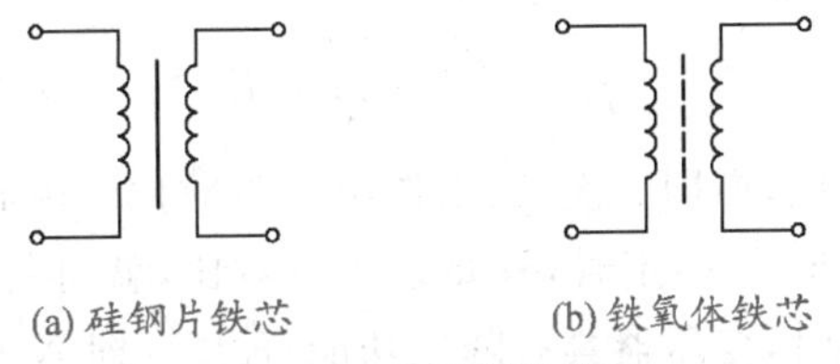

(a) 硅钢片铁芯　　(b) 铁氧体铁芯

图 6-10　变压器的符号

变压器按其接交流电源的相数分为单相、三相和多相变压器；其次还有升压变压器和降压变压器之分；另外还有一些特殊用途的变压器，如作测量用的仪用变压器（电压互感器和电流互感器）、自耦变压器和焊接变压器等。

6.4.2 变压器的工作原理

本节以单相变压器为例，介绍变压器的工作原理。为了便于分析，将原、副绕组分别画在两边，如图 6-11 所示。原、副绕组的匝数分别为 N_1 和 N_2，绕组电阻分别为 R_1 和 R_2。

1. 变压器的空载运行

当变压器的副绕组不接负载时，称为变压器的空载运行，如图 6-11 所示。

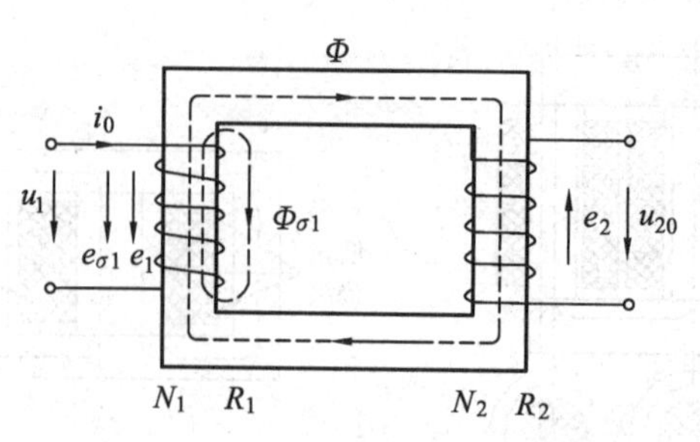

图 6-11 变压器空载运行的原理图

流过原绕组的空载电流为 i_0，它产生主磁通 Φ 和漏磁通 $\Phi_{\sigma1}$，两磁通在原绕组产生的感应电动势分别为 e_1 和 $e_{\sigma1}$。则原绕组的回路电压方程式为

$$\dot{U}_1=-\dot{E}_1-\dot{E}_{\sigma1}+R_1\dot{I}_0$$

其中漏感电动势 $\dot{E}_{\sigma1}=-jX_{\sigma1}\dot{I}_0$，漏磁感抗 $X_{\sigma1}=\omega L_{\sigma1}$。

忽略原绕组的漏磁感抗 $X_{\sigma1}$ 和电阻 R_1 上的压降，有

$$\dot{U}_1\approx-\dot{E}_1$$

即

$$U_1\approx E_1=4.44fN_1\Phi_m$$

由于是空载运行，副绕组的电流为零，则副绕组的开路电压为

$$\dot{U}_{20}=\dot{E}_2$$

即

$$U_{20}\approx E_2=4.44fN_2\Phi_m$$

则原副绕组电压的有效值之比为

$$\frac{U_1}{U_{20}}\approx\frac{E_1}{E_2}=\frac{N_1}{N_2}=K$$

式中 K 称为变压器的变比，亦即一次、二次绕组的匝数比。由此可见，变压器具有变换电压的功能。当电源电压 U_1 一定时，只要改变匝数比，就可得到不同的输出电压 U_2，且当 $K>1$（即 $N_1>N_2$）时，变压器具有降压功能；$K<1$（即 $N_1<N_2$）时，变压器具有升压功能。

2. 变压器的负载运行

当变压器的副绕组接有负载 Z_L 后，副绕组中有电流 i_2 流过，此时原绕组的电流由 i_0 变为 i_1，铁芯中的主磁通由原、副绕组的磁动势共同产生，原理如图 6-12 所示。

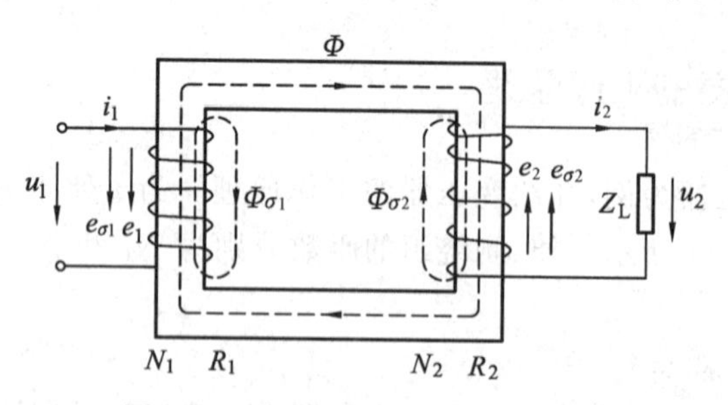

图 6-12 变压器负载运行的原理图

此时，除主磁通 Φ 要在副绕组产生电动势 e_2 外，i_2 在副绕组上产生电阻压降 R_2i_2，产生漏磁通 $\Phi_{\sigma2}$，由漏磁通 $\Phi_{\sigma2}$ 在副绕组产生漏感电动势 $e_{\sigma2}$。用 $L_{\sigma1}$ 和 $X_{\sigma1}$ 分别表示原绕组的漏电感和漏感抗，用 $L_{\sigma2}$ 和 $X_{\sigma2}$ 分别表示副绕组的漏电感和漏感抗，则原、副绕组

的回路电压方程式分别为

$$\dot{U}_1=-\dot{E}_1-\dot{E}_{\sigma1}+R_1\dot{I}_1$$

$$\dot{U}_2=\dot{E}_2+\dot{E}_{\sigma2}-R_2\dot{I}_2$$

式中

$$\dot{E}_{\sigma1}=-\mathrm{j}X_{\sigma1}\dot{I}_1,X_{\sigma1}=\omega L_{\sigma1}$$

$$\dot{E}_{\sigma2}=-\mathrm{j}X_{\sigma2}\dot{I}_2,X_{\sigma2}=\omega L_{\sigma2}$$

同理,忽略原副绕组的电阻压降和漏感电动势,上述两式分别为

$$U_1\approx E_1,U_2\approx E_2$$

则

$$\frac{U_1}{U_2}\approx\frac{E_1}{E_2}=\frac{N_1}{N_2}=K$$

另外,由 $U_1\approx E_1=4.44fN_1\Phi_\mathrm{m}$ 可见,当电源电压 U_1 和频率 f 不变时,铁芯中主磁通 Φ_m 的大小基本不变。就是说,铁芯中主磁通的最大值在变压器空载或有载时是差不多恒定的,即产生主磁通的磁动势不变。所以,副绕组电流出现后,原绕组电流必然发生变化,使得负载运行时原、副绕组的合成磁动势仍然保持空载时的数值,这就是磁动势平衡方程式

$$\dot{I}_1N_1+\dot{I}_2N_2\approx\dot{I}_0N_1$$

可见,副绕组电流对原绕组电流所产生的磁场具有去磁作用。通常变压器的空载电流 I_0 仅为满载时电流的百分之几,可以略去不计,则有

$$\dot{I}_1N_1+\dot{I}_2N_2\approx0$$

即

$$\frac{I_1}{I_2}\approx\frac{N_2}{N_1}=\frac{1}{K}$$

这表明变压器具有变换电流的功能。

3. 变压器的功能

综上所述,变压器具有变换电压、变换电流和变换阻抗的功能。

(1) 变换电压功能,即

$$\frac{U_1}{U_2}\approx\frac{N_1}{N_2}=K$$

$$U_1=KU_2$$

(2) 变换电流功能,即

$$\frac{I_1}{I_2}\approx\frac{N_2}{N_1}=\frac{1}{K}$$

$$I_1=\frac{I_2}{K}$$

(3) 变换阻抗功能。如图 6-13 所示,从变压器原绕组看进去的等效复阻抗为

$$|Z_\mathrm{L}'|=\frac{U_1}{I_1}=\frac{\frac{N_1}{N_2}U_2}{\frac{N_2}{N_1}I_2}=\left(\frac{N_1}{N_2}\right)^2\frac{U_2}{I_2}=K^2|Z_\mathrm{L}|$$

即

$$|Z_\mathrm{L}'|=K^2|Z_\mathrm{L}|$$

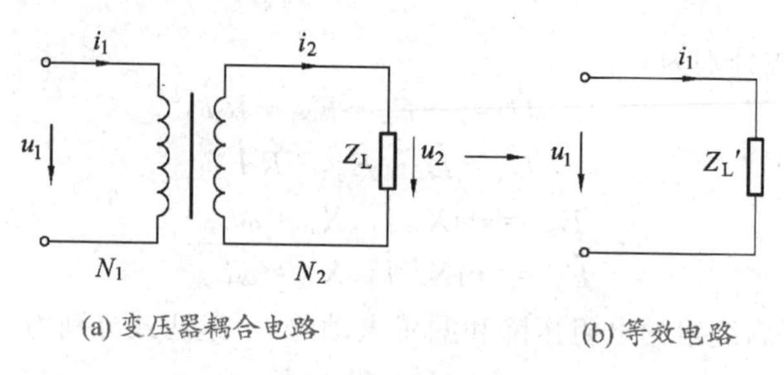

(a) 变压器耦合电路　　(b) 等效电路

图 6-13　变压器变换阻抗原理图

该式说明变压器变换阻抗的功能，常用在电子电路中起阻抗匹配作用，以获得最大输出功率。

【例 6-3】 一正弦信号源的电压 $U_S=5$ V，内阻 $R_S=1\ 000\ \Omega$，负载电阻 $R_L=10\ \Omega$。通过变压器将负载与信号源接通，要求电路达到阻抗匹配，即 $R_1=R_S$，使信号源输出的功率最大。试求：(1) 变压器的变比；(2) 变压器原、副绕组的电流；(3) 负载获得的功率；(4) 如果不用变压器耦合，直接将负载与信号源相连时负载获得的功率。

解　(1) 将负载电阻 R_L 换算为从原绕组看进去的等效电阻 R_L' 所需变压器的匝数比为 K，因为

$$R_L'=K^2R_L=\left(\frac{N_1}{N_2}\right)^2R_L$$

所以

$$K=\frac{N_1}{N_2}=\sqrt{\frac{R_L'}{R_L}}=\sqrt{\frac{R_S}{R_L}}=\sqrt{\frac{1000}{10}}=10$$

(2) 原绕组电流为　$I_1=\dfrac{U_S}{R_S+R_L'}=\dfrac{5}{1000+1000}=2.5\ \text{mA}$，

副绕组电流为　$I_2=KI_1=10\times2.5\ \text{mA}=25\ \text{mA}$。

(3) 负载的功率为　$P_L=I_2^2\ R_L=(25\times10^{-3})^2\times10=6.25\ \text{mW}$。

(4) 负载直接接信号源时的功率为

$$P_{L1}=\left(\frac{U_S}{R_S+R_L}\right)^2R_L=\left(\frac{5}{1000+10}\right)^2\times10\ \text{W}=0.245\ \text{mW}$$

很显然，负载直接接信号源所得到的功率远远小于通过变压器接信号源时的功率。

6.4.3　变压器的额定值和外特性

1. 变压器的额定值

变压器的额定值是用户正确、合理使用变压器的重要依据，其值一般在铭牌上标出。

① 额定电压。

原绕组额定电压 U_{1N}：指正常工作情况下原绕组应当施加的电压。

副绕组额定电压 U_{2N}：指在 U_{1N} 的作用下，变压器副绕组的空载电压。

② 额定电流。

原绕组额定电流 I_{1N}：指原绕组为额定电压时，原绕组允许长期通过的最大电流。

副绕组额定电流 I_{2N}：指原绕组为额定电压时，副绕组允许长期通过的最大电流。

③ 额定容量 S_N：指输出的额定视在功率，即 $S_N = U_{2N} \cdot I_{2N} \approx U_{1N} \cdot I_{1N}$（单相变压器）。

④ 额定频率 f_N：指电源的工作频率。我国的工业标准频率是 50 Hz。

2. 变压器的外特性

当电源电压 U_1 不变时，随着副绕组电流 I_2（负载电流）的增加，副绕组阻抗上的电压降便增加，从而使副绕组电压 U_2 也随之变化，通常把 U_2 随 I_2 的变化关系称为变压器的外特性。对电阻和感性负载而言，电压 U_2 随 I_2 的增加而下降，且负载的功率因数愈低，U_2 下降愈剧烈，如图 6-14 所示。

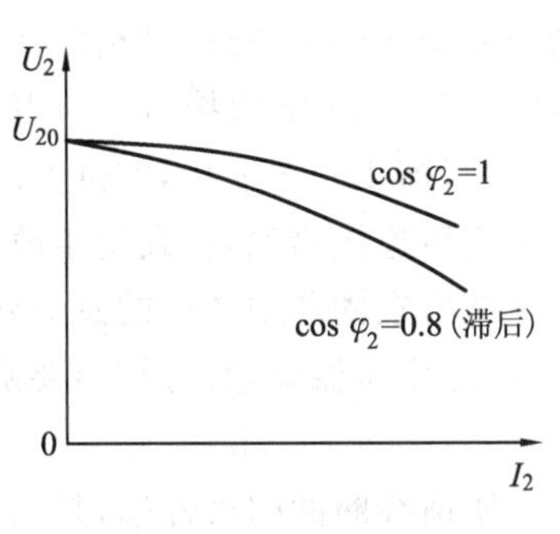

图 6-14　变压器的外特性

从空载到满载，变压器副绕组电压的变化程度用电压调整率表示，即 $\Delta U\% = \frac{U_{20} - U_2}{U_{20}} \times 100\%$，变压器的电压调整率一般在 5% 以下。

6.4.4　变压器的损耗与效率

1. 变压器的损耗

与交流铁芯线圈一样，变压器在运行时也有两种功率损耗：铜损 ΔP_{Cu} 和铁损 ΔP_{Fe}。

铜损为原、副绕组电阻的损耗，即

$$\Delta P_{Cu} = I_1{}^2 R_1 + I_2{}^2 R_2$$

当负载电流发生变化时，铜损也随之变化，因此铜损有时也称为可变损耗。

铁损仍然是铁芯中的涡流损耗与磁滞损耗之和，即

$$\Delta P_{Fe} = \Delta P_e + \Delta P_h$$

由于变压器的主磁通 Φ_m 基本不变，铁损也基本不变，所以铁损有时也称为不变损耗。

变压器的功率损耗为

$$\Delta P = \Delta P_{Cu} + \Delta P_{Fe} = I_1{}^2 R_1 + I_2{}^2 R_2 + \Delta P_e + \Delta P_h$$

2. 变压器的效率

变压器的效率定义为输出功率与输入功率的比值，即

$$\eta = \frac{P_2}{P_1} = \frac{P_2}{P_2 + \Delta P} \times 100\%$$

通常，变压器的损耗较小，效率较高。小型变压器的效率约为 70%～85%，大型变压器的效率可达到 98%～99%。

6.4.5 变压器绕组的极性

1. 绕组的正确连接

在使用变压器时，要注意绕组的正确连接方式。如图 6-15a 所示，变压器的原边有两个完全相同的绕组，绕组的额定电压均为 110 V。当电源为 220 V 时，需将两个绕组串联，即 2 和 3 端短接，1 和 4 接电源，如图 6-15b 所示；当电源为 110 V 时，需将两个绕组并联，即 1 和 3 短接，2 和 4 短接，从两个短接点分别引线接电源，如图 6-15c 所示。如果绕组连接错误，会发生事故。例如，在图 6-15a 中，将 2 和 4 短接，1 和 3 接电源，则两个绕组在铁芯中产生的磁通就会相互抵消，绕组中没有感应电动势，将会流过很大的电流，把变压器烧毁。因此，要确定绕组（或线圈）的同极性端，便于绕组的正确连接。

2. 绕组的同极性端

所谓线圈的同极性端，是指当电流从两个线圈的同极性端流入（或流出）时，产生的磁通方向相同。图 6-15 中在两个同极性端用"·"表示，如 1 和 3 是同极性端，2 和 4 也是同极性端。

变压器线圈上都标有同极性端的标记，这时只要知道同极性端就可以正确连线，不必知道内部绕组的绕向。

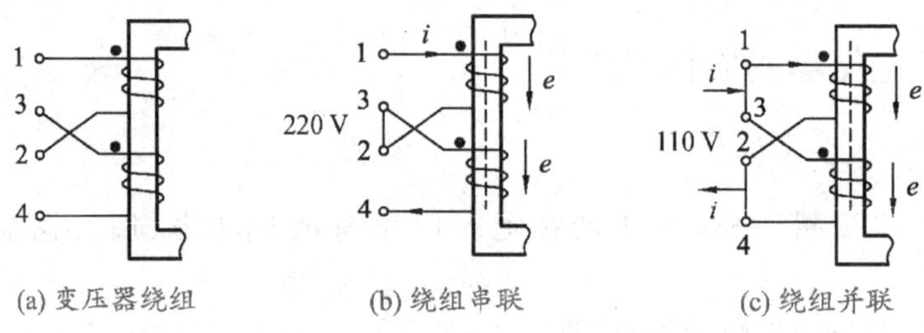

图 6-15 变压器绕组的正确连接

3. 绕组同极性端的判定

如果同极性端的标记已辨认不清或消失，应该怎么判定呢？实践中有多种判定方法，下面介绍的直流判定法就是一种很简便的测定方法。

首先用万用表的欧姆挡确认出哪两个出线端是同一绕组的，然后通过一个开关 S 将直流电源（如干电池）接在任一个绕组上，比如接在图 6-15 中 1—2 绕组上，如果电源的正极和 1 端相连，那么当开关 S 突然闭合时，另外一个绕组感应电压为正的那一端就和 1 端是同极性端。读者可考虑还有哪些其他的判定方法。

6.4.6 其他类型变压器

1. 三相变压器

电力系统中三相电压的变换可采用三相变压器，也可采用三个单相变压器组合成三相变压器。图 6-16a 为油浸式三相变压器的外形图，图 6-16b 为三相芯式变压器的原理图，图中三相原绕组的首末端分别用 A、B、C 和 X、Y、Z 表示，副绕组的首末端分别用 a、b、c 和 x、y、z 表示。

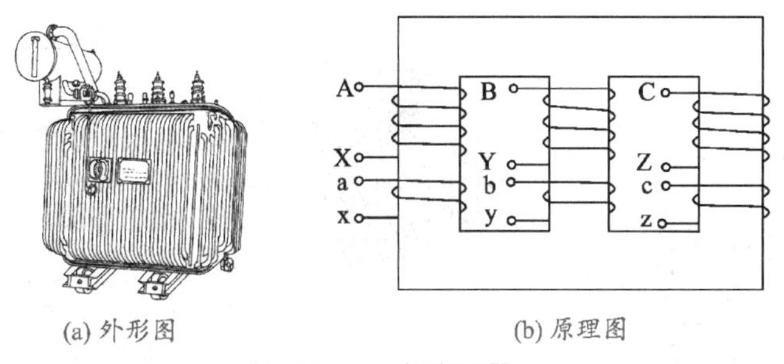

(a) 外形图　　(b) 原理图

图 6-16　三相变压器

三相变压器原、副绕组的连接方式有多种，其中常用的有 Y/Y_0 和 Y/△接法。这里 Y 表示原绕组的接法，Y_0 和△表示副绕组的接法。这两种接法如图 6-17 所示。Y/Y_0连接的三相变压器是供动力负载和照明负载共用的，低压一般是 400 V，高压不超过 35 kV；Y/△连接的变压器，低压一般是 10 kV，高压不超过 60 kV。

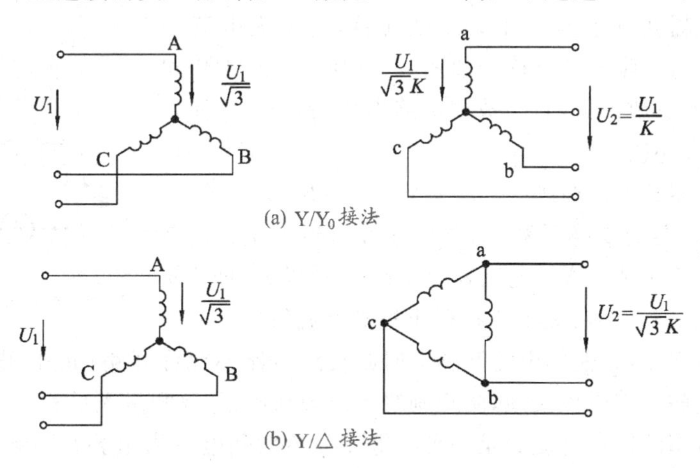

(a) Y/Y_0 接法

(b) Y/△ 接法

图 6-17　三相变压器的连接法

2. 自耦变压器

与其他变压器不同，自耦变压器只有一个线圈，其原理如图 6-18 所示。自耦变压器中副绕组是原绕组的一部分，其特点是原、副绕组之间不仅有磁的耦合，还有电的联系。其变压功能和变流功能分别表示为

$$\frac{U_1}{U_2}=\frac{N_1}{N_2}=K$$

$$\frac{I_1}{I_2}=\frac{N_2}{N_1}=\frac{1}{K}=K'$$

K'为自耦变压器的抽头比。生产实际中，为了方便选用，常常有不同抽头比的自耦变压器供使用者选用，如 73％，64％，55％或 80％，60％，40％等规格。

实验室中常用的调压器就是一种通过改变副绕组匝数来改变输出电压的自耦变压器，输出电压在 0～250 V 之间连续可调，其外形和原、副绕组的接线情况分别如图6-19 所示。

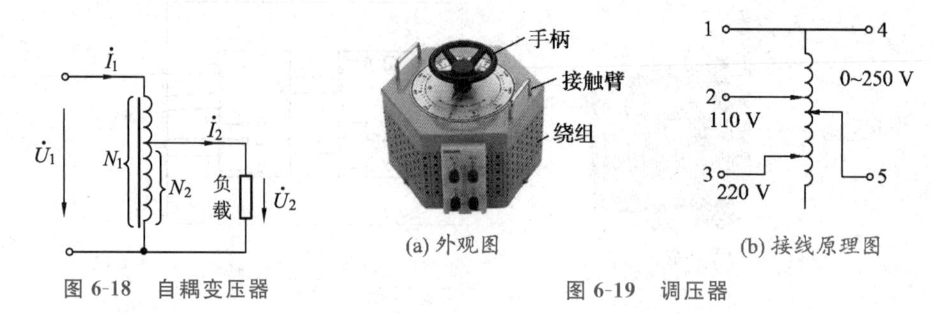

图 6-18 自耦变压器

(a) 外观图 (b) 接线原理图

图 6-19 调压器

3. 仪用变压器

作为测量仪表使用的变压器又叫作仪用变压器，主要用来测量常规电流表和电压表无法直接测量的大电流和高电压，通常有电流互感器和电压互感器两种。

(1) 电流互感器

电流互感器实际上是一个升压变压器，它将大电流 I_1 变换为小电流 I_2，其接线与符号如图 6-20 所示。从图中可看出，原绕组的匝数很少，它与被测电路串联；副绕组的匝数较多，与电流表连接。

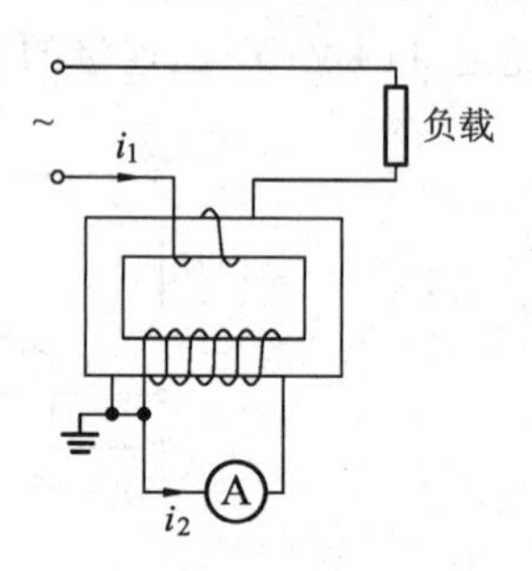

图 6-20 电流互感器

根据变压器的变流原理，$I_1/I_2=N_2/N_1=K_i$，$I_1=K_iI_2$，K_i 为电流互感器的变换系数，通常电流互感器副绕组的额定电流规定为 5 A 或 1 A。电流表的读数 I_2 乘以 K_i 即为被测的大电流 I_1（或在电流表上直接标出被测电流值）。

为了安全起见，在使用电流互感器时副绕组电路不允许开路；此外，电流互感器的铁芯及副绕组的一端应该接地，防止副绕组出现高压，危及测量人员和设备的安全。

工业上常用的钳形电流表是一种将电流互感器和电流表组装在一起的仪表，是电流互感器的一种典型应用。它的铁芯如同钳子，用弹簧压紧。测量时将钳子压开，引入被测导线。这时，该导线就是原绕组，副绕组绕在铁芯上，并与电流表接通进行测量。利用钳形电流表可随时随地测量线路中的电流，如图 6-21 所示。

(2) 电压互感器

与电流互感器相反，电压互感器是一个降压变压器，它将高电压 U_1 变换为低电压 U_2，其接线如图 6-22 所示。电压互感器原绕组的匝数很多，它与被测电路并联；副绕组的匝数很少，接电压表。

根据变压器的变压原理，$U_1/U_2=N_1/N_2=K$，$U_1=KU_2$，K 为电压互感器的变换系数。

同理，为了安全起见，在使用电压互感器时，副绕组电路不允许短路；电压互感器的铁芯及副绕组的一端应该接地。

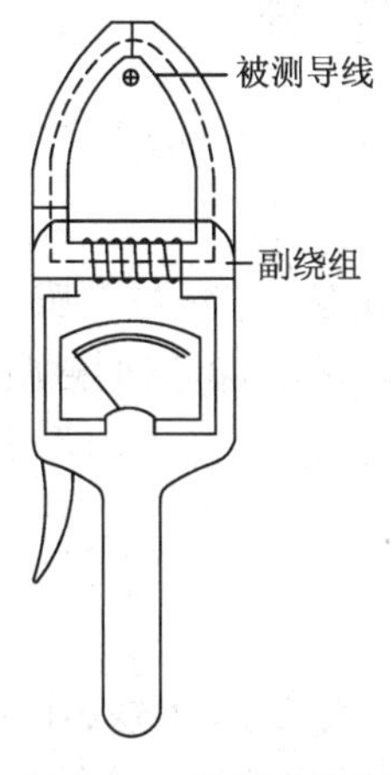
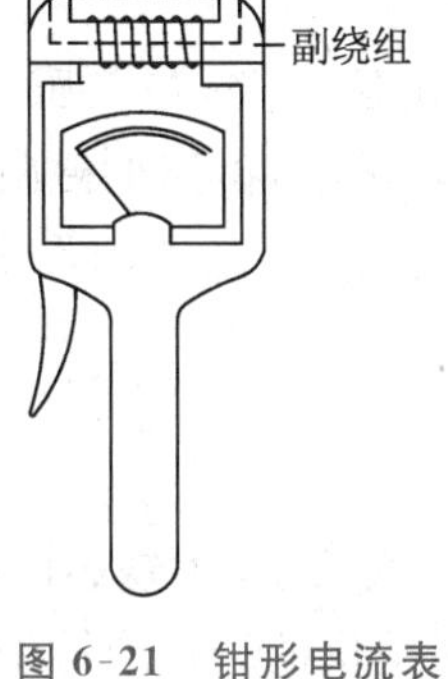

图 6-21　钳形电流表

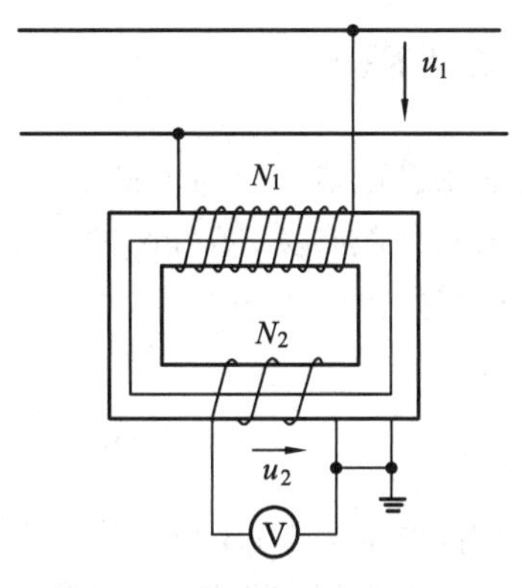

图 6-22　电压互感器

练习与思考

1. 有一台电压为 220 /110 V 的变压器，$N_1=2000$，$N_2=1000$。如果为节约导线，将匝数减为 800 和 400，是否也可以使用？
2. 某变压器的额定频率为 50 Hz，用于 25 Hz 的交流电路中，能否正常工作？
3. 变压器既能传输交流电能又能传输直流电能，这种说法对不对？
4. 一负载 R_L 经变压器接到信号源上，信号源的内阻 $R_0=800\ \Omega$，变压器的变比 $K=10$，若该负载折算到原绕组的阻值 R_L' 正好与 R_0 达到最佳阻抗匹配，则负载 R_L 为（　　）。
   A. 80 Ω　　B. 0.8 Ω　　C. 8 Ω
5. 变压器在额定容量下运行时，其输出有功功率的大小取决于（　　）。
   A. 负载阻抗的大小　　B. 负载功率因数的大小　　C. 负载的连接方式
6. 变压器带负载时的主磁通是由（　　）产生的。
   A. 原绕组的电流 I_1　　B. 副绕组的电流 I_2
   C. 原绕组的电流 I_1 和副绕组的电流 I_2

6.5　电磁铁

电磁铁由线圈、铁芯及衔铁三部分组成，它利用通电的铁芯线圈产生电磁吸力使衔铁动作，而衔铁的动作可使其他机械装置发生联动；当断电时，电磁吸力消失，衔铁（或机械装置）复位。几种常用电磁铁的类型如图 6-23 所示。

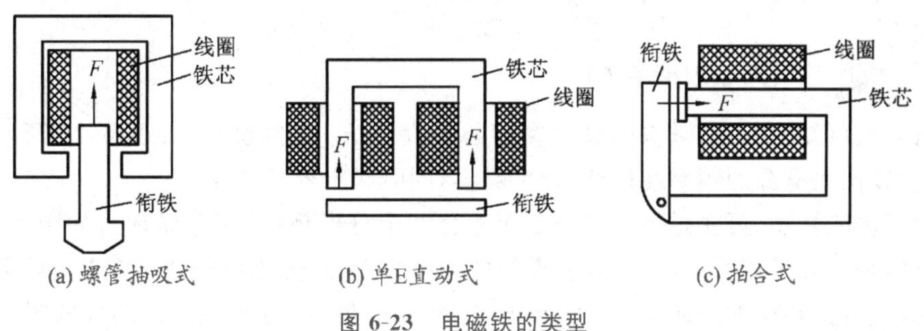

(a) 螺管抽吸式　　(b) 单E直动式　　(c) 拍合式

图 6-23　电磁铁的类型

电磁铁按励磁电流分为直流电磁铁和交流电磁铁两种。

6.5.1 直流电磁铁

直流电磁铁的励磁电流 I 只与电源电压和线圈电阻有关，当电压一定时电流 I 也为定值。电磁吸力与气隙有关，随着衔铁的吸合，气隙减小，磁路的磁阻减小，由于磁动势 NI 不变，所以磁通增大，电磁吸力也随之增大。直流电磁铁动作平稳，工作可靠。电磁吸力的大小为

$$F=\frac{10^7}{8\pi}B^2S$$

式中，F 为电磁吸力，单位为 N；B 为磁感应强度，单位为 T；S 为铁芯面积，单位为 m^2。

因直流电磁铁中没有涡流损耗，因而其铁芯是用整块的铸铁或铸钢制成的。

6.5.2 交流电磁铁

交流电磁铁在生产实践中的应用十分广泛，如图 6-24 所示的桥式吊车上所用制动器就是利用电磁铁工作的。电磁铁的线圈与电动机的定子绕组并联，当接通电源时，电磁铁动作而拉开弹簧，把抱闸提起，于是放开了装在电动机轴上的制动轮，电动机便自由转动。当电源断开时，电磁铁的衔铁落下，弹簧复位，抱闸压在制动轮上，于是电动机就被制动。在吊车中采用这种制动方法，还可以避免由于工作过程中的突然断电而使重物下滑所造成的事故。

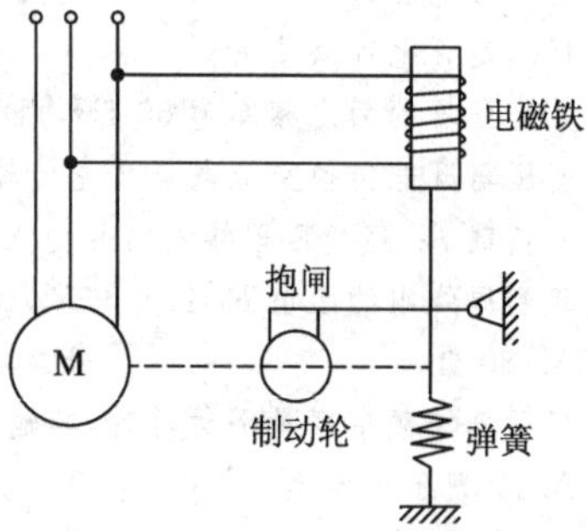

图 6-24 交流电磁铁的应用

由于交流电磁铁的磁感应强度 B 的大小是周期性变化的，故其吸力也是周期性变化的。

设 $B=B_m\sin\omega t$，则

$$\begin{aligned}F&=\frac{10^7}{8\pi}B^2S=\frac{10^7}{8\pi}B_m^2S\sin^2\omega t\\&=\frac{10^7}{8\pi}B_m^2S\times\frac{1-\cos 2\omega t}{2}\\&=F_m\frac{1-\cos 2\omega t}{2}=\frac{1}{2}F_m-\frac{1}{2}F_m\cos 2\omega t\end{aligned}$$

其中 $F_m=\frac{10^7}{8\pi}B_m^2S$ 是吸力的最大值。

由上式可知，交流电磁铁的吸力在零与最大值 F_m 之间脉动，如图 6-25 所示。因此，衔铁以两倍电源的频率在振动，产生噪音，同时触点容易损坏。

为了消除振动，可在磁极的部分端面上套一个分磁环（又叫短路环），如图 6-26 所示。分磁环一般采用紫铜材料，具有良好的导电性能，在分磁环中的感应电流阻碍磁通的变化，使分磁环中的磁通 Φ_2 落后于 Φ_1 一个相位角，从而使磁极各部分的吸力不会

同时为零，这就消除了衔铁的振动，也消除了噪音。为了减小铁损，交流电磁铁的铁芯也是由硅钢片叠成的。

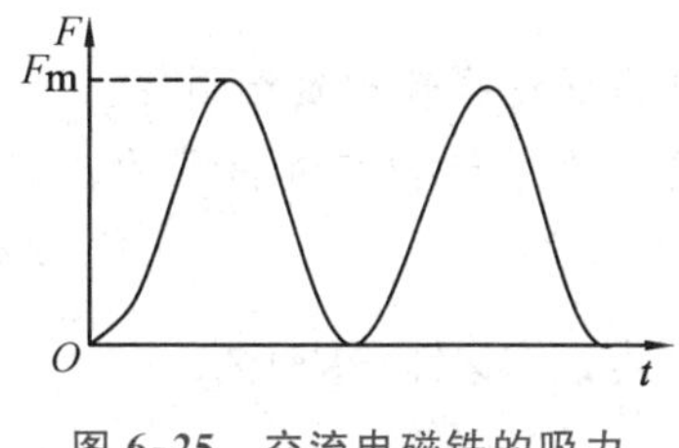

图 6-25　交流电磁铁的吸力

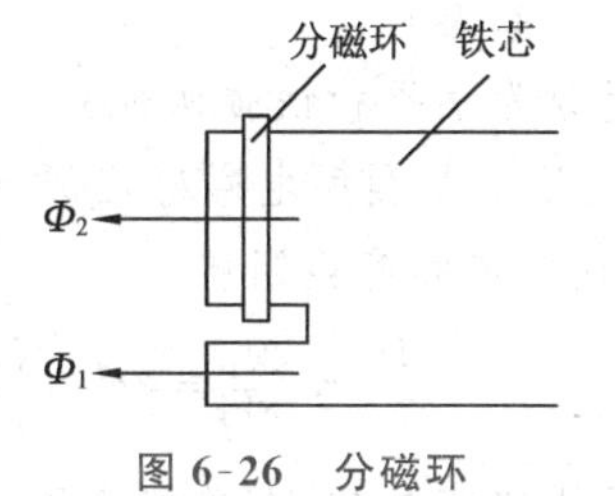

图 6-26　分磁环

需要注意的是，使用交流电磁铁时要防止衔铁因机械故障被卡死的情况发生。这时通电后衔铁吸合不上，线圈中就会流过较大的电流而使线圈严重发热，甚至烧毁。

练习与思考

1. 在电源电压相等的情况下，将一直流电磁铁接到交流电源上，此时磁路中的磁通 Φ(　　)。
   A. 增大　　B. 减小　　C. 保持不变
2. 在电源电压相等的情况下，将一交流电磁铁接到直流电源上，此时磁路中的磁通 Φ 将(　　)。
   A. 增大　　B. 减小　　C. 保持不变
3. 直流电磁铁的线圈通电时，衔铁吸合前后线圈的电流将(　　)。
   A. 增大　　B. 减小　　C. 保持不变
4. 交流电磁铁的线圈通电时，衔铁吸合前后线圈的电流将(　　)。
   A. 增大　　B. 减小　　C. 保持不变
5. 直流电磁铁的线圈通电时，衔铁吸合前后电磁铁的吸力将(　　)。
   A. 增大　　B. 减小　　C. 保持不变
6. 交流电磁铁的线圈通电时，衔铁吸合前后电磁铁的吸力将(　　)。
   A. 增大　　B. 减小　　C. 保持不变

小结

1. 磁路是磁通集中通过的路径，它通常是由铁磁材料制成。铁磁材料具有高导磁性、磁饱和性和磁滞性。铁磁材料有硬磁材料、软磁材料和矩磁材料之分，硬磁材料用于制造永久磁铁，软磁材料用于制造电机、电器及变压器等的铁芯。

2. 磁路的欧姆定律：$\Phi=\dfrac{NI}{\dfrac{l}{\mu S}}=\dfrac{F}{R_m}$。它是分析磁路最基本的定律之一。由于铁磁材料的磁阻 R_m 不是常数，因此一般不能用它进行磁路的定量计算。

磁路的全电流定律：$Hl=NI$。可以用来对磁路进行定量计算。

3. 直流铁芯线圈中，伏安关系 $U=RI$，这与没有铁芯时一样。

交流铁芯线圈中，$U \approx 4.44 fN\Phi_m$，磁通与电压成正比，电压与电流之间不再符合欧姆定律的关系。

损耗分为铜损和铁损两部分，铁损又分为涡流损耗和磁滞损耗。

4. 变压器是利用电磁感应原理来传输交流电能和交流信号的。它具有变换电压、变换电流和变换阻抗的作用，即

$$\frac{U_1}{U_2} \approx \frac{N_1}{N_2} = K, \quad \frac{I_1}{I_2} \approx \frac{N_2}{N_1} = \frac{1}{K}, \quad |Z_L'| = K^2 |Z_L|$$

变压器按相数分，有单相变压器和三相变压器；按用途分，有电力变压器、电源变压器、仪用变压器和电焊变压器等。各种变压器的基本工作原理是相似的。

5. 电磁铁的吸力计算公式为

$$F = \frac{10^7}{8\pi} B^2 S$$

直流电磁铁在吸合过程中，吸力随空气隙变小而增大，励磁电流不变。

交流电磁铁在吸合过程中，平均吸力基本不变，励磁电流随空气隙变小而变小。交流电磁铁的铁芯有两大特点：铁芯是用硅钢片叠成的；产生吸力的端面有分磁环。

第6章 习题

1. 有一线圈，其匝数 $N=1000$，绕在由铸钢制成的闭合铁芯上，铁芯的截面积 $S=20\ \text{cm}^2$，铁芯的平均长度 $L=50\ \text{cm}$。如要在铁芯中产生磁通 $\Phi=0.002\ \text{Wb}$，试问线圈中应通入多大的直流电流？

2. 如果上题的铁芯中含有一长度为 $\delta=0.2\ \text{cm}$ 的空气隙（与铁芯柱垂直），由于空气隙较短，磁通的边缘扩散可忽略不计，试问线圈中的电流必须多大才可使铁芯中的磁感应强度保持上题中的值不变？

3. 有一交流铁芯线圈，接在 $f=50\ \text{Hz}$ 的正弦交流电源上，铁芯中磁通的最大值为 $\Phi_m=2\times10^{-4}\ \text{Wb}$。在此铁芯上再绕一个线圈，其匝数为100。当此线圈开路时，求其两端电压。

4. 一铁芯线圈，当其铁芯的横截面积变大而磁路的平均长度不变时，试分析在下述两种情况下其励磁电流是否变化？怎样变化？

(1) 直流励磁，励磁电压不变；

(2) 交流励磁，励磁电压不变。

5. 试分析在下列情况下交流铁芯线圈中的磁感应强度和线圈中的电流将如何变化？

(1) 电源电压不变，绕组匝数增加；

(2) 电源电压不变，频率减小；

(3) 电源电压不变，铁芯截面减小；

(4) 电源电压减小,其他不变。

6. 一台容量 $S_N=20$ kV·A 的照明变压器,它的电压为 6600/220 V,问它能够正常供应 220 V/40 W 的白炽灯多少盏?能供应 $\cos\varphi=0.6$,电压 220 V,功率40 W的日光灯多少盏?

7. 上题所给的变压器,其变比 $K=6600/220=30$,问原绕组绕 30 匝,副绕组绕 1 匝是否可以?

8. 某变压器的绕组如图所示,其额定容量 $S_N=100$ V·A,原绕组额定电压 $U_{1N}=220$ V,副绕组两个绕组的电压分别为 36 V 和 24 V。(1) 已知 36 V 绕组的负载为 40 V·A,求 3 个绕组的额定电流各是多少?(2) 若某负载的额定电压是12 V,副绕组怎样连接才能满足要求?

9. 图示某变压器的副绕组有中间抽头,以便接 8 Ω 或 4 Ω 的扬声器,且两者都能达到阻抗匹配。求副绕组两部分匝数之比 N_2/N_3。

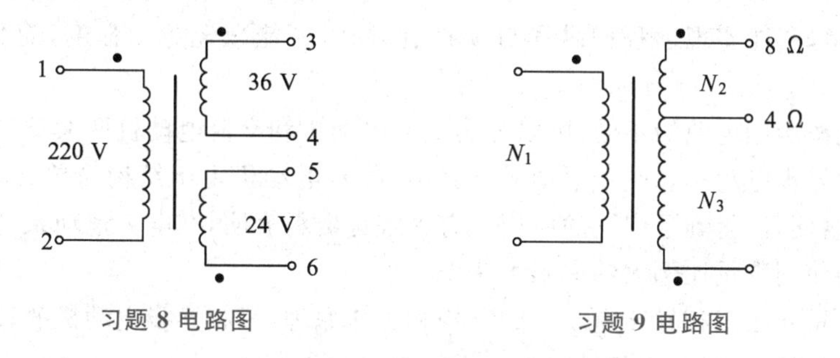

习题 8 电路图　　　　习题 9 电路图

10. 已知某直流电磁铁(图 6-23b 所示)两个磁极的面积 $S_1=S_2=2\ \text{cm}^2$,磁通为 $\Phi_m=10^{-4}$ Wb,求电磁吸力。

11. 若图 6-23b 所示为交流电磁铁,励磁线圈的额定电压为 $U_1=220$ V,线圈的匝数 $N=1000$,铁芯截面积为 $S_1=S_2=2\ \text{cm}^2$,试求最大电磁吸力。

12. 交流电磁铁接通电源后,如果衔铁长期不能吸合会引起什么后果?直流电磁铁呢?

第7章 三相交流异步电动机

能够实现电能与机械能转换的机械统称为电机，将电能转换为机械能的电机称为电动机，而将机械能或热能等转换为电能的电机称为发电机。

用电动机来驱动生产机械的系统（又称为电力拖动系统）具有许多优点：生产效率高，工作质量好，能实现远程操纵和自动控制，同时还能减轻劳动强度，简化生产机械结构。

电动机按所用电源的不同，可以分为直流电动机和交流电动机两大类，交流电动机又可以分为异步电动机和同步电动机。其中，异步电动机由于结构简单、运行可靠、维护方便、价格便宜，得到了广泛的应用。有关统计资料表明，在电力拖动系统中，交流异步电动机的使用数量比例大约占到了85%。

本章着重介绍三相异步电动机的结构和工作原理，三相异步电动机的转矩特性、机械特性和运行特性，以及三相异步电动机的使用方法。

7.1 三相交流异步电动机的结构

三相异步电动机由两个基本部分组成：定子（固定不动的部分）和转子（旋转部分）。另外在定子和转子之间有气隙，在定子两端有端盖来支撑转子的转轴。图7-1为鼠笼式异步电动机的组成部件，图7-2为绕线式异步电动机的组成部件。

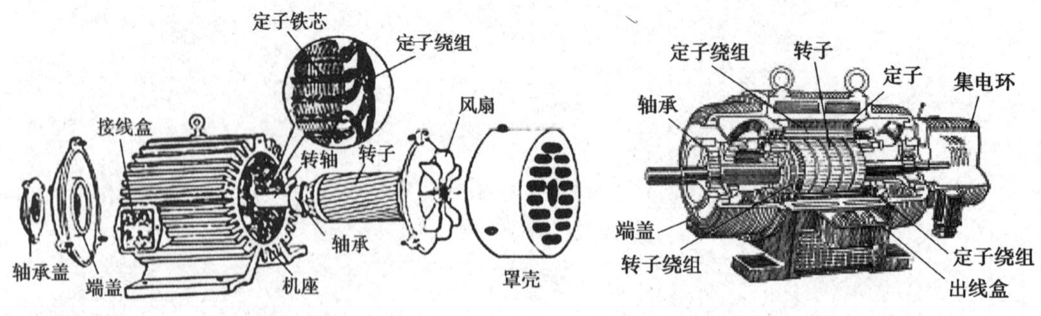

图7-1 鼠笼式异步电动机

图7-2 绕线式异步电动机

7.1.1 定子

异步电动机的定子由定子铁芯、定子绕组、机座和端盖等组成。

（1）机座：机座内装有带绕组的定子铁芯，两端装有端盖，用来固定和支撑定子铁芯，因此机座必须要有足够的机械强度和刚度。通常，中小型异步电动机都采用铸铁机座。

（2）定子铁芯：定子铁芯是电动机磁路的一部分，用来安放定子绕组。定子铁芯由 0.5 mm 厚的导磁性能良好的电工硅钢片（俗称冲片）叠成，如图 7-3 所示。一般硅钢片的两面都涂上绝缘漆以减少铁芯内的涡流损耗。当定子铁芯轴向长度较长时，在轴向每隔 3～6cm 留有通风沟道，整个铁芯在两端用压板压紧。定子铁芯冲片的内圆冲出均匀分布的槽，用来嵌放定子绕组。

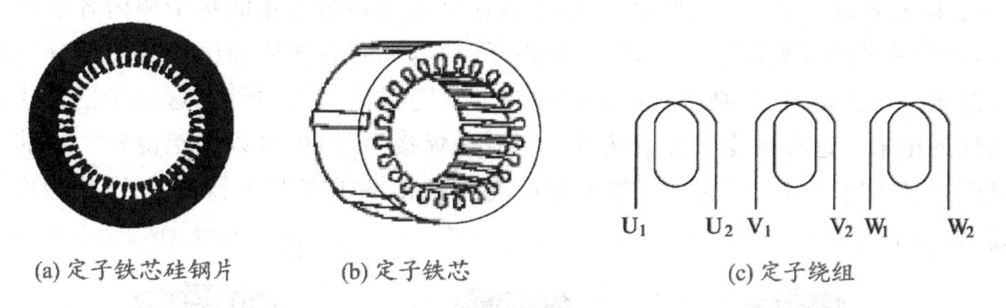

(a) 定子铁芯硅钢片　　(b) 定子铁芯　　(c) 定子绕组

图 7-3　三相异步电动机定子铁芯及定子绕组

（3）定子绕组：定子绕组是电动机定子的电路部分，其作用是产生电机内旋转磁场以实现能量转换，如图 7-3c 所示。低压中小型电动机的定子绕组一般采用漆包线（或丝包漆包线）绕成；而高压大中型异步电动机绕组采用经绝缘带包扎并浸漆处理过的成型线圈。三组定子绕组 U_1U_2、V_1V_2、W_1W_2 对称嵌放在定子铁芯的槽中，彼此相隔 120°，构成对称三相绕组。定子绕组在槽内部分与铁芯之间必须可靠绝缘。U_1、V_1、W_1 称为三相绕组的首端，U_2、V_2、W_2 称为末端，6 个端线再引到机座外侧的接线盒内，这样就可以依据三相电源电压的不同，将三相定子绕组接成 Y 形或△形，如图 7-4 所示。小型 Y 系列及其派生系列的电动机大多在电动机内部已连成 Y 形或△形接法，只将 3 个端线引到接线盒内。

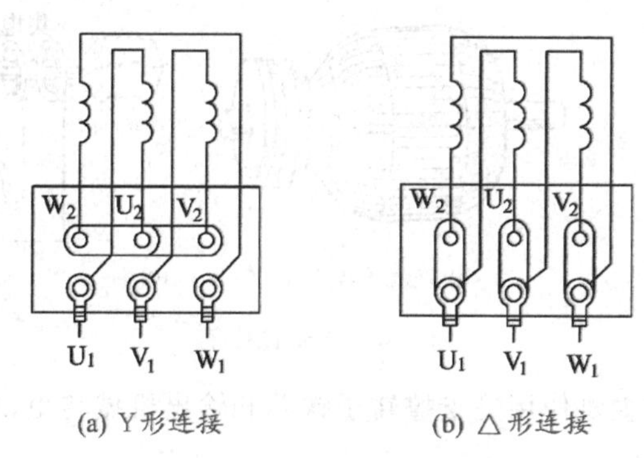

(a) Y形连接　　(b) △形连接

图 7-4　三相定子绕组的连接

对 Y 系列三相交流异步电动机，我国国家标准规定：功率小于或等于 3 kW 的三相交流异步电动机采用 Y 形接法；而功率大于或等于 4 kW 的三相交流异步电动机则采用△形接法。

7.1.2 转子

转子由转子铁芯、转子绕组、转轴、风扇等组成。

(1) 转子铁芯：转子铁芯是电动机磁路的一部分，一般由 0.5 mm 厚的电工硅钢片冲制后叠压而成。在其外表面有均匀分布的槽，用来嵌放转子绕组。

(2) 转子绕组：转子绕组是电动机电路的一部分。其作用是产生感应电动势，并通过感应电流来产生电磁转矩。转子绕组有鼠笼式和绕线式两种。

① 鼠笼式绕组如图 7-5 所示，在转子铁芯外表面均匀分布的每个槽内各放置一根导体，在铁芯两端安放两个端环，称为短路环，然后把所有导体伸出槽外的部分与端环连接起来。若去掉铁芯，则绕组部分就像一个鼠笼，如图 7-5b 所示，这也是鼠笼式电动机名称的由来。这种鼠笼式绕组既可以用铜条焊接而成，也可以用铝浇铸。目前中小型鼠笼式异步电动机大都在转子铁芯槽中浇铸铝液，并在端环上铸出叶片，作为冷却的风扇，如图 7-5c 所示。

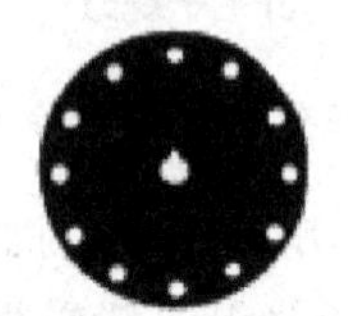
(a) 转子硅钢片

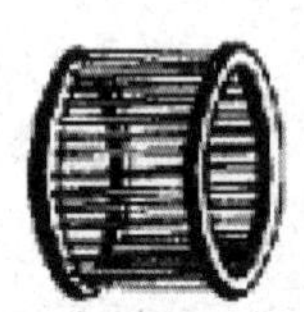
(b) 鼠笼式绕组

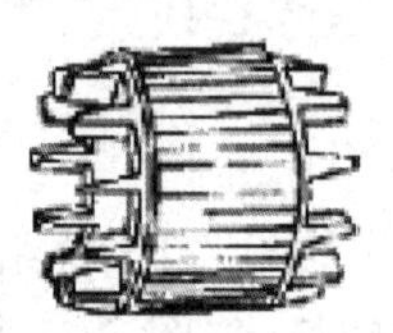
(c) 铸铝转子

图 7-5 鼠笼式转子结构

② 绕线式绕组。绕线式转子的绕组与定子绕组相似，在转子铁芯槽内嵌放对称三相绕组。一般作 Y 形连接。三组绕组的末端连接在一起，三个首端分别接到装在转轴上的三个铜制集电环上，通过电刷与外电路的可变电阻器相连接，如图 7-6 所示。绕线式转子的特点是可以通过集电环和电刷在转子绕组回路接入附加电阻，用以改善电动机的启动性能或调节电动机的转速。

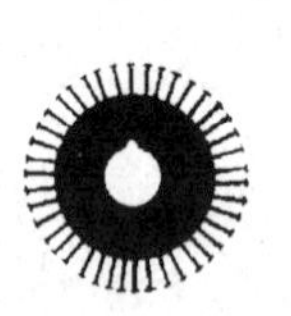
(a) 转子硅钢片

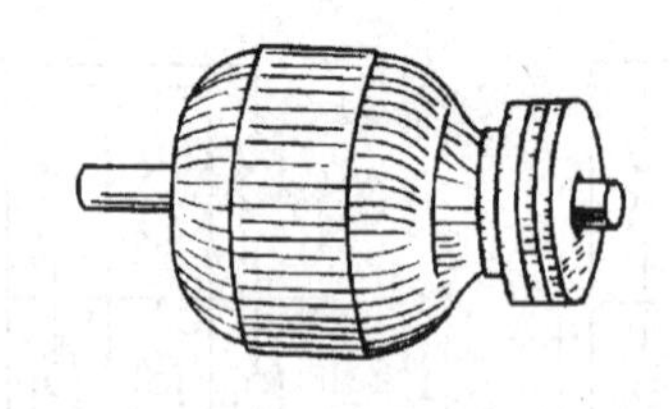
(b) 绕线式转子

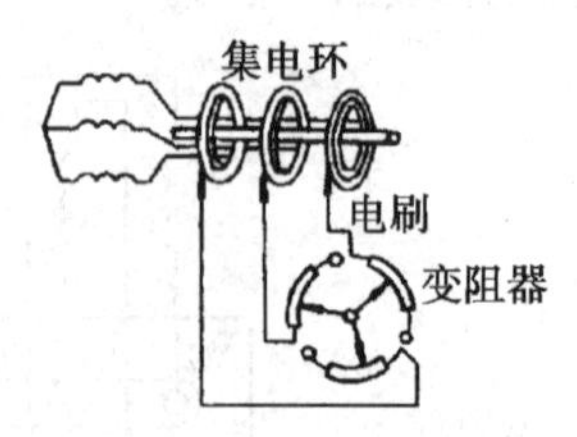

(c) 转子绕组与外电路的连接

图 7-6 绕线式转子

(3) 转轴：转轴的主要作用是支撑转子铁芯和输出机械转矩，中小型异步电动机的转轴一般由 45# 钢制成。

绕线式转子异步电动机由于结构较为复杂，价格较高，因此一般用于对启动和调速要求较高的场合。

另外在异步电动机定、转子之间必须留有一定的气隙。气隙的大小对异步电动机的性能影响很大，气隙过大，会使空载电流增大，输出功率降低。因此，为了降低电动机的空载电流和提高电动机的功率因数，气隙应尽可能小一些，对中小型异步电动机，气隙一般为 0.2～1.5 mm。

7.2　三相交流异步电动机的工作原理

交流异步电动机是利用三相定子绕组中三相对称交流电所产生的旋转磁场与转子绕组内的感应电流相互作用而产生转矩的。因此要首先了解旋转磁场的产生和特点，然后再学习其转动原理。

7.2.1　旋转磁场

1. 旋转磁场的产生

假设定子内圆有 6 个槽，每个槽内安放一匝线圈，如图 7-7 所示。在定子铁芯的槽内按空间相隔 120°安放 3 个相同的绕组 U_1U_2、V_1V_2 和 W_1W_2，并将其作 Y 形连接。

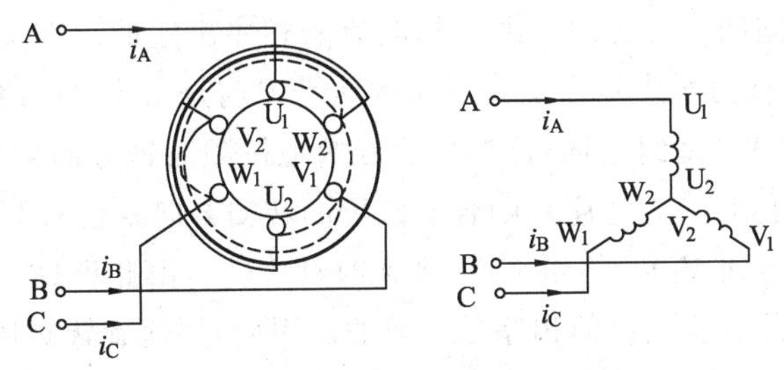

图 7-7　三相定子绕组的分布

在三相对称定子绕组中通入三相对称电流，在绕组中就会产生旋转磁场。设定子绕组中通入的对称电流为

$$i_A = I_m \sin \omega t$$
$$i_B = I_m \sin (\omega t - 120°)$$
$$i_C = I_m \sin (\omega t + 120°)$$

三相电流的波形如图 7-8 所示，为了分析问题方便起见，规定当 $i>0$ 时，电流从绕组的首端流入，用符号⊗表示；当 $i<0$ 时，电流从绕组的首端流出，用符号⊙表示。为分析合成磁场的变化规律，现选定几个特定时刻：$\omega t=0°$，$\omega t=120°(t=T/3)$，$\omega t=240°(t=2T/3)$，$\omega t=360°(t=T)$进行分析。

当 $\omega t=0°$时，$i_A=0$，绕组 U_1U_2 中无电流通过；$i_B<0$，绕组 V_1V_2 中有电流从末端 V_2 流向首端 V_1；$i_C>0$，绕组 W_1W_2 中有电流从首端 W_1 流向末端 W_2。按照右手螺旋定则，其合成磁场如图 7-8a 所示。显然它具有一对磁极：N 极和 S 极，且该合成磁场与 U_1U_2 相绕组平面重合。同理可以推出 $\omega t=120°$、240°、360°时的合成磁场如图 7-8b、c、d 所示。由此可见，当三相对称定子绕组中通入三相对称电流后，就会产生随电流交变而在空间按一定方向不断旋转的磁场，即旋转磁场。

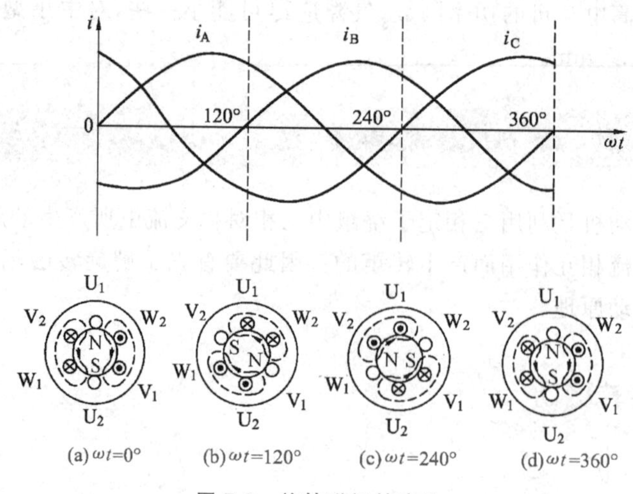

图 7-8　旋转磁场的产生

2. 旋转磁场的转向

旋转磁场在空间的旋转方向是由三相电流的相序决定的。在上述分析中，设电流相序依次为 i_A、i_B、i_C(为顺序)，而旋转磁场的转动方向是由 U_1U_2 绕组平面转到 V_1V_2 绕组平面再转到 W_1W_2 绕组平面，这样周而复始地按顺时针方向旋转。如果电流的相序依次为 i_A 到 i_C 再到 i_B(为逆序)，则合成磁场的转动方向就会从 U_1U_2 绕组平面转到 W_1W_2 绕组平面再转到 V_1V_2 绕组平面，即逆时针旋转。由此可见，合成磁场的转向与三相定子绕组通入的三相电流的相序是一致的。因此，要使旋转磁场逆向旋转，只要对调三根电源相线中的任意两根即可。

3. 旋转磁场的转速

通过对图 7-8 的分析可以看出，由于此时合成磁场只产生一对磁极(一个 N 极，一个 S 极)，磁极对数用 p 表示，即 $p=1$，所以电流变化一周，合成磁场在空间正好旋转一周。如果电流的频率为 f_1，则此时旋转磁场每分钟的转速为 $n_1=60f_1$(r/min)。

在工程实践中，往往磁极对数 p 不一定为 1。如图 7-9 所示，每相绕组由两个线圈串联而成，各个绕组首端之间在空间相差 60°，这样当绕组通入三相对称电流后，就会产生两对磁极的合成磁场，即 $p=2$，或者说是四极的旋转磁场，如图 7-10 所示。

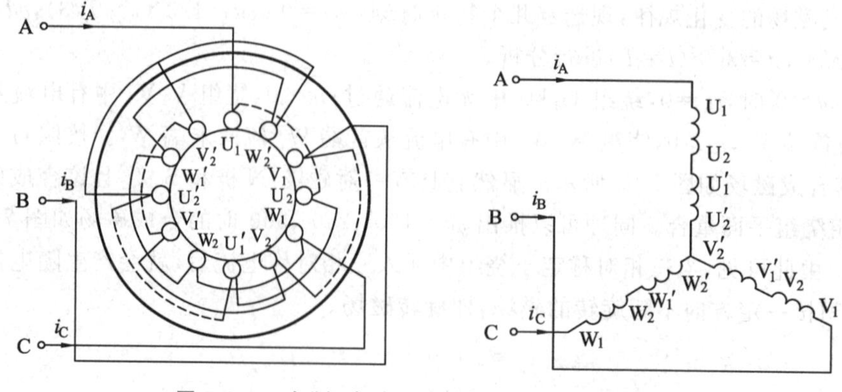

图 7-9　2 对磁极电动机定子绕组的结构与接线图

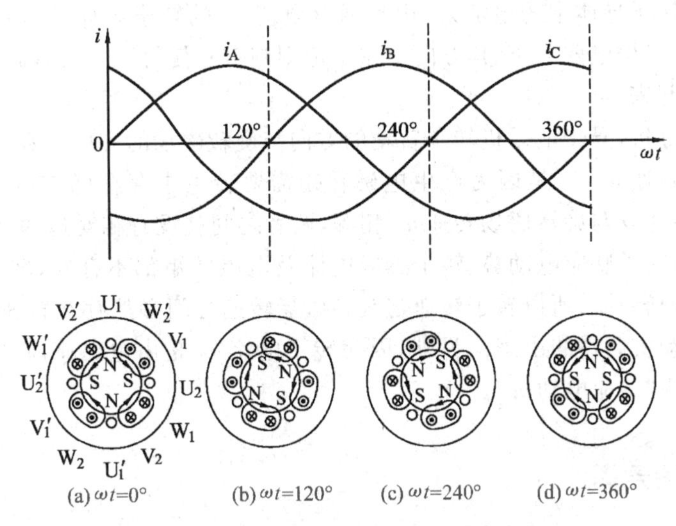

图 7-10　2 对磁极旋转磁场的产生

此时电流变化一周,旋转磁场在空间只转过 1/2 周。显然旋转磁场的转速与旋转磁场的磁极对数有关,而旋转磁场的磁极对数又与定子绕组的排布有关。因此只要按一定规律排布和连接定子绕组,就能获得不同磁极对数的旋转磁场,从而获得不同的转速。旋转磁场的转速 n_1(也称为异步电动机的同步转速)与频率和磁极对数的关系为

$$n_1=\frac{60f_1}{p}(\mathrm{r/min}) \tag{7-1}$$

式中,p 是旋转磁场的磁极对数;f_1 是三相交流电源的频率。

我国的工频交流电频率 $f_1=50$ Hz,所以不同磁极对数对应旋转磁场的转速如表 7-1 所示。

表 7-1　磁极对数与旋转磁场转速的关系

磁极对数 p	1	2	3	4	5	6
旋转磁场转速 n_1/(r/min)	3000	1500	1000	750	600	500

7.2.2 电动机的转动原理

由以上分析可知,在图 7-7 所示电动机的定子绕组中通入顺序三相交流电流时,电动机内部会产生一个顺时针方向旋转的磁场。设某瞬间定子电流产生的磁场如图 7-11 所示,磁场以同步转速 n_1 顺时针旋转。由于转子导体与旋转磁场之间有着相对运动,这相当于磁场静止而转子导体逆时针方向旋转切割磁力线,因而在转子导体中产生感应电动势,其方向可用右手定则来判断。由于转子电路通过短接端环(绕线式转子通过外接电阻)自行闭合,所以在感应电动势作用下将产生转子电流 I_2(图 7-11

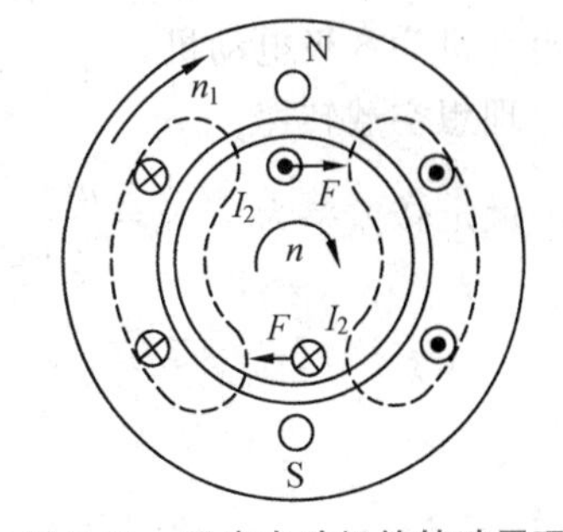

图 7-11　异步电动机的转动原理

中仅画出上下转子导体中的电流）。由于通有电流 I_2 的转子导体处于磁场中，又会与磁场相互作用，产生电磁力 F(其方向由左手定则判定)，使得转子沿着旋转磁场的方向以速度 n 旋转起来。

根据上述分析，异步电动机转子转动的方向与旋转磁场的方向一致，但转速 n 落后于旋转磁场的转速 n_1，这是因为产生电磁转矩需要转子中存在感应电动势和感应电流，如果转子转速 n 与旋转磁场转速 n_1 相等，两者之间就没有相对运动，转子导体就不切割磁力线，则转子感应电动势、转子感应电流及电磁转矩都不存在，转子也就不可能继续以 n 的转速转动。所以转子转速与旋转磁场转速之间必然存在转速差，即 $n<n_1$。这就是异步电动机名称的由来。另外，因为转子电流 I_2 是由电磁感应产生的，所以异步电动机也称为“感应电动机”。

7.2.3 转差率

由于异步电动机转子的转速 n 与定子电流所产生的旋转磁场的转速 n_1 不同，其差值(n_1-n)与旋转磁场的转速 n_1 的比值称为转差率，用 s 表示，即

$$s=\frac{n_1-n}{n_1} \tag{7-2}$$

转差率 s 是异步电动机运行的一个重要参数。根据转差率 s 的正负和大小可以判断出异步电动机的运行状态。例如电动机启动时，$n=0$，$s=1$；稳定运行时，n 接近 n_1，s 很小，对 Y 系列中小型异步电动机，当其在额定状态运行时，转差率为 0.02～0.06；空载运行时，转差率小于 0.005，若转子转速等于同步转速即 $n=n_1$，则$s=0$，此时称为理想空载状态。

【例 7-1】 有一台 $f=50$ Hz 的三相异步电动机，额定转速 $n_N=730$ r/min，试问该电动机的磁极数、同步转速、理想空载转速及额定运行时的转差率。

解　由于异步电动机的转速略小于同步转速，在 $f=50$ Hz 的情况下，由表 7-1 可知

$$n_1=750 \text{ r/min}$$

因为

$$n_1=60f_1/p$$

所以电动机的极对数

$$p=\frac{60f_1}{n_1}=\frac{60\times 50}{750}=4$$

该电动机为 8 极电动机。

理想空载转速

$$n=n_1=750 \text{ r/min}$$

额定转差率为

$$s_N=\frac{n_1-n_N}{n_1}=\frac{750-730}{750}=0.0267=2.67\%$$

练习与思考

1. 三相异步电动机的定子绕组和转子绕组在电动机的转动过程中各起什么作用？
2. 三相异步电动机的定子铁芯和转子铁芯为什么要用硅钢片叠成？定子与转子之间的间隙为什么要做得很小？
3. 三相异步电动机转子的转向与什么有关？怎样改变三相异步电动机的转向？
4. 在下列条件下三相异步电动机工作在什么状态？

(1) $s>1$　(2) $s=1$　(3) $0<s<1$　(4) $s=s_N$

7.3 三相交流异步电动机的电磁转矩及机械特性

7.3.1 电磁转矩

在异步电动机中，电磁转矩 T 是一个重要的物理量。它是由旋转磁场与转子导体中的感应电流 $\dot{I}_2$ 相互作用产生的。电磁转矩的大小和由旋转磁场传递的电磁功率成正比。又因为转子绕组是感性负载，所以转子电流 $\dot{I}_2$ 滞后于感应电动势 $\dot{E}_2$ 一个相位角 φ_2，则

$$T=K_T\Phi I_2\cos\varphi_2 \tag{7-3}$$

式中，Φ 是旋转磁场每极下主磁通，单位为 Wb；$\cos\varphi_2$ 是转子回路的功率因数；I_2 是转子电流的有效值，单位为 A；K_T 是电动机结构常数，对已制成的电机来说，是一个常数。

式(7-3)表明，电磁转矩 T 与旋转磁场的磁通（每极主磁通）Φ 和转子电流的有功分量乘积成正比。在工程实践中，往往很难测得 Φ 和 $I_2\cos\varphi_2$ 的数值，因而用式(7-3)计算电磁转矩很不方便。下面讨论电磁转矩与电动机参数之间的关系。

1. 旋转磁场磁通量 Φ 与定子相电压 U_1 的关系

变压器在主磁通的作用下，其原边和副边绕组中会产生感应电动势，同样在异步电动机的定子绕组中通入交流电，也会在定子绕组和转子绕组中产生自感电动势和互感电动势。如果忽略定子绕组的电阻和漏磁电抗的压降，则每相定子绕组的感应电动势与其端电压的关系为

$$U_1\approx E_1=4.44f_1N_1\Phi k_1$$

式中，f_1 是电源的频率；N_1 是定子每相绕组的匝数；k_1 是定子绕组系数，略小于 1。

2. 转子回路各物理量

(1) 电动机启动瞬间，$n=0$，$s=1$，则转子回路的感应电动势（或感应电流）的频率为

$$f_{20}=\frac{pn_1}{60}=f_1$$

转子的感应电动势为

$$E_{20}=4.44f_{20}N_2\Phi k_2=4.44f_1N_2\Phi k_2$$

式中，N_2 是转子每相绕组的匝数；k_2 是转子绕组系数，略小于 1。

转子每相绕组的直流电阻

$$R_{20}=R_2$$

转子的漏磁感抗为

$$X_{20}=2\pi f_{20}L_{\sigma 2}=2\pi f_1 L_{\sigma 2}$$

式中，$L_{\sigma 2}$是转子的漏磁电感。

(2) 电动机转动后，随着转速 n 的升高，转子与同步转速的转速差(n_1-n)逐渐减小，转差率 s 也逐渐减小，相当于转子不动，旋转磁场相对于转子的转速(n_1-n)逐渐减小，因此转子中感应电动势的频率 f_2 随之降低，且有

$$f_2=\frac{p(n_1-n)}{60}=\frac{n_1-n}{n_1}\times\frac{pn_1}{60}=sf_1 \tag{7-4}$$

由此可见，转子电流的频率 f_2 与转差率有关，即与电动机的转速有关。在电动机启动的瞬间，$n=0$，$s=1$，此时转子电流的频率与定子电流的频率相同，即 $f_2=f_1$；在额定运行时，$f_2=(0.02\sim0.06)f_1$。所以转子转动后，转子的感应电动势随之降低，为

$$E_2=4.44f_2N_2\Phi k_2=sE_{20}$$

转子每相绕组的电阻 R_2 不变。

转子的漏磁感抗为

$$X_2=2\pi f_2 L_{\sigma 2}=sX_{20}$$

转子回路的阻抗为

$$Z_2=R_2+\mathrm{j}X_2=R_2+\mathrm{j}sX_{20}$$

通过上述分析可以看出，转子回路各个物理量都与转子转速有关，即与转差率有关。

3. 转子电路电流和功率因数

电动机运行时，转子电流的有效值为

$$I_2=\frac{E_2}{\sqrt{{R_2}^2+{X_2}^2}}=\frac{sE_{20}}{\sqrt{{R_2}^2+(sX_{20})^2}} \tag{7-5}$$

由此可见，转子电路的电流 I_2 随着转差率 s 的增大而增大，在 $n=0$、$s=1$，即转子静止时，转子电流 I_2 最大。

转子电路的功率因数为

$$\cos\varphi_2=\frac{R_2}{\sqrt{{R_2}^2+(sX_{20})^2}} \tag{7-6}$$

可见，转子电路的功率因数 $\cos\varphi_2$ 随着转差率 s 的增大而减小，在 $n=0$、$s=1$，即转子静止时，转子电路功率因数 $\cos\varphi_2$ 最低。

4. 定子电流

与变压器的电流变换原理相似，定子电路的电流 I_1 与转子电路的电流 I_2 的比值也近似等于常数，即

$$\frac{I_1}{I_2}\approx\frac{1}{K_\mathrm{i}}$$

式中，K_i 为异步电动机的电流变换系数，它与定子绕组和转子绕组的匝数及结构有关。

由式(7-5)可知，转子电流随 s 的增大而增大，故定子电流也随 s 的增大而增大。

当电动机空载运行时，s 接近于零，转子电流 I_2 很小，定子电流 I_1 也很小。但由于电动机的定子铁芯与转子铁芯之间有一很小的空气隙，磁阻很大，为了建立一定的磁场，电动机空载时的定子电流比变压器的空载电流大得多。当在异步电动机轴上施加机械负载时，电动机因受到反向转矩而减速，使转差率 s 增大，I_2 也增大，于是定子绕组从电源吸取的电流 I_1 也就增大。若所加负载过大，使电动机停止转动（又称堵转），即 $n=0$，$s=1$，则 I_2 达到最大值，I_1 也达到最大值，大大超过电动机额定电流值，此时电动机就会过热甚至烧坏。

7.3.2 转矩特性

由式(7-3)可知，三相异步电动机的电磁转矩与转子电流、旋转磁场的磁通及转子电路的功率因数成正比，因此将式(7-5)、(7-6)代入式(7-3)得

$$T=K_T\Phi I_2\cos\varphi_2=K_T\Phi\frac{sR_2E_{20}}{R_2{}^2+(sX_{20})^2}$$

式中，由于 $\Phi\propto U_1$，$E_{20}\propto\Phi$，这样对于电动机来说，K_T、Φ、R_2、X_{20}、E_{20} 均可以看作常数。据此可以得到电磁转矩和转差率之间的关系，即转矩特性 $T=f(s)$

$$T=K\frac{sR_2U_1{}^2}{R_2{}^2+(sX_{20})^2} \tag{7-7}$$

式中，K 是电动机的比例常数；U_1 是定子每相绕组施加的电压；X_{20} 是转子静止时每相绕组的感抗，一般为常数。

转矩特性曲线如图 7-12 所示。

由图 7-12 可以看出，当 $s=0$，即 $n=n_1$ 时，$T=0$，此时是理想空载运行；随着 s 增大，T 也开始增大（此时 I_2 增加很快，而 $\cos\varphi_2$ 减小较慢），但转矩达到最大值 T_{max} 后，随着 s 的上升，转矩反而减小（此时 I_2 增加得慢，而 $\cos\varphi_2$ 减小较快）。特性曲线上 T_{max} 称为最大转矩（也称为临界转矩），与之对应的转差率 s_m 称为临界转差率。

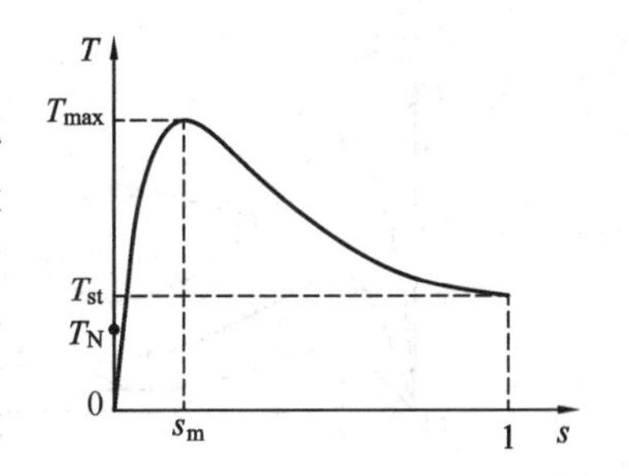

图 7-12　三相异步电动机转矩特性

由式(7-7)可知，在 $0<s<s_m$ 范围内，因为 s 值很小，此时 $sX_{20}\approx0$，则有

$$T=KU_1{}^2\frac{s}{R_2}$$

在这一范围内，电磁转矩 T 与转差率 s 成正比，直到 $s=s_m$，转矩达到最大值 T_{max}。

在 $s_m<s<1$ 范围内，$sX_{20}\gg R_2$，忽略 R_2 的影响，则

$$T=KU_1{}^2\frac{R_2}{sX_{20}{}^2}$$

即在这一范围内，电磁转矩 T 与转差率 s 成反比，电磁转矩 T 随着转差率 s 的增大而减小。

在 $s=1$ 时，对应 $n=0$，这是电动机的启动瞬间，此时的电磁转矩称为启动转矩 T_{st}，启动时旋转磁场以同步转速切割转子绕组，I_2 很大，但是因为 X_2 增大，$\cos\varphi_2$ 很小，所以启动转矩 T_{st} 并不很大。当电动机启动之后，s 减小，在一定范围内 I_2 下降不多，因为

X_2 减小，$\cos\varphi_2$ 却显著增加，使电磁转矩加大。当 T 达到最大值 $T_{\max}$ 后，随着 s 的减小，I_2 下降得很快，而 $\cos\varphi_2$ 的增加却不明显，因此电磁转矩 T 下降。I_2、$\cos\varphi_2$ 与转差率 s 的关系如图 7-13所示。

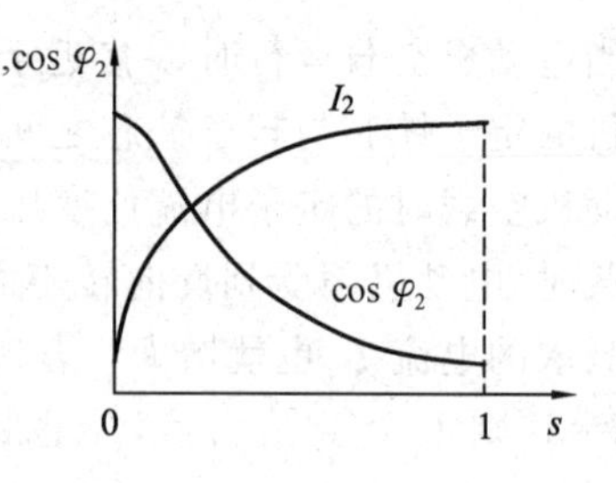

图 7-13　I_2、$\cos\varphi_2$ 与 s 的关系

对最大转矩（临界转矩）和临界转差率，可以用数学的方法求解。

令 $\dfrac{dT}{ds}=0$，则有

$$s_m=\frac{R_2}{X_{20}}$$

$$T_{\max}=K\frac{U_1{}^2}{2X_{20}}$$

通过以上分析可以得到如下结论：

① $T_{\max}\propto U_1{}^2$，即当电源频率 f_1 和电动机参数不变时，最大电磁转矩 $T_{\max}$ 与外加电源电压的平方成正比。也就是说，电源电压的波动对电磁转矩的影响很大。

② 最大转矩 $T_{\max}$ 与转子绕组的电阻 R_2 无关。

③ 临界转差率 s_m 与 R_2 成正比。

由此可见，当改变电源电压时，电磁转矩与电源电压的平方成正比，而临界转差率不变，如图 7-14 所示；当改变转子电路的电阻时，临界转差率随着电阻的增大而增加，但最大转矩不变，利用这一特性，对绕线式异步电动机在转子回路中串接适当的电阻可以增大启动转矩，如图 7-15 所示。

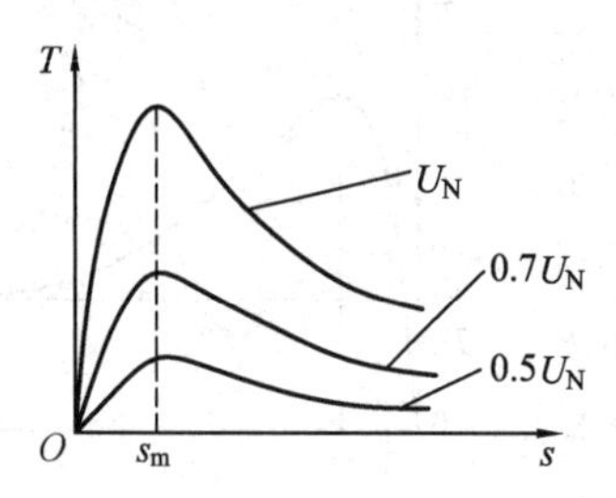

图 7-14　外加电压 U_1 对电磁转矩的影响

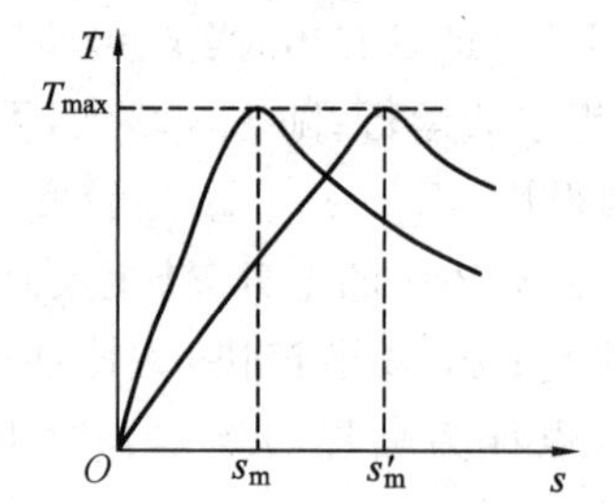

图 7-15　改变转子电阻对电磁转矩的影响

7.3.3 机械特性

当电动机的电压 U_1 保持一定，转子回路的参数 R_2，X_{20} 为定值的条件下，电动机的转速 n 与电磁转矩 T 之间的关系称为异步电动机的机械特性，即 $n=f(T)$。

事实上，根据异步电动机转速 n 与转差率 s 的关系，可将 $T=f(s)$ 曲线转变为 $n=f(T)$ 曲线。只要把 $T=f(s)$ 曲线中的 s 轴改为 n 轴，将 T 轴平移到 $s=1$ 处，再按顺时针方向旋转 90°，即可得到异步电动机的

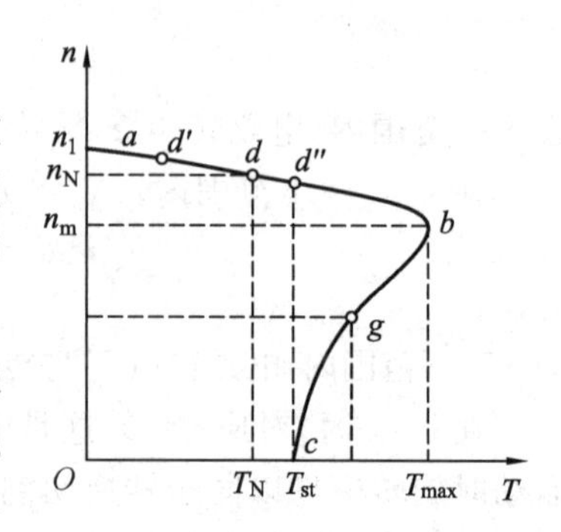

图 7-16　异步电动机的机械特性

机械特性曲线如图7-16所示。异步电动机在额定运行状态下的机械特性称为固有机械特性。如果改变异步电动机的运行条件（如改变电源电压 U_1 或改变转子电路的电阻），所产生的特性曲线称为人为机械特性。

为了正确使用异步电动机，应特别注意 $n=f(T)$ 曲线上的两个区域和三个重要转矩。

1. 稳定运行区和不稳定运行区

在图7-16中，以最大转矩所对应的 b 点为界，机械特性分为两个区域：b 点以上（即 ab 段）为稳定运行区，cb 段为不稳定运行区。当异步电动机工作在稳定运行区时，具有自动适应机械负载变化的能力，保持电动机的稳定运行，而电动机工作在非稳定运行区时，则不具备这种能力。

2. 三个重要转矩

异步电动机的固有机械特性上有三个重要转矩：额定转矩 T_N、启动转矩 T_{st} 以及最大转矩 T_{max}，如图7-16所示。

① 额定转矩：在额定电压 U_N 下，异步电动机以额定转速 n_N 运行，输出额定功率 P_N 时，其轴上的输出转矩称为额定转矩，用 T_N 表示。此时电动机转轴上输出的转矩与机械负载转矩 T_L 相等，即 $T_N=T_L$。通常异步电动机的 P_N，n_N 在异步电动机的铭牌上标出，其 T_N 计算公式为

$$T_N=\frac{P_N}{\omega_N}=\frac{P_N\times10^3}{2\pi n_N/60}=9550\,\frac{P_N}{n_N} \tag{7-8}$$

式中，P_N 是电动机的额定输出功率，单位为kW；n_N 是电动机的额定转速，单位为r/min。

异步电动机的额定工作点一般在机械特性稳定区的中部，如图7-16的 d 点。为了防止异步电动机出现过热现象，一般不允许电动机在超过额定转矩的情况下长期运行，但允许短时过载运行。

② 最大转矩：最大转矩也称为临界转矩，用 T_{max} 表示。如果电动机的最大转矩 T_{max} 小于机械负载转矩 T_L，即 $T_{max}<T_L$，电动机将会发生堵转，此时堵转电流等于电动机的启动电流，定子绕组的铜耗大大增加，如果电动机长时间堵转，就会造成电动机过热，以致将定子绕组烧坏。因此，电动机在运行过程中应注意避免出现堵转，一旦出现堵转现象应立即切断电源，并设法减轻电动机的负载。

当然电动机也有一定的过载能力，就是说，在短时间内如果电动机过载，但电动机发热不超过允许值，还是允许的。表示电动机短时过载能力的参数，称为过载系数 λ。通常在每一台电动机的产品目录中都规定了它的过载系数，其值为

$$\lambda=\frac{T_{max}}{T_N}$$

一般三相异步电动机的过载系数为1.8～2.2。

③ 启动转矩：启动转矩是表示电动机启动能力的一个参数，用 T_{st} 表示。它对应电动机刚接通电源瞬间（$n=0$，$s=1$）的转矩。只有电动机的启动转矩 T_{st} 不小于负载转矩 T_L，电动机才能带负载启动。在电动机产品目录中，通常也标出了电动机的启动能力。启动能力为启动转矩与额定转矩的比值，其值为

$$\lambda_{st}=\frac{T_{st}}{T_N}$$

对一般的鼠笼型异步电动机，启动能力为1.0～2.0。绕线式异步电动机的转子电路可以通过集电环外接电阻器来改变启动转矩，因此启动能力可以得到显著提高。

【例 7-2】 已知 Y225M-2 型三相异步电动机的有关技术数据如下：$P_N=45\ \text{kW}$，电源频率 $f_1=50\ \text{Hz}$，$n_N=2940\ \text{r/min}$，$\eta_N=91.5\%$，启动能力 $\lambda_{st}=2.0$，过载系数 $\lambda=2.2$，求该电动机的额定转矩、启动转矩、最大转矩和额定输入功率。

解

额定转矩 $T_N=9550\times\dfrac{P_N}{n_N}=9550\times\dfrac{45}{2940}=146.17\ \text{N}\cdot\text{m}$

启动转矩 $T_{st}=\lambda_{st}T_N=2.0\times146.17=292.34\ \text{N}\cdot\text{m}$

最大转矩 $T_{max}=\lambda T_N=2.2\times146.17=321.57\ \text{N}\cdot\text{m}$

额定输入功率 $P_{1N}=\dfrac{P_N}{\eta_N}=\dfrac{45}{0.915}=49.18\ \text{kW}$

7.3.4 运行特性

为了合理地使用电动机，提高运行效率，节约能源，应了解不同负载情况下电动机的运行情况。

在电源电压 U_1 和频率 f_1 为额定值时，电动机定子电流 I_1、定子电路的功率因数 $\cos\varphi_1$ 以及电动机的效率 η 与电动机输出功率 P_2 之间的关系，称为电动机的运行特性，如图 7-17 所示。

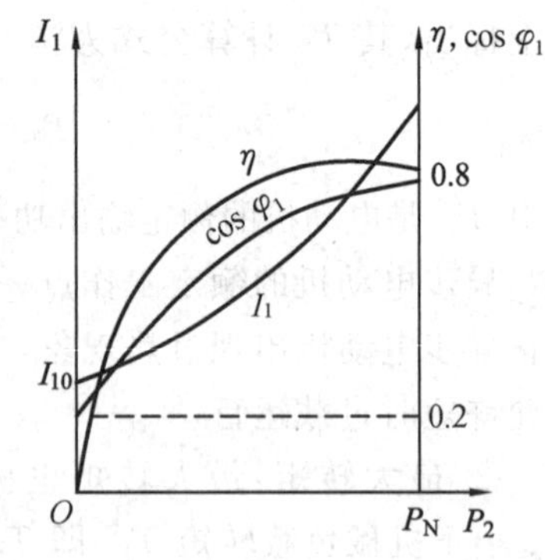

图 7-17 异步电动机运行特性

1. $I_1=f(P_2)$

从图 7-17 中可以看出，由于异步电动机定子电流 I_1 跟随输出功率 P_2 变化，其原理与变压器一次电流（指变压器接电源侧的原边电流）随负载变化相似。但电动机的空载电流 I_{10} 为额定电流的20%～40%，而变压器的空载电流只占额定电流的5%左右。

2. $\cos\varphi_1=f(P_2)$

异步电动机空载电流 I_{10} 是产生工作磁通的励磁电流，所以空载时异步电动机的功率因数很低。电动机轴上加入负载后，随着输出功率的增大，功率因数逐渐升高。在额定负载时异步电动机的功率因数一般为0.7～0.9。

3. $\eta=f(P_2)$

异步电动机的效率 η 是其输出功率 P_2 与输入功率 P_1 之比，即

$$\eta=\frac{P_2}{P_1}\times100\%=\frac{P_2}{\sqrt{3}U_L I_L\cos\varphi_1}\times100\%$$

$$=\frac{P_2}{P_2+\Delta P_{Cu}+\Delta P_{Fe}+\Delta P_m}\times100\%$$

式中，P_{Cu}、P_{Fe}、P_m 分别为铜损、铁损和机械损耗。

空载时，$P_2=0$，此时 $P_1>0$，所以效率 $\eta=0$；随着负载增加，效率上升很快，但因铜损也随之增加(铁损和机械损耗基本不变)，效率达到最高后又有所降低。效率的最大值一般出现在额定负载的80%左右，η 为80%～90%。由图7-17可知，异步电动机在额定负载的70%～100%运行时，其功率因数和效率均较高，因此要合理选用电动机的额定功率，使电动机在满载或接近满载的状态下运行，尽量减少轻载或空载运行的时间。

练习与思考

1. 拖动恒转矩负载运行的三相异步电动机，若电源电压降低，电动机的转矩、电流和转速是否变化？如何变化？
2. 当三相异步电动机定子与三相对称电源接通后，若转子长时间不能转动，对电动机有什么危害？应如何处理？如果将转子取出，而在定子绕组误加上额定电压，会产生什么后果？为什么？
3. 将鼠笼型异步电动机的转子铁芯抽出，只有笼型绕组，电动机能否正常工作？
4. 三相异步电动机的定子绕组和转子绕组在电动机的转动过程中各起什么作用？
5. 转子电动势、转子电流、转子漏磁感抗和转子回路的功率因数是否与转速有关？为什么？
6. 某鼠笼型异步电动机的额定转速为2940 r/min，△接法，工频，380 V，其 $E_1=$________，$n_1=$________，$s=$________，$f_1=$________，$f_2=$________。
7. 机械特性曲线上共有______个特殊点，它们所对应的转矩分别是________________。
8. 三相异步电动机空载时，其转速________，定子电流________；随着负载的增加，其转速将________，转差率________，定子电流将________，而气隙磁通________；其负载转矩可以短时间超过________转矩，但不能大于________转矩。

7.4　三相交流异步电动机的启动、调速和制动

7.4.1　启　动

1. 电动机的启动性能

电动机从接通电源，其转子由静止加速到稳定运行状态的过程为启动过程。异步电动机的启动性能指标包括：启动电流、启动转矩、启动时间(一般中小型异步电动机的启动过程时间很短，通常只有几秒到几十秒)、启动时绕组自身的耗能和发热等。这些性能指标中最重要的是启动电流和启动转矩的大小。

电力拖动系统对电动机的启动要求是：要有较小的启动电流和有足够大的启动转矩。这样既可以减小电动机启动时供电线路的压降，又能缩短启动时间，提高生产效率。然而电动机的实际启动性能恰恰与之相反：电动机启动电流很大，一般为电动机额定电流的5～7倍，由于启动时间很短，还不至于引起电动机过热，但却会在短时间内造成供电线路的较大压降，从而影响到同一电网上其他用电设备的正常工作；电动机的启动转矩仅为额定转矩的1～2倍。由此可见，为了改善电动机的启动性能，必须选择合适的启动方法以满足电力拖动系统对电动机的启动要求。

2. 电动机的启动方法

(1) 直接启动

直接启动也称为全电压启动。这种启动方法是把异步电动机的定子绕组直接接到额定电压的电网上进行启动。直接启动的优点是操作和启动设备都很简单，而且启动转矩大，其缺点是启动电流大。因此异步电动机只有在满足下列情况之一才可采用直接启动：

① 电动机和照明共用同一电网，电动机启动时产生的电网压降不超过5%；

② 电动机由专用变压器独立供电，且电动机不经常启动，电动机的功率不超过变压器容量的30%；

③ 电动机由专用变压器独立供电，且电动机启动频繁，电动机的功率不超过变压器容量的20%；

④ 电动机由专用发电机直接供电，电动机的功率不超过发电机容量的10%。

如果不满足上述规定，则必须采取相应的启动方法来减小启动电流 I_{st}。

(2) 降压启动

降压启动就是在启动时降低电动机定子绕组上的电压，以减小启动电流。鼠笼式异步电动机通常采用降压启动。

降压启动有3种方法：星形－三角形换接降压启动、自耦变压器降压启动和软启动。

① 星形－三角形(Y－△)降压启动。

这种方法仅适用于正常运行时定子绕组接成三角形(△)接法的电动机。在启动时将定子绕组接成星形(Y)接法，启动完毕后再换接成△接法。如图7-18所示，图中 $U_1V_1W_1$、$U_2V_2W_2$ 分别为三相定子绕组的始、末端，它们均被连接到电动机的接线盒内。启动时，先合上电源开关Q，然后将开关S从中间位置合向"Y启动"位置，这时电动机绕组为Y形连接。等电动机接近额定转速时，再将开关合向"△运行"位置，把定子绕组改成△连接转入正常运行状态。

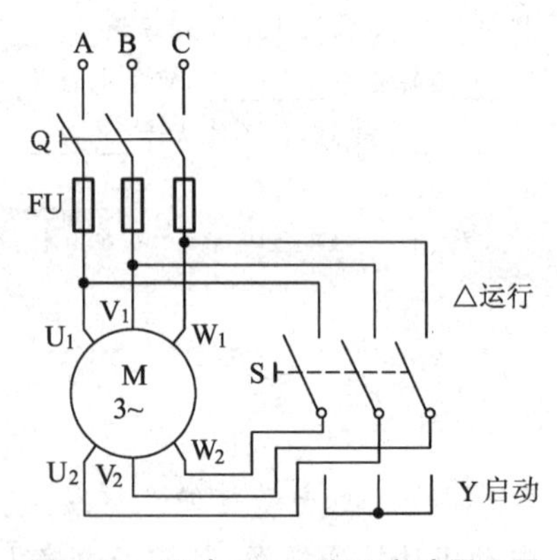

图7-18　手动Y－△降压启动原理图

△连接时，定子绕组每相电压即线电压 U_L，绕组每相电流为 $\frac{U_L}{|Z_L|}$，则定子绕组启动的线电流为

$$I_{st\triangle}=\frac{\sqrt{3}U_L}{|Z_L|}$$

式中，Z_L 是每相定子绕组的阻抗。

而Y连接时，由于线电流等于相电流，而定子绕组每相电压为 $\frac{U_L}{\sqrt{3}}$，所以启动时线电流为

$$I_{stY}=\frac{U_L/\sqrt{3}}{|Z_L|}=\frac{1}{3}I_{st}$$

相应地，由于Y接法时定子绕组的端电压为相电压，而电机转矩与电压的平方成正比，所以

$$T_{stY}=\frac{1}{3}T_{st}$$

可见，Y－△换接启动使电网提供的电流减小到只有原来△形接法的1/3，但启动转矩也只有原来的1/3。

② 自耦变压器降压启动。

启动时用自耦变压器把电网电压降低后再施加到电动机定子绕组上。这种方法适用于容量较大或正常运行时定子绕组不能接成△接法的电动机，其原理如图7-19所示。

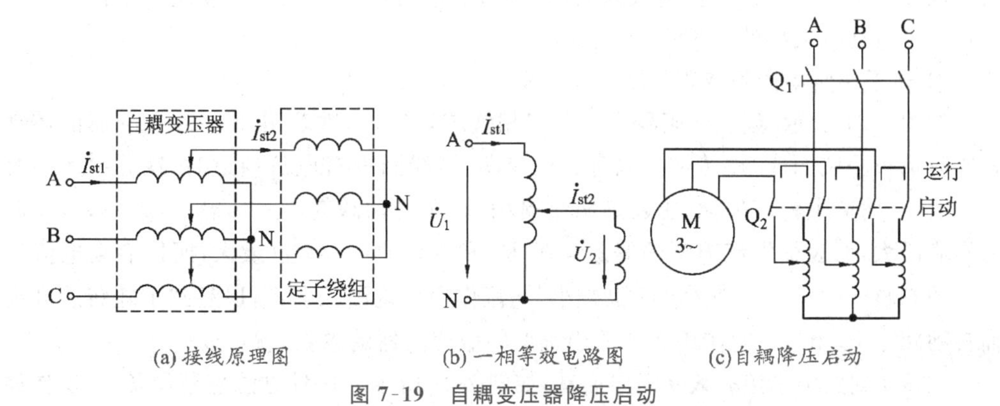

图7-19　自耦变压器降压启动

设自耦变压器的变压比为K，电网电压U_1经自耦变压器降压后，施加到电动机定子绕组输入端的电压为$U_2=U_1/K$。启动时自耦变压器输入端电流为I_{st1}，其输出端电流I_{st2}即为电动机定子绕组输入电流。根据变压器的变流功能，设直接启动时电动机的启动电流和启动转矩分别为I_{st}和T_{st}，则降压启动时，电动机定子绕组的启动电流为

$$I_{st2}=\frac{U_2}{U_1}I_{st}=\frac{I_{st}}{K}$$

于是电网线路提供的启动电流为

$$I_{st1}=\frac{I_{st2}}{K}=\frac{I_{st}}{K^2}$$

可见，用自耦变压器降压启动时电网供给的启动电流为直接启动时的$1/K^2$倍。相应地，由于定子绕组的端电压为降压后的启动转矩为直接启动电压的$1/K$，所以

$$T_{st1}=\frac{T_{st}}{K^2}$$

即用自耦变压器降压后，启动转矩为直接启动时的$1/K^2$倍。

采用自耦变压器降压启动，自耦变压器的副绕组通常有几个独立的抽头，使副边电压按不同的变压比提供低电压给用户选用。例如，可选用60%的抽头作为启动电压，启动电流只为直接启动时的36%，相应启动转矩也降为直接启动时的36%。

③ 软启动。

软启动是近年来随着电力电子技术的发展而出现的一种新技术，启动时通过一种晶闸管调压装置(该装置称为软启动器)使电压从某一较低值逐渐上升到额定值，启动过程结束后，再通过旁路接触器使软启动器退出运行，从而使电动机投入正常运行，如图 7-20 所示。图中 FU_1 是普通熔断器，用来保护所控制的电路；FU_2 是快速熔断器，用来保护软启动器。

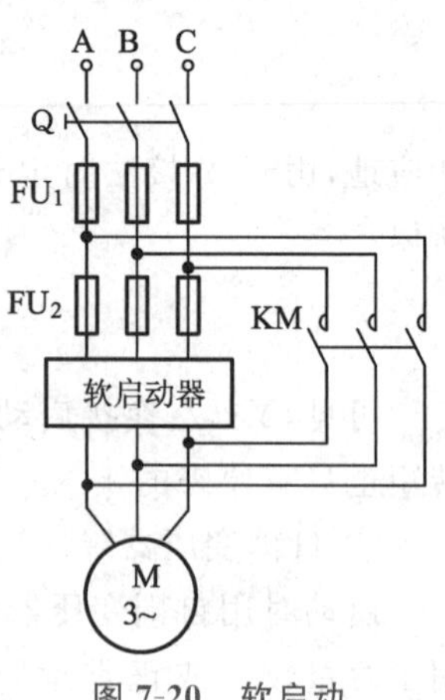

图 7-20 软启动

(3) 绕线式异步电动机的启动

由于绕线式异步电动机可以通过集电环在转子电路串接变阻器，以改变异步电动机的机械特性，因此对起重机、锻压机和风机等需要带重负荷或满载启动的机械，可采用绕线式电动机。下面介绍绕线式异步电动机常用的两种启动方法。

① 转子回路串频敏变阻器的启动方法。

如图 7-21 所示，频敏变阻器是一种三相铁芯电抗器，铁芯用 30～50 mm 厚的铸铁板或铸钢板叠装而成，铁芯柱上绕有三相线圈，当线圈中有电流通过时，铁芯中产生交变磁通，从而产生铁芯损耗(主要是涡流损耗)。在启动瞬间，$n=0$，$s=1$，$f_2=f_1$，铁芯的涡流最大，而表征涡流损耗的等效电阻 R_p 和等效感抗 X_p 也最大，所以启动电流最小。随着转速的升高，s 减小，f_2 也减小，涡流作用也逐渐减弱，所以起到了随转速升高而自动减小 R_p 和 X_p 的作用。若适当选取频敏变阻器的参数，就可以使 $T_{st}>T_N$。

在转子回路中串接频敏变阻器启动，如图 7-22 所示。这种方法控制设备少，操作简单，运行可靠，但在启动过程中由于感抗的影响，使功率因数较低，启动转矩也不太高。

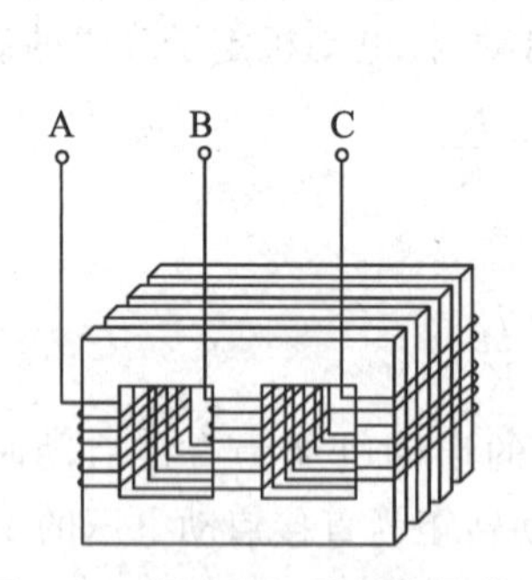

图 7-21 频敏变阻器结构示意图

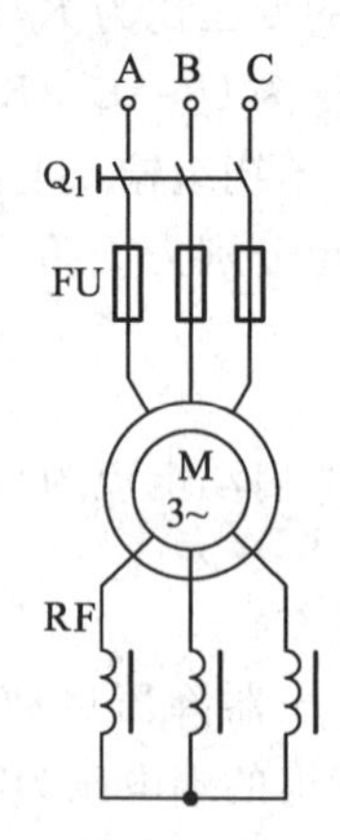

图 7-22 频敏变阻器启动原理图

② 转子回路串电阻的启动方法。

对于绕线式异步电动机，启动时可在转子回路中串入启动电阻 R_{st}，在启动完毕后再将启动电阻切除，如图 7-23 所示。在转子回路串入 R_{st} 后，I_2 将减小，所以定子电流 I_1 也随着减小，虽然最大转矩与转子回路电阻无关，但产生最大转矩的临界转差率 s_m 随之变大，所以相应的启动转矩增大。启动后，随着转速的上升逐渐减小启动电阻，最后将启动电阻全部切除，启动过程结束。这种启动方法的优点是既有较大的启动转矩，又能限制启动电流；其缺点是所用控制设备比较复杂，且启动电阻器体积较大，所以一般只用于功率较大和不能采用Y—△启动的场合。

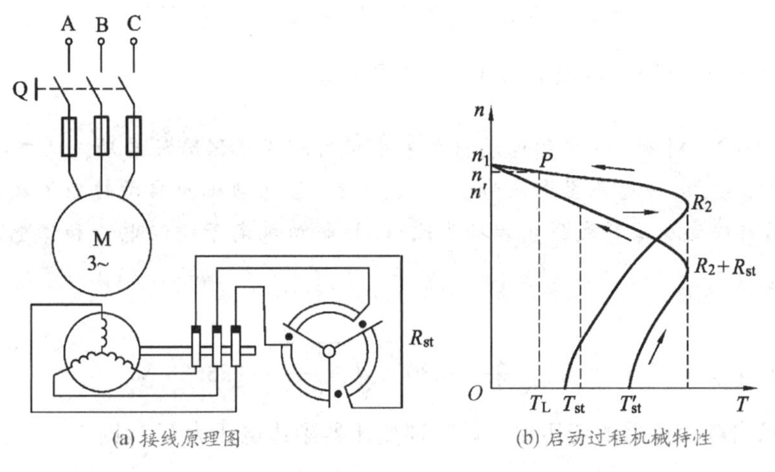

(a) 接线原理图　(b) 启动过程机械特性

图7-23　绕线式异步电动机转子电路串接电阻启动

【例7-3】 已知某三相异步电动机的额定数据：$P_N=55$ kW，$n_N=1460$ r/min，$U_N=380$ V，$\lambda=2.0$，$\lambda_{st}=1.8$，$\eta_N=92.6\%$，$\cos\varphi_N=0.88$，$I_{st}/I_N=7.0$。求：

(1) 电动机的额定转矩、启动转矩、最大转矩、额定电流；

(2) 当电动机带额定负载运行时，若电源电压短时间降低，最低允许降低到多少伏？

(3) 采用Y—△降压启动时的启动转矩和启动电流；

(4) 带70%额定负载，能否采用Y—△降压启动？

解　(1) $T_N=9550\times\dfrac{P_N}{n_N}=9550\times\dfrac{55}{1460}=359.76\ \text{N}\cdot\text{m}$

$T_{st}=\lambda_{st}T_N=1.8\times359.76=647.57\ \text{N}\cdot\text{m}$

$T_{max}=\lambda T_N=2.0\times359.76=719.52\ \text{N}\cdot\text{m}$

$I_N=\dfrac{P_N}{\sqrt{3}U_N\eta_N\cos\varphi_N}=\dfrac{55\times10^3}{\sqrt{3}\times380\times0.926\times0.88}=102.55\ \text{A}$

(2) 电源电压降低，电磁转矩会随之成平方倍数下降，为使电动机维持运转和不堵转停车，必须使 $T_{max}\geqslant T_N$。设最低允许电压为 U'，对应的最大转矩为 T'_{max}，则 $\dfrac{T'_{max}}{T_{max}}=\left(\dfrac{U'}{U_N}\right)^2$，即

$$U'=\sqrt{\frac{T'_{max}}{T_{max}}}\cdot U_N=\sqrt{\frac{T_N}{2.0T_N}}\cdot U_N=\sqrt{\frac{1}{2}}\times380=268.7\ \text{V}$$

(3) Y—△降压启动时，

$$T_{stY}=\frac{1}{3}T_{st\Delta}=\frac{1}{3}\times647.57=215.86\ \text{N}\cdot\text{m}$$

$$I_{stY}=\frac{1}{3}I_{st\Delta}=\frac{1}{3}\times 7.0\times 102.55=239.28\ \text{A}$$

（4）带70%额定负载时，

$$T'_{stY}=\frac{1}{3}T_{st\Delta}=\frac{1}{3}\times 1.8T_N=0.6T_N<0.7T_N$$

所以不能带动70%额定负载采用Y－△降压启动。

【例7-4】 对例7-3中的电动机如果采用自耦变压器降压启动。试求：(1) 若要满足满载启动，电源电压至少应为多少伏？(2) 若电动机的启动转矩为额定转矩的70%。求自耦变压器的变压比和抽头比；(3) 电动机定子绕组电流和供电线路提供的启动电流。

解 （1）

$$U'_1=U_1\sqrt{\frac{T'_{st}}{T_{st}}}=380\times\sqrt{\frac{T_N}{1.8T_N}}=283.23\ \text{V}$$

（2）求自耦变压器的变压比。设自耦变压器副边电压为$U_1{}'$，则

$$K=\frac{U_1}{U_1{}'}=\sqrt{\frac{1.8T_N}{0.7T_N}}=1.6$$

自耦变压器的抽头比为

$$K'=(1/K)\times 100\%=(1/1.6)\times 100\%=62.5\%$$

（3）求电动机定子绕组电流I_{st2}和供电线路提供的启动电流I_{st1}。

上题中，$I_N=102.55$ A，$I_{st}=7.0\times 102.55=717.85$ A，所以

$$I_{st2}=\frac{I_{st}}{K}=\frac{717.85}{1.6}=448.7\ \text{A}$$

$$I_{st1}=\frac{I_{st}}{K^2}=\frac{717.85}{1.6^2}=280.4\ \text{A}$$

7.4.2 调 速

在同一负载下，改变电动机的运行条件，用人为的方法调节电动机的转速，以满足生产过程的需要，这一过程称为电动机的调速过程。从异步电动机的转速关系式

$$n=(1-s)n_1=\frac{60f_1}{p}(1-s)$$

可见异步电动机可以从改变磁极对数p（变极）、改变电源频率f_1（变频）和改变转差率s（变转差率）三个方面来进行调速。

1. 变极调速

这种方法是利用改变电动机定子绕组的接线方式，来改变旋转磁场的磁极对数，达到改变电动机转速的目的。如图7-24所示，假设每相定子绕组由两个线圈（U_1U_2、$U_1{}'U_2{}'$）组成，图中只画出U相绕组的两个线圈。当两个线圈串联时，它所产生的合成磁场是2对磁极，同步转速为1500 r/min；而当两个线圈并联时，它所产生的合成磁场是1对磁极，同步转速为3000 r/min。

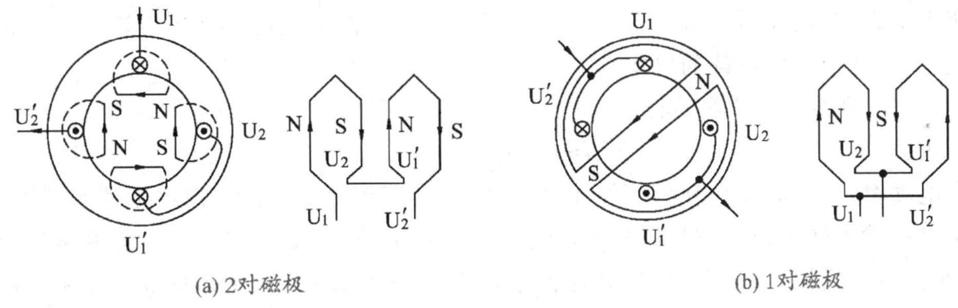

(a) 2对磁极　　(b) 1对磁极

图 7-24　变极调速原理图

由于改变定子绕组的接法只能使旋转磁场的磁极对数成对变化，所以这种调速方法只能是有级调速。为了得到更多不同的转速，可在定子上安装两套极对数不同的绕组，其中一套或两套可以改变极对数，这样就可以得到 3 种或 4 种不同的转速。变极调速只适用于鼠笼式异步电动机，这是因为它的转子磁极对数能自动跟随定子磁极对数的变化。用改变磁极对数调速的鼠笼式异步电动机称为多速电动机，产品代号为 YD。变极调速方法简单、运行可靠、机械特性较硬，但只能实现有级调速，由于不能实现连续调节，所以在转速调节过程中对机械的冲击较大。

2. 变转差率调速

变转差率调速是在不改变同步转速 n_1 的条件下进行的调速，一般适用于绕线式异步电动机。根据 $s_m=R_2/X_{20}$ 可知，在绕线式异步电动机的转子电路中串入不同的附加电阻，如图 7-25a 所示，临界转差率 s_m 也不同，而最大电磁转矩 T_{max}则不变，这样就可以获得一组人为的转矩特性，如图 7-25b 所示。在转子回路增加电阻 R_r 后，$s_m<s_m'$，由图 7-25c 可以看出，$T_{st}'>T_{st}$。因此在相同的负载转矩 T_L 下，如果转子电路不串接电阻，电动机在 a 点以转速 n_N 运行，而在转子电路串接电阻 R_r 后，电动机的机械特性变软，在人为机械特性的 b 点以转速 n_N'运行，这样在同一负载下电动机获得了不同的转速。所以改变转子回路附加电阻的大小也就改变了转差率 s，实现了调速的目的。

变转差率调速方法简单，调速平滑，但由于一部分功率消耗在附加电阻 R_r 上，使得电动机的效率降低，并且转速过低时机械特性太软，运行不稳定。

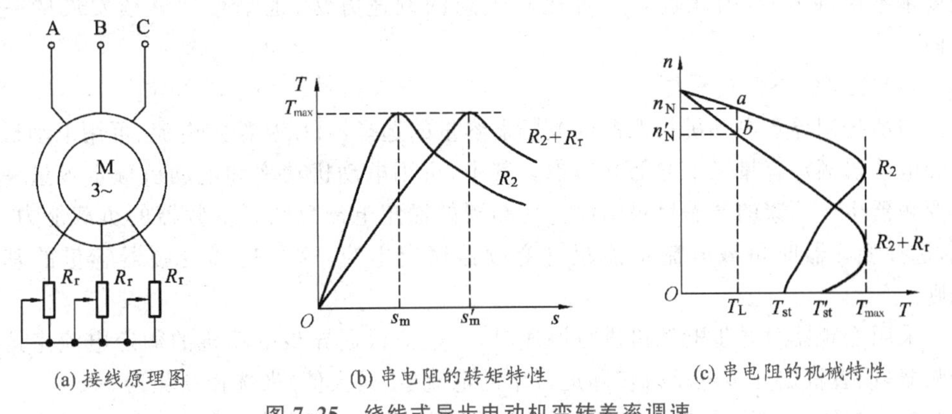

(a) 接线原理图　　(b) 串电阻的转矩特性　　(c) 串电阻的机械特性

图 7-25　绕线式异步电动机变转差率调速

3. 变频调速

通过改变电动机电源频率，实现改变电动机转速的方法称为变频调速。变频调速的优点是调速范围大，平滑性好，变频时 U_1 按不同规律变化可实现恒转矩调速或恒功率调速，以适应不同负载的要求。

(1) 恒磁通变频调速的控制条件

因为
$$U_1 \approx E_1 = 4.44 f_1 N_1 \Phi k_1$$
故在电动机定子绕组的端电压 U_1 不变的情况下：若频率 f_1 增大，则主磁通 Φ 减小，使电动机的输出转矩减小，过载能力降低；若 f_1 减小，则主磁通 Φ 增大，使磁路过于饱和，励磁电流增加，铜耗也增加，负载能力下降，功率因数 $\cos\varphi$ 和效率 η 均下降。因此要解决这一问题，就必须保持 Φ 恒定，即要求变频器在变频的同时也改变电压，使 U_1/f_1 = 常数，这就是恒磁通变频调速的协调控制条件，这也是变频器被称作 VVVF (Variable Voltage Variable Frequency)的原因。

(2) 变频器

变频器主要由整流电路和逆变电路两部分组成。它先通过整流电路把三相交流电源整流成幅值可调的直流电源，然后通过逆变电路将此直流电再“逆变”成频率和幅值均可调的三相交流电源，供给鼠笼型异步电动机。根据整流后的直流电路的储能环节(或滤波环节)的不同，变频器又可以分为电流型变频器和电压型变频器，如图 7-26 所示。图 a 中，在整流器的输出端串接一个大电感 L，利用电感元件的滤波作用来限制电流的变化，这时变频器的输出阻抗大，具有电流源特性，所以称为电流(源)型变频器；图 b 中，在整流器的输出端并接一个大电容 C，利用电容元件的滤波作用来稳定电压，这时变频器的输出阻抗小，具有电压源特性，所以称为电压(源)型变频器。

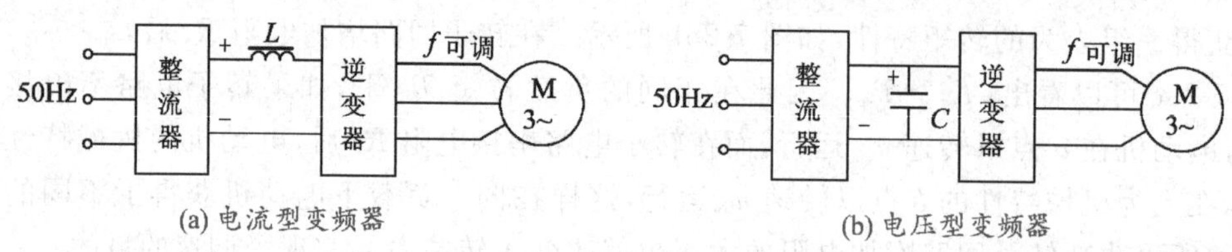

图 7-26 变频调速原理

变频调速可以连续改变电源频率，实现大范围的无级调速，而且电动机机械特性的硬度基本保持不变，因此这是一种比较理想的调速方法，也是今后继续发展的一个方向。

(3) 变频器容量的选择

与所控制异步电动机相匹配的变频器容量的选择，可以从额定电流、可用电动机功率和电动机额定容量三个方面来考虑。其中，可用电动机功率和电动机额定容量一般由变频器生产厂家的产品目录给出。变频器的额定电流反映了变频器的负载能力，因此，选择变频器时负载电流不能超过变频器额定电流，这是选择变频器容量的基本原则。

采用变频器对异步电动机进行调速时，一般应根据异步电动机的额定电流来选择变频器，或者根据异步电动机实际运行中的电流值(最大值)来选择变频器。

对于连续运转的异步电动机，所选择的变频器必须同时满足表 7-2 所列的三项要求。

表 7-2　变频器容量选择(驱动单台电动机)

要求	计算式
满足负载输出	变频器容量(kVA)$\geqslant \dfrac{kP_N}{\eta_N \cos\varphi}$
满足电动机容量	变频器容量(kVA)$\geqslant k \cdot \sqrt{3} U_N I_N \cdot 10^3$
满足电动机电流	变频器额定电流(A)$\geqslant kI_N$

表中，P_N——负载要求的电动机轴输出(kW)；　U_N——电动机额定电压，V；

η_N——电动机效率(通常约 0.85)；　I_N——电动机额定电流，A；

$\cos\varphi$——电动机功率因数(通常约 0.75)；k——电流波形补偿系数。

k 是电流波形补偿系数，由于变频器的输出波形并不是完全的正弦波，而含有高次谐波的成分，所以其电流有所不同。如对于 PWM 方式的变频器 k 取值约为 1.05～1.1，因此须将变频器的容量留有适当的余量。

7.4.3　制　动

电动机在断开电源以后，由于惯性会继续转动一段时间后停止。在生产实践中，为了缩短辅助工时，提高工作效率，保证安全，有些机械要求电动机能准确、迅速停机，因此需要用强制的方法迫使电动机迅速停机，这就称为电动机的制动。

电动机的制动方法有电磁抱闸的机械制动和电气制动。所谓电气制动就是在电动机停机时产生一个与原转动方向相反的电磁转矩，实现快速停机。采用电气制动的方法有能耗制动、反接制动和发电反馈制动。

1. 能耗制动

能耗制动利用消耗转子的动能来进行制动，所以称为能耗制动。其原理是：当异步电动机断开三相交流电源后，立即接通直流电源，使定子绕组中通过直流电流 I，从而在定子绕组中产生一个恒定的磁场，如图 7-27a 所示；此时转子在惯性的作用下继续转动，转动的转子导体就会切割定子绕组的恒定磁场(见图 7-27b)，

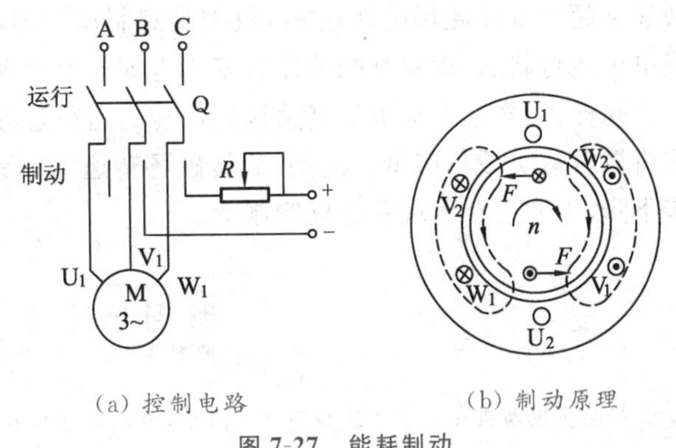

(a) 控制电路　　(b) 制动原理

图 7-27　能耗制动

因而在转子导体中产生感应电动势和感应电流，其方向可以用右手定则来判定。产生感应电流的转子导体又与恒定磁场相互作用产生与原旋转磁场方向相反的电磁制动转矩(其受力方向可由左手定则来判定)，使电动机受到制动而迅速停车。电动机停止转动后，转子与磁场相对静止，此时应将直流电源断开，以节约电能。图 7-27 中 R 用来调节制动电流，从而控制制动转矩的大小。一般直流制动电流控制在电动机额定电流的 0.5～1.0 倍。

能耗制动方法准确、平稳、耗能少。但需直流电源，且电动机停转后，要立即切断直流电源。

2. 反接制动

改变三相异步电动机三相电流的相序，使电动机的旋转磁场反转的制动方法称为反接制动。其方法是当电动机需要停机时，把电动机与电源连接的3根电源线任意对调两根，当电动机转速接近零时，再将电源切断。反接制动电路如图7-28a所示，正常运行时将开关Q与上端运行位置接通；停机时将开关Q由运行位置拨到制动位置，改变电流的相序，旋转磁场反转，此时转子在惯性作用下仍按原方向旋转，由于受到反方向旋转磁场作用，转子电路的感应电动势、感应电流、电磁力都反向，所以产生的电磁转矩为制动转矩，如图7-28b所示。该制动转矩使电动机的转速迅速下降，当电动机的转速接近于零时，通过控制电器将电源自动切断，防止电动机反方向旋转。

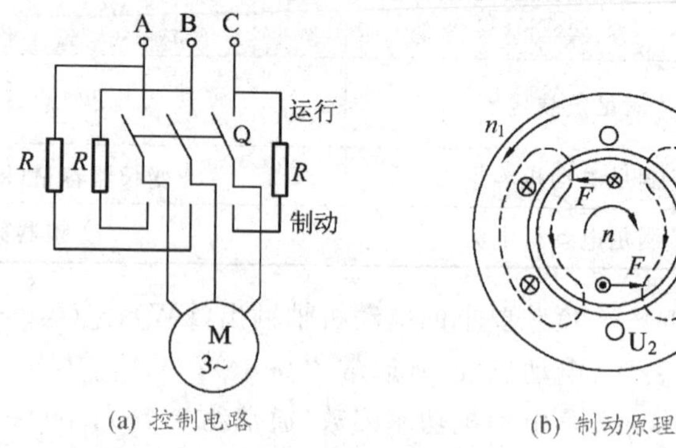

(a) 控制电路　(b) 制动原理

图 7-28　反接制动

反接制动时，由于旋转磁场与转子的相对转速(n_1+n)很大，制动电流也很大。为了限制制动电流以及调整制动转矩的大小，通常要在定子(鼠笼式)或转子(绕线式)回路中串接电阻R以限制制动电流。反接制动方法简单、快速，但准确性差，能耗大，对机械冲击较大，一般用于小于10 kW的中小型机床或辅助性电力拖动系统中。

3. 发电反馈制动

当起重机快速下放重物时，就会发生发电反馈制动。这时，重物拖动转子，使转子转速n超过旋转磁场的转速n_1，重物受到制动而等速下降。实际上这时电动机已转入发电机运行状态，将重物的势能转变为电能而反馈到电网中去。

同样，当多速电动机从高速调到低速的运行过程中，也会发生发电反馈制动。因为在将极对数p成倍降低的瞬间，旋转磁场转速立即减半，但由于惯性，转子转速只能逐步下降，因此也会出现发电反馈制动。

练习与思考

1. 三相异步电动机在额定负载和空载下启动，启动电流和启动转矩是否相同？
2. Y－△降压启动方法，能否适用于绕线式异步电动机？为什么？
3. 绕线式异步电动机采用转子串电阻启动时，所串电阻越大，启动转矩是否也越大？为什么？
4. 设自耦变压器的电压比为$K>1$，则异步电动机采用自耦降压启动时，电动机的定子电压、定子电流、变压器一次侧电流和启动转矩各为直接启动时的几倍？
5. 三相异步电动机的调速方法有几种？各适用于哪种类型的电动机？
6. 恒磁通变频调速的协调控制条件是什么？为什么？
7. 利用制动的方法可以使电动机______，常用的电气制动方法有______、______、______，这些方法使电动机停止转动的共同点是产生______。

8. 多速电动机从高速到低速的调整过程中会产生________。
9. 什么是软启动？它有什么优点？
10. 能耗制动消耗的主要是什么能量？

7.5　三相交流异步电动机的选择

电动机的选择是电力拖动基础的重要内容，它包括电动机的种类、型号、电压、转速和容量等的选择，本节将对电动机的铭牌数据、技术数据和电动机的选择原则作简单介绍。

7.5.1　电动机铭牌

每台电动机的机座上都钉有一块金属标牌，标牌上注明了电动机的型号、参数等，该标牌称为电动机的铭牌，如图 7-29 所示。

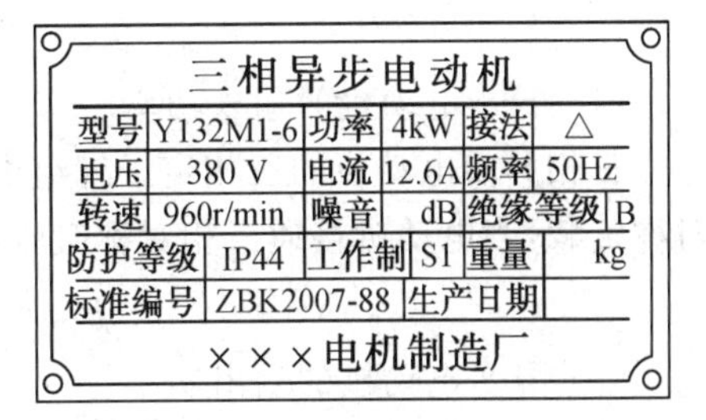

图 7-29　电动机铭牌

1. 型号

按国家标准规定，型号应包括产品名称、规格、形式等的代号，国产三相异步电动机一律由汉语拼音大写字母和阿拉伯数字组成。如

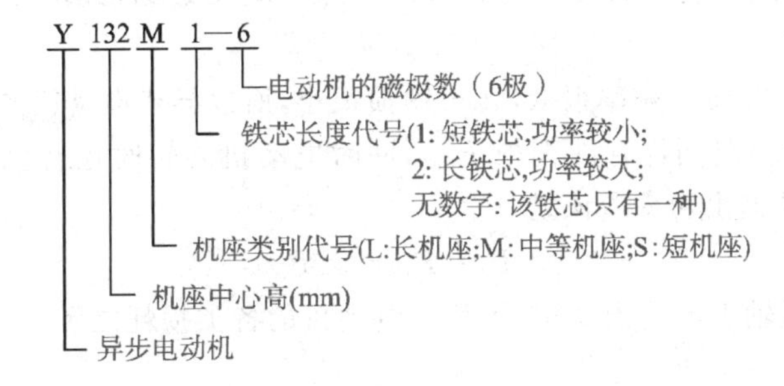

目前我国生产的 Y 系列异步电动机及其派生电动机的产品名称代号和汉字的意义摘录于表 7-2 中。Y 系列电动机与原 J,JO 系列旧型号电动机相比，在功率相同时，Y 系列电动机效率高，体积小，重量轻，节约材料。

表 7-2　异步电动机产品名称及代号

产品名称	新代号	新代号的汉字意义	旧代号
异步电动机	Y	异步	J、JO
绕线式异步电动机	YR	异步绕线式	JR、JRO
防爆型异步电动机	YB	异步防爆型	JB、JBS
高启动转矩异步电动机	YQ	异步高启动转矩	JQ、JGQ
起重冶金异步电动机	YZ	异步起重用	JZ
起重冶金用绕线式异步电动机	YZR	异步起重绕线式	JZR

2. 额定电压

额定电压 U_N 指电动机正常运行时定子绕组上应施加的线电压。按国家规定一般电源电压波动不应超过额定值的±5%，过高或过低都会对电动机的运行造成危害。交流电动机的额定电压等级有220、380、660、3000、6000和10000 V这六种。通常只有在额定电压下运行，电动机才能输出额定功率。

在绕线式电动机的铭牌上，还标出转子绕组的开路电压和额定电压，以作为配用启动电阻的依据。

3．额定电流

额定电流 I_N 指电动机在额定状态下运行时，三相定子绕组中流入的线电流。

4．额定功率

额定功率 P_N 是指电动机在额定状态下运行时，转轴上输出的机械功率，是有功功率。电动机的额定功率为

$$P_N=\sqrt{3}U_N I_N \cos \varphi_N \eta_N$$

（1）异步电动机的输入功率

三相异步电动机的三相定子绕组由于结构完全相同，因此三相绕组实际上是三相对称负载，当电动机接通三相对称交流电流后，其从电源吸收的功率为

$$P_{1N}=\sqrt{3}U_N I_N \cos \varphi_N$$

（2）异步电动机的输出功率

定子绕组从电源吸收的功率，其中一部分消耗于定子绕组铜损 ΔP_{Cu1} 和定子铁损 P_{Fe1}，扣除这些损耗后，剩下的功率就是通过气隙中旋转磁场，经电磁感应作用传递到转子上的电磁功率。

由于正常运行时转子频率很低，转子铁损很小，所以异步电动机的铁损主要是定子铁损 ΔP_{Fe1}。转子回路同样存在铜损 P_{Cu2}，同时电动机旋转时还有机械损耗和附加损耗。因此电动机的输出功率应该是

$$P_2=P_{1N}-\sum P$$

式中，P_2 是电动机轴上的输出功率，$\sum P$ 是电动机的各类损耗之和。

（3）电动机的效率

$$\eta=\frac{P_2}{P_{1N}}\times 100\%=\frac{P_2}{P_2+\sum P}\times 100\%$$

5．接法

铭牌上的接法指电动机在额定电压下定子绕组的接线方式。一般有星形和三角形两种接法。星形接法时，绕组所能承受的电压是三角形接法时的 $1/\sqrt{3}$，因此必须按铭牌规定的接线方式接线，否则，电动机将烧毁。例如，一台额定功率为10 kW的三相异步电动机，绕组作三角形连接时，额定电压为220 V，额定电流为67.5 A；而绕组作星形连接时，额定电压为380 V，额定电流39 A，因此在铭牌上标明：接法△/Y；额定电压220/380 V；额定电流67.5/39 A。

6．额定转速

额定转速 n_N 指电动机在额定电压、额定频率和额定负载下运行时的转速，其值略低于同步转速 n_1。

7. 额定频率

额定频率 f_N 指电动机所接交流电源的频率,我国电网标准频率为 50 Hz。频率的变化对电动机的转速和输出功率都有影响,频率降低时,转速降低,定子电流增大。

8. 绝缘等级

根据绕组所用的绝缘材料,按照它的允许耐热程度规定的等级,中小型异步电动机的绝缘等级有 A,E,B,F 和 H。电动机的工作温度主要受绝缘材料的限制,若工作温度超出绝缘材料所允许的温度,绝缘材料就会迅速老化,使用寿命将大大缩短。不同等级绝缘材料的极限温度如表 7-3 所示。

表 7-3　绝缘材料的耐热分级和极限温度

绝缘等级	Y	A	E	B	F	H	C
极限温度/℃	90	105	120	130	155	180	>180

9. 工作方式

工作方式又称为电动机的定额工作制,即电动机在规定工作条件下运行的持续时间或工作周期。通常分为连续运行、短时运行和断续周期运行三种,分别用代号 S_1、S_2、S_3 表示。

10. 防护等级

防护等级是按电动机外壳防护形式的不同来分级的,其中"IP"为国际防护的缩写,后面的第一位数字表示产品的外壳防止固体异物进入内部的带电或运动部分的防护等级及防止人体触电的防护等级,共分为 7 个等级;后面的第二位数字表示产品的外壳防止液体侵入的防护等级,共有 9 个等级。

11. 标准编号

标准编号表示该电动机生产制造所执行的技术标准,Y 系列电动机执行 ZBK22007 标准。

12. 安装方式

电动机安装方式一般有卧式 B3(机壳带底座)、立式 B5(前端盖为凸缘端盖)两种,在一些特殊场合还有 B35(即带底座又带凸缘端盖)。

7.5.2　三相异步电动机的技术数据

异步电动机除了铭牌上介绍的额定数据外,在电工手册和产品目录中,通常还列有一些其他的重要参数,如启动电流倍数、启动能力、过载系数、额定效率、温升等,这些技术数据在电动机出厂前,一般不做试验。但在定期的型式试验中,必须进行这些数据的测试和计算。这些额定数据和参数是使用者选择电动机的重要依据。

7.5.3　三相异步电动机的选择原则

合理选择电动机,是正确使用电动机的先决条件。选择电动机时,既要考虑到电动机的种类、型号、容量和转速等要素，还要考虑它运行的经济性、可靠性和稳定性。

1. 电动机功率（容量）的选择

电动机的功率选择是由机械所需要的功率来决定的。如果功率选择过大，不仅电动机没有得到充分利用，而且还会导致设备费用增加。当电动机在轻载运行时，其效率和功率因数均较低，造成浪费；如果选得过小，又会使电动机强行过载运行，甚至造成堵转，使电动机的温度急剧上升，影响电动机的使用寿命。

电动机的额定功率是和一定的工作制相对应的。在选择电动机功率时，应充分考虑电动机的实际工作方式。

(1) 连续工作制(S1)

对于恒负载连续工作方式，只要电动机的额定功率等于或稍大于机械所需功率，电动机的温升就不会超过其允许值。如果已知负载的功率（即轴上机械的功率）P_L，可按下式计算所需电动机的功率 P_N：

$$P_N \geqslant \frac{P_L}{\eta_1 \eta_2}$$

式中，P_L 是机械的功率，η_1 是机械本身的效率，η_2 是电动机与机械之间的传动效率，直接连接时 $\eta_2=1$，皮带传动时 $\eta_2 \approx 0.95$。

(2) 短时工作制(S2)

短时运行方式是指电动机运行时间短，停机时间长，且能使电动机冷却到环境温度的运行方式。国家规定的标准持续时间有 10、30、60 和 90 min 4 个等级。工厂有专为短时运行而设计生产的电动机，其铭牌上所标的额定功率是和一定的标准持续时间相对应的。与功率相同的连续工作制的电动机相比，其最大转矩大，重量小，价格低。因此，在条件许可时，应尽量选用短时工作制的电动机。电动机在短时间运行时，在不超过温升限值下，可以允许过载。工作时间越短，允许过载量越大但过载量必须小于电动机的最大转矩。

(3) 断续周期工作制(S3)

断续周期运行是指运行与停机交替进行的工作方式，工作时间短，达不到稳定温升就停机，且停机时间又不长，温升未降到环境温度又开始运行。断续周期工作制也称为重复短时工作制。标准的周期为 10 分钟，工作时间与周期时间之比称为负载持续率，负载持续率 FS 的计算公式为

$$\text{负载持续率 } FS = \frac{t_g}{t_g + t_0} \times 100\%$$

式中，t_g 为工作时间，t_0 为停止时间。

标准的负载持续率有 15%，25%，40%和 60% 4 种，这种电动机的额定功率都和某一种标准负载持续率相对应，如果没有其他说明，则持续率为 25%。对于断续工作方式，功率的选择要根据负载持续率的大小，选用专门用于断续运行方式的电动机。一般应选用专门用于重复短时运转的 YZR 和 YZ 系列交流异步电动机，其容量也可应用等效负载法来选择。

此外还可以用一台同类型或相近类型的机械进行试验，测出其所需要的功率，据此选择电动机的功率，这种方法称为试验法。

2. 类型的选择

电动机的种类应根据生产机械性能、安装位置、工作环境以及运行方式等因素来选择,从技术和经济两方面进行综合确定。

对于无特殊要求的,应首先选用结构简单、性能优良、价格便宜、维修方便的鼠笼式异步电动机,例如水泵、风机、输送机、压缩机以及各种机床的主轴和辅助机构,绝大部分都可用三相鼠笼型异步电动机来拖动。

对要求启动转矩大,启动频繁,又有一定调速要求,不能采用鼠笼型异步电动机拖动的场合,才采用绕线转子异步电动机。

对有特殊要求的设备,则应选用特殊结构的电动机,如小型卷扬机、升降机设备,应选用锥型转子制动电动机。

对调速要求较高的设备,还应选用直流电动机。

3. 额定电压的选择

电动机的额定电压应根据使用场所的电源电压和电动机的功率来决定。一般中小型三相电动机额定电压都为 380 V,单相电动机额定电压都为 220 V。所需功率大于 100 kW时,可根据当地电源情况和技术条件考虑选用 3000 V 或 6000 V 的高压电动机。

4. 额定转速的选择

电动机转速应根据所拖动的生产机械的转速来选择,具体方法如下:

① 采用联轴器直接传动的电动机,其额定转速应等于生产机械的额定转速;

② 采用皮带传动的电动机,其额定转速不应与生产机械的额定转速相差太多,其变速比一般不宜大于 3。

选择电动机的转速时,应注意转速不宜选得太低,因为电动机的额定转速越低,则极数越多,电动机体积也越大,价格就越高。

5. 结构的选择

电动机的外形结构有开启式、防护式、封闭式和防爆式等几种,应根据电动机的工作环境进行选择。

① 开启式:在结构上无特殊防护装置,通风散热好,价格便宜,适用于干燥无灰尘的场所。

② 防护式:在机壳或端盖处有通风孔,一般可防雨、防溅及防止铁屑等杂物掉入电机内部,但不能防尘、防潮,适用于灰尘不多且较干燥的场所。

③ 封闭式:外壳严密封闭,能防止潮气和灰尘进入,适用于潮湿、多尘或含有酸性气体的场所。

④ 防爆式:整个电机(包含接线端)全部密封,适用于有爆炸性气体的场所,例如在石油、化工企业及矿井中。

选择电动机的结构形式应注意以下几点:

① 在一般生产环境的室内,可采用防护式电动机;在能保证人身和设备安全的条件下,也可采用无防护式电动机;当使用地点可能有液体滴落、飞溅时,应采用防滴、防溅式电动机。

② 在湿热地区,应尽量采用湿热带型电动机;若采用普通型电动机,应采取适当的防潮措施。

③ 在空气中经常含有较多粉尘的地点，应采用防尘型电动机；若粉尘为导电性粉尘，应采用尘密型电动机。

④ 在空气中经常含有腐蚀性气体或游离物的地点，应尽量采用化工用的防腐型电动机或管道通风冷却式电动机。

⑤ 露天场所宜采用室外型电动机。如果采取防止雨淋、日晒的措施，也可采用防尘型电动机。

总之，选择电动机时，应考虑初期投资和运行维护费用，从电动机及其控制设备的总投资、效率、功率因数和电费、全部设备的年维护费用等方面进行比较，尽量选用可靠性高、互换性好、维护方便，且有标准定额的电动机。

1. 三相异步电动机的基本构造主要由定子、转子两大部分组成。按转子的结构可以分为鼠笼型和绕线型。

2. 在三相对称绕组中通入三相对称电流便在空间产生旋转磁场，旋转磁场的转向与三相绕组通入的电流相序一致，转速为 $n_1=60f_1/p$。

三相异步电动机就是利用旋转磁场和由它感应出来的转子电流相互作用产生电磁转矩而工作的，故也称为感应电动机。

3. 转差率是描述异步电动机运行情况的一个重要参数，它反映了旋转磁场与转子间相对运动的大小，转差率 $s=(n_1-n)/n_1$，其额定值一般为 0.02～0.06。转差率 s 的存在是异步电动机转动的必要条件。

4. 三相异步电动机的电磁转矩为

$$T=C_T\Phi I_2\cos\varphi_2=K\frac{sR_2U_1^2}{R_2^2+(sX_{20})^2}$$

电磁转矩与电源电压的平方成正比，因此电源电压对电动机的转矩有显著的影响。

5. 三相异步电动机的转速 n 与电磁转矩 T 的关系 $n=f(T)$ 称为电动机的机械特性。在机械特性曲线上有 3 个非常重要的点，即最大转矩 T_{max}、启动转矩 T_{st} 和额定转矩 T_N，最大转矩 $T_{max}=\lambda T_N$，额定转矩 $T_N=9550P_N/n_N$，启动转矩 $T_{st}=\lambda_{st}T_N$。这些参数是使用异步电动机的重要依据。

6. 异步电动机直接启动时电流大，所以，若电动机容量较大，启动频繁时，必须采取适当方法减小启动电流。对△接法的电动机一般采用"Y－△"降压启动，此时 $I_{stY}=I_{st}/3$，但相应地 $T_{stY}=T_{st}/3$，所以它只能用于空载或轻载启动。另一种降压启动方法是采用自耦降压启动，此时电网供给的电流 $I_{st1}=I_{st}/K^2$，相应地 $T_{st1}=T_{st}/K^2$，所以它也只能用于空载或轻载启动。绕线式异步电动机转子串电阻启动既可减小启动电流，又能提高启动转矩。

7. 异步电动机的转速 $n=(1-s)60f_1/p$，电动机的调速方法有 3 种：变极调速、变频调速和变转差率调速。变极调速适用于鼠笼式电动机，变转差率调速只适用于绕线式电动机，而变频调速是目前的主要发展方向。

8. 常用的异步电动机的电气制动方法有能耗制动、反接制动和发电反馈制动。它们都会对电动机转子产生制动转矩而使电动机迅速停转。

9. 选择三相异步电动机的主要原则是安全、经济和适用。其中选择电动机的功率是最主要的,此外还应注意电动机的额定电压、转速、转矩、工作方式和类型等。

第7章　习　题

1. 额定功率都是4 kW的Y112M-4型和Y160M1-8型三相异步电动机,其额定转速分别为1440 r/min和720 r/min。它们的额定转矩各为多少?请说明电动机的极数、转速和转矩三者之间的关系。

2. Y112M-4型三相异步电动机,已知相关数据为$U_N=380$ V,△接法,$I_N=8.8$ A,$P_N=4$ kW,$\eta_N=0.845$,$n_N=1440$ r/min。求:(1) 在额定状态下的功率因数及额定转矩;(2) 若电动机的启动转矩为额定转矩的2.0倍时,采用Y-△降压启动时的启动转矩。

3. 一台三相异步电动机的额定电压为220 V,额定状态运行时每相绕组的等效电阻和感抗分别为$R=6\ \Omega$,$X_L=8\ \Omega$,现有三相对称电源的线电压为$U_N=380$ V。(1) 电动机绕组应如何连接?(2) 计算电动机的额定电流和输入功率。

4. 有一台4极三相异步电动机,$f_1=50$ Hz,$n_N=1425$ r/min,转子电阻$R_2=0.02\ \Omega$,感抗$X_{20}=0.08\ \Omega$,$E_{20}=20$ V。求:(1) 电动机在启动瞬间($n=0$,$s=1$)的转子电流I_{20},功率因数$\cos\varphi_{20}$;(2) 额定转速时的E_2、I_2和$\cos\varphi_2$。比较上述两种情况能得出什么结论?

5. 某些三相异步电动机的铭牌上标有额定电压380/220 V,接法Y/△。(1) 其意义是什么?(2) 试计算这两种接法情况下该电动机的额定功率、相电压、相电流、线电压、线电流、功率因数、效率和转速。

6. 已知某电动机的部分数据如下表所示。

型　号	功率/kW	额定电压/V	额定电流/A	额定转速/(r/min)	功率因数	连接方式
Y112M-4	4.0	380	8.8	1440	0.8	△

求:(1) 电动机的极数;(2) 电动机满载时的输入功率;(3) 额定转差率;(4) 额定效率;(5) 额定转矩。

7. Y180L-6型三相异步电动机的额定电压为660/380 V,Y/△接法,接到工频线电压为380 V的电源上运行,测得$I_1=30$ A,$P_1=16.86$ kW。若此时转差率$s=0.04$,输出转矩$T=150$ N·m。问:(1) 电动机采用的是什么接法?(2) 此时电动机的转速和输出功率为多少?(3) 电动机的功率因数和电动机的效率各是多少?

8. 某4极三相异步电动机的额定功率$P_N=30$ kW,$U_N=380$ V,△接法,$f_1=50$ Hz,$s_N=0.02$,$\eta_N=90\%$,$I_N=57.5$ A。当电动机在额定状态下运行时,求:(1) 旋转

磁场切割转子导体的速度；(2) 额定转矩和额定功率因数。

9. 题8中，如果电动机的$\lambda_{st}=1.2$，$I_{st}/I_N=7.0$。试问：(1) 采用Y-△降压启动时的启动电流和启动转矩是多少？(2) 当负载转矩为额定转矩的50%和25%时，电动机能否带负载启动？

10. 题8中，若电动机的额定功率为15 kW，额定转速为970 r/min，$f_1=50$ Hz，最大转矩为295.36 N·m，问电动机的过载系数λ是多少？如果该电动机采用自耦降压启动，而使电动机的启动转矩为85%T_N，试求自耦变压器原副边的变压比、电动机的启动电流和线路上的启动电流。

11. 已知某三相异步电动机的额定数据如下：$n_N=1480$ r/min，$U_N=380$ V，$P_N=55$ kW，$\lambda=T_{max}/T_N=2.0$，$\lambda_{st}=T_{st}/T_N=1.8$。(1) 试大致画出该电动机的机械特性；(2) 当电动机带额定负载运行时，电源电压短时间降低，最低允许降低到多少伏？

12. Y160M-4鼠笼型三相异步电动机的额定数据为：$U_N=380$ V，$P_N=11$ kW，$n_N=1455$ r/min，$\eta_N=0.87$，$\cos\varphi_N=0.85$，$\lambda=T_{max}/T_N=2.0$，$\lambda_{st}=T_{st}/T_N=1.9$，$I_{st}/I_N=7.0$。试求：(1) 额定电流$I_N$；(2) 电网电压为380 V，全压启动的启动转矩和启动电流；(3) 采用Y-△降压启动的启动转矩和启动电流；(4) 带70%额定负载能否采用Y-△启动。

13. 上题中的电动机如果采用自耦变压器降压启动，使电动机的启动转矩为额定转矩的70%。试求：(1) 自耦变压器的降压比；(2) 线路上的启动电流和电动机的启动电流。

第 8 章　其他电动机

在日常生活和工业控制中，除了三相交流异步电动机外，还经常要用到单相异步电动机、伺服电动机、测速电机、步进电机等。直流电动机由于所具有的特有优越性，在工程中也获得了广泛的应用。

8.1　单相异步电动机

单相异步电动机具有结构简单、制造容易、使用可靠、维护方便等优点，特别是它只需要单相交流电源供电，可以在不具备三相电源的地方使用，因此在家用电器及轻便电动工具中得到了广泛应用，如电风扇、洗衣机、空调、电动工具等，这些单相异步电动机的定子绕组是单相的，而转子大多为鼠笼型。

8.1.1　脉振磁场

单相异步电动机从结构上看，其定子上只有一个绕组，绕组分布在定子铁芯内表面的槽内，转子为鼠笼型结构，如图 8-1 所示。

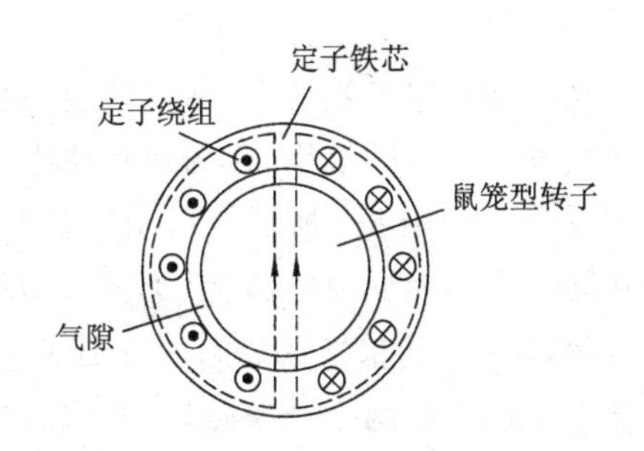

图 8-1　单相异步电动机结构与脉振磁场

假设给单相异步电动机定子绕组通入单相交流电流。在交流电流的正半周，电流实际方向如图 8-1 所示，即电流从右侧导体中流入、左侧导体中流出，磁场方向与绕组的轴线一致。在电流的正半周内，由于电流的方向不变，磁场的方向也不变，但磁场的强弱却随电流按正弦规律变化。在交流电流的负半周，定子绕组中电流实际方向与图 8-1 中所示的方向相反，磁场方向也与图示方向相反，且在整个负半周内磁场方向不变，但磁场的强弱仍然随电流按正弦规律变化。这样就产生了一个在空间静止不动(磁场的轴线始终与绕组的轴线一致)，但磁场强弱(磁通的大小)随时间按正弦规律变化的脉振磁场。

脉振磁场对转子的作用表现出以下两个特点：

① 电动机原来处于静止状态，给定子单相绕组通入单相交流电流建立脉振磁场后，电动机仍然保持静止状态不变，这是由于脉振磁场不能够对转子产生启动转矩；

② 如果对转子沿任意方向施加外力形成初始转矩，推动转子转动，则电动机将沿

着外加转矩的方向加速转动，最后以某一稳定速度运行。

脉振磁场可以分解为两个大小相等、转向相反、转速相同的旋转磁场，分别用 Φ_+ 和 Φ_- 表示。这样两个转向相反的旋转磁场分别对转子产生方向相反的电磁转矩 T_+ 和 T_-，如图 8-2 所示。转子静止时，$T_+ = T_-$，两者相互抵消，所以，脉振磁场不能够对转子产生启动转矩。

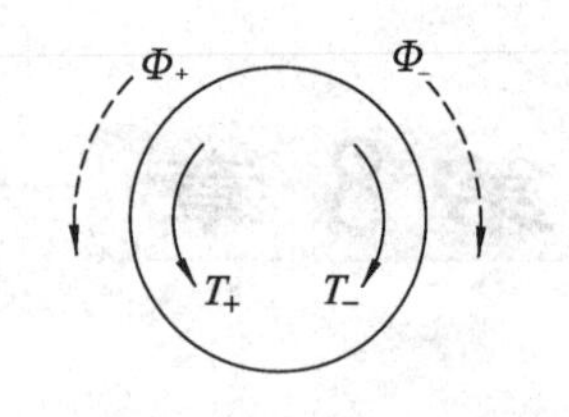

图 8-2 脉振磁场的分解

若转子在外加初始转矩的作用下，沿任意方向转动，如与图 8-2 中旋转磁场 Φ_+ 方向相同（逆时针方向），则该方向旋转磁场所产生的电磁转矩 T_+ 将会大于相反方向旋转磁场 Φ_- 所产生的电磁转矩 T_-，因此，电动机就沿该方向转动，并达到稳定运行状态。反之亦然。

因此，单相异步电动机虽无启动转矩，不能自行启动，但一经启动，就会连续转动。

实际上，当三相异步电动机运行时，如果电动机在运行中缺了一相，则电动机会继续运转，如果此时电动机仍带额定负载运行，势必造成定子电流过大，时间一长，定子绕组将被烧坏；而如果是在启动时就缺一相，则电动机不能转动，只听到嗡嗡振动声，这时定子电流很大，时间长了，电动机的定子绕组将被烧坏。

8.1.2 单相异步电动机的类型

由以上分析可知，只要单相异步电动机自身能产生启动转矩就能运转。目前，按照产生启动转矩方法的不同，单相异步电动机主要分为电容分相式和罩极式两种类型。

1. 电容分相式单相异步电动机

在电动机定子铁芯上，除了放置单相绕组（称为主绕组或工作绕组，用 A 表示），另外再放置一个辅助绕组，称为启动绕组，用 B 表示。两者结构基本相同，但在空间位置上相隔 90°，如图 8-3 所示。启动绕组 B 中接入电容器 C 和离心开关 S，与主绕组 A 并接在同一个单相交流电源上（见图 8-3a）。电容器 C 的作用是使通过它的电流 $\dot{I}_B$ 超前于 $\dot{I}_A$ 接近 90°，其相量图如图 8-3c 所示，即把单相交流电变为两相交流电。这样的两相交流电流产生的两个脉振磁场，合成后就是一个旋转磁场，其原理如图 8-4 所示。

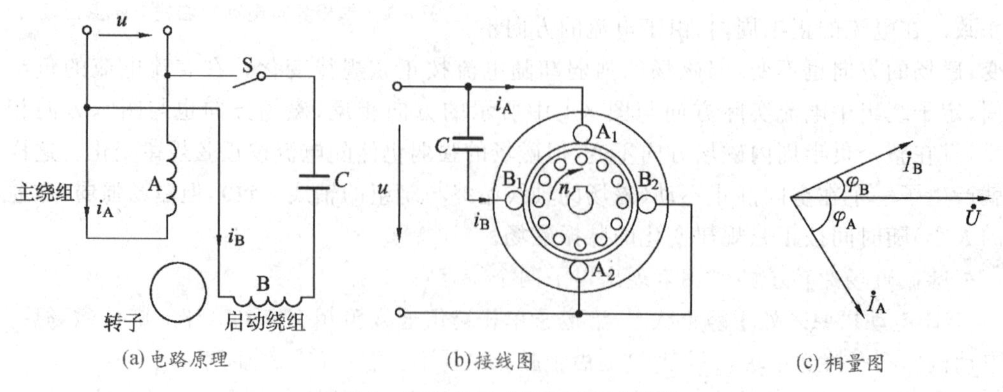

图 8-3 电容分相式单相异步电动机

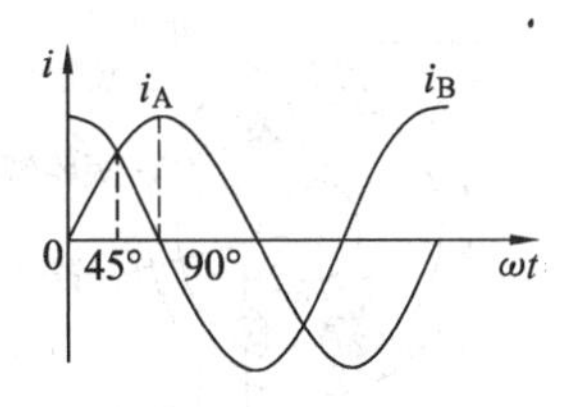

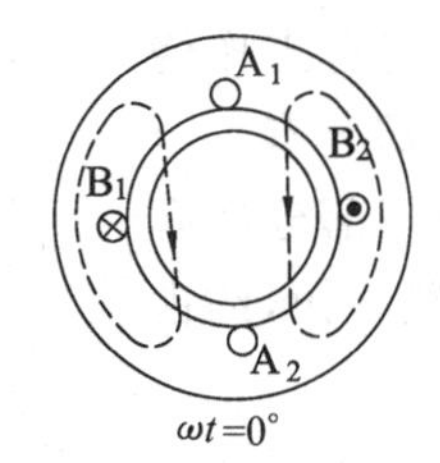

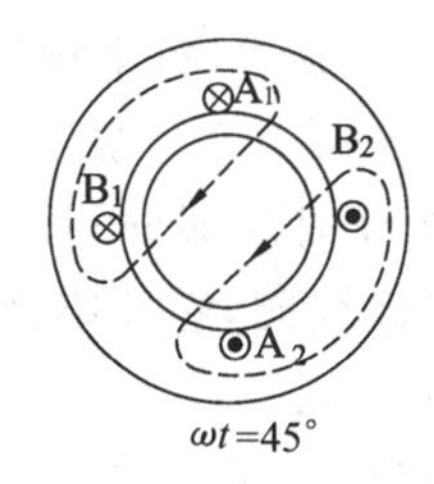

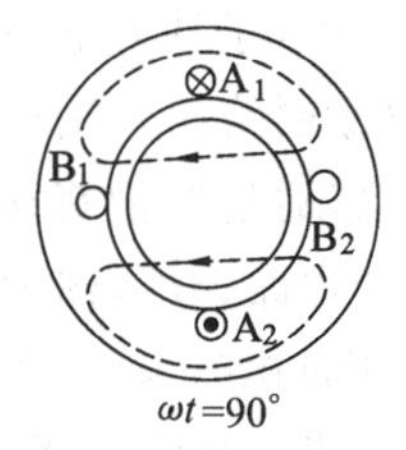

图 8-4　两相交流电产生的旋转磁场

在该旋转磁场所产生的电磁转矩作用下，单相异步电动机即可自行启动。由于与启动绕组串接的离心开关 S 安装在转子的转轴上，当转子静止或转速不高时，离心开关受弹簧压力闭合，接通启动绕组；而当转子的转速达到 n_1 的 70%～80%时，离心力便克服弹簧压力，使开关 S 断开，电动机只有主绕组通电运行。当电动机断开电源停止转动后，离心开关又自行闭合，等待下一次重新启动。

这种电容分相式单相异步电动机启动转矩较大，多用于小型空气压缩机、电冰箱、水泵等满载启动的场合。

如果启动绕组不仅供启动时用，还用以改善电动机运行，则启动绕组按长期运行方式设计，这种电动机称为单相电容运转式电动机，如图 8-5 所示。该电动机达到一定转速后，启动电容器 C_q 在离心开关 S 的作用下脱离电源，而工作电容器 C_y 不脱离电源，与嵌装在定子槽内的主、副绕组同时投入运行，其实质构成两相电动机。这种电动机的功率因数、效率与过载能力均比其他单相电动机高，但启动转矩较小。由于它的运行性能优越，在家用电器中应用最普遍。

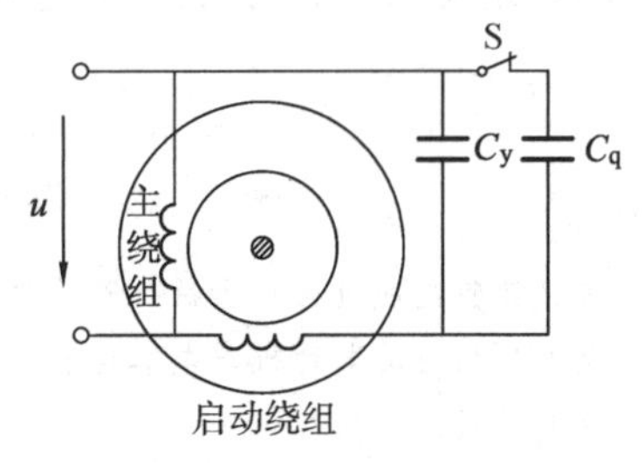

图 8-5　电容运转式单相异步电动机原理图

除了电容分相式单相异步电动机外，还有电阻分相式单相异步电动机，两者工作原理基本相同。

由于旋转磁场的转向是由通入工作绕组和启动绕组中的电流相序决定的。在图 8-4 中，由于 i_B 超前于 i_A，所以旋转磁场从绕组 B_1 端到绕组 A_1 端按顺时针方向旋转。如果把电容器 C 改接在绕组 A 的电路上，使 i_A 超前于 i_B，则旋转磁场将从绕组 A_1 端到绕组 B_1 端按逆时针方向旋转。因此只要调换一个绕组与电容器 C 串联，就可以改变电容分相式电动机的转向。

在图 8-6 中，利用一个转换开关 QS 将工作绕组与启动绕组互换即可改变电流相序。当开关 QS 合向“1”时，电容器 C 与 B 绕组串联，电动机正转；当开关 QS 合向“2”时，电容器 C 与 A 绕组串联，电动机反转。洗衣机中的电动机靠定时器自动转换开关，使波轮周期性地改变旋转方向。

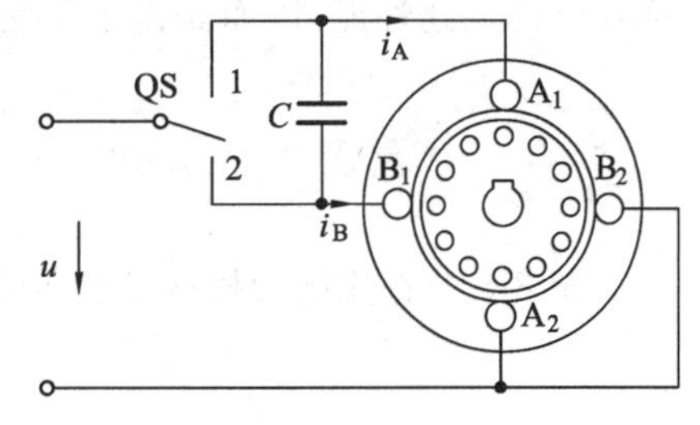

图 8-6　电容分相式单相异步电动机的正反转

2. 罩极式单相异步电动机

图 8-7 为罩极式单相异步电动机的结构示意

图，其定子铁芯通常为凸极式，每个极上绕有工作绕组（励磁绕组），接单相电源。在磁极的端部开有一个凹槽，通过凹槽将磁极分成两部分，其中一部分嵌有一个短路铜环，称为罩极线圈，它环绕极靴一角，约占全部面积的1/3。转子为笼型。

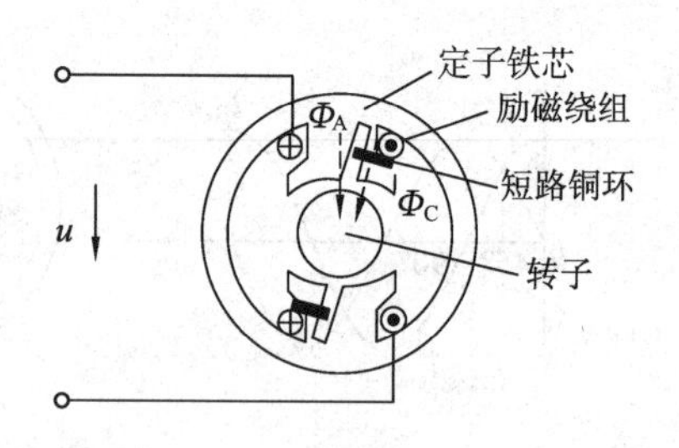

图 8-7 罩极式单相异步电动机结构示意

当工作绕组接通单相交流电时，产生的主磁通分为两部分：一部分是不经过短路铜环的磁通 Φ_A，另一部分则是经过短路铜环的磁通 Φ_C。根据电磁感应原理，短路铜环内会产生感应电动势和感应电流，而该感应电流起阻碍磁通变化的作用，使得磁通 Φ_C 与磁通 Φ_A 之间产生了相位差。同时这两部分磁通在空间也存在一定的位置差，所以在磁极的端面产生了一个转动的磁场，产生启动转矩，驱动电动机转子转动起来。

罩极式单相异步电动机结构简单、工作可靠，但启动转矩较小、效率较低，多用于对启动转矩要求不高的场合，如电吹风机、电风扇等设备中。

练习与思考

1. 单相异步电动机有什么特征？为什么？
2. 电容分相启动电动机与电容运转电动机在电路上有什么区别？改变启动绕组的电流流向能否改变电动机的转向？
3. 脉振磁场是一个________磁场。
4. 三相异步电动机启动时，如果三相电源断开一相，会发生什么问题？如果正在运行的三相异步电动机，电源断开一相，又会发生什么问题？
5. 单相异步电动机如果没有启动绕组，也没有采取任何产生启动转矩的措施，是否能够自行启动？为什么？

8.2 直流电动机

由直流电源供电的电动机称为直流电动机。直流电动机比三相交流异步电动机结构复杂、价格高、使用维修成本高，但由于具有良好的启动性能、较宽的调速范围和平滑而经济的调速性能，因而获得了广泛的应用。

8.2.1 直流电动机的构造和分类

图 8-8 是直流电动机的结构示意图，直流电动机主要由定子和转子两部分组成。

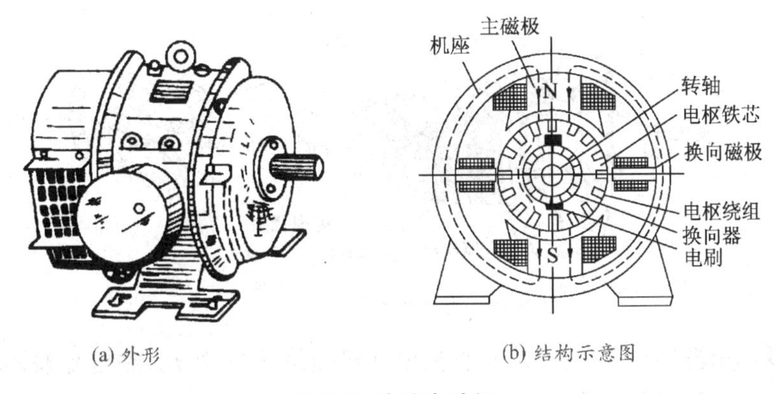

(a) 外形　　(b) 结构示意图

图 8-8　直流电动机

1. 定子

直流电动机定子结构如图 8-9 所示，它由主磁极、换向极、机座、端盖和电刷装置等组成。

直流电动机的主磁极由主极铁芯和励磁绕组组成，铁芯用来形成磁路，励磁绕组通入励磁电流后产生主磁场。主磁极可以是一对或多对。

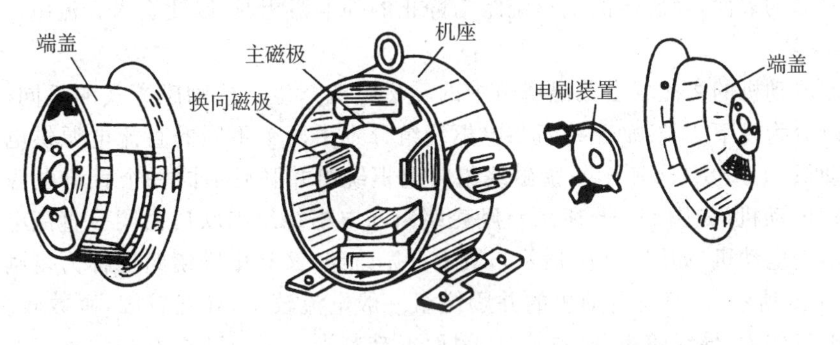

图 8-9　直流电动机的定子结构

换向极由换向极铁芯和换向极绕组组成。换向极磁极较小，位于两个主磁极之间。换向极绕组与电枢绕组串联。在通入直流电流后，换向极绕组产生一个附加磁场，以改善电机的换向条件，减小换向器上的火花。一般小功率的直流电动机不安装换向极。

机座由铸钢或铸铁制成，其作用是固定主磁极和换向极等部件以及作为电动机的保护，同时它还是电动机磁路的一部分。在机座外部安装有接线盒，用以通入电源。

在机座的两端各安装一个端盖，端盖由铸钢或铸铁制成，在端盖的中心装有轴承，用来支撑转子的转轴。端盖上还固定有电刷架，用来安装电刷，并利用弹簧把电刷压紧在转子的换向器上，将旋转的电枢绕组与静止的外电路相连接。

2. 转子

直流电动机的转子统称为电枢，其主体结构如图 8-10 所示，它包括电枢铁芯、电枢绕组、换向器、转轴和风扇等部件。

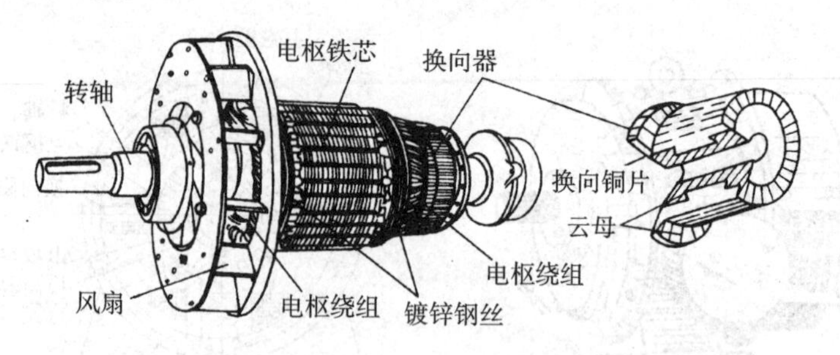

图 8-10　直流电动机的转子结构

电枢铁芯由硅钢片叠压而成，是直流电动机磁路的一部分。在电枢铁芯表面有许多均匀分布的用来嵌放电枢绕组的槽。

电枢绕组由许多相同的线圈组成，是直流电动机电路的一部分。按一定规律嵌放在电枢铁芯槽内的电枢绕组与换向器相连，外接直流电源，在主磁场的作用下产生电磁转矩。

换向器也称为整流子，由许多楔形铜片组成，铜片间为云母或其他材料绝缘，外表为圆柱形，安装在转轴上。每一片换向铜片按一定规律与电枢绕组的线圈连接。电刷压在换向器的表面，使旋转的电枢绕组与静止的外电路相通，以便引入直流电。

3. 直流电动机的分类

直流电动机的主磁场由励磁绕组中的励磁电流产生。按励磁方式的不同，直流电动机可以分为以下 4 类：励磁绕组与电枢绕组分别由两个不同的直流电源供电的称为他励电动机（如图 8-11a 所示）；励磁绕组与电枢绕组并联后由同一个直流电源供电的称为并励电动机（如图 8-11b 所示）；励磁绕组与电枢绕组串联后由同一直流电源供电的称为串励电动机（如图 8-11c 所示）；既有并励绕组，又有串励绕组的称为复励电动机（如图 8-11d 所示）。直流电动机的并励绕组一般电流较小，导线较细，匝数较多；串励绕组的电流较大，导线较粗，匝数较少，因而不难判别。不同励磁方式的直流电动机其特性各不相同。

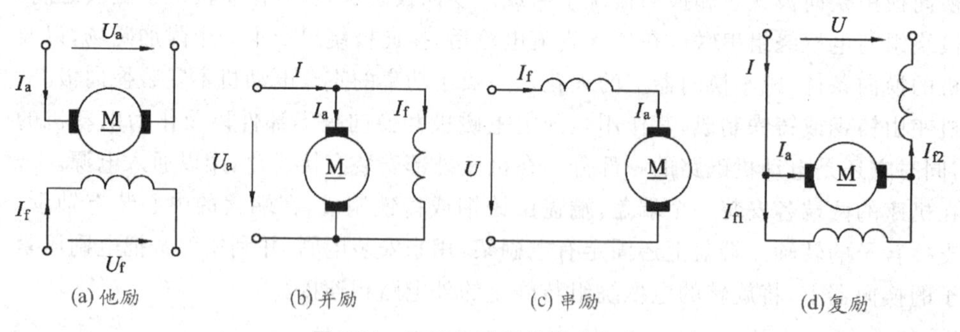

图 8-11　直流电动机的励磁方式

此外，在小型直流电动机中，也有用永久磁铁作为磁极的，称为永磁电动机，可视为他励电动机的一种。

8.2.2 直流电动机的工作原理

1. 转动原理

图 8-12 为直流电动机的工作原理图。在图 8-12 中，N 和 S 是直流电动机一对固定的主磁极，用来产生所需要的主磁场 Φ，它是由直流电流通过绕在主磁极铁芯上的励磁绕组产生的，励磁绕组中的电流称为励磁电流。图中矩形框 abcd 只是电枢绕组的一个线圈，因而对应的换向片也只需两个半圆形的铜环 1 和 2。换向片上压着两个与外电路接通的电刷 A 和 B。

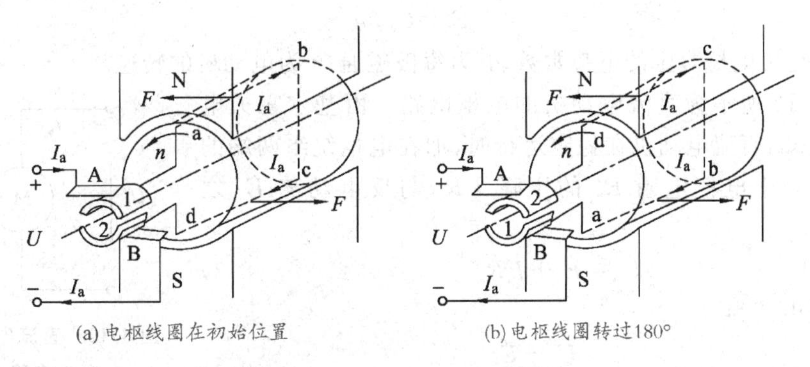

图 8-12　直流电动机的工作原理图

工作时电枢绕组接通直流电，通过电枢绕组的电流称为电枢电流。在图 8-12a 所示电路中，电枢电流的方向为：电刷 A→换向片 1→a→b→c→d→换向片 2→电刷 B。线圈 ab 边和 cd 边将在磁场中受到电磁力 F 的作用，受力方向按左手定则判定，即 ab 边受力方向指向左，cd 边受力方向指向右。这两个电磁力对转轴产生的电磁转矩将驱动电枢按逆时针方向旋转。

当电枢线圈转动了 180°后，电枢电流的方向：电刷 A→换向片 2→d→c→b→a→换向片 1→电刷 B(如图 8-12b 所示)。

这时，流过电枢线圈的电流方向相反，但处于 N 极处的导体中电流方向始终流入，电磁力 F 的方向仍指向左；处于 S 极处的导体中电流方向始终流出，电磁力 F 的方向仍指向右。因此电磁转矩和方向仍保持不变，使电枢能连续按逆时针方向旋转。由此可见，换向器的作用就是及时改变电流在绕组中的流向，保证作用于电枢的电磁转矩的方向始终不变，使直流电动机能按一定方向连续旋转。

2. 电磁转矩

如前所述，直流电动机的电磁转矩是由电枢绕组通入直流电流后在磁场中受力而形成的。根据电磁力公式，每根导体所受电磁力的大小为 $F=BIl$。对于给定的电动机，磁感应强度 B 与每个磁极的磁通 Φ 成正比，导体电流 I 与电枢电流 I_a 成正比，而导线在磁极磁场中的有效长度 l 及转子半径等都是固定的，取决于电动机的结构，因此直流电动机的电磁转矩 T 的大小可表示为

$$T=C_T\Phi I_a \tag{8-1}$$

式中，C_T 为转矩常数，对已制成的电动机来说是一个常数；Φ 为每极磁通；I_a 为电枢

电流。

由式(8-1)可知，直流电动机的电磁转矩 T 与每极磁通 Φ 和电枢电流 I_a 的乘积成正比，电磁转矩的方向取决于每极磁通 Φ 和电枢电流 I_a 的方向。

3. 电枢电动势和电枢电流

电枢旋转时，电枢绕组中的导体切割磁力线而产生感应电动势 E_a，其大小为 $E_a=Blv$。根据右手定则，其方向与电枢电流方向相反，所以称为反电动势。由于磁感应强度 B 与每个磁极的磁通 Φ 成正比，导体的运动速度 v 与电枢的转速 n 成正比，而导体的有效长度和绕组的匝数均为常数，所以电枢中的感应电动势 E_a 与每极磁通 Φ 和转子转速 n 的乘积成正比，即

$$E_a=C_e\Phi n \tag{8-2}$$

式中，C_e 是由电机决定的电势常数；Φ 为每极磁通；n 为电动机的转速。

图 8-13 所示为直流电动机的电枢电路。由基尔霍夫电压定律可知，直流电动机在稳定运行时，加在电枢绕组两端的电压 U_a 等于电枢电阻 R_a 的压降 I_aR_a 与反电动势 E_a 之和，即

$$U_a=E_a+I_aR_a \tag{8-3}$$

所以电枢电流为

$$I_a=\frac{U_a-E_a}{R_a} \tag{8-4}$$

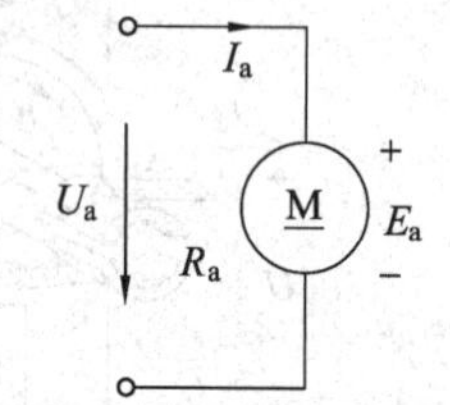

图 8-13 直流电动机电枢电路

由此可见，电枢电流的大小不仅与电枢电压和电枢电阻有关，而且还与直流电动机的反电动势有关。当电枢电阻和电枢电压一定时，电枢电流仅取决于反电动势。

8.2.3 直流电动机的转速和机械特性

由式(8-2)和(8-4)可知，直流电动机的转速为

$$n=\frac{E_a}{C_e\Phi}=\frac{U_a-I_aR_a}{C_e\Phi} \tag{8-5}$$

由式(8-1)和式(8-5)又可知，直流电动机机械特性的一般表达式为

$$n=\frac{U}{C_e\Phi}-\frac{R_a}{C_eC_T\Phi^2}T \tag{8-6}$$

式中的每极磁通 Φ 是由励磁绕组中的励磁电流 I_f 产生的，励磁方式决定了主磁通 Φ 与负载之间的关系，因此励磁方式不同的电动机，其机械特性也不相同。

1. 他励和并励直流电动机的机械特性

他励和并励直流电动机由于励磁电流不受负载影响，当励磁电压一定时，主磁通 Φ 为一个常数。这时式(8-6)可改写为

$$n=n_0-CT$$

式中，n_0 为理想空载转速，即 $n_0=U_a/(C_e\Phi)$；$C=R_a/(C_TC_e\Phi^2)$ 为一个很小的常数，它代表电动机随负载加大而转速下降的斜率。故他励和并励电动机的机械特性是一条稍微向下倾斜的直线，如图 8-14 中的他(并)励直线所示，机械特性比较硬。他励和并励电

动机常用于要求转速基本不受负载影响，又可在大范围内调速的机械，如龙门刨床、大型车床和冶金机械等。

2. 串励直流电动机的机械特性

串励直流电动机的机械特性如图 8-14 中的串励曲线所示，这条机械特性曲线比他励和并励电动机的要软得多。

串励电动机中电枢电流 $I_a = I_f$。当负载较小时，电枢电流 I_a 也较小，此时电动机的磁路尚未饱和，可近似地认为每极磁通 Φ 与电枢电流 I_a 成正比，其值也小，由式(8-5)可知，转速 n 很高。随着负载转矩的增加，电枢电流 I_a 增加，Φ 也增加，转速急剧下降。当转矩很大时，I_a 也很大，此时电动机的磁路已接近饱和，故 Φ 可近似地认为是一常数，转速下降很少，机械特性曲线变得较为平直。

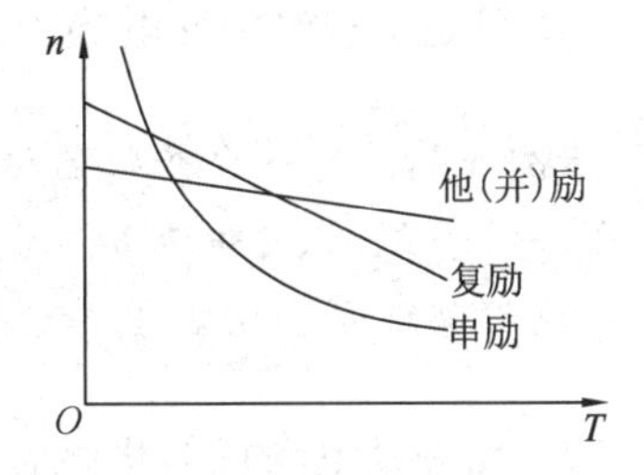

图 8-14　直流电动机的机械特性

串励电动机的转速随着负载的增大而显著下降，这种机械特性称为软特性，这是串励电动机的特点之一。串励电动机的软特性特别适用于起重设备。如当起重机提升重量轻的货物时，电动机的转速较高，可以提高生产效率；当提升很重的货物时，其转速较低，可以保证安全。

当负载较小时，磁路没有饱和，磁通与电枢电流 I_a 成正比，故电磁转矩

$$T = C_T \Phi I_a = C I_a^2$$

由此可见，由于串励电动机电磁转矩 T 与电枢电流 I_a 的平方成正比，因而具有较大的启动转矩，并且当发生过载时，转速 n 会自动下降，电动机的输出功率变化不大，从而避免电动机受损；而当负载减轻时，转速又会自动上升。这是串励电动机的另一个特点，特别适用于电车、电气机车以及电气牵引设备。

但串励电动机在空载或轻载运行时，由于电枢电流 I_a 很小，磁通 Φ 也很小，磁路远未饱和，所以电动机转速上升过高，有可能超出转子机械强度所允许的限度，甚至损坏电动机，所以串励电动机不允许在空载或轻载情况下运行。为防止出现空载"飞车"现象，串励电动机与机械负载之间必须可靠地固定连接，而不允许采用传动带等中间环节传动。

3. 复励电动机的机械特性

为了克服串励电动机空载时的"飞车"现象，又保持串励电动机的优点，通常采用复励电动机。复励电动机兼有并励和串励电动机两方面的特点，机械特性也介于两者之间，如图 8-14 中复励曲线所示。当并励绕组的作用大于串励绕组的作用时，机械特性接近于并励电动机；反之，当串励绕组的作用大于并励绕组的作用时，机械特性接近于串励电动机。

【例 8-1】 有一台 Z_2-32 型并励电动机，其额定数据如下：$P_N = 2.2$ kW，$U = U_f = 110$ V，$n = 1\,500$ r/min，$\eta = 0.8$。已知 $R_a = 0.4\ \Omega$，$R_f = 82.7\ \Omega$。试求：(1) 额定电枢电流；(2) 额定励磁电流；(3) 励磁功率；(4) 额定转矩；(5) 额定电流时的反电动势。

解　(1) 电动机输入功率　$P_1 = P_N/\eta = 2.2/0.8 = 2.75$ kW

电动机的电枢电流　$I_a=P_1/U=2750/110=25\ \text{A}$

(2) 额定励磁电流　$I_f=U_f/R_f=110/82.7=1.33\ \text{A}$

(3) 励磁功率　$P_f=I_fU_f=1.33\times110=146.3\ \text{W}$

(4) 额定转矩　$T_N=9550\dfrac{P_2}{n}=9550\times\dfrac{2.2}{1\,500}=14\ \text{N}\cdot\text{m}$

(5) 额定负载时的反电势　$E_a=U-I_aR_a=110-25\times0.4=100\ \text{V}$

【例 8-2】 有一台并励电动机，其额定数据如下：额定功率 $P_N=5.5\ \text{kW}$，额定电压 $U_N=110\ \text{V}$，额定转速 $n_N=1\,500\ \text{r/min}$，额定电流 $I_N=61\ \text{A}$，额定励磁电流 $I_{fN}=2\ \text{A}$，电枢电阻 $R_a=0.2\ \Omega$。试画出该电动机的机械特性(空载损耗转矩忽略)。

解　由并励电动机的机械特性可知，只要求出理想空载转速和额定运行点，即可画出并励电动机的机械特性，在图 8-11b 中，因为 $I=I_a+I_f$，又因为

$$n_0=\frac{U_N}{C_e\Phi}\quad 且\ n_N=\frac{U_N-I_{aN}R_a}{C_e\Phi}$$

所以

$$\frac{n_0}{n_N}=\frac{U_N}{U_N-I_{aN}R_a}=\frac{U_N}{U_N-(I_N-I_f)R_a}$$

$$n_0=\frac{U_N}{U_N-(I_N-I_{fN})R_a}n_N=\frac{110\times1500}{110-(61-2)\times0.2}=1680\ \text{r/min}$$

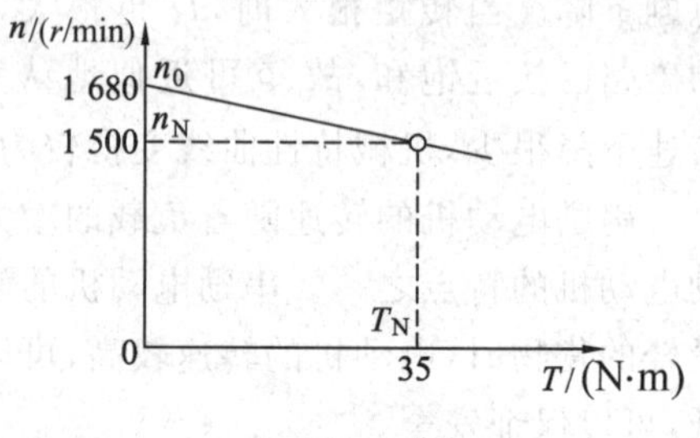

例 8-2 图

在额定状态下运行时的额定输出转矩为

$$T_N=9550\frac{P_N}{n_N}=9550\times\frac{5.5}{1500}=35\ \text{N}\cdot\text{m}$$

据此画出该电动机的机械特性如例 8-2 图所示。

8.2.4 直流电动机的启动、调速和制动

直流电动机的启动、调速和制动，是直流电动机的三种运行状态。

1. 直流电动机的启动

对直流电动机启动的基本要求是有足够大的启动转矩、启动电流要小、启动时间要短以及启动设备要简单、经济、可靠。

① 直接启动：不采取任何限流(限制电枢电流)措施，把静止的电枢直接接入额定电压的电网上。

在启动瞬间，$n=0$，$E_a=C_e\Phi n=0$，因此直接启动时的启动电流为

$$I_{st}=\frac{U_N-E_a}{R_a}\approx\frac{U_N}{R_a}$$

相应地，其启动转矩为

$$T_{st}=C_T\Phi I_{st}$$

直接启动的优点是启动转矩大，不需另加启动设备，操作简便。其缺点是由于电枢

绕组电阻很小，所以启动电流很大，一般可达额定电流的 10～20 倍，所以直接启动只允许在容量很小的电机中采用。

② 电枢回路串接变阻器启动：为了限制启动电流，启动时在电枢回路中串接一电阻，该电阻称为启动电阻 R_{ast}，随着转速的升高逐步减除串入的启动电阻。串入的启动电阻值为

$$R_{ast}=\frac{U_N}{I_{st}}-R_a$$

只要启动电阻 R_{ast} 的数值选择得当，就能将启动电流限制在设定的允许范围内。串接电阻启动所需设备少，所以广泛应用于各种直流电动机中。但对大容量电动机，变阻器极为笨重，且频繁启动时电能消耗多。这种方式适用于并励、串励和复励电动机。

③ 降压启动：降压启动通过降低电动机的电枢端电压来限制启动电流。他励电动机的励磁电流不受端电压变化的影响，因此降压启动应用于他励电动机。降压启动需要有专用稳压电源，启动时，电源电压由小到大，电动机转速以规定的加速度上升，避免了大的电流冲击。

降压启动的优点是启动电流小、启动过程中能量消耗少，且可实现正反转；缺点是成本较高。

【例 8-3】 对例 8-1 中的电动机，试求：(1) 启动瞬间的启动电流；(2) 如果要使启动电流不超过额定电流的两倍，启动电阻应为多少？

解　(1) 由于启动瞬间，$E_a=0$，所以

$$I_{st}\approx U/R_a=110/0.4=275\ \text{A}$$

(2) $R_{ast}=(U/I_{st})-R_a=[110/(2\times25)]-0.4=1.8\ \Omega$

2. 直流电动机的调速

直流电动机的调速，是用人为的方法改变电动机的机械特性，使之在一定的负载下获得不同的转速。在直流电动机的电枢回路串入电阻 R_j 时，电动机的转速为

$$n=\frac{U}{C_e\Phi}-\frac{R_a+R_j}{C_e\Phi}I_a=\frac{U}{C_e\Phi}-\frac{R_a+R_j}{C_eC_T\Phi^2}T \tag{8-7}$$

由此可见，直流电动机的调速方法可以有三种，即调压调速、弱磁调速和改变电枢回路电阻 R_a 调速。

(1) 调压调速

调压调速电路如图 8-15 所示。这种调速方法在 R_a 不变、励磁磁通 Φ 不变的条件下，仅通过改变电枢绕组的端电压来实现调速。根据式(8-7)可得

$$n=\frac{U}{C_e\Phi}-\frac{R_a+R_j}{C_e\Phi}I_a=\frac{U}{C_e\Phi}-\frac{R_a}{C_eC_T\Phi^2}T=n_0-\Delta n \tag{8-8}$$

式中，$n_0=\dfrac{U}{C_e\Phi}$为直流电动机的理想空载转速；$\Delta n=\dfrac{R_a}{C_EC_T\Phi^2}T$ 为直流电动机的转速降。

由此可见，若升高电枢端电压，则电动机转速 n 上升；反之电动机转速 n 将下降。在实际工程中，由于升压受诸多因素的影响(如电枢绕组的绝缘等)，所以一般应用降压

调速。对恒转矩负载，当电枢电压降低时，理想空载转速 n_0 将下降，而 Δn 则不变，所以其对应不同电压的机械特性几乎是一组平行线，如图 8-15b 所示。这种调速方法调速比较稳定，调速范围较宽。

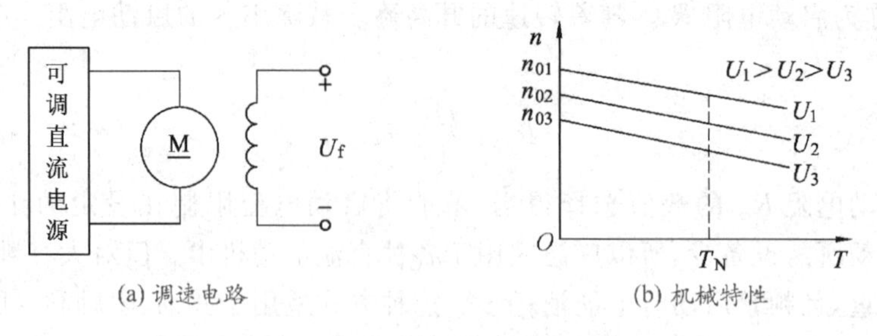

图 8-15　他励电动机调压调整

（2）弱磁调速

弱磁调速电路如图 8-16a 所示。这种调速是在 R_a 不变、电枢端电压 U 不变的条件下，增大励磁回路电阻，使 I_f 减小，从而使 Φ 减弱来实现调速的。因为电机的额定磁通一般在设计时已接近饱和，所以增加磁通的可能性不大，因此调速时一般减小磁通 Φ，所以称为弱磁调速。当 Φ 减小时，n_0 上升，Δn 也上升，其机械特性曲线将变陡、变软，如图8-16b 所示。

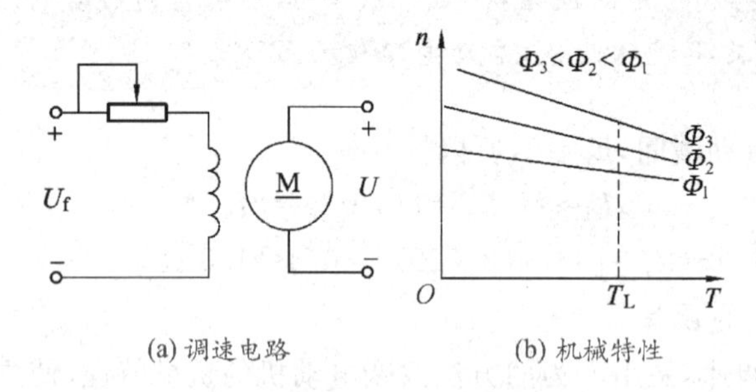

图 8-16　他励电动机弱磁调速

弱磁调速适用于恒功率调速的场合，其优点是调速经济、平滑，能实现无级调速，控制方便。但必须注意：弱磁调速磁通 Φ 不可能无限制地减小，转速也不可能无限制升高，励磁回路更不能开路，否则会因转速过高而造成“飞车”事故。

（3）改变电枢回路电阻调速

如图 8-17a 所示。在电枢回路中串入电阻 R_j，当其他条件均不变时，理想空载转速 n_0 不变，但 Δn 增加，使电动机的转速发生改变，所以调节 R_j 的大小即可实现调速的目的。对应不同 R_j 时的机械特性如图 8-17b 所示。

这种调速方法简单，但特性软、能耗大，在轻载时不能获得低转速，仅适用于调速范围不大、调速时间不长的电动机。

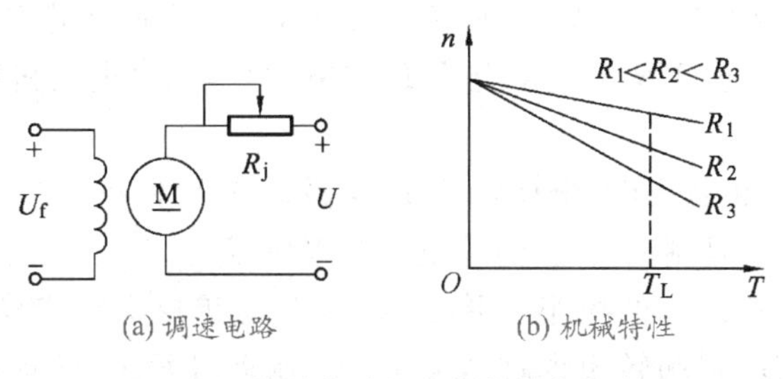

(a) 调速电路　(b) 机械特性

图 8-17　他励电动机改变电枢电阻调速

【例 8-4】 对例 8-1 中的电动机，如果保持额定转矩不变，试求用下列 3 种方法调速时电动机的转速。(1) 磁通不变，电枢电压降低 20%；(2) 磁通和电枢电压不变，将电枢串联一个 1.6 Ω 的电阻；(3) 如果电枢电压不变，将额定励磁电流减小 15%。

解　根据式(8-5)可知，电动机在额定状态下

$$C_e\Phi=(U-I_aR_a)/n=(110-25\times 0.4)/1500=1/15$$

(1) 由式(8-8)得

$$n=\frac{U'}{C_e\Phi}-\frac{R_a+R_j}{C_e\Phi}I_a=\frac{(1-0.2)\times 110-0.4\times 25}{1/15}=1170\ \text{r/min}$$

(2) 串入电阻时，

$$n=\frac{U}{C_e\Phi}-\frac{R_a+R_j}{C_e\Phi}I_a=\frac{110-(0.4+1.6)\times 25}{1/15}=900\ \text{r/min}$$

(3) 由于负载不变，调磁后的转矩与额定转矩相等，

$$C_T\Phi I_a=C_T\Phi_N I_{aN}$$

即

$$I_a=\frac{C_T\Phi_N I_{aN}}{C_T\Phi}=\frac{\Phi_N I_{aN}}{\Phi}=\frac{1}{1-0.15}\times 25=29.4\ \text{A}$$

因为调速后的转速和额定转速之比为

$$\frac{n}{n_N}=\frac{\dfrac{U_N-I_aR_a}{C_e\Phi}}{\dfrac{U_N-I_{aN}R_a}{C_e\Phi_N}}=\frac{\Phi}{\Phi_N}\cdot\frac{U_N-I_aR_a}{U_N-I_{aN}R_a}$$

所以

$$n=\frac{\Phi}{\Phi_N}\cdot\frac{U_N-I_aR_a}{U_N-I_{aN}R_a}n_N=\frac{1}{1-0.15}\cdot\frac{110-29.4\times 0.4}{110-25\times 0.4}\times 1500=1734\ \text{r/min}$$

3. 直流电动机的制动

与三相交流电动机的电磁制动一样，直流电动机的电磁制动有 3 种方法：能耗制动、反接制动和回馈制动。

(1) 能耗制动

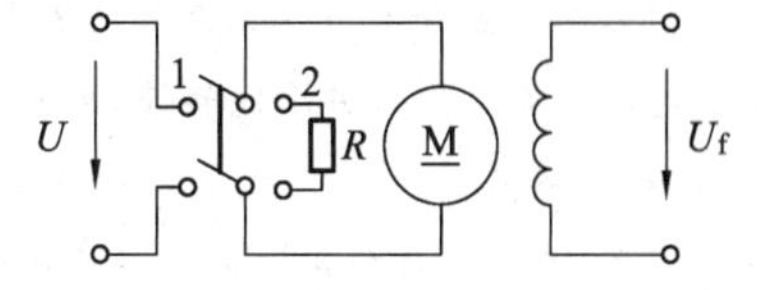

图 8-18　并励电动机的能耗制动

图 8-18 是他励电动机能耗制动的电路。制动时保持励磁电流不变，将开关由“1”扳向“2”，使电枢从电网断开，而将制动电阻 R 串接到电枢电路中。这时，由于转动部分的惯性，电枢继续按原方向旋转，电枢导

体切割磁力线产生的感应电动势 E_a 的方向不变，但原来阻碍电流的反电动势，却变为在电枢绕组和制动电阻 R 上产生电流 I_a 的电动势，此时电动机相当于一台他励发电机。

电动机处于发电机状态时，电枢电流 I_a 与磁通 Φ 互相作用产生的电磁转矩 T 与电枢旋转的方向相反，是制动转矩，迫使电动机很快停止。

电动势 E_a 随着转速 n 的减小而减小，I_a 和制动转矩也随之变小，当电动机停止时，E_a 和 I_a 都变为零，制动转矩也就消失了。在制动过程中，转动部分的动能变为电能而在电阻中消耗掉，故称这种制动方法为能耗制动。

制动转矩的大小与电枢电流 I_a 的大小有关，可通过改变制动电阻 R 来改变制动转矩。R 小，则 I_a 大，制动转矩大，制动时间短；反之，制动时间长。但在改变制动电阻 R 时，应注意电枢电流 I_a 不能太大，一般制动时的电流为额定电流的 1.5～2.5 倍。

能耗制动线路简单，制动可靠、平稳、经济，故常被采用。

(2) 反接制动

反接制动电路如图 8-19 所示。反接制动是把刚脱离电源的电枢绕组反接到电源上进行制动的方法。

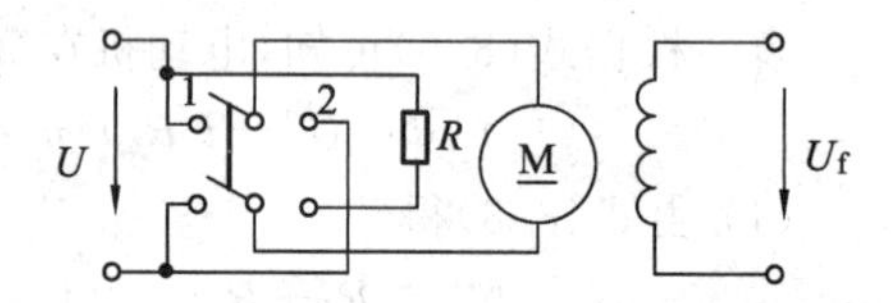

图 8-19　并励电动机的反接制动

电枢反接后，电枢电流反向，电磁转矩随之反向，电磁转矩成为制动转矩，使电动机迅速停止。当电动机转速接近零时应及时切断电源，否则电动机会反转。

由于反接制动时电枢电压与反电动势的方向相同，故电枢电流 I_a 很大。为了限制电流，必须串接较大的限流电阻 R，一般限流电阻的阻值应满足电枢电流 $I_a \approx (1.5 \sim 2.5) I_N$。

反接制动制动迅速，但要消耗一定能量，并有自动反转的可能性。

(3) 发电回馈制动

接在电网上的电动机因转速过高而进入发电机运行状态，这时电磁转矩起制动作用，所发出的电能回馈至电网，故这种制动方法称为发电回馈制动。

练习与思考

1. 试分析直流电动机与三相异步电动机启动电流大的原因，两者性质是否相同？
2. 对并励电动机能否采用改变电源电压来进行调速？
3. 他励电动机在下列条件下的转速、电枢电流以及电动势是否会改变？(1) 励磁电流和负载转矩不变，电枢电压降低；(2) 电枢电压和负载转矩不变，励磁电流减小；(3) 电枢电压、励磁电流和负载转矩不变，将电枢绕组串联一个适当阻值的电阻。
4. 运行中的并励(他励、串励、复励)直流电动机，如果将励磁电路断开，会产生什么后果？
5. 一台他励直流电动机所带负载为恒转矩负载，当分别采用不同的方法进行调速并重新稳定运行后，其电磁转矩、电枢电流和转速各有什么变化？
6. 限制直流电动机的启动电流有哪些方法？各适用于何种电动机？

8.3 控制电机

在各种自动控制系统中，广泛使用许多具有特殊功能的小容量电机，作为执行、检测和解算元件，这类电机统称为控制电机。控制电机的主要功能是转换和传递信号。本节将简要介绍伺服电动机、测速发电机和步进电动机。

8.3.1 伺服电动机

伺服电动机也称为执行电动机，在自动控制系统中用作执行元件，将输入的电压信号变换为角位移或角速度输出，其转速和转向非常灵敏并且能准确地随控制电信号的大小和极性而改变。伺服电动机又分为交流伺服电动机和直流伺服电动机。

1. 交流伺服电动机

图 8-20 为交流伺服电动机的接线原理图，其实质上是一个两相异步电动机。它的定子上装有两个在空间彼此相差 90°的绕组，其中一个为励磁绕组，接单相交流电源 $\dot{U}_m$，另一个为控制绕组，接控制电源$\dot{U}_k$。励磁绕组通常串联电容 C 来分相，适当选择电容 C 可使励磁绕组电流和控制绕组电流的相位差接近 90°。交流伺服电动机的转子采用鼠笼型或杯型，图 8-21 所示为杯型转子伺服电动机的结构图。

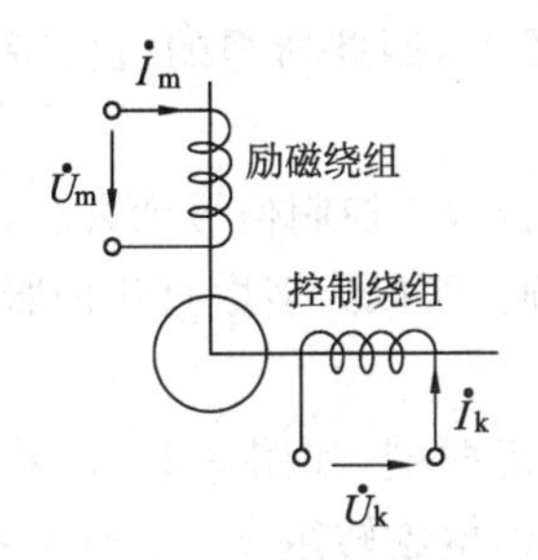

图 8-20 交流伺服电动机接线原理

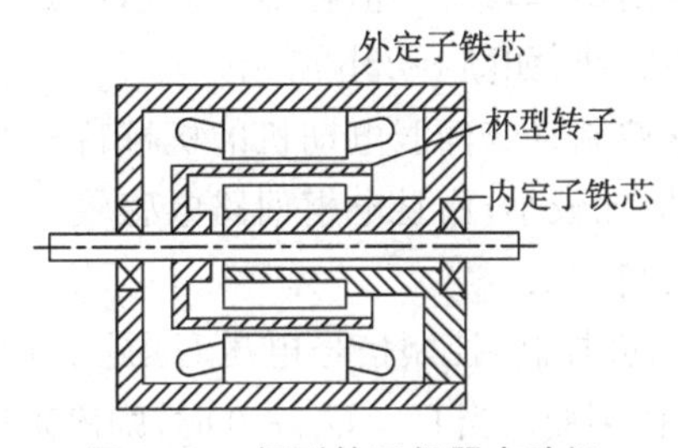

图 8-21 杯型转子伺服电动机

当励磁绕组施加额定电压$\dot{U}_m$，而控制绕组的电压为零时，电动机处于单相状态，励磁绕组所产生的磁场为脉振磁场，转子静止不动。一旦有控制信号电压$\dot{U}_k$ 输入，定子内便产生旋转磁场，该磁场与转子中的感应电流相互作用产生电磁转矩，使转子沿着旋转磁场的旋转方向转动。

交流伺服电动机的控制方法有：

① 幅值控制：即保持控制电压$\dot{U}_k$ 的相位角与$\dot{U}_m$ 相差 90°不变，仅仅改变其幅值的大小；

② 相位控制：即保持控制电压$\dot{U}_k$ 的幅值不变，仅仅改变其相位；

③ 幅相控制：即同时改变控制电压$\dot{U}_k$ 的幅值和相位。

这三种控制方法的实质是通过改变不对称两相中的正序分量和负序分量之比，来改变电动机运行时正向旋转磁场和反向旋转磁场的相对大小，从而改变其合成旋转磁场，以达到改变转速的目的。

交流伺服电动机具有以下特点：响应迅速，即一旦有信号，电动机就立即输出足够大的转矩，并按规定方向旋转；具有自制动作用，即一旦信号消失，电动机立即停转；具有线性的运行特性，即运行范围要宽。交流伺服电动机的输出功率一般是 0.1～100 W。当电源频率为 50 Hz 时，电压有 36、100、220 和 380 V；而频率为 400 Hz 时，电压有 20、26、36 和 115 V 等。

2. 直流伺服电动机

直流伺服电动机采用永磁式或他励式励磁方式，其结构与一般直流电动机基本相同，只是为了减小转动惯量而做得细长些。图 8-22 为他励直流伺服电动机的接线原理图。

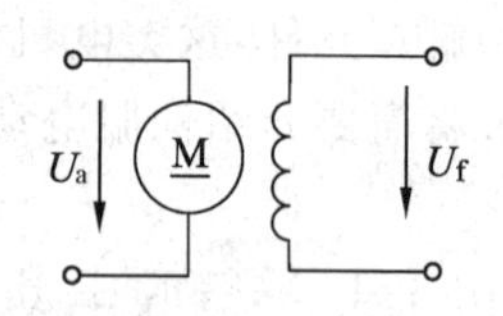

图 8-22 直流伺服电动机接线原理

直流伺服电动机的转速由信号电压控制。控制方式有两种：电枢控制和磁极控制。

① 电枢控制：控制信号电压 U_{k0} 加在电枢绕组两端，如图 8-23a。采用电枢控制时，U_f 保持不变。当 $U_a=U_{k0}=0$ 时，电枢电流 $I_{k0}=0$，电磁转矩 $T=0$，转子不动；当 $U_a=U_{k0}\neq0$ 时，电枢电流 $I_{k0}\neq0$，电磁转矩 $T\neq0$，转子转动；若 U_{k0} 反向，则转子反转。

其机械特性为

$$n=\frac{U_a}{C_e\Phi_{k0}}-\frac{R_a}{C_eC_T\Phi_{k0}^2}T$$

对应于不同的电枢控制电压 U_{k0}，由于伺服电动机导线较细，电枢电阻 R 较大，故特性曲线的斜率较大。但在 U_{k0} 变化时，斜率恒定不变，因此所得的机械特性曲线为一组平行的直线，如图 8-23b 所示。

电枢控制直流伺服电动机的机械特性线性度比较好；控制信号消失后，只有励磁绕组通电，损耗较小；而且电枢回路电感较小，响应迅速，所以大多数直流伺服电动机均采用电枢控制方式。

② 磁极控制：控制信号电压 U_{k0} 施加在励磁绕组两端，如图 8-24a。采用磁极控制时，U_a 保持不变。当 $U_f=U_{k0}=0$ 时，励磁磁通 $\Phi_{k0}=0$，电磁转矩 $T=0$，转子不动；当 $U_f=U_{k0}\neq0$ 时，励磁电流 $I_f=I_{k0}\neq0$，电磁转矩 $T\neq0$，转子转动；若 U_{k0} 反向，则转子反转。

图 8-24b 是磁极控制直流伺服电动机的机械特性的一组曲线，图中 $U_{k01}>U_{k02}>U_{k03}$。

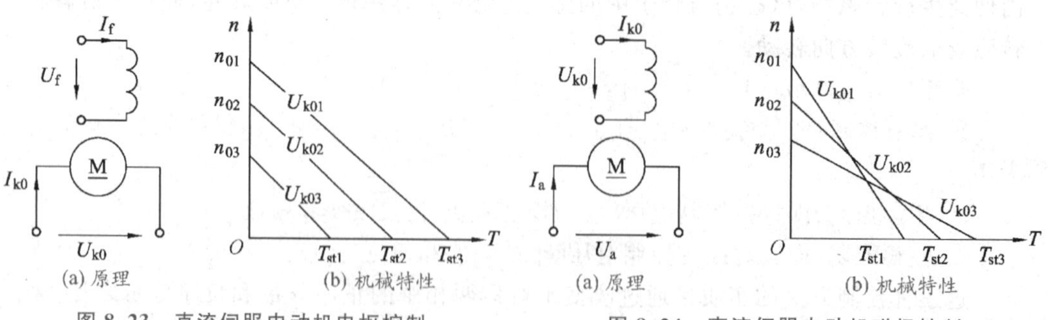

图 8-23 直流伺服电动机电枢控制　　图 8-24 直流伺服电动机磁极控制

直流伺服电动机与交流伺服电动机相比，它的优点是具有线性的机械特性，可以在很大范围内平滑地调节转速，启动转矩大，单位容量的体积小，重量轻；缺点是换向器和电刷接触可靠性较差，所产生的火花对无线电有干扰。

8.3.2 测速发电机

测速发电机是一种把机械转速信号变为电信号的装置，输出电压与转速成正比。在自动控制系统中，它作为测速元件，用于测量转速和提供速度反馈信号。测速发电机按其输出电压的性质分为交流和直流两种。

1. 交流测速发电机

交流测速发电机的结构与交流伺服电动机结构相同。定子上装有励磁绕组和输出绕组，这两个绕组在空间相隔 90°。转子分鼠笼型转子和空心杯型两种。杯型转子结构简单，转动惯量小，测量精度和灵敏度高，因此得到了广泛的应用。

交流测速发电机的工作原理如图 8-25 所示。励磁绕组 N_1 接在交流电源$\dot{U}_1$ 上，励磁电压的频率和有效值恒定不变，输出绕组 N_2 两端接交流电压表，发电机的转子与被测转速的转轴相连，交流电压表的读数与发电机的转速成正比。

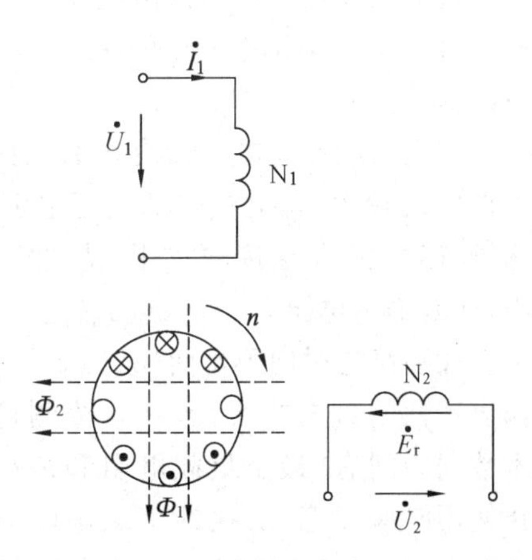

图 8-25　交流测速发电机原理图

在测速发电机静止时，励磁电流 $\dot{I}_1$ 在励磁绕组的轴线方向产生一个交变脉振磁通$\dot{\Phi}_1$，由于该脉振磁通与输出绕组 N_2 的轴线垂直，输出绕组中并无感应电动势产生，故输出电压为零。

当测速发电机由被测转轴驱动时，因转子导体切割励磁磁通（杯型转子可视作由无数并联的导体条组成，和鼠笼型转子一样），在转子导体中产生感应电动势 $\dot{E}_r$，其大小与转速及励磁磁通成正比。由于磁通是交变的，所以感应电动势也是交变的，并在转子导体中产生短路电流 $\dot{I}_r$，其大小与感应电动势 $\dot{E}_r$ 成正比，并在垂直于励磁绕组轴线的方向上产生脉振磁场，该磁场方向与输出绕组轴线一致，因而在输出绕组中感应出与励磁电源同频率的交变电动势 E_2，于是就有电压$\dot{U}_2$ 输出，其大小与短路电流 $\dot{I}_r$ 成正比，即

$$\dot{U}_2 \propto I_r \propto E_r \propto n\Phi_1$$

由此可见，若励磁磁通$\dot{\Phi}_1$ 为常数，$\dot{U}_2$ 就正比于转速 n，其频率完全取决于励磁电源频率，而与转速无关。若被测转轴的转向改变，则交流测速发电机的输出电压在相位上发生 180°的变化。

2. 直流测速发电机

直流测速发电机有两种类型：永磁式，即采用永磁体做磁极；他励式，即采用他励励磁方式（见图 8-26）。控制系统对直流测速发电机的要求有：输出电压 U 与转速 n 成正比；电机正、反转特性一致；输出的交流分量要小；温度对发电机输出特性的影响要小。

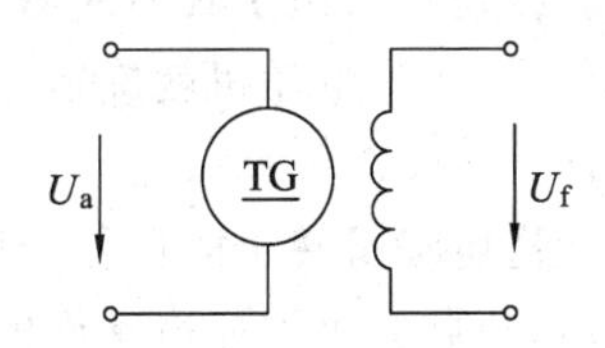

图 8-26　他励测速发电机原理图

由于直流测速发电机的磁通 Φ 恒定，所以电枢电动势正比于转速，即

$$E_a = C_e \Phi n$$

带负载时的输出电压

$$U = E_a - I_a R_a = C_e \Phi n - I_a R_a$$

而电枢电流

$$I_a = \frac{U}{R_L}$$

所以

$$U = C_e \Phi n - I_a R_a = C_e \Phi n - \frac{R_a}{R_L} U$$

即

$$U = \frac{C_e \Phi n}{R_L + R_a} R_L$$

由此可见，当 R_L 一定时，测速发电机的输出电压 U 与转速 n 成正比。空载时，$R_L = \infty$，$I_a = 0$，所以 $U = E_a$。

直流测速发电机的输出电压与负载电阻的大小有关。当负载电阻 R_L 减小时，电枢电流 I_a 增大，输出电压下降。在不同负载条件下，直流测速发电机的输出特性如图 8-27 所示。

当直流测速发电机接有负载，且转速较高时，电枢电流较大，在电机内部电枢电流 I_a 所产生的磁场将对主磁场起削弱作用，使感应电动势 E_a 减小，此时输出电压 U 已不再与转速 n 成正比，使输出特性在高速时向下弯曲（见图 8-27）。为了避免输出特性的过度非线性，在直流测速发电机的技术数据中列有"最小负载电阻和最高转速"一项。在使用时应注意，所接的负载电阻不得小于最小负载电阻，转速不得高于最高转速，否则测量误差会增加。

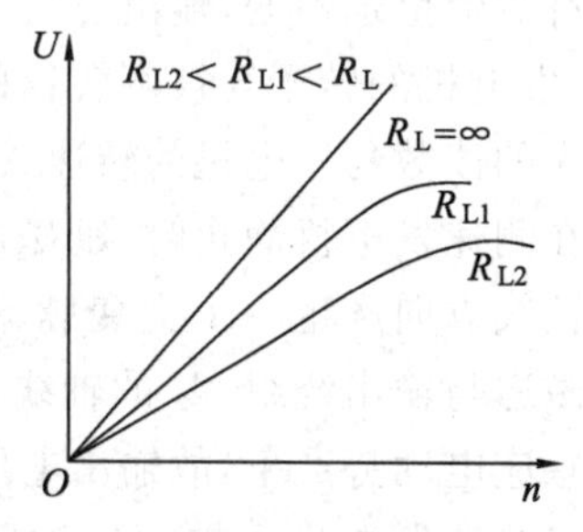

图 8-27 直流测速发电机的输出特性

直流测速发电机的旋转方向改变时，输出电压的极性也跟着改变。因此，由测速发电机输出电压的极性可以确定其旋转方向。

永磁式测速发电机不需要励磁电源，结构简单，运行时不受励磁电源电压波动的影响，其缺点是易受环境温度和振动等因素影响，因此永磁测速发电机只用于精度要求不高的场合。

8.3.3 步进电动机

步进电动机是数字控制系统中的执行元件。它的功能是将电脉冲信号变换成角位移或直线位移。由于其输入信号为脉冲电压，输出角位移是跃迁式的，即每输入一个电脉冲信号，步进电动机就旋转一定的角度或前进一步，因此，步进电动机也称为脉冲电动机。

步进电动机转子的位移与脉冲数成正比，因而其转速与脉冲频率成正比，而不受电源电压、负载大小和环境条件的影响。它与伺服电动机相比较，具有启动转矩较大、动作更加准确、调速范围宽广等特点。在脉冲技术和数字控制系统中，步进电动机得到了广泛应用。

1. 步进电动机的结构

步进电动机的种类繁多，按励磁方式可分为反应式、永磁式和感应式三种。其中反应式步进电动机具有惯性小、反应快、结构简单等特点，因而得到了广泛的应用。下面以反应式步进电动机为例进行介绍。

图 8-28a 是三相反应式步进电动机的典型结构示意图，定子和转子都用硅钢片叠成。定子上有均匀分布的六个磁极，磁极上有小齿。转子上没有绕组，但有小齿若干

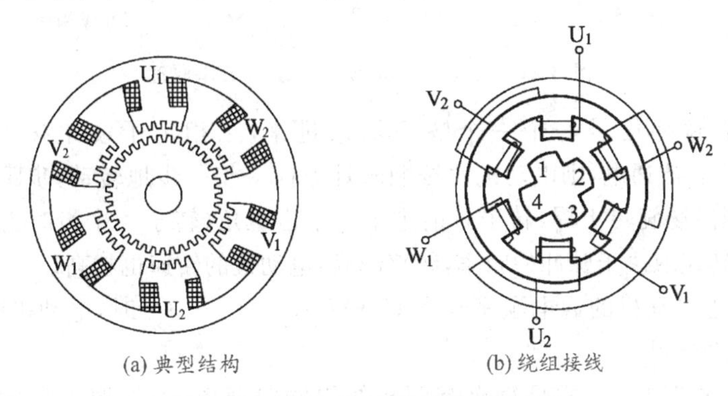

图 8-28　三相反应式步进电动机结构

个，其齿距与定子齿距相等。定子磁极上绕有控制(励磁)绕组，相对两个极上的绕组串联起来组成一相，六个磁极共有三相绕组，每相绕组接法见图 8-28b。显然这是一个三相电动机。步进电动机还可做成四相、五相、六相等，但至少要有三相，否则不能形成启动力矩。

2. 步进电动机的工作原理

步进电动机工作时，驱动电源将脉冲信号电压按一定的顺序轮流施加到定子三相绕组上，按其通电顺序的不同，三相反应式步进电动机可以有单三拍、六拍和双三拍等工作方式。

所谓“拍”，是指步进电动机从一相通电状态换接到另一相通电状态，每一拍使转子在空间转过一个角度，即前进一步，这个角度称为步距角。

(1) 三相单三拍控制

所谓“三相”是指三相步进电动机，而“单”是指每次只给一相绕组通电，“三拍”是指通电三次完成一个通电循环。

图 8-29 为步进电动机三相单三拍控制方式时的工作原理图。其控制过程为：当 U 相绕组单独通入电脉冲时，建立以 U_1—U_2 为轴线的磁通，U_1U_2 极成为电磁铁的 N、S 极，转子的 1、3 齿被拉到与磁极 U_1—U_2 对齐，使磁路的磁阻最小(见图 8-29a)；U 相脉冲结束后，V 相绕组通入电脉冲，又会建立以 V_1—V_2 为轴线的磁场(见图 8-29b)，靠近 V 相的转子齿 2、4 将转到与 V_1—V_2 极对齐的位置。这样转子顺时针转过 30°角；而当 V 相脉冲结束，W 相绕组通入电脉冲后，靠近 W 相的转子齿将转到与 W_1—W_2 极对齐的位置(见图 8-29c)，转子又顺时针转了 30°角。

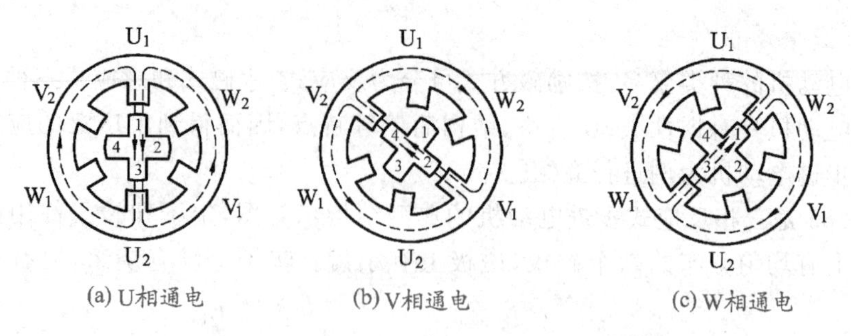

(a) U相通电　(b) V相通电　(c) W相通电

图 8-29　三相单三拍步进电动机工作原理

显然，当电脉冲信号一个一个顺序输入进来，三相定子绕组按 U→V→W→U→……的顺序轮流通电，则电动机便按顺时针方向一步一步地转动，步距角为 30°。通电换接 3 次，则磁场旋转 1 周，转子只前进了 1 个齿距角（转子 4 个齿时齿距角为 90°）。显然电动机的转速取决于脉冲的频率，频率越高，电动机的转速也越高。

相反当步进电动机的通电顺序改为 U→W→V→U→……时，电动机则反转。

（2）双三拍控制

所谓“双三拍”控制方式是每次有两相绕组同时通电，即按照 UV→VW→WU→UV→……顺序通电。

当 UV 两相同时通电时，由于 UV 两相的磁极对转子齿都有吸引力，所以转子将转到如图 8-30a 所示的位置；接着 VW 两相绕组同时通电，转子又转到图8-30b 所示的位置，即按顺时针方向转过 30°；随后 WU 两相同时通电时，转子又转过 30°，转到图 8-30c的位置。可见三相双三拍控制的步距角仍为 30°。

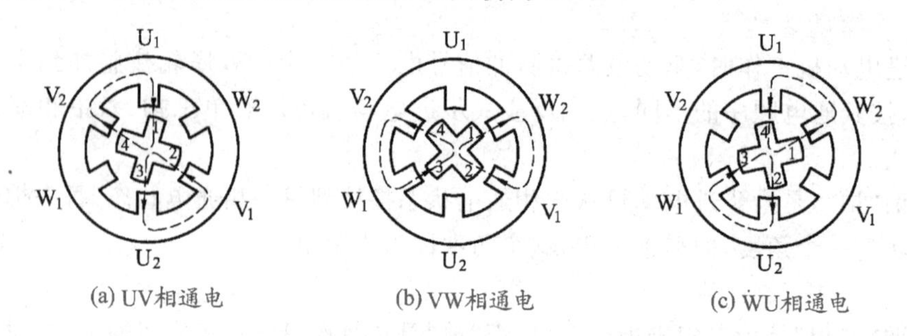

(a) UV相通电　(b) VW相通电　(c) WU相通电

图 8-30　双三拍步进电动机工作原理图

由于双三拍控制时，每次都有两相绕组通电，在转换中始终都有一相绕组保持通电，因此工作较为平稳。

若通电顺序反过来，则步进电动机将反转。

（3）六拍控制

三相六拍控制实质上是单三拍控制和双三拍控制的组合，其通电顺序按 U→UV→V→VW→W→WU→U→……进行。设一开始 U 相绕组通电，而后是 UV 两相同时通电，然后是 V 相通电，接着是 VW 两相同时通电……。当 U 相单独通电时，转子将转到图 8-29a 所示的位置。当 UV 两相同时通电时，转子就顺时针转过一个步距角 θ，如图 8-30a 的位置，显然步距角为 $\theta=15°$。这样，按以上顺序每改变通电绕组一次，转子就顺时针转过一个步距角 θ。若通电顺序反过来，变为 U→UW→W→WV→

V→VU→U→……则步进电动机反转。在这种控制方式中，定子三相绕组经 6 次换接完成一个循环，故称“六拍”控制。

由于这种控制方式在每次转换绕组通电时始终保证有一相绕组通电，故工作也比较稳定，实际应用较多。

根据上述讨论可以看出，无论采用何种控制方式，步距角 θ 与转子齿数 Z_r、拍数 m 之间都存在着如下关系：

$$\theta=\frac{360^\circ}{Z_r m}$$

如单三拍控制时，$Z_r=4$，$m=3$，则步距角应为 $\theta=360^\circ/(4\times3)=30^\circ$。而六拍控制时，转子齿数 $Z_r=4$，$m=6$，则步距角 $\theta=360^\circ/(4\times6)=15^\circ$。

转子每经过一个步距角相当于转了 $\frac{1}{Z_r m}$ 圈，若脉冲频率为 f，则转子每秒钟就转了 $\frac{f}{Z_r m}$ 转，所以步进电动机的转速为

$$n=\frac{60f}{Z_r m}(\text{r/min})$$

由此可见，步进电动机的转速与脉冲频率成正比。

在实际应用中，为使步进电动机运行平稳，要求步距角越小越好，通常为 3°或 1.5°。减小步距角有两个方法：一是增加相数（即增加拍数），二是增加转子的齿数。但增加相数会使驱动电源复杂化，所以较好的方法是增加转子的齿数。在图 8-28a 中步进电动机转子的齿数 $Z_r=40$，在定子每一极上也开了 5 个齿。当 U 相绕组通电时，U 相磁极下的定、转子齿应全部对齐，而 V、W 相上的定、转子齿依次错开 1/3 个齿距角，这样在 U 相断电而别的相通电时，转子才能继续转动。

当采用单三拍运行时，

$$\theta=\frac{360^\circ}{Z_r m}=\frac{360^\circ}{40\times3}=3^\circ$$

采用六拍运行时，

$$\theta=\frac{360^\circ}{Z_r m}=\frac{360^\circ}{40\times6}=1.5^\circ$$

3. 步进电动机的应用举例

通过以上分析可以看出，步进电动机具有结构简单，维护方便，精确度高，调速范围大，启动、制动和反转灵敏等优点。如果停机后某些相仍保持通电状态，则步进电动机还具有自锁能力。由于步进电动机能将电脉冲信号变换成相应的机械位移或角度位移，这符合数字控制系统的要求，因此步进电动机广泛应用于数字控制系统中，如数控机床、绘图机、自动记录仪、检测仪表、数模转换装置以及其他仪表中。

图 8-31 是利用步进电动机实现电子数字控制机床工作台进退刀功能的驱动系统示意图。

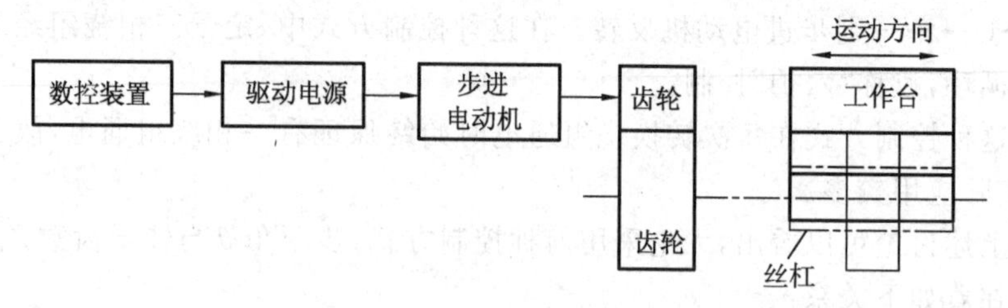

图 8-31　数控机床工作台驱动示意图

数控装置根据机床操作程序，将指令送给步进电动机的驱动电源，转换成步进电动机励磁绕组的控制脉冲；步进电动机在此脉冲的控制下，以一定的通电方式运行，使其输出轴以一定的转速运转，并转过对应脉冲数的角位移量；再经过减速齿轮带动机床的丝杠旋转，于是工作台在丝杠的带动下，前进或后退相应的距离，实现定量进刀或退刀。如果机床工作台的控制系统设置两套步进电动机驱动装置，分别用来控制工作台的横向（X 方向）移动和小刀架的纵向（Y 方向）移动，则系统就可以实现程序控制，机床便可精确加工出较为复杂的工件来。

练习与思考

1. 如何改变交流伺服电动机的转速和转向？通常采用哪些控制方法？
2. 怎样改变直流伺服电动机旋转方向？通常有哪些控制方法？
3. 交流测速发电机的转子静止时有无电压输出？
4. 为什么直流测速发电机的转速不得超过规定的最高转速，负载电阻不能小于最小负载电阻值？
5. 什么是步进电动机的步距角？一台步进电动机可以有两个步距角，例如 3°/1.5°，这是什么意思？什么是单三拍、六拍和双三拍？

小结

1. 单相异步电动机没有启动转矩，不能自启动。常用罩极法或分相法获得启动转矩。

2. 学习直流电动机要掌握电磁转矩、电枢反电动势和电枢回路电压平衡方程三个基本公式：

$$T=C_T\Phi I_a,\quad E_a=C_e\Phi n,\quad U=E_a+I_aR_a$$

3. 他励直流电动机和并励直流电动机的机械特性方程为

$$n=\frac{U}{C_e\Phi}-\frac{R_a}{C_eC_T\Phi^2}T=n_0-\Delta n$$

直流电动机比交流异步电动机有较好的启动性能和调速性能，但结构较复杂，维护较难，价格较贵。使用时应注意不能在额定电压下直接启动，启动时要满励磁，运行中不允许失磁。

4. 串励直流电动机的电压平衡方程和机械特性方程为

$$U=U_a+U_f$$

$$n=\frac{U}{C_e\Phi}-\frac{R_a+R_f}{C_eC_T\Phi^2}T$$

在负载过轻或空载时，串励电动机的转速过高，会导致超出转子机械强度所允许的限度，所以串励电动机不允许在空载或轻载下运行。

5. 直流电动机有三种调速方法：电枢串电阻调速（使 n 减小）、弱磁调速（使 n 增大）和调压调速。

6. 伺服电动机是一种执行元件，它的启动、停止和转向是根据控制信号电压的有、无和极性（或相位）而定的。当负载一定时，转速的快慢则取决于控制信号电压的大小。它有交流和直流之分。

7. 测速发电机也有交、直流之分，它是一种用于测量转速和提供速度反馈信号的小型发电机，其输出电压大小与转速成正比。

8. 步进电动机是一种能将电脉冲信号变换成角位移或直线位移的执行元件，其位移量与输入的电脉冲数成正比。

第8章　习　题

1. 三相异步电动机断开一相电源后，为什么不能启动？而在运行过程中如果断开一相电源线，为什么仍然能继续转动？这两种情况对电动机有何影响？

2. 有一台并励直流电动机，已知 $P_N=96$ kW，$U_N=440$ V，$I_N=255$ A，$I_f=5$ A，$n_N=500$ r/min，$R_a=0.078$ Ω，试画出该电动机的机械特性。

3. 一台并励直流电动机的额定数据如下：$P_N=20$ kW，$U_N=220$ V，$I_N=104$ A，$n_N=$ 1 500 r/min，电枢回路电阻 $R_a=0.16$ Ω，励磁回路电阻 $R_f=57.7$ Ω。当磁通减为额定值的 70% 时，试求带额定负载运行的电枢电流和转速，电枢电流过载倍数和电动机的输出功率。

4. 上题中的电动机带额定负载运行，试求：(1) 电压和磁通保持为额定值，在电枢回路内串接 1.5 Ω 电阻调速时的电枢电流、转速和输出功率；(2) 将电动机用作他励电动机运行，磁通保持为额定值，将电枢电压降低 20% 时的电枢电流、转速和输出功率。

5. 某他励直流电动机，励磁绕组另用恒压电源供电。已知额定电枢电压 $U_N=$ 220 V，额定电枢电流 $I_{aN}=53$ A，额定转速 $n_N=1100$ r/min，电枢电阻 $R_a=0.328$ Ω，用可调电源供电，电源内阻为 0.1 Ω。试求：

(1) 在额定负载下，达到 1000 r/min 的转速时，电源电压应调至多大？

(2) 如果电源电压可以连续调节，启动时最大电流限制在 $2I_{aN}$，问启动开始时允许施加的电枢电压为多少？

6. 一台他励直流电动机，电枢电阻 $R_a=0.25$ Ω，励磁绕组电阻 $R_f=153$ Ω，且 $U_a=U_f=220$ V，电枢电流 $I_a=60$ A，效率 $\eta=0.85$，转速 $n=1000$ r/min。求：(1) 励磁电流；

(2) 电枢电动势；(3) 输出功率。

7. 某串励直流电动机的电枢电路电阻 $R_a=0.2\ \Omega$，励磁绕组电阻 $R_f=0.08\ \Omega$，在额定电压 $U_N=550$ V 下运行时，电枢电动势 $E=520$ V，输出功率 $P=52$ kW，转速 $n=650$ r/min。试求：(1) 电动机的输入电流和输入功率；(2) 电动机的输出转矩和效率。

8. 有一台他励电动机，已知额定电压 $U_N=110$ V，额定电流 $I_N=81.6$ A，电枢电阻为 $R_a=0.12\ \Omega$。试求：(1) 如果直接启动，启动电流是额定电流的多少倍？(2) 若要将启动电流限值在额定电流的 2 倍以内，应选用多大的启动电阻？

9. 他励电动机在下列条件下，其转速、电枢电流以及电动势是否会改变？

(1) 励磁电流和负载转矩不变，电枢电压降低；

(2) 电枢电压和负载转矩不变，励磁电流减小；

(3) 电枢电压、励磁电流和负载转矩不变，将电枢绕组串联一个适当阻值的电阻。

第 9 章

电动机的电气控制

在现代工农业生产和日常生活中，广泛应用电动机来拖动各种生产机械，从而实现对生产过程的自动控制。用继电器、接触器、按钮、行程开关等与电动机构成的继电-接触器控制系统是最常见的一种控制方式。虽然近年来可编程控制和计算机控制获得了长足的发展，但由于继电-接触器控制系统具有结构简单、实用、价格便宜等特点，而且这种控制系统效率高、控制方便、能实现远距离操作和易于实现自动控制，所以应用仍十分广泛。

各种生产过程不尽相同，对生产机械实施继电-接触器控制的电路千差万别，但无论控制电路如何复杂，它总是由几个比较简单的基本控制环节组成的，在分析控制电路的原理时，都要从这些基本的控制环节入手。

本章首先介绍常用的低压控制电器，然后以西门子公司的 S7－200 为例介绍可编程控制器(PLC)原理及其典型应用，并基于继电一接触器和 PLC 两种控制方式介绍三相异步电动机的基本控制环节、基本控制原则以及阅读、设计控制电路原理图的方法，最后以 Elecworks 软件为例介绍电气控制系统的计算机辅助设计方法。

9.1　常用控制电器

9.1.1　常用控制电器

控制电路由用电设备、控制电器和保护电路组成。用来控制用电设备工作状态的电器称为控制电器。用来保护电源和用电设备的电器称为保护电器。电器设备按其工作电压不同可以分为高压电器和低压电器，本节主要介绍一些常用低压电器的结构、工作原理和功能。

1. 按钮

按钮是一种结构简单、控制方便、应用广泛的主令电器。在低压控制电路中，按钮通常用于手动发出控制信号，短时接通或断开控制电路。在 PLC 控制系统中，按钮常作为 PLC 的输入信号元件。其外形、结构及电路符号如图 9-1 所示。

按钮在未按下时，动触点在弹簧的作用下与上面的静触点接通，这一对触点称为动断触点(或称为常闭触点)，意即按下后断开；而此时下面一对静触点与动触点闭合，这一对触点称为动合触点(或称为常开触点)。当用手按下按钮时，动触点下移，于是动断触点断开，然后动合触点闭合；而一旦松开按钮，在弹簧力的作用下，使动合触点断开，动断触点闭合，按钮恢复到原始状态。使用按钮时可根据需要只选用其中的动合触点或动断触点，也可以两者同时选用。

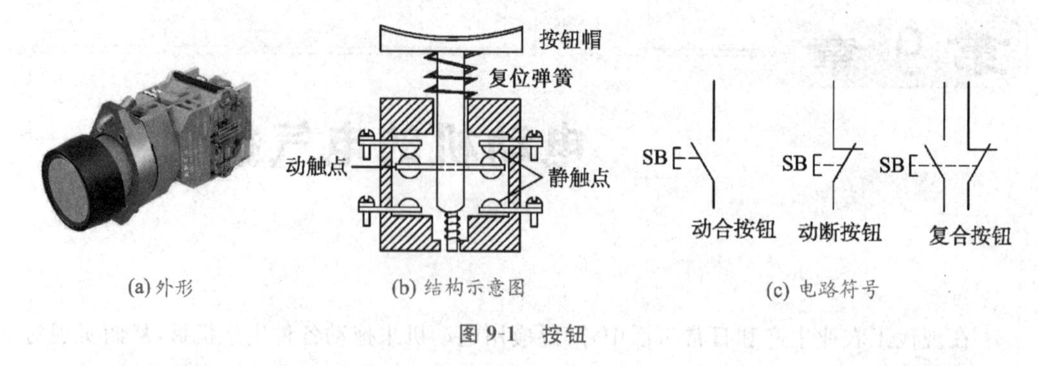

(a) 外形　(b) 结构示意图　(c) 电路符号

图 9-1　按钮

在电器控制线路中，按钮的图形符号如图 9-1c 所示，文字符号为 SB。按钮型号的命名方法为：

LA□—□/□ □
主令电器
按钮
设计序号
结构形式代号 (K，S，J，X，H，F，Y，D)
动断触点数
动合触点数

按钮型号中的结构形式代号：K—开启式；S—防水式；J—紧急式；X—旋钮式；H—保护式；F—防腐式；Y—钥匙式；D—带指示灯式。

按钮的种类很多，除上述复合按钮外，还有其他的形式。例如有的按钮只有一组动合触点或动断触点，也有的是由 2 个或 3 个复合按钮组成的双联或三联按钮，有的按钮还带有指示灯，以显示电路的工作状态。按钮触点的接触面积都很小，额定电流通常不超过 5 A。

2. 刀开关

刀开关又称为闸刀开关或隔离开关，是一种结构简单、应用广泛的手动电器，广泛用于各种配电设备和供电线路中，并可用于小容量电动机不频繁的直接启动。刀开关由手柄、触刀（动触点）、刀座（静触点）和底座组成，按触刀极数分为单极式、双极式和三极式。刀开关利用触刀和触点座之间的接通或断开来控制电路的通断。常见的胶盖瓷底座二极刀开关外形及结构如图 9-2a、b 所示。

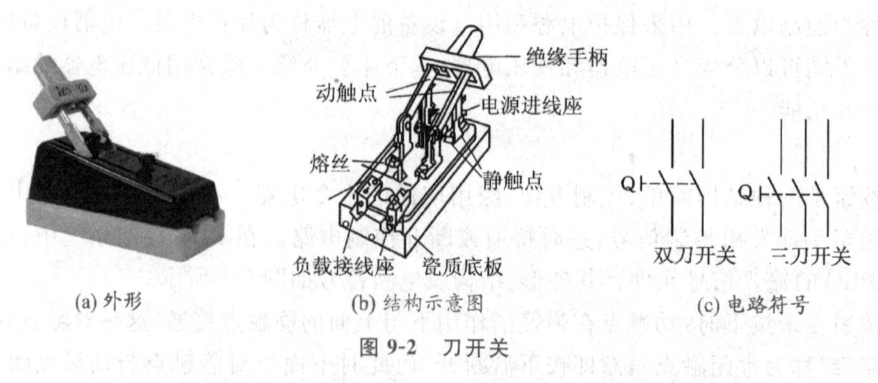

(a) 外形　(b) 结构示意图　(c) 电路符号

图 9-2　刀开关

触刀和刀座安装在瓷质底座上，并用胶木盖罩住。胶木盖有利于熄灭接通或断开电感性电路时产生的电弧，并保障操作人员的安全。常用的国产 HK2 系列胶盖瓷底座刀开关，额定电压有 220、380 V 两种，额定电流有 10、15、30 和 60 A 几种。近年来，很多场合下，空气开关取代了刀开关，刀开关的使用逐渐减少。

刀开关在安装和使用时应注意：① 手柄朝上，不得平装或倒装，以免发生误动作；② 刀开关作隔离开关使用时，要注意操作顺序，分闸时应先断开负载开关，再断开刀开关，合闸时顺序相反；③ 刀开关在合闸时，应保证三相同时合闸；④ 没有灭弧室的刀开关，不能作为负荷开关用来分断负荷电流。

刀开关的图形符号如图 9-2c，文字符号为 Q。

其命名方法为：

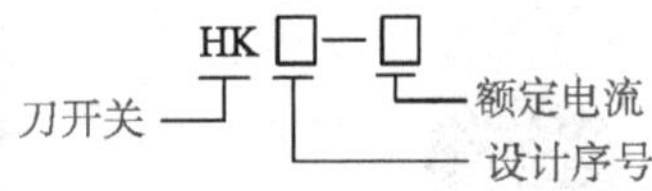

3. 组合开关

组合开关又称为转换开关，实质上也是一种特殊的刀开关，多用在控制电路中作为电源引入开关，也可用于小容量电动机不频繁接通、断开、换路，换接电源和负载等。图 9-3 所示是组合开关的外形和结构。它由数层动、静触片分别装在胶木盒内组成。动触片装在附有手柄的转轴上，转动手柄，动触片随转轴转动而改变各对触片的通断状态。转轴上装有弹簧和凸轮机构，可使动、静触片迅速离开，快速熄灭切断电路时产生的电弧。由于它是多级组合，转换电路数目较多，所以适用于复杂控制系统。目前常用的 HZ10 型组合开关，其额定电压有 220 和 380 V 两种，额定电流有 10、25、60 和 100 A 四种。

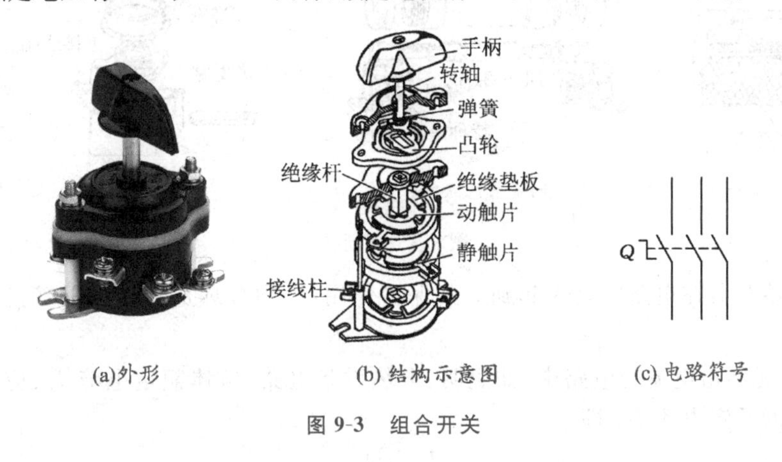

图 9-3　组合开关

组合开关的型号命名方式为：

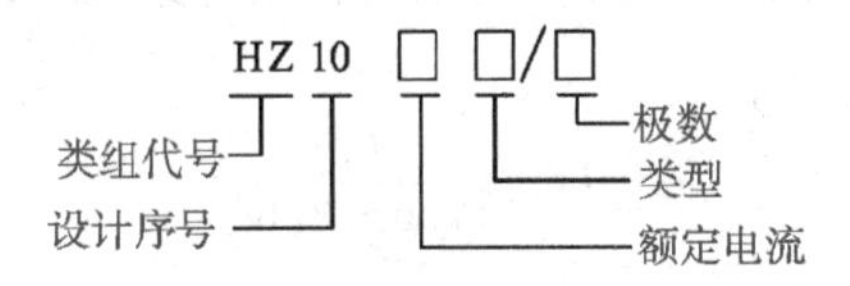

如 HZ10-10/3 型组合开关，其额定电流为 10 A，极数为 3 极。

组合开关的图形符号如图 9-3c 所示，文字符号与刀开关一样为 Q。

4. 熔断器

熔断器是电路中最常用的一种简便而有效的短路保护电器，由熔体(保险丝)和安装熔体的绝缘管(座)组成。熔体一般做成丝状或片状。在小电流的工作电路中，熔体一般选用铅锡合金、锌等低熔点材料；在大电流工作电路中则用银、铜等高熔点材料。使用时，熔断器串接在被保护电路中。电路工作正常时，熔体不熔断；当电路发生短路故障时，熔体应快速熔断，从而保护了电路和电气设备。熔体熔断所需要的时间与通过熔体的电流有关。一般来说，当通过熔体的电流等于或小于其额定电流的 1.25 倍时，能长期不熔断；超过其额定电流的倍数越大，则熔断时间越短。

常用的熔断器有插入式 RC(图 9-4a)、管式(图 9-4b)和螺旋式 RL(图 9-4c)。

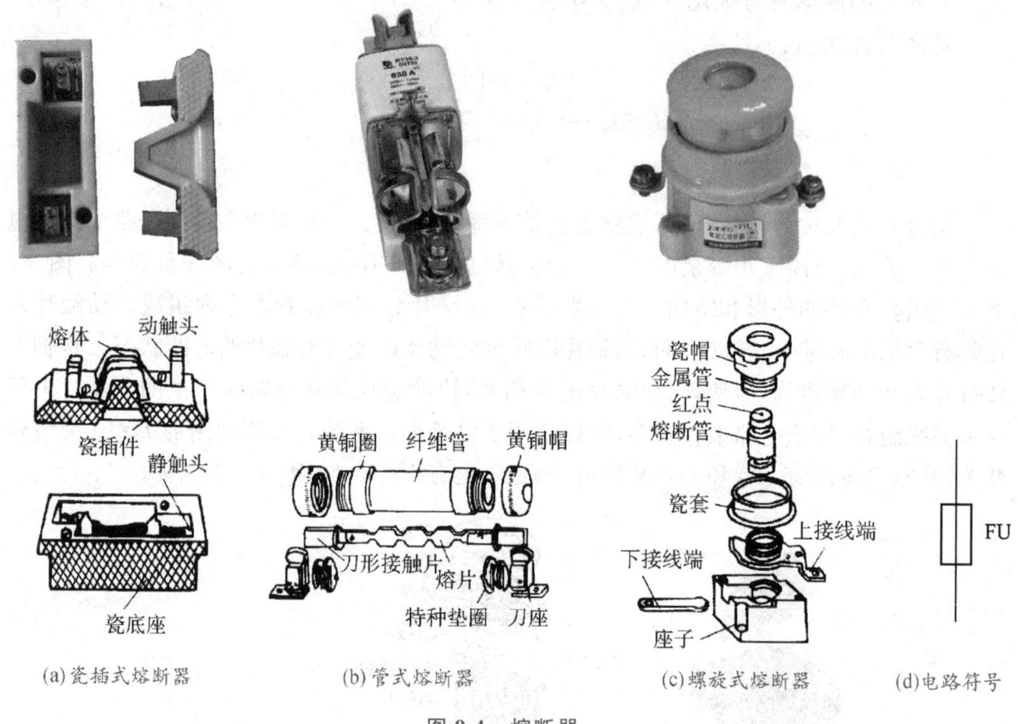

(a)瓷插式熔断器　(b)管式熔断器　(c)螺旋式熔断器　(d)电路符号

图 9-4　熔断器

欲使熔断器在电路中真正起到短路保护作用，必须合理选择熔体的额定电流。方法如下：

① 在无冲击电流的电路中，如照明、电热设备电路，熔体额定电流 I_{RN}应等于或略大于电路的额定电流 I_N，即

$$I_{RN} \geqslant I_N$$

② 在有冲击电流的电路中，如异步电动机控制电路，如果是单台电动机，熔断器的熔体电流可按下式估算

$$I_{RN} \geqslant \frac{I_{st}}{1.5 \sim 2.5}$$

式中 I_{st}为电动机的启动电流。

③ 如果是几台电动机共用的熔断器，则其熔体额定电流

$$I_{RN} \geqslant \frac{I_{stm} + \sum I_N}{2.5}$$

式中，I_{stm}为最大容量电动机的启动电流，$\sum I_N$ 为其他电动机的额定电流之和。

熔断器在电路中的图形符号如图 9-4d 所示，文字符号为 FU。

低压熔断器的型号命名方法为：

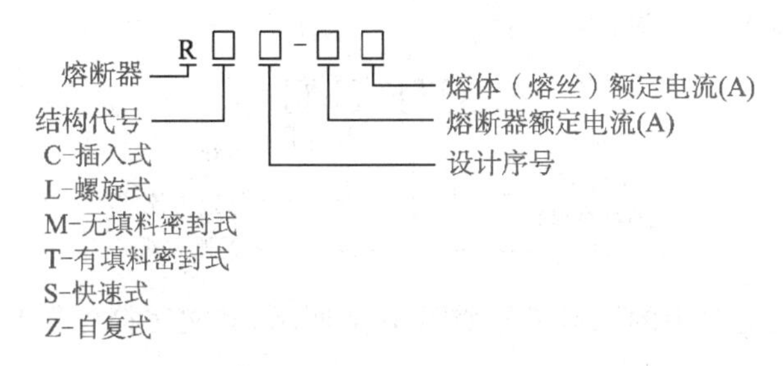

5．接触器

接触器是电力拖动和自动控制系统中使用量大、应用面广的一种低压控制电器，用于频繁接通与断开交直流主电路和大容量控制电路，同时还具有失电压(零电压)和欠电压保护功能。在 PLC 控制系统中，接触器常作为输出执行元件，用于控制电动机、电热设备、电焊机、电容器组等负载。接触器分为交流接触器和直流接触器，利用电磁感应原理工作。交流接触器主要包括电磁系统(铁芯和线圈)、触点系统和灭弧装置等，其外形、结构如图 9-5a、b 所示。接触器的铁芯分上、下两部分，下铁芯为固定不动的静铁芯，上铁芯是可上下移动的动铁芯。接触器的吸引线圈绕在静铁芯上。每个触点组包括静触点和动触点两部分，动触点与动铁芯连在一起。线圈通电时，在电磁吸力的作用下，动铁芯带动动触点一起向下移动，使同一触点组中的动触点和静触点有的闭合，有的断开。当线圈断电后，电磁吸力消失，动铁芯在弹簧作用下恢复到初始状态。

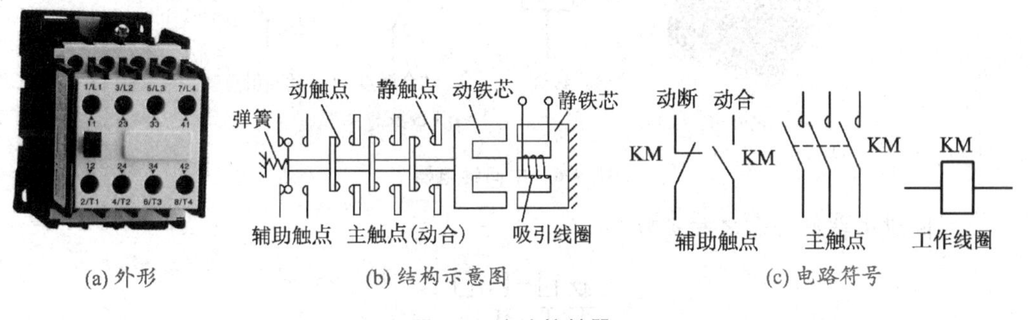

(a) 外形　(b) 结构示意图　(c) 电路符号

图 9-5　交流接触器

按触点状态的不同，接触器的触点分为动合触点和动断触点。接触器在线圈未通电时的状态称为释放状态；而线圈通电时的状态称为吸合状态。接触器处于释放状态时断开、处于吸合状态时闭合的触点称为动合触点；反之称为动断触点。

按触点用途的不同，触点又分为主触点和辅助触点。主触点接触面积大，能通过较大的电流，通常串接在电源和电动机(或其他负载)的定子绕组回路等主电路中；而辅助触点接触面积小，只能通过较小的电流，通常接在由按钮和接触器线圈组成的控制电路中。由于主触点经常在额定电压下通、断额定电流或更大的电流，因此会产生电弧，为了使电弧迅速熄灭，触点通常做成桥形，具有双断点，还加装灭弧装置。

选用接触器时应注意线圈的额定电压、触点的数量以及主触点的额定电流。全国统一设计的 CJ20 交流接触器线圈的额定电压有 36、127、220 和 380 V，主触点的额定电流有 6.3、10、16、25、40、63、100、160、250、400、630 A 等。目前国产交流接触器最大额定电流已达到 1000 A。

接触器型号命名方式为：

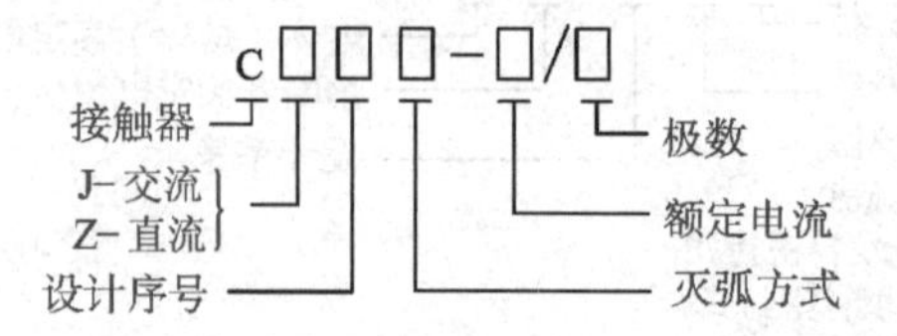

交流接触器在电路中的图形符号如图 9-5c 所示，其文字符号为 KM。

6. 中间继电器

中间继电器是一种根据特定的输入信号（如电压、电流、时间、速度等）而动作的控制电器。其工作原理与接触器相同，但它的功能与接触器不同，它主要用于反映控制信号，其触点通常接在控制电路中，用以弥补接触器辅助触点不够用的缺陷。因此中间继电器触点的额定电流都比较小，一般不超过 5A，但触点数较多。

常用的 JZ 系列中间继电器的外形结构和电路图形如图 9-6 所示，其文字符号为 KA。

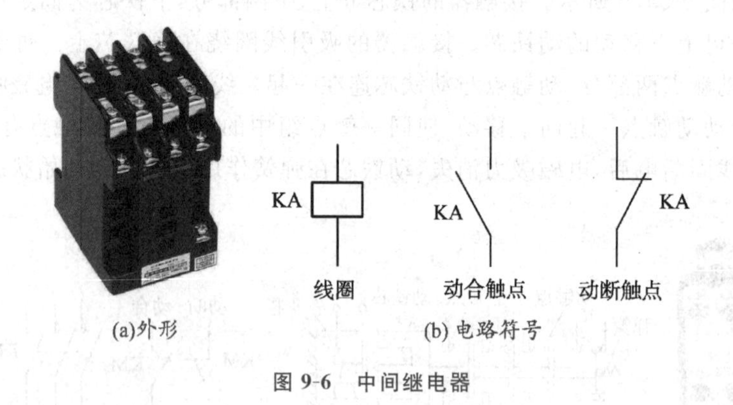

图 9-6　中间继电器

中间继电器型号命名方式为：

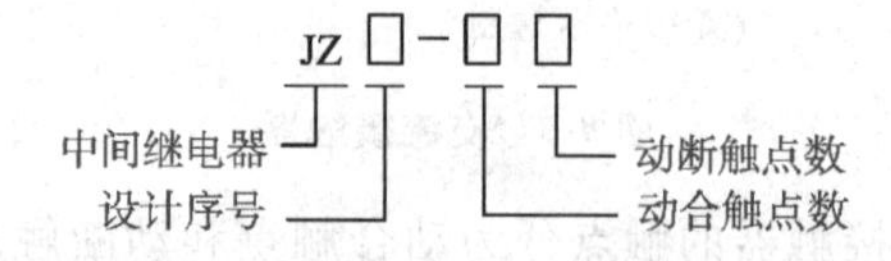

选择中间继电器主要考虑的是中间继电器的线圈电压和触点数量是否能满足电路要求。

7. 热继电器

热继电器是利用电流热效应原理工作的，它主要用于电动机的过载保护。其外形如图 9-7a 所示，图 9-7b 为热继电器的结构示意图，其工作原理如图 9-7c 所示，图中的发热元件（一段电阻值不大的金属丝或金属片）绕在双金属片（由两种线膨胀系数不同的金属片压制而成）上。工作时，将发热元件串接在主电路中，通过它们的电流是电动机的线电流。当电动机过载时，电流超过额定值，发热元件发出较大热量，使双金属片向膨胀系数小的一边变形弯曲，推动导板带动杠杆，通过动作机构使动断触点断开，接触器线圈断电，主触点断开电源，电动机停转，从而达到过载保护的目的。

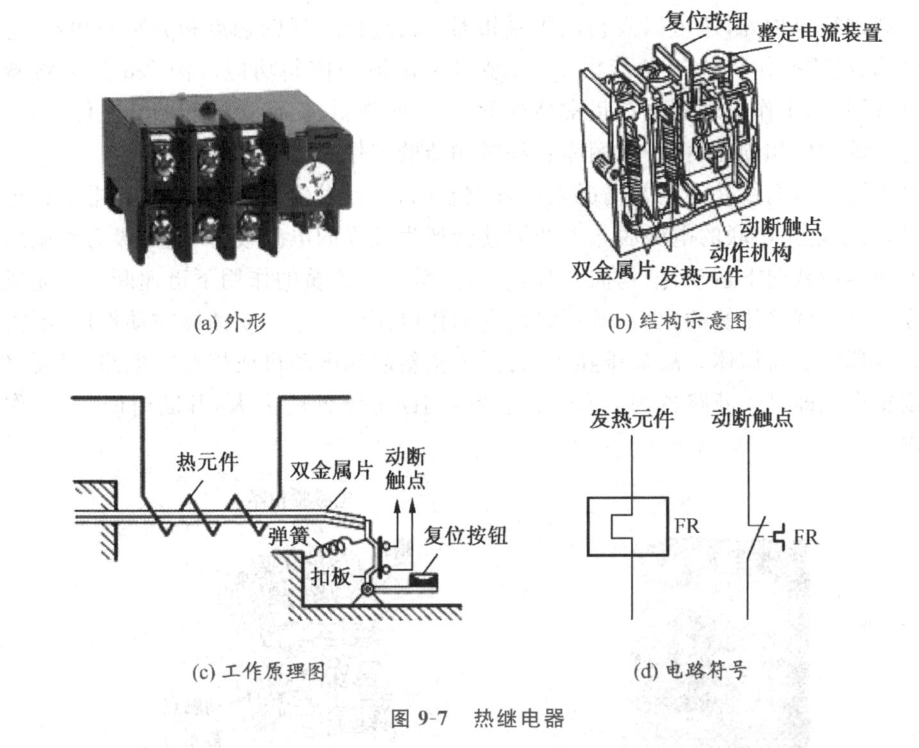

(a) 外形　(b) 结构示意图

(c) 工作原理图　(d) 电路符号

图 9-7　热继电器

使用热继电器时，要调节整定机构(凸轮旋钮)，使热继电器的整定电流等于电动机的额定电流。这样电动机额定运行时，热继电器不动作；当电动机过载，电流为整定电流的 1.2 倍时，热继电器将在 20 分钟内动作；当过载电流为整定电流的 1.5 倍时，热继电器在 2 分钟内动作。

由于热惯性，双金属片的温度升高需要一定的时间，即不会因电动机过载而立即动作，既充分发挥电动机的短时过载能力，又能保护电动机不致因长时间过载而出现过热或烧坏电动机。同样由于热惯性，当发热元件通过较大电流甚至短路电流时，热继电器也不会立即动作，因此它只能用作过载保护而不能用作短路保护。

目前，常用的热继电器有 JR15、JR16 和 T 系列，JR15 系列为两相结构；JR16 系列是三相结构，有缺相保护和不带缺相保护两种。使用时将热元件串接在主电路中，动断辅助触点串接在交流接触器的控制电路中。

热继电器在电路中的图形符号如图 9-7d 所示，其文字符号为 FR，命名方式为：

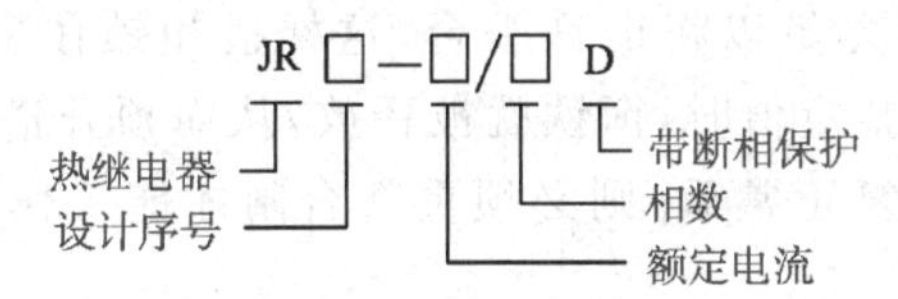

8. 断路器

断路器又称作空气开关或自动开关，它相当于刀开关、熔断器、热继电器和欠压继电器的组合，集控制和多种保护于一身。它不仅能正常接通和断开电路，而且能在过电流、短路和失电压(欠电压)等非正常情况下自动动作，其用途是保护交、直流电路中的电气设备，也可以用于不频繁起动电动机的控制。有的断路器除了对线路、电动机的短路和过载进行保护外，还可以嵌装电压脱扣器、报警触点、辅助触点和分励脱扣器、电动操作机构、电磁操作机构等功能模块，实现多种保护和控制功能。图 9-8 是断路器外形、结构示意和工作原理图。在正常情况下，通过操作机构，能接通和断开主触点，主触点闭合后就被搭扣锁住，保护作用靠各种脱扣器的工作来实现。

电磁脱扣器的衔铁在正常情况下是释放着的，一旦发生短路故障，短路电流超过整定值时，与主电路串联的电磁脱扣器线圈就会产生较强的电磁吸力，电磁吸力克服压簧的拉力使得衔铁向下运动，搭钩向上推开拉杆，触点在弹簧的作用下迅速断开而完成保护动作。只要调整压簧的拉力，就可以调整动作电流的大小。断路器在动作后，不需要像熔断器那样更换熔体。故障排除后，若需要重新起动电动机或接通主电路，只要将断路器重新合上即可。断路器内装有灭弧装置，切断电流的能力大，开断时间短，工作安全可靠。

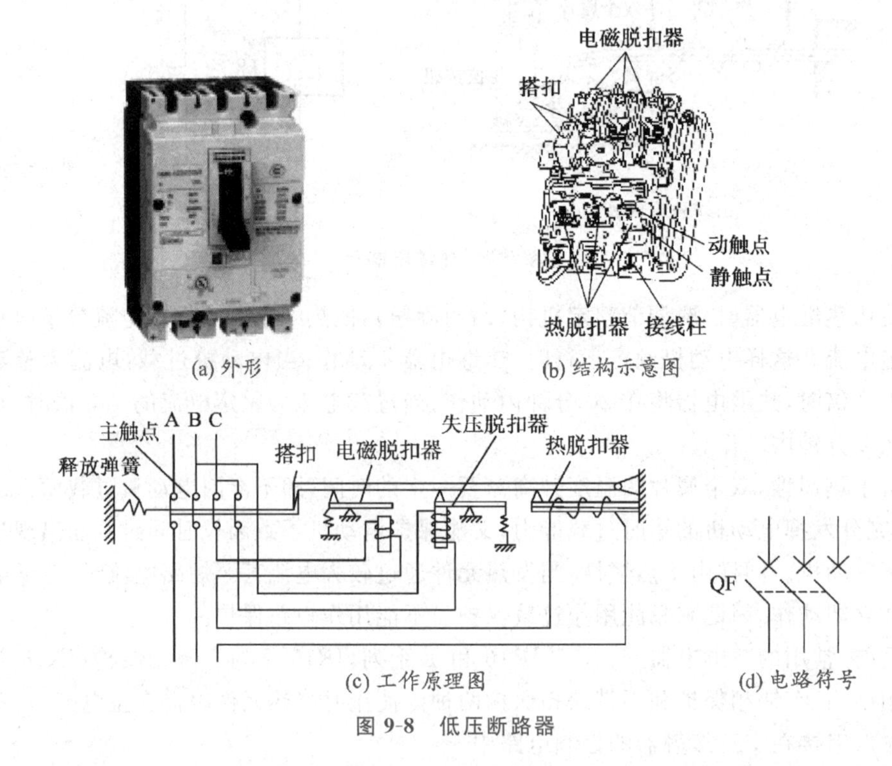

(a) 外形　(b) 结构示意图

(c) 工作原理图　(d) 电路符号

图 9-8　低压断路器

失压脱扣器的工作情况与电磁脱扣器恰恰相反，在电源电压正常时，失压脱扣器铁芯线圈产生的电磁吸力足以将衔铁吸合，这样搭扣锁住主触点，电路正常工作。当电源电压下降到低于整定值时，衔铁就被释放，从而顶开搭扣使主触点断开，切断电源。而当电源电压恢复正常后，则必须重新合闸才能工作，这样起到了失压欠压保护作用。

热脱扣器的工作原理与热继电器类似，同样可以顶开搭扣，切断电源，对电路起过载保护作用。

低压断路器的图形符号如图 9-8d 所示，其文字符号为 QF。选用断路器时应注意低压断路器的额定电压和额定电流应能满足电路正常工作时电压和电流的要求，各脱扣器的动作值都需按相应保护要求来整定。

断路器型号的命名方式(以常用的 DZ20 系列为例)为:

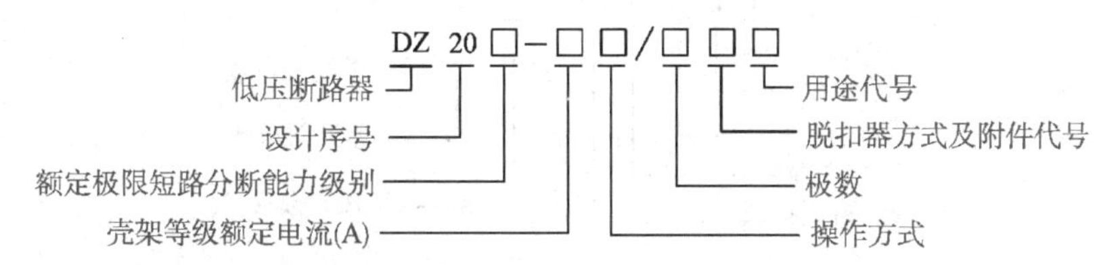

在用途代号中,配电用断路器无代号,保护电动机用断路器以"2"表示;操作方式:手柄直接操作无代号,转动手柄操作用"Z"表示,电动或电磁操作用"P"表示;额定极限短路分断能力级别分为:Y 级(一般型)和 J 级(较高型)。

9. 行程开关

行程开关又称限位开关或位置开关,是利用运动部件的行程位置实现控制的主令电器。行程开关的种类很多,但动作原理基本上都是利用不同的推杆机构来推动装在密封壳内的微动开关,典型的行程开关如图 9-9 所示,其中直动杆式和单滚轮式行程开关能自动复位,而双滚轮式行程开关则不能自动复位,它是依靠外力从两个方向来回撞击滚轮,使其触点不断改变状态。图 9-9b 为单滚轮式行程开关的结构示意图,其工作原理类似于按钮。当压下微动开关的推杆到一定位置时,使动触点向下运动,于是动断触点断开,动合触点闭合,当外力撤除后,推杆在复位弹簧的作用下迅速复位,动合和动断触点立即恢复初始状态。

近年来,为了提高行程开关的使用寿命和操作频率,已开始应用晶体管无触点行程开关。行程开关的电路符号如图 9-9c 所示,文字符号为 SQ。

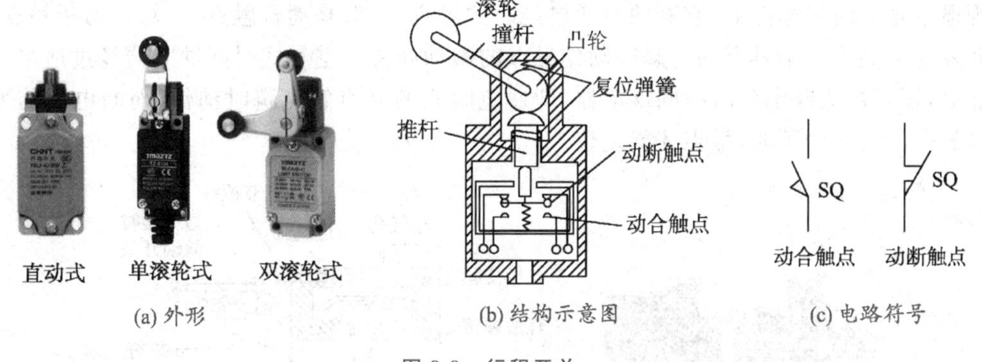

图 9-9　行程开关

行程开关的命名方法为:

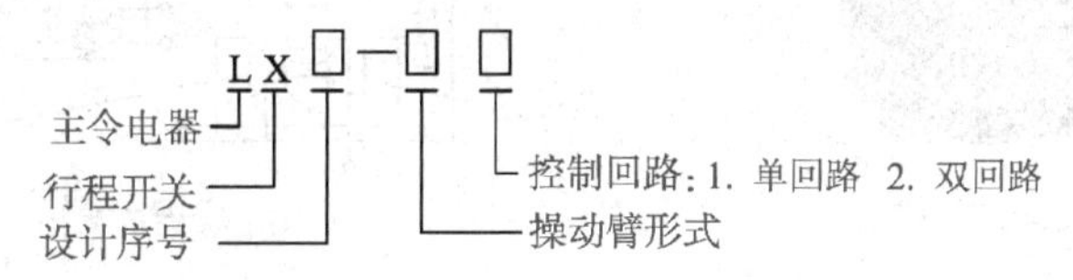

机床电器行程开关的命名方式为:

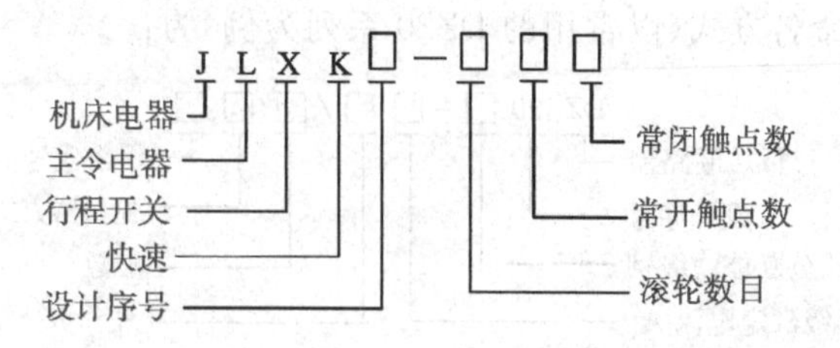

10. 时间继电器

时间继电器是根据所整定的时间间隔来切换电路的继电器。时间继电器的种类很多，结构原理也不尽相同，常用的时间继电器有空气式（气囊式）、电动式和电子式等。由于空气式时间继电器结构简单，延时范围较宽（0.4～60 s，0.4～180 s），所以在机床电气控制电路中得到了广泛的应用。

图 9-10a 为 JS7-A 型空气式时间继电器的外形，图 9-10b 是其结构示意图，有通电延时和断电延时两种。空气式时间继电器是利用空气的阻尼作用而获得动作延时的，主要由电磁系统、触点、气室和传动机构组成。当工作线圈通电时，动铁芯在电磁吸力作用下被吸引，使铁芯与活塞杆之间有一段距离，在释放弹簧的作用下，活塞杆就向下移动。由于在活塞上固定有一层橡皮膜，因此当活塞向下移动时，橡皮膜上方空气变得稀薄，压力减小，而下方的压力加大，限制了活塞杆下移的速度。只有当空气从进气孔进入时，活塞杆才继续下移，直至压下杠杆，使延时微动开关动作。可见，从线圈通电开始到触点（微动开关）动作需要经过一段时间，即继电器的延时时间。旋转调节螺钉，改变进气孔的大小，就可以调节延时时间。当线圈断电后，复位弹簧使橡皮膜上升，空气从单向排气孔迅速排出，不产生延时作用，使触点瞬时复位。因此，这类时间继电器称为通电延时时间继电器，它有两对通电延时的触点，一对是动合触点，一对是动断触点，此外还可装设一个具有两对瞬时动作触点的微动开关。空气式时间继电器经过适当改装后，还可成为断电延时时间继电器，即通电时它的所有触点瞬时动作，而断电后需要经过一段时间的延时，触点才能复位。

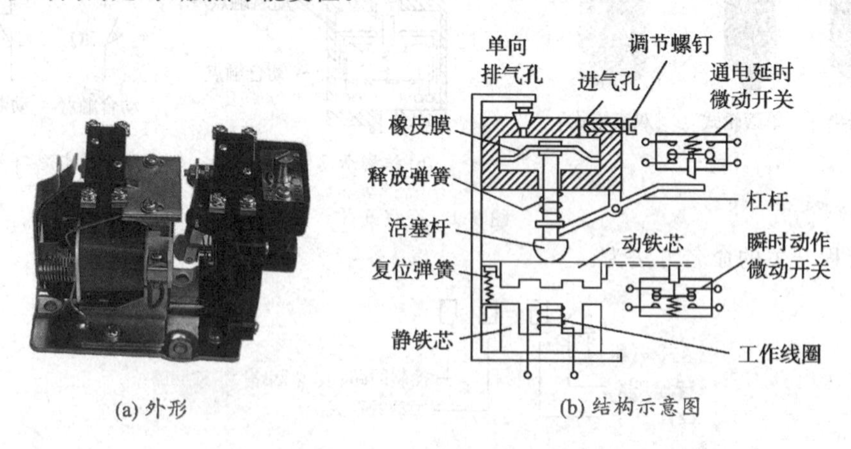

(a) 外形　　(b) 结构示意图

图 9-10　空气式时间继电器

时间继电器在电路中的图形符号如图 9-11 所示，其文字符号为 KT。

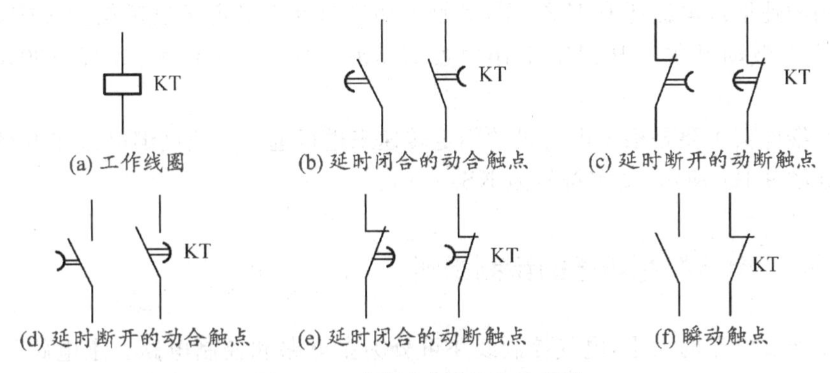

图 9-11　时间继电器的电路符号

以 JDZ2-S 系列延时继电器为例说明时间继电器命名方式：

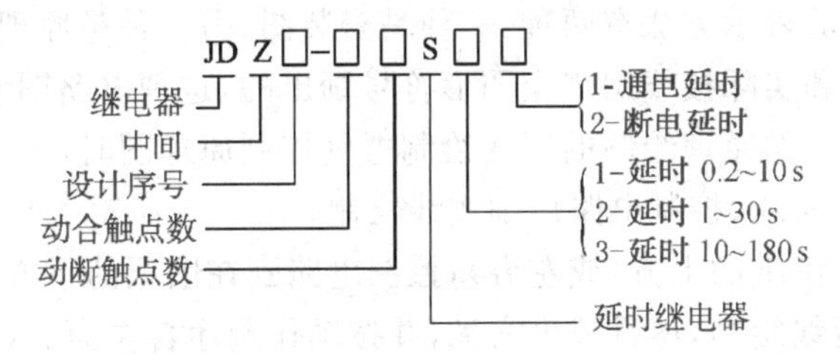

11. 速度继电器

速度继电器是根据速度原则对电动机进行控制的电器，常用于笼式异步电动机反接制动中。图 9-12a、b 为 JY1 型速度继电器外形与结构图，主要由转子、定子及触点三部分组成，其转子是一块永久磁铁，与电动机或者机械转轴连接在一起。当电动机转动时，速度继电器的转子随之转动，这样就在速度继电器的转子和定子圆环之间的气隙中产生旋转磁场而定子绕组中感应出电动势，并产生电流，进而产生转矩，使定子随转子转动方向偏转一定角度。转子转速越高，定子偏转角度越大。当偏转到一定角度时，与定子连接的摆锤推动动触点，使常闭触点断开。当电动机转速进一步升高后，摆锤继续偏转，使常开触点闭合。当电动机转速下降时，摆锤偏转角度随之减小，动触点在簧片形变弹力的作用下复位（常开触点断开，常闭触点闭合）。一般速度继电器的动作速度为 120 r/min，当电动机转速较低时（小于 100 r/min），触点复位。

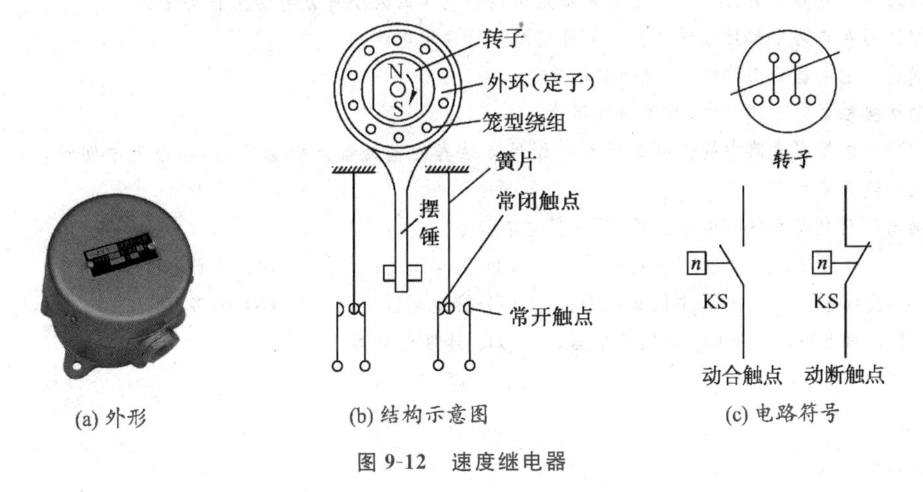

图 9-12　速度继电器

常用的速度继电器还有JFZ0型，其触点动作速度不受定子摆锤偏摆影响，两组触点改用两组微动开关。其额定工作速度有300～1000 r/min和1000～3000 r/min两种。

速度继电器主要是根据电动机的额定转速来进行选择。速度继电器在电路中的图形符号如图9-12c所示，文字符号为KS。

9.1.2 电气控制线路的绘制原则

根据通过电流的大小，电气控制线路可分为主电路和控制电路。主电路是指电动机等通过大电流的电路；而控制电路是指如接触器、继电器等线圈以及消耗能量较少的信号电路、保护电路、联锁电路等。

电气控制电路的表示方法有两种：一种是安装图，另一种是原理图。安装图是按照电器实际安装位置和实际接线用规定图形符号画出的，这种电路图便于工人安装接线。

原理图是根据工作原理绘制的。在绘制电气控制原理图时，一般应遵循以下原则：

① 主电路用粗实线、控制电路用细实线绘制；

② 主电路画在图纸的上方(或左方)；控制电路画在图纸的下方(或右方)；

③ 电路用平行线绘制，尽量减少交叉，并按动作顺序自左而右(或自上而下)排列，便于阅读；

④ 同一电器元件的不同部分如线圈、触点画在不同的位置时应采用同一文字符号标明；

⑤ 全部电器触点均按线圈失电、开关不动作时的状态绘制；

⑥ 所有电动机、电器元件均应按国家标准规定的图形符号和文字符号统一标识；

⑦ 主电路和控制电路设计完成后，在图纸的右下方应列出材料表，表中应包括本电路中所有的电器元件名称、型号规格、数量，有特殊要求还应予以说明。

练习与思考

1. 断路器在电路中有何作用？按其主触点所控制电流的大小可分为哪两种类型？
2. 熔断器在电路中起什么作用？如何确定熔体的额定电流？
3. 简述热继电器的工作原理，说明其用途。
4. 简述接触器的工作原理，并说明其用途。
5. 中间继电器在电路中的作用是什么？如果接触器的辅助触点数量不够，能否用中间继电器来扩展？这时应如何连接？
6. 画出下列电器元件的电路符号，并注明文字符号。

(1) 复合按钮； (2) 刀开关； (3) 组合开关； (4) 熔断器；
(5) 接触器； (6) 中间继电器； (7) 热继电器； (8) 断路器；
(9) 行程开关； (10) 时间继电器； (11) 速度继电器。

9.2　可编程控制器

可编程控制器(Programmable Logic Controller, PLC)是一种数字运算操作的电子系统,专门为工业环境下的应用而设计。它采用可以存放编制程序的存储器,用于执行存储逻辑运算与顺序控制、定时、计数和算术运算等操作的指令,并通过数字或模拟的输入(I)和输出(O)接口,控制各种类型的机械设备或生产过程。现以西门子公司的S7-200可编程控制器为例介绍PLC原理及应用。

S7-200 PLC是一种整体式结构的小型PLC。它结构紧凑、指令丰富、功能强大、可靠性高、适应性强、扩展性好、性能价格比高、体积小,适用于中小规模的控制场合。

S7-200 PLC系统由基本单元(S7-200 CPU模块)、个人计算机(PC)或编程器、STEP7-Micro/WIN编程软件、通信电缆构成,如图9-13所示。

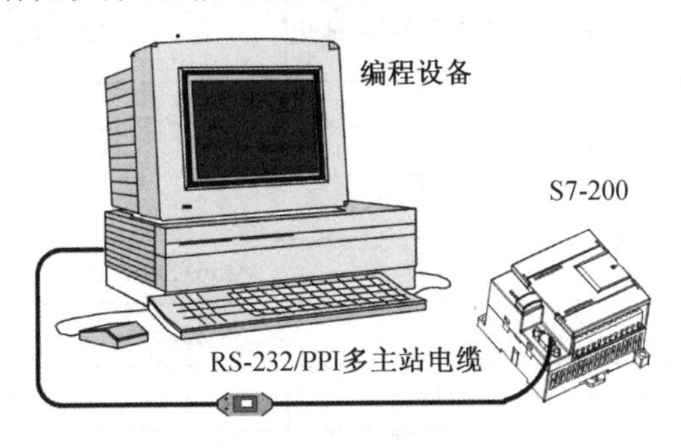

图9-13　S7-200PLC系统的构成

1. 基本单元(S7-200 CPU模块)

基本单元(S7-200CPU模块)也称为主机,它包括一个中央处理单元(CPU)、电源、数字量输入/输出单元,这些被集成在一个紧凑的、独立的装置中。基本单元可以构成一个独立的控制系统。

2. 个人计算机(PC)或编程设备

STEP 7-Micro/WIN(V4.0 STEP7-Micro/WIN SP4)软件既可以在PC机上运行,也可以在西门子编程设备上运行。计算机或编程设备的最低配置要求如下:

◆ 操作系统:Windows 2000,Windows XP,Vista;

◆ 至少350 M空闲硬盘空间;

◆ 鼠标(推荐)。

3. 通信电缆

通信电缆(例如PC/PPI)用来实现PLC与个人计算机(PC)的通信。

9.2.1　基本单元(S7-200 CPU模块)

为适应不同场合的控制要求,西门子公司推出多种S7-200 PLC主机的型号规格。S7-200 CPU22X系列产品有:CPU221模块,CPU222模块,CPU224模块,CPU226模块,CUP226XM模块。S7-200CPU模块的主要技术指标见表9-1。

表 9-1　S7-200CPU 主要技术指标

	CPU221	CPU222	CPU224	CPU226	CPU226XM
用户程序存储器	2 048 字节		4 096 字节		8 192 字节
用户数据存储器	1 024 字节		2 560 字节		5 120 字节
用户存储器类型	EEPROM				
数据后备(超级电容)典型时间	50 h		190 h		
主机 I/O	6 输入/4 输出	8 输入/6 输出	14 输入/10 输出	24 输入/16 输出	
可带扩展模块数量		2 个	7 个		
数字量 I/O 映像区大小	256（128 输入/128 输出）				
模拟量 I/O 映像区大小	无	16 输入/16 输出	32 输入/32 输出		
33MHz 下布尔指令执行速度	0.37μs/指令				
内部继电器	256				
计数器/定时器	256/256				
顺序控制继电器	256				
内置高速计数器	4 个(30kHz)		6 个(30kHz)		
模拟调节电位器	1		2		
高速脉冲输出	2(20 kHz,DC)				
脉冲捕捉	6 个	8 个	14 个		
通信中断/每个通信口	1 发送/2 接收				
定时中断	2(1～255ms)				
实时时钟	有(时钟卡)		有(内置)		
口令保护	有				
通信口数量	1(RS-485)			2(RS-485)	

在 CPU 模块的顶部端子盖内有电源及输出端子，在底部端子盖内有输入端子及传感器电源，在中部右侧前盖内有 CPU 工作方式开关(RUN/STOP)、模拟调节电位器和扩展 I/O 接口；在模块的左侧分别有状态指示灯、存储卡及通信口，如图 9-14 所示。状态指示灯显示 CPU 的工作方式、本机 I/O 的状态、系统错误状态。RS-485 的串行通信端口用以实现 PLC 与上位计算机、PLC 编程器、彩色图形显示器、打印机等外部设备的通信。扩展接口是 PLC 主机与扩展模块的接口。

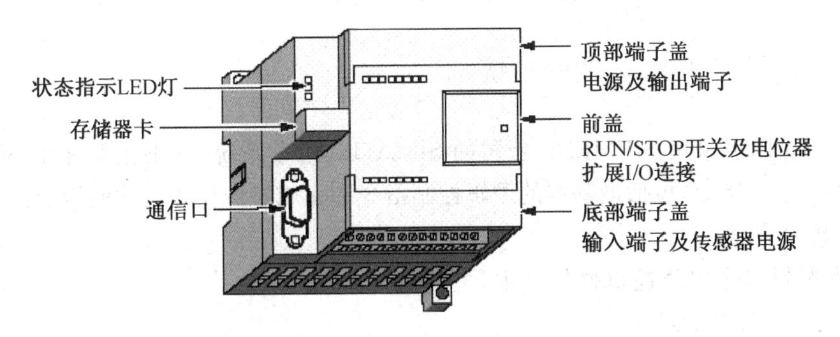

图 9-14　S7-200 CPU 模块

例如,CPU226 模块的 I/O 总点数为 40 点(24 输入/16 输出),可带 7 个扩展模块;CPU226 AC/DC/继电器模块输入/输出单元的接线图如图 9-15 所示。

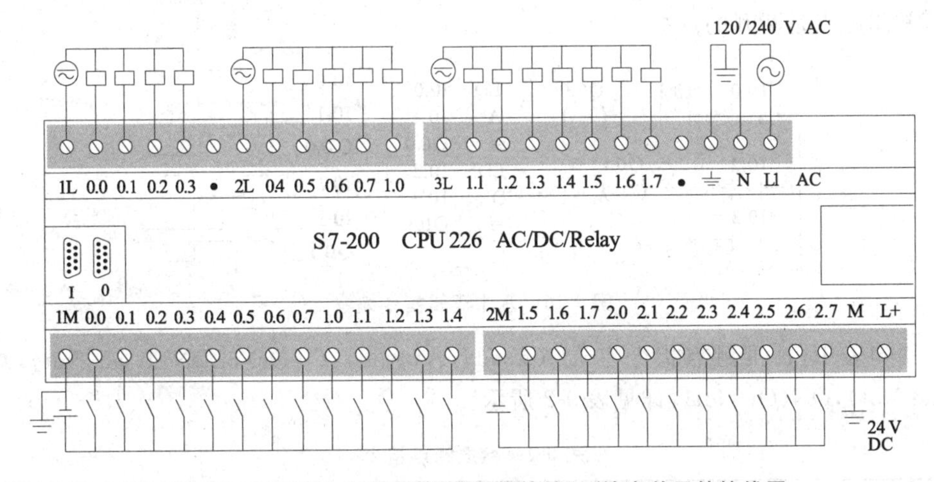

图 9-15　CPU226 AC/DC/继电器模块输入/输出单元的接线图

24 个数字量输入点分成二组。第一组由输入端子 I0.0～I0.7,I1.0～I1.4 共 13 个输入点组成,每个外部输入的开关信号均由各输入端子接出,经一个直流电源接至公共端 1M;第二组由输入端子 I1.5～I1.7,I2.0～I2.7 共 11 个输入点组成,各输入端子的接线与第一组类似,公共端为 2M。由于是直流输入模块,所以采用直流电源作为检测各输入接点状态的电源(用户提供)。M 和 L+两个端子提供 24V DC/400 mA 传感器电源,可以为传感器提供电源,也可以作为输入端的检测电源使用。

16 个数字量输出点分成三组。第一组由输出端子 Q0.0～Q0.3 共 4 个输出点与公共端 1L 组成;第二组由输出端子 Q0.4～Q0.7,Q1.0 共 5 个输出点与公共端 2L 组成;第三组由输出端子 Q1.1～Q1.7 共 7 个输出点与公共端 3L 组成。每个负载的一端与输出点相连,另一端经电源与公共端相连。对于继电器输出方式,既可带直流负载,也可带交流负载。负载的激励源由负载性质确定。输出端子排的右端 N 和 L1 端子是供电电源 120/240V AC 输入端。该电源电压允许范围为 85～264V AC。

S7-200PLC 配有数字量扩展模块、模拟量扩展模块、智能扩展模块,用于扩展系统的控制规模和控制功能。

9.2.2 S7-200 PLC 指令系统

S7－200 PLC 采用 SIEMENS 公司的 SIMATIC 指令系统，本书主要介绍 SIMATIC 指令集中的主要指令，包括最基本的逻辑控制指令和完成特殊任务的功能指令。

1. 基本指令

基本逻辑指令以位逻辑操作为主，主要包括：

（1）标准触点指令

梯形图中标准触点指令用常开、常闭触点表示，常闭触点中带有“/”符号，如图 9-16 所示。当存储器某地址的位(bit)值为 1 时，梯形图中与之对应的常开触点的位(bit)值也为 1，表示该常开触点是接通的；而与之对应的常闭触点的位(bit)值为 0，表示该常闭触点是断开的。

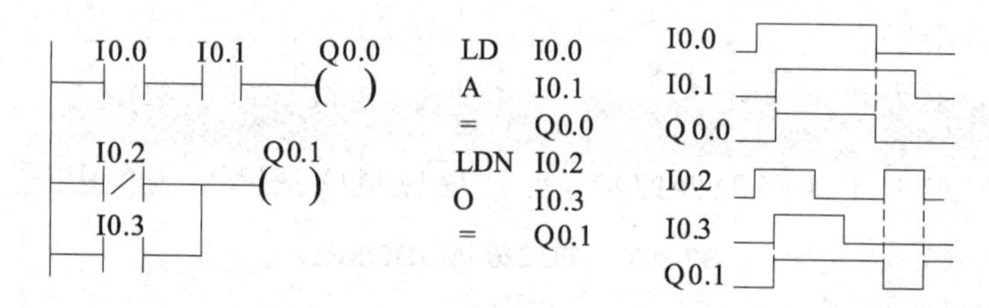

图 9-16　基本逻辑指令编程

语句表中，标准触点指令有 LD(Load)，A(And)，O(Or)，LDN(Load Not)，AN(And Not)，ON(Or Not)，详见表 9-2 所示。

表 9-2　标准触点指令

语句	功能描述
LD bit	取指令，用于逻辑梯级开始的常开触点与母线的连接
A bit	与指令，用于单个常开触点的串联
O bit	或指令，用于单个常开触点的并联
LDN bit	取非指令，用于逻辑梯级开始的常闭触点与母线的连接
AN bit	与非指令，用于单个常闭触点的串联
ON bit	或非指令，用于单个常闭触点的并联

（2）输出指令

梯形图中输出指令用输出线圈表示，如图 9-16 所示。执行输出指令时，“能流”到，则线圈被激励。相应的输出映像寄存器或其他存储器的相应位为“1”，反之为“0”。语句表中输出指令用“＝”指令描述。输出指令把栈顶值复制到由操作数地址指定的存储器的对应位中。基本逻辑指令编程举例及时序图如图 9-16 所示。

（3）置位和复位指令

置位 S(Set)和复位 R(Reset)指令的梯形图(LAD)和语句表(STL)的形式及功能见表 9-3。

表 9-3　置位和复位指令的形式与功能

指令	LAD	STL	功能
置位指令	bit —(S) N	S bit，N	把从指令操作数(bit)指定地址(位地址)开始的连续 N 个元件置位(置 1)并保持
复位指令	bit —(R) N	R bit，N	把从指令操作数(bit)指定地址(位地址)开始的连续 N 个元件复位(清零)并保持

2. 逻辑堆栈指令

逻辑堆栈指令主要用来对复杂的逻辑关系进行编程，并且只用于语句表编程。使用梯形图、功能块图编程时，软件编辑器会自动插入相关的指令处理堆栈操作；而使用语句表编程时，必须由用户写入 LPS、LRD 和 LPP 指令。逻辑堆栈指令见表 9-4。

表 9-4　逻辑堆栈指令

语句	功能描述
ALD	栈装载“与”，用于两个或两个以上的触点组的串联编程
OLD	栈装载“或”，用于两个或两个以上的触点组的并联编程
LPS	逻辑入栈，用于分支电路的开始
LRD	逻辑读栈，将堆栈中第 2 层的值复制到栈顶，第 2～9 层的数据不变
LPP	逻辑出栈，用于分支电路的结束
LDS	装入堆栈，用于复制堆栈中的第 n 层的值到栈顶

3. 正/负跳变触点指令

正/负跳变触点指令在梯形图(LAD)和语句表(STL)中的表示和功能见表 9-5。正/负跳变触点指令编程举例如图 9-17 所示。

表 9-5　正/负跳变触点指令

指令名称	LAD	STL	功能
正跳变触点指令	—|P|—	EU	在上升沿产生一个宽度为一个扫描周期的脉冲
负跳变触点指令	—|N|—	ED	在下降沿产生一个宽度为一个扫描周期的脉冲

4. 取非触点指令

梯形图中取非触点指令用取非触点表示。取非触点指令可用来改变“能流”的状态(也就是说，它将栈顶值由 0 变为 1，由 1 变为 0)。“能流”到达取非触点时，“能流”不能通过取非触点；“能流”未到达取非触点时，反而有“能流”通过取非触点。取非触点指令编程举例及时序图如图 9-17 所示。

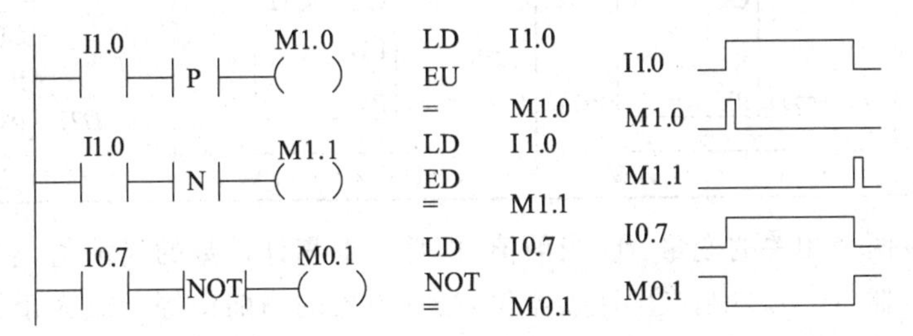

图 9-17　正/负跳变触点、取非触点指令编程

5. 定时器指令

S7-200PLC 的定时器为增量型定时器，用于实现时间控制，可以按照工作方式和时间基准（时基）分类，时间基准又称为定时精度和分辨率。

按照工作方式，S7-200PLC 为用户提供了三种类型的定时器：接通延时定时器（TON）、有记忆接通延时定时器（TONR）、断开延时定时器（TOF）。这三种定时器指令的表示形式见表 9-6，表中的“????”表示需要输入的地址或数值。

表 9-6 定时器指令的表示形式

类型	接通延时定时器	有记忆接通延时定时器	断开延时定时器
LAD	T??? IN TON ???? PT ???ms	T??? IN TONR ???? PT ???ms	T??? IN TOF ???? PT ???ms
STL	TON T＊＊＊，PT	TONR T＊＊＊，PT	TOF T＊＊＊，PT

定时器分辨率（时基）有三种：1 ms、10 ms、100 ms。定时器的分辨率由定时器号决定，见表 9-7。

表 9-7 定时器号和分辨率

定时器类型	分辨率/ms	计时范围/s	定时器号
TONR	1	32.767	T0，T64
	10	327.670	T1～T4，T65～T68
	100	3 276.700	T5～T31，T69～T95
TON，TOF	1	32.767	T32，T96
	10	327.670	T33～T36，T97～T100
	100	3 276.700	T37～T63，T101～T255

6. 计数器指令

计数器是累计其计数输入端的计数脉冲电平由低到高的次数。计数器总数有 256 个，计数器号范围为 C(0～255)。S7-200PLC 有三种类型的计数器：增计数器、减计数器、增/减计数器。这三种计数器指令的表示形式见表 9-8。

表 9-8 计数器指令的表示形式

类型	增计数器	减计数器	增/减计数器
LAD	C??? CU CTU R ????- PV	C??? CU CTD LD ????- PV	C??? CU CTUD CD R ???? - PV
STL	CTU C＊＊＊，PV	CTD C＊＊＊，PV	CTUD C＊＊＊，PV

计数器有两个相关的变量：① 当前值，即计数器累计计数的当前值，它存放在计数器当前值寄存器（16 bit）中。② 计数器位，当计数器的当前值等于或大于设定值时，计数器位（bit）置为“1”。

7. 顺序控制继电器指令

顺序控制继电器(SCR)指令基于顺序功能图的编程方式。它依据被控对象的顺序功能图进行编程,将控制程序进行逻辑分段,从而实现顺序控制。

SCR 指令包括 LSCR *n*(段的开始)、SCRT(段的转换)、SCRE(段的结束)指令,从 LSCR 开始到 SCRE 结束的所有指令组成一个 SCR 程序段。

装载顺序控制继电器指令(LSCR *n*)标记一个 SCR 程序段的开始。LSCR *n* 指令把 S 位(bit)的值装载到 SCR 堆栈和逻辑堆栈栈顶。SCR 堆栈的值决定该 SCR 段是否执行。当 SCR 程序段的 S 位(bit)置位时,允许该 SCR 程序段工作。顺序控制继电器转换指令(SCRT)执行 SCR 程序段的转换,SCRT 指令有两个功能:一方面使当前激活的 SCR 程序段的 S 位(bit)复位,以使该 SCR 程序段停止工作;另一方面使下一个将要执行的 SCR 程序段 S 位(bit)置位,以便下一个 SCR 程序段工作。顺序控制继电器结束指令(SCRE)表示一个 SCR 程序段的结束,它使程序退出一个激活的 SCR 程序段,SCR 程序段必须由 SCRE 指令结束。顺序控制继电器(SCR)指令的参考程序如图 9-18所示,其中 SM0.0 始终为 1,见表 9-9。

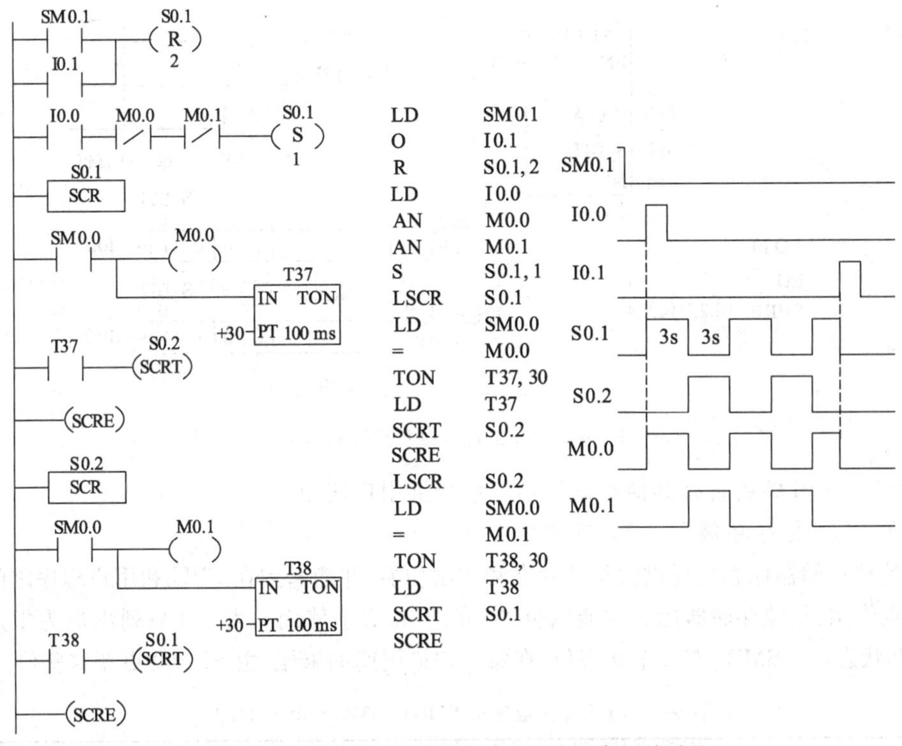

图 9-18　顺序控制继电器指令(SCR)及常用特殊位

在 SCR 段内不能使用 JMP、LBL、FOR、NEXT、END 指令。

8. 移位寄存器指令

移位寄存器指令可用来进行顺序控制。移位寄存器指令(SHRB)把输入端(DATA)的数值移入移位寄存器,并进行移位。该移位寄存器是由 S_BIT 和 *N* 决定的,S_BIT 指定移位寄存器的最低位(起始位),*N* 指定移位寄存器的长度(指定移位数),移位寄存器的最大长度为 64 位。*N* 为正数表示正向移位,*N* 为负数表示反向移位。

由移位寄存器的最低有效位(起始位 S_BIT)和移位寄存器的长度(N)可计算出移位寄存器最高有效位(MSB. b)的地址。计算公式：

MSB. b=[(S_BIT 的字节号)+([N]−1+(S_BIT 的位号))/8].[除 8 的余数]

例如，S_BIT 是 M22.5，N 是 14，代入上式计算：

MSB. b =M22+([14]−1+5)/8
=M22+18/8
=M22+2.(余数为 2)
=M24.2

当允许输入端(EN)有效时，在每个扫描周期使移位寄存器各位移动一位。每当(移位)输入端(EN)的上升沿时刻，DATA 端采样一次，把输入端(DATA)的数值移入移位寄存器。正向移位时，输入数据从移位寄存器的最低有效位移入，从最高有效位移出；反向移位时，输入数据从移位寄存器的最高有效位移入，从最低有效位移出。移出的数据送入溢出存储器位(SM1.1)。图 9-19 是移位寄存器指令编程及其移位情况。图中 VB10 表示 V(10.0～10.7)一个字节。

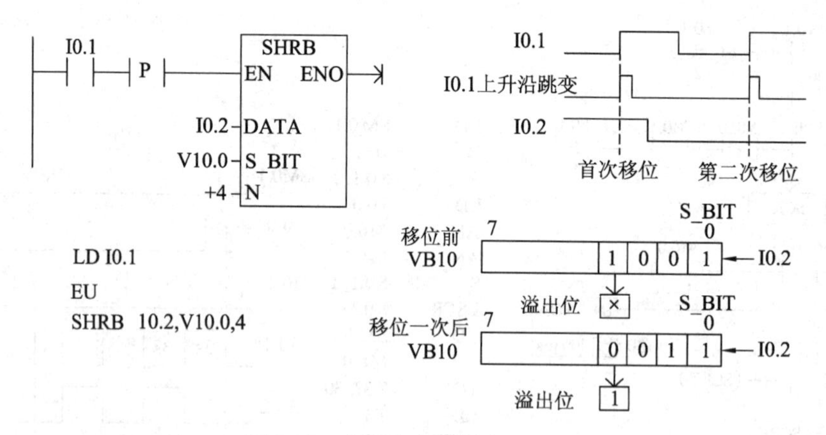

图 9-19 移位寄存器指令(SHRB)

S7-200 PLC 还备有其他丰富的功能指令供用户使用。

9. 常用特殊存储器(SM)标志位 SMB0

特殊存储器标志位提供大量的状态和控制功能，并能起到在 CPU 和用户程序之间交换信息作用，特殊存储器标志位能以位、字节、字和双字使用。表 9-9 只列出最为常用的 SMB0 状态位。SMB0 有 8 个状态位，在每个扫描周期的末尾，由 S7-200 更新这些位。

表 9-9 特殊存储器字节 SMB0 (SM0.0 至 SM0.7)

SM 位	描述(只读)
SM0.0	该位始终为 1。
SM0.1	该位在首次扫描时为 1，一个用途是调用初始化子例行程序。
SM0.2	若保持数据丢失，则该位在一个扫描周期中为 1。该位可用作错误存储器位，或用来调用特殊启动顺序功能。
SM0.3	开机后进入 RUN 模式，该位将 ON 一个扫描周期，该位可用作在启动操作之前给设备提供一个预热时间。

续表

SM 位	描述(只读)
SM0.4	该位提供了一个时钟脉冲,30 s 为 1,30 s 为 0,占空比为 50%,周期为 1 min。它提供了一个简单易用的延时或 1 min 的时钟脉冲。
SM0.5	该位提供了一个时钟脉冲,0.5 s 为 1,0.5 s 为 0,占空比为 50%,周期为 1 s。它提供了一个简单易用的延时或 1 s 的时钟脉冲。
SM0.6	该位为扫描时钟,本次扫描时置 1,下次扫描时置 0。可用作扫描计数器的输入。
SM0.7	该位指示 CPU 模式开关的位置(0 为 TERM 位置,1 为 RUN 位置)。当开关在 RUN 位置时,用该位可使自由端口通信方式有效,那么当切换至 TERM 位置时,同编程设备的正常通信也会有效。

如图 9-18 的参考程序所示,本例只介绍最常见的 SM0.0 和 SM0.1 两个标志位,其中第一个逻辑行(网络 1)用 SM0.1 的初始化脉冲使 S0.1 和 S0.2 在开机时清“0”(I0.1 操作清“0”);I0.0 的操作激活顺序步 S0.1;在两个顺序步 S0.1 和 SM0.2 中均采用了始终为“1”的 SM0.0;只要该顺序步为“1”,步内的位寄存器线圈同步为“1”,步内的定时器同时开始计时,计时到达将顺序步上的“1”转到下一步(其中 S0.2 是转回到 S0.1)。

9.2.3 S7-200 PLC 程序设计方法

PLC 控制系统的设计原则是最大限度地满足被控对象对工艺过程的要求,力求使控制系统安全、可靠、优质、经济。

1. STEP7 编程软件简介

近年来,计算机技术发展迅速,利用计算机进行 PLC 的编程、通信更具有优势,计算机除可以进行 PLC 编程外,还可作为一般计算机使用,兼容性好,利用率高。因此采用计算机进行 PLC 编程已成为一种趋势,几乎所有生产 PLC 的企业,都研究开发了 PLC 的编程软件和专业通信模块。

STEP7 编程软件用于 SIMATIC S7、C7、M7 和基于 PC 的 WinAC,是供它们编程、监控和参数设置的标准工具。STEP7-Micro/WIN 编程软件是由西门子公司专为 SIMATIC 系列 S7-200 PLC 研制开发的编程软件,它可以使用个人计算机作为图形编程器,用于在线(联机)或离线(脱机)开发用户程序,并可在线实时监控用户程序的执行状态,是西门子 S7-200 用户不可缺少的开发工具。

单台 PLC 与个人计算机的连接或通信,只需要一根 PC/PPL 电缆,将 PC/PPL 电缆的 PC 端连接到计算机的 RS-232 串行通信口,另一端连接到 PLC 的 RS-485 通信口。在个人计算机上配置 MPI 通信卡或 PC/MPL 通信适配器,可以将计算机连接到 MPI 或 PROFIBUS 网络,通过通信参数的设置可以对网络上 PLC 上传和下载用户程序和组态数据,实现网络化编程。

STEP7-Micro/WIN 的基本功能是在 Windows 平台编制用户应用程序,它主要完成下列任务:

① 离线(脱机)方式下创建、编辑和修改用户程序。在离线方式下,计算机不直接与 PLC 联系,可以实现对程序的编辑、编译、调试和系统组态,此时所有的程序和参数

都存储在计算机的存储器中。

② 在线(连接)方式下通过联机通信的方式上传和下载用户程序及组态数据，编辑和修改用户程序，可以直接对PLC进行各种操作。

③ 编辑程序过程中具有简单语法检查功能。利用此功能可提前避免一些语法和数据类型方面的错误。

④ 具有用户程序的文档管理和加密等一些工具功能。

⑤ 直接用编程软件设置PLC的工作方式、运行参数以及进行运行监控和强制操作等。

2. PLC控制系统设计的步骤

继电-接触控制系统的电路分为主电路和控制电路。用可编程控制器替代继电-接触控制系统，就是替代控制电路那部分，主电路基本保持不变。

由于可编程控制器的输入、输出部分与继电-接触控制系统大致相同，因而在安装、使用时也完全可按常规的继电-接触控制设备那样进行。

PLC控制系统设计的一般步骤如图9-20所示。

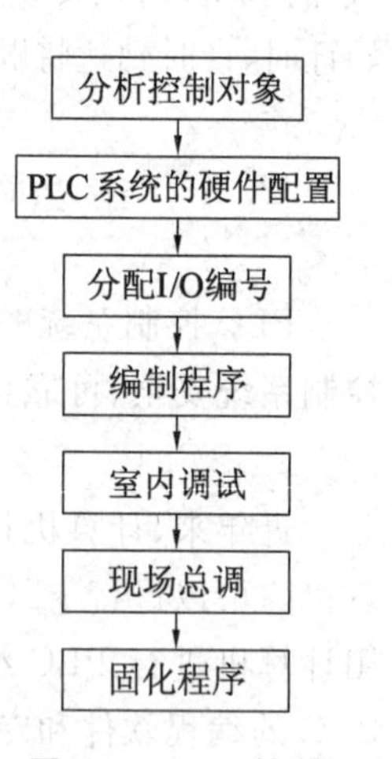

图9-20 PLC控制系统设计步骤

① 分析控制对象：在全面了解对象工艺流程的基础上，确定设计任务和要求，它是整个设计的依据；

② 选定系统的硬件配置：选定PLC的型号、扩展模块及通信模块，对控制系统的硬件进行配置，如配置传感器及信号类型、执行器及输出方式；

③ 分配I/O编号：编制PLC的输入/输出分配表，并绘制输入/输出端子接线图；

④ 编制程序：根据系统的要求进行顺序功能图或流程图设计，根据流程进行程序设计，这是PLC控制设计的核心工作；

⑤ 室内与现场调试：输入程序并调试程序，先室内模拟调试成功，这主要是程序调试，再进行现场总调，这主要是系统统调和控制参数调试；

⑥ 固化程序：现代整体型PLC一般都用EEPROM只读存储器固化程序。

3. PLC控制系统的设计方法

PLC应用程序的设计方法有多种，常用的设计方法有经验设计法、顺序功能图法等。

(1) 经验设计法

经验设计法要求设计者根据被控对象对控制系统的要求，凭经验选择典型应用程序的基本环节，并把它们有机地组合起来。其设计过程是逐步完善的，一般不易获得最佳方案，程序初步设计后，还需反复调试、修改和完善，直至满足被控对象的控制要求。

用经验设计法设计简单的控制系统，简单、易行，可以收到明显的效果。

但经验设计法的设计方法不规范，没有一个普遍的规律可循，用经验设计法设计复杂的控制系统，由于连锁关系复杂，一般难以掌握，且设计周期较长。

(2) 顺序功能图法

顺序功能图法首先根据系统的工艺流程设计顺序功能图(SFC)，然后再依据顺序功能图设计顺序控制程序。

工业控制中许多场合要用顺序控制的方式进行控制。所谓顺序控制，即对生产过程按生产工艺的要求，预先安排顺序，使其自动地进行生产的控制方式。

顺序功能图(SFC)是 IEC 标准规定的用于顺序控制的标准化语言。顺序功能图用以全面描述控制系统的控制过程、功能和特性，而不涉及系统所采用的具体技术，这是一种通用的技术语言，可供进一步设计和不同专业的人员之间进行技术交流使用。顺序功能图以功能为主线，表达准确、条理清晰、规范、简洁，是设计可编程控制器的顺序控制程序的重要工具。

顺序功能图主要由步、有向连线、转换、转换条件、动作(或命令)组成，其基本结构的原理如图 9-21 所示。

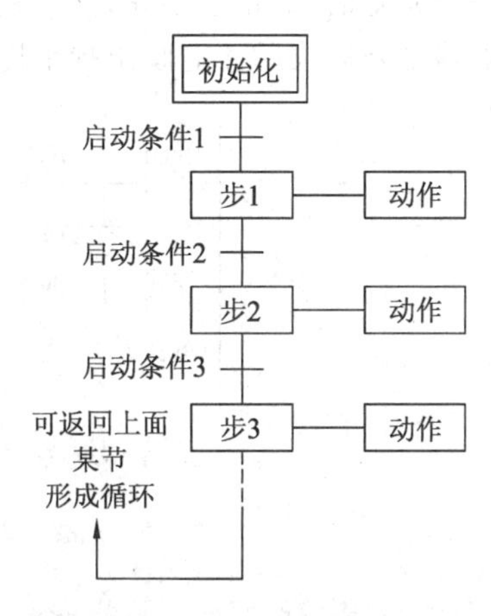

图 9-21　顺序功能图图例

在顺序功能图中，实现转换时使前级步的活动结束而使后续步的活动开始，步之间没有重叠。这使系统中大量复杂的连锁关系在步的转换中得以解决。而对于每一步的程序段，只需处理极其简单的逻辑关系，因而这种编程方法简单易学，规律性强，设计出的控制程序结构清晰、可读性好，程序的调试、运行也很方便，可以极大地提高工作效率。采用顺序功能图法设计时，S7-200 可编程控制器可用顺序控制继电器(SCR)指令、移位寄存器(SHRB)等指令实现编程。

4. 梯形图程序编写规则

编写梯形图程序时应遵循下列规则：

① 在梯形图中，程序被分成称为网络的一些程序段。程序不分段，则编译不能成功。本章限于篇幅，附图中没有对程序分段。

② 输入信号的状态由外部输入设备的开关信号驱动，程序不能随意改变它。

③ 梯形图中同一编号的继电器线圈只能出现一次，通常不能重复使用，但是它的接点可以无限次地重复使用。

④ 几个串联支路相并联，应将触点多的支路安排在上面；几个并联回路的串联，应将并联支路数多的安排在左面。按此规则编制的梯形图可减少用户程序步数、缩短程序扫描时间，如图 9-22 所示。

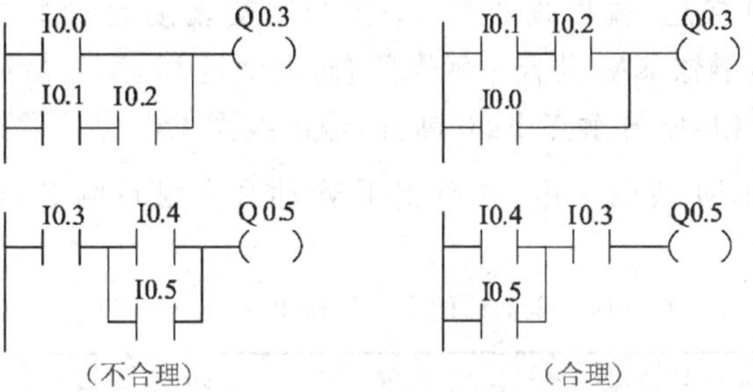

(不合理)　(合理)

图 9-22　梯形图的合理画法

⑤ 程序的编写按照从左至右、由上至下顺序排列。梯形图中的左、右母线之间是

一个完整的“电路”，不允许“短路”、“开路”，也不允许“能流”反向“流动”。例如，桥式电路必须修改后才能画出梯形图，如图 9-23 所示。

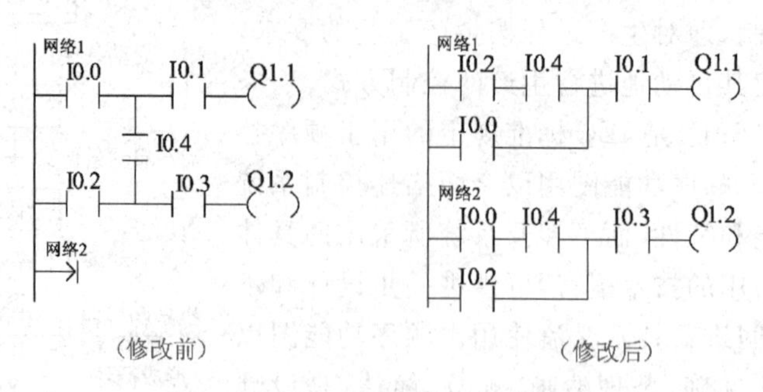

图 9-23　桥式电路修改前后的梯形图

9.3　电动机的基本控制电路

9.3.1　点动和连续控制

1. 点动控制

许多生产机械在调整试车或运行过程中要求电动机瞬间动作一下，以调整生产机械的位置，这种控制称为点动控制。如摇臂钻床立柱的夹紧与放松，龙门刨床横梁的上下移动，桥式起重机吊钩、大车运行的操作控制等都需要点动控制。

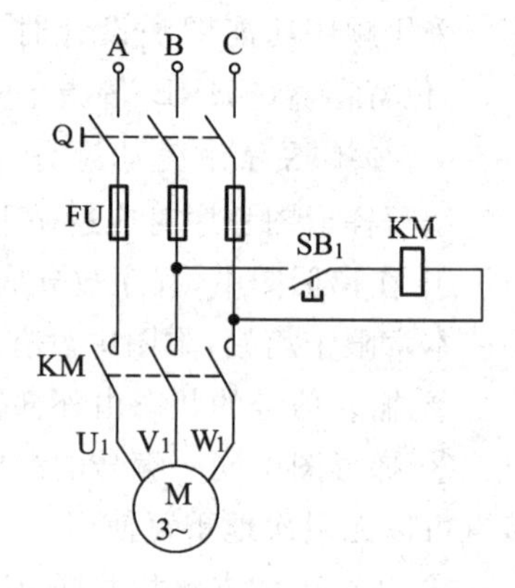

图 9-24　电动机的点动控制电路

由按钮、接触器组成的电动机点动控制电路如图 9-24所示。其工作过程为：合上刀开关 Q，按住 SB_1 按钮，接触器线圈 KM 得电，接触器动合主触点 KM 闭合，电动机 M 通电运行。松开 SB_1，接触器线圈失电，KM 动合主触点释放，电动机断电停止运行。

电动机点动控制的 PLC 梯形图如图 9-25 所示，PLC 的 I/O 配置如表 9-10 所示。其工作过程为：按住 SB1 按钮，常开触点 I0.0 接通，输出线圈 Q0.0 置“1”，交流接触器 KM 线圈得电，接触器 KM 动合主触点闭合，电动机 M 通电运行；松开 SB_1 按钮，常开触点 I0.0 断开，输出线圈 Q0.0 置“0”，交流接触器 KM 线圈失电，接触器 KM 动合主触点断开，电动机 M 失电停止运行。

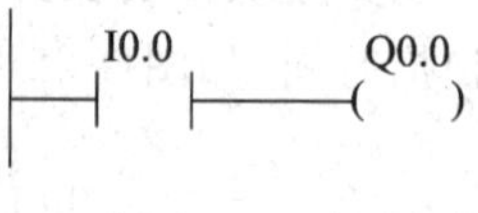

I0.0　　Q0.0

图 9-25　电动机的点动控制梯形图

表 9-10　电动机的点动控制 PLC 的 I/O 配置

输入信号			输出信号		
代号	名称	端子编号	代号	名称	端子编号
SB_1	启/停按钮	I0.0	KM	交流接触器	Q0.0

2. 连续控制

许多生产机械要求电动机接通电源后，能连续运行，如水泵抽水、风机运行等都要求电动机能连续运行。然而在点动控制中，按下按钮 SB_1，电动机运行；松开按钮，电动机便停止，显然点动控制电路不能满足连续运行的要求。

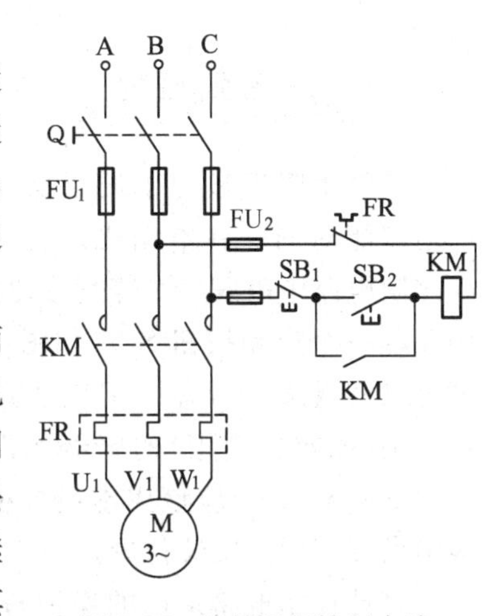

图 9-26　连续运行控制电路

在上述点动控制电路中，如果在启动按钮 SB_2 两端并联接触器的一个辅助动合触点就可以实现电动机的连续运行，如图 9-26 所示，这是因为当接触器线圈通电后，接触器辅助动合触点也几乎同时闭合，这时松开启动按钮 SB_2，线圈仍然通过 KM 辅助动合触点继续保持通电。辅助动合触点的这个作用称为自锁，其工作过程为：合上 Q，接通电源，按下启动按钮 SB_2，KM 线圈通电，使得接触器辅助动合触点接通自锁，这时电动机通电运行。欲使电动机停止运行，则按下停止按钮 SB_1，接触器线圈 KM 失电，其辅助动合触点和动合主触点均断开，电动机停止运行。

图 9-26 中，熔断器 FU_1 为主电路起到短路保护作用，由于控制电路电流很小，为防止控制电路电流过大或短路，所以在控制电路中要加装熔断器 FU_2。热继电器 FR 对电动机起过载保护作用。接触器除接通、断开电路，还兼有失压、欠压保护作用。

电动机连续控制的 PLC 梯形图如图 9-27 所示，PLC 的 I/O 配置如表 9-11 所示。其工作过程为：按下启动按钮 SB_2，常开触点 I0.0 接通，输出线圈 Q0.0 置“1”，交流接触器 KM 线圈得电，接触器 KM 动合主触点闭合，电动机 M 通电运行，与此同时接触器辅助动合触点接通并自锁，此时即便松开按钮 SB_2，输出线圈 Q0.0 仍保持接通状态；欲使电动机 M 停止运行，只需按下停止按钮 SB_1，常闭触点 I0.1 置“0”，交流接触器 KM 线圈失电，其辅助动合触点和动合主触点均断开，电动机 M 停止运行。

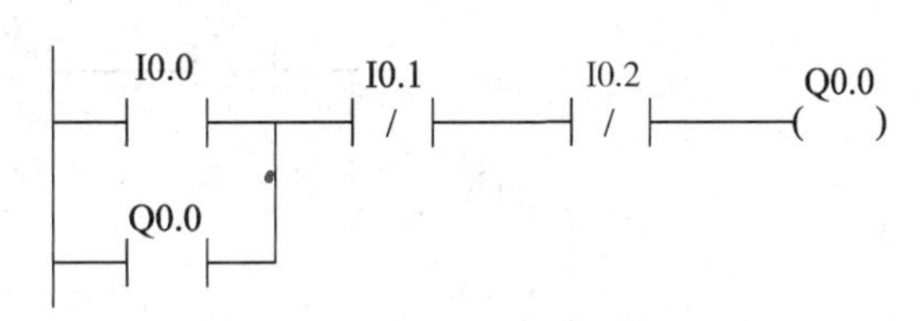

图 9-27　连续运行控制梯形图

表 9-11　连续运行控制 PLC 的 I/O 配置

输入信号			输出信号		
代号	名称	端子编号	代号	名称	端子编号
SB_2	启动按钮	I0.0	KM	交流接触器	Q0.0
SB_1	停止按钮	I0.1			
FR	热继电器动断触点	I0.2			

9.3.2 多处控制

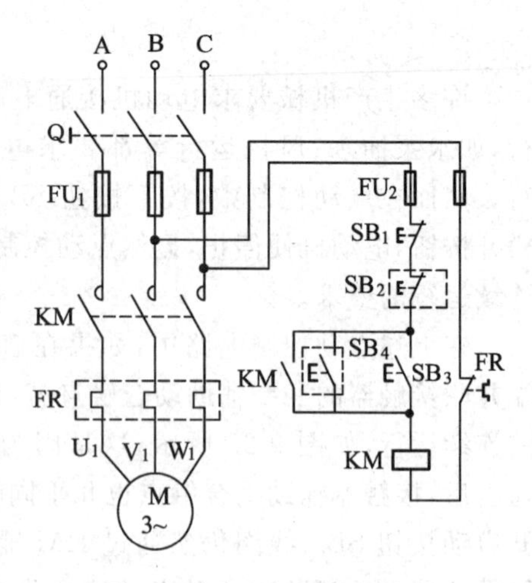

图 9-28　多处运行控制电路

有的生产机械为了便于操作，要求在不同的地点能对同一台电动机进行操作，这时只要在控制电路中串联一个停止按钮 SB_2、启动回路中并联一个启动按钮 SB_4，如图 9-28所示，这样就可以实现多处控制。但应注意：不安装在本控制柜（或本控制箱）的电器元件（在本图中是按钮 SB_2 和 SB_4）应该用虚线框框起来，在材料表中最好标明其安装位置。

多处控制电路采用的保护与连续运行控制电路的保护相同。

电动机多处运行控制的 PLC 梯形图如图 9-29 所示，PLC 的 I/O 配置如表 9-12 所示。其工作过程为：按下启动按钮 SB_3 或 SB_4，常开触点 I0.0 或 I0.1 接通，由于 SB_1 和 SB_2 为常闭开关，因此常闭触点 I0.2 和 I0.3 已处于接通状态，交流接触器 KM 线圈得电，线圈 Q0.0 置"1"，电动机 M 得电运转；欲使电动机 M 停止运行，按下停止按钮 SB_1 或 SB_2，常闭触点 I0.2 或 I0.3 置"0"，交流接触器 KM 线圈 Q0.0 失电，电动机 M 停止运转。

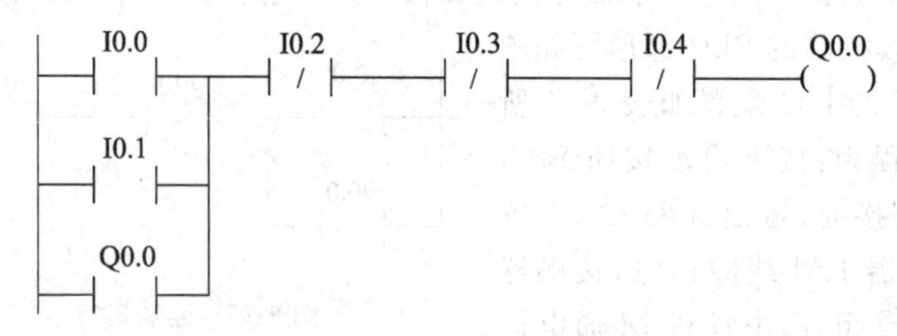

图 9-29　多处运行控制梯形图

表 9-12　多处运行控制 PLC 的 I/O 配置

输入信号			输出信号		
代号	名称	端子编号	代号	名称	端子编号
SB_3	启动按钮	I0.0	KM	交流接触器	Q0.0
SB_4	启动按钮	I0.1			
SB_1	停止按钮	I0.2			
SB_2	停止按钮	I0.3			
FR	热继电器动断触点	I0.4			

9.3.3 正反转控制

许多生产机械往往需要有正、反两个方向的运动。例如机床工作台的前进与后退、主轴的正转与反转、电梯的上升与下降等，这些都可以由电动机的正反转来实现。

根据异步电动机的工作原理可知，若使三相异步电动机反向运转，只要将三相电源中的任意两相对调连接即可，如图 9-30a 所示。

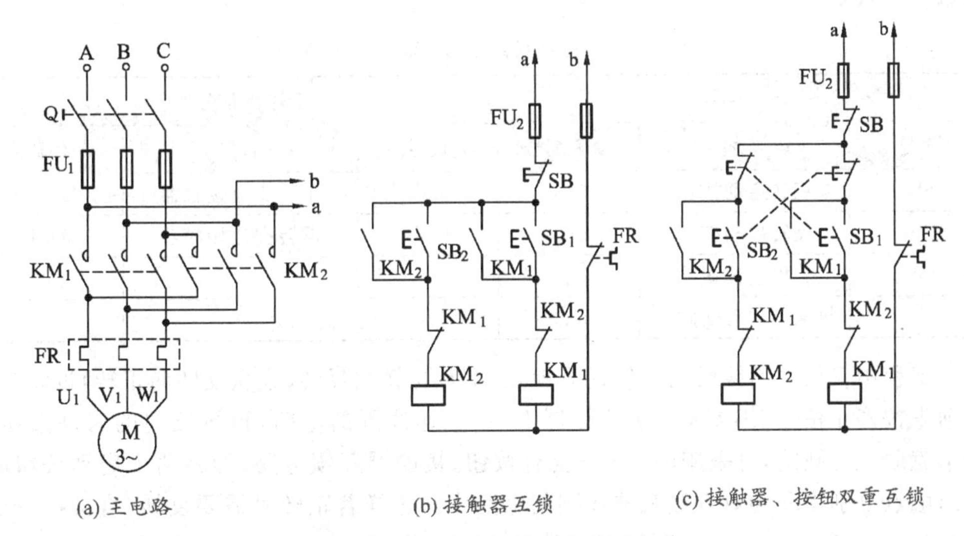

(a) 主电路　(b) 接触器互锁　(c) 接触器、按钮双重互锁

图 9-30　电动机正反转运行控制电路

由图可知，正反转控制电路的工作原理与电动机连续运行控制电路基本相同，只是利用了两套启动按钮和接触器来分别控制电动机的正转和反转。在主电路中，当 KM_1 的主触点单独闭合时，三相电源 A、B、C 分别接到电动机定子绕组的 U_1、V_1、W_1，电动机正转；当 KM_2 的主触点单独闭合时，三相电源 A、B、C 分别接到电动机定子绕组的 W_1、V_1、U_1，电动机三相电源的进线通过 KM_2 对调了两根（图中 A 相与 C 相），电动机得以反转。但是在这种情况下，如果两个接触器同时吸合，6 个主触点同时闭合，将造成电源短路。为了避免出现这种短路事故，必须保证两个接触器不能同时吸合。为此，在控制电路图 9-30b 中，两个接触器的线圈分别与对方的动断辅助触点串联。这样，当 KM_1 线圈通电而吸合时，它串接在 KM_2 线圈回路中的动断辅助触点 KM_1 先断开，KM_2 线圈电路断路。这样即使误按下 SB_2，KM_2 的线圈也不会通电吸合，反之亦然。这种互相制约的控制方式称为互锁或联锁。

电动机正反转控制接触器互锁的 PLC 梯形图如图 9-31 所示，PLC 的 I/O 配置如表 9-13所示。其工作过程为：按下正转启动按钮 SB_1，常开触点 I0.0 接通，由于交流接触器 KM_2 辅助动断触点和 SB 为常闭开关，因此 Q0.1 和 I0.2 已处于接通状态，线圈 Q0.0 置“1”，交流接触器 KM_1 线圈得电，电动机 M 得电运行，与此同时交流接触器 KM_1 辅助动合触点闭合实现自锁，此时即使松开

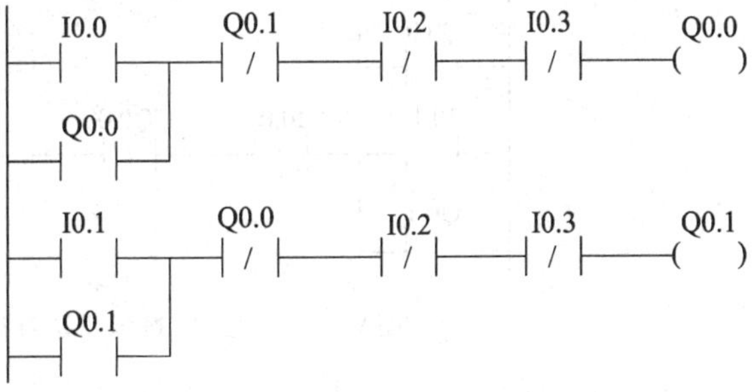

图 9-31　接触器互锁控制 PLC 梯形图

正转启动按钮 SB_1，电动机 M 仍可持续正向运转。当需要电动机反转时，此时必须先使电机停止运行，即按下停止按钮 SB，常闭触点 I0.2 断开，输出继电器 Q0.0 置“0”，交流接触器 KM_1 线圈失电，电动机 M 停止运转；而后再按下反转运行按钮 SB_2 即可实现电机的反转，其过程与电机正转类似。

表 9-13 接触器互锁控制 PLC 的 I/O 配置

输入信号			输出信号		
代号	名称	端子编号	代号	名称	端子编号
SB_1	正转启动按钮	I0.0	KM_1	正转交流接触器	Q0.0
SB_2	反转启动按钮	I0.1	KM_2	反转交流接触器	Q0.1
SB	停止按钮	I0.2			
FR	热继电器动断触点	I0.3			

工程中仅仅采用接触器互锁还有缺点，即从正转向反转（或从反转向正转）过渡时，必须先按停止按钮 SB 后，切断接触器 KM_1 工作线圈的电路，再按反向的启动按钮。为了克服这一缺陷，可采用图 9-30c 复合按钮、接触器互锁电路，即将两个启动按钮的动断触点分别串联到对方接触器线圈的电路中。这样若正转时需要反转，直接按下反转启动按钮 SB_2，SB_2 的动断触点先断开 KM_1 线圈电路，KM_1 主触点断开；同时串联在 KM_2 线圈电路中的动断触点 KM_1 恢复闭合状态，然后 SB_2 的动合触点闭合，KM_2 线圈通电自锁，电动机就反转。该电路称为双重互锁电路。

正反转控制电路中采用的保护与连续运行控制电路的保护（短路保护与过载保护）相同。

电动机正反转控制接触器、按钮双重互锁的 PLC 梯形图如图 9-32 所示，PLC 的 I/O 配置如表 9-14 所示。其工作过程为：按下正转按钮 SB_1，常开触点 I0.0 接通，输出线圈 Q0.0 置“1”，交流接触器 KM1 线圈得电并自锁，这时电动机 M 正转连续运行；按下停止按钮 SB，常闭触点 I0.2 断开，输出线圈 Q0.0 置“0”，交流接触器 KM_1 线圈失电，电机 M 停止运转；按下反转按钮 SB_2，常开触点I0.1接通，输出线圈 Q0.1 置“1”，交流接触器 KM_2 线圈得电并自锁，这时电动机 M 反转连续运行；按下停止按钮 SB，常开触点I0.2断开，输出线圈 Q0.1 置“0”，交流接触器 KM_2 线圈失电，电动机 M 停止运转。

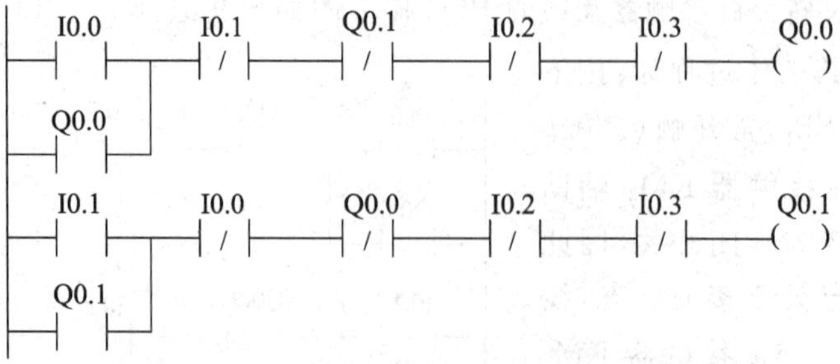

图 9-32 接触器、按钮双重互锁控制 PLC 梯形图

表 9-14　接触器、按钮双重互锁控制 PLC 的 I/O 配置

输入信号			输出信号		
代号	名称	端子编号	代号	名称	端子编号
SB_1	正转启动按钮	I0.0	KM_1	正转交流接触器	Q0.0
SB_2	反转启动按钮	I0.1	KM_2	反转交流接触器	Q0.1
SB	停止按钮	I0.2			
FR	热继电器动断触点	I0.3			

9.3.4 顺序控制

许多生产机械都装有多台电动机，按照工艺要求，其中有些电动机要按一定的顺序启动停止。例如大多数机床都必须在启动润滑泵以后，才能启动主轴电动机，这种控制称为顺序联锁控制。

顺序控制电路如图 9-33 所示，图中要求油泵电动机 M_1 先启动，使润滑系统有了足够的润滑油以后，才能启动主轴电动机 M_2。

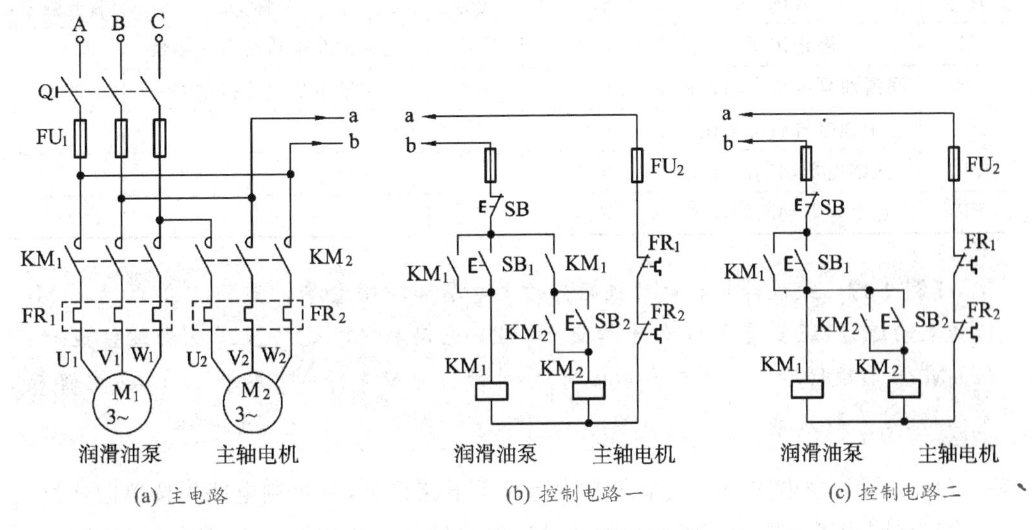

图 9-33　电动机的顺序启动控制电路

为了实现启动的先后顺序，在 KM_2 的线圈回路中串联了一个 KM_1 的动合辅助触点。这样当按下启动按钮 SB_1 时，接触器 KM_1 线圈得电，润滑泵启动运转，同时 KM_1 的两个动合辅助触点闭合，其中一个实现自锁，另一个为启动主轴电动机做好准备。然后再按下主轴电动机的启动按钮 SB_2，KM_2 线圈得电，主轴电动机启动运转，同时 KM_2 的动合辅助触点闭合，实现自锁。

电路中两个热继电器的辅助触点串联，则两台电动机中的任意一台出现过载或短路而停止运行时，则另一台也不能继续运行。

同样，该电路采用了短路保护和过载保护。

在上述连续控制、多处控制、正反转控制、顺序控制的主电路中，均采用了刀开关 Q 和熔断器 FU_1，工程中也可以用相应型号规格的断路器来代替 Q 和 FU_1。

电动机顺序启动控制的 PLC 梯形图如图 9-34 所示，PLC 的 I/O 配置如表 9-15 所示。其工作过程为：按下启动按钮 SB_1，常开触点 I0.1 接通，输出线圈 Q0.0 置“1”，交流接触器 KM_1 线圈得电并自锁，润滑泵电动机 M_1 连续运行，与此同时交流接触器辅助动合触点闭合，为主轴电机 M_2 启动做好准备；按下启动按钮 SB_2，常开触点 I0.2 接通，输出线圈 Q0.1 置“1”，交流接触器 KM_2 线圈得电并自锁，主轴电机 M_2 连续运转；以此实现多台电机的顺序启动控制。

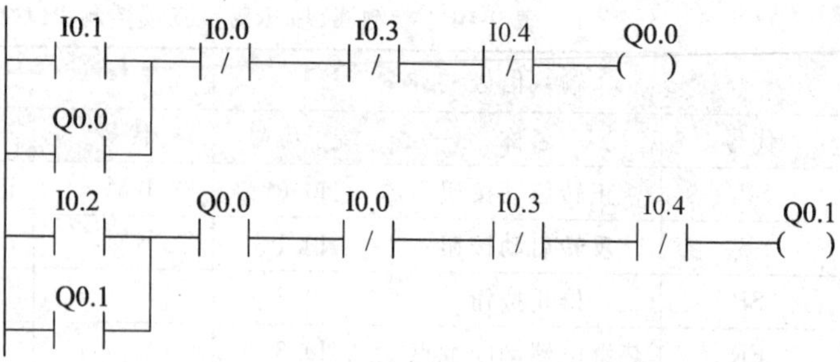

图 9-34　电动机顺序启动控制 PLC 梯形图

表 9-15　电动机顺序启动控制 PLC 的 I/O 配置

输入信号			输出信号		
代号	名称	端子编号	代号	名称	端子编号
SB	停止按钮	I0.0	KM_1	润滑油泵电机交流接触器	Q0.0
SB_1	润滑油泵电机启动按钮	I0.1	KM_2	主轴电机交流接触器	Q0.1
SB_2	主轴电机启动按钮	I0.2			
FR_1	热继电器动断触点 1	I0.3			
FR_2	热继电器动断触点 2	I0.4			

【例 9-1】 试设计两台电动机运行的主电路和控制电路。要求：(1) 电动机 M_1 既能点动运行，还要能单方向连续运行；(2) 电动机 M_2 能实现正反向连续运行；(3) M_1 启动运行后，M_2 才能启动运行；(4) 停机时应先停 M_2 再停 M_1；(5) 电路应有短路、过载和失压保护。

解　(1) 先设计主电路：M_1 按单向连续运行主电路设计，其控制电路先按单向连续运行设计，为了能使 M_1 实现点动，在 M_1 的自锁回路中串联一个开关 S，将 S 合上，电动机单向连续运行，S 断开，电动机点动运行；

(2) M_2 按正反转运行主电路设计，接触器 KM_2，KM_3 分别控制电动机的正反转运行；

(3) 将 M_2 的控制电路连接在电动机 M_1 的启动按钮 SB_1 的出线端，这样保证了 M_1 未动作 M_2 的控制电路不通电；

(4) 将接触器 KM_2，KM_3 的动合触点并接在停止按钮 SB 的两端，这样电动机 M_2 停车后，M_1 才能停车；

(5) 熔断器 FU_1 对主电路实施短路保护，FU_2 对控制电路实施短路保护；热继电器 FR_1，FR_2 分别对电动机 M_1，M_2 实施过载保护；失压保护由接触器本身实现。

主电路和控制电路如例 9-1 图所示。读者可自行设计 PLC 梯形图。

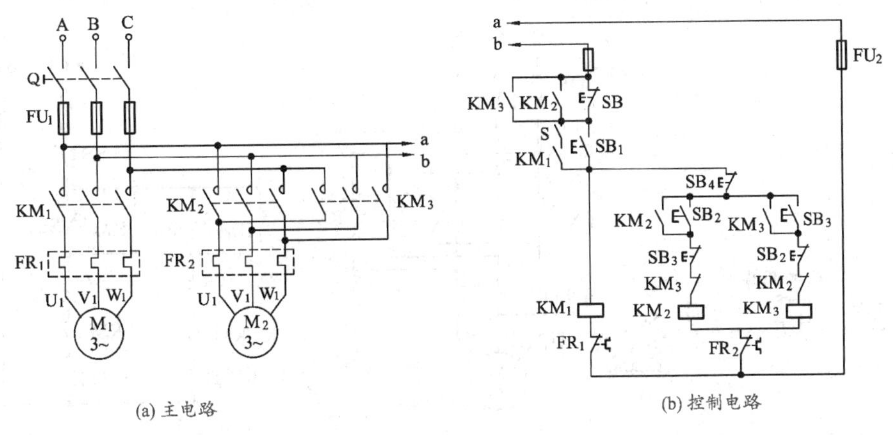

(a) 主电路　　(b) 控制电路

例 9-1 控制电路图

练习与思考

1. 什么是自锁？为什么要自锁？在电路中怎样实现自锁？
2. 什么是互锁？为什么要互锁？在电路中怎样实现互锁？
3. 在图 9-30 中存在哪几种电路保护？
4. 多处控制电路的接线原则是什么？
5. 点动控制电路和连续运转电路在电路上的主要区别是什么？
6. 电动机主电路中已经装有熔断器，为什么还要装热继电器？它们各起什么作用？能否相互替代？为什么？

9.4 电动机的基本控制方式

在生产过程中，常常要对某些物理量（如电压、电流、转速、时间、转矩等）进行检测、比较，然后对生产过程进行自动控制。将某物理量转换为电信号，对电路进行的控制称为某物理量控制原则，而对电动机按照这一原则实施的控制称为控制方式。本节将讨论行程控制方式、时间控制方式和速度控制方式。

9.4.1 行程控制方式

生产中由于工艺和安全的要求，常常需要对机械的位置和行程实施控制。根据机械的位置变化，即以行程为信号对电路进行的控制称为行程控制。以下以行程控制方式实现限位控制和自动往复运动控制为例进行说明。

1. 限位控制

图 9-35 是用行程开关控制机械部件位移的电气原理图，其本质上是一个三相异步电动机的正反转控制电路。当电动机正转时，带动生产机械运行到某一极限位置 B 时，应能自动停车，为此在 B 处放置一个行程开关 SQ_2，并将它的一对动断触点串联接入接触器 KM_1 线圈控制电路中，这样当机械部件到达 B 点位置时，撞块撞开行程开关 SQ_2，切断接触器 KM_1 线圈电路，使电动机断电停转。

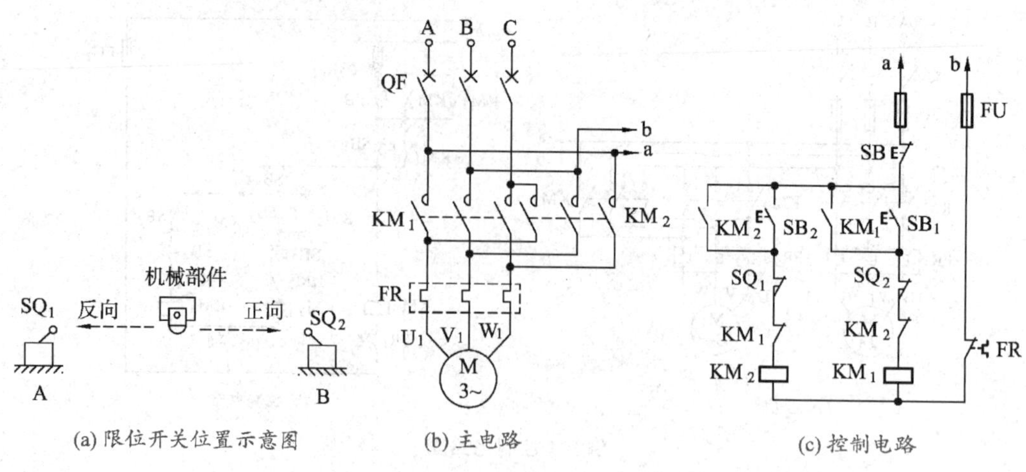

图 9-35　限位控制电路

同样在机械部件反向运行的极限位置 A 处放置行程开关 SQ_1，将它的一对动断触点串联接入接触器 KM_2 线圈控制电路内。当机械部件到达 A 点位置时，撞块撞开行程开关 SQ_1，切断接触器 KM_2 线圈电路，使电动机断电停转。

这样机械部件只能在 AB 之间运动，即限制了机械部件运动的行程。

电动机限位控制电路的 PLC 梯形图如图 9-36 所示，PLC 的 I/O 配置如表 9-16 所示。其工作过程和电动机的正反转控制过程类似。唯一区别在于正反转控制电路中各串联一个动断触点的行程开关 SQ，当机械部件达到 B 点位置时，行程开关 SQ_2 断开，常闭触点 I0.4 置“0”，交流接触器 KM1 线圈失电，电动机正向停止运行；当机械部件到达位置 A 时，行程开关 SQ_1 断开，常闭触点 I0.3 置“0”，交流接触器 KM_2 线圈失电，电动机反向停止运行。

图 9-36　限位控制电路 PLC 梯形图

表 9-16　限位控制电路 PLC 的 I/O 配置

输入信号			输出信号		
代号	名称	端子编号	代号	名称	端子编号
SB	停止按钮	I0.0	KM_1	正转运行交流接触器	Q0.0
SB_1	正转启动按钮	I0.1	KM_2	反转运行交流接触器	Q0.1
SB_2	反转启动按钮	I0.2			
SQ_1	行程开关	I0.3			
SQ_2	行程开关	I0.4			
FR	热继电器动断触点	I0.5			

2. 自动往复运动控制

某些生产机械(如万能铣床)要求工作台在一定距离内能自动往复运动,以便对工件连续加工。为实现这种自动往复行程控制,可将行程开关 SQ_1 和 SQ_2 安装在机床床身的左右两侧,将撞块装在工作台上,如图 9-37a 所示。其主电路如图 9-35b 所示,控制电路在图 9-35c 的基础上将行程开关 SQ_1 的动合触点与按钮 SB_2 并联,将行程开关 SQ_2 的动合触点与正转按钮 SB_1 并联,如图 9-37b 所示。

当电动机运转带动工作台向右运动到极限位置时,撞块 A 碰撞行程开关 SQ_1,一方面使 SQ_1 动断触点断开,使电动机先停转,另一方面也使其动合触点闭合,相当于自动按了按钮 SB_2,使电动机反向运转带动工作台向左运动。这时撞块 A 离开行程开关 SQ_1,其触点自动复位,由于接触器 KM_2 自锁,故电动机继续带动工作台左移,当工作台向左移动到极限位置时,撞块 B 碰到行程开关 SQ_2,一方面使 SQ_2 动断触点断开,电动机先停转,另一方面其动合触点又闭合,相当于按下正转按钮 SB_1,使电动机带动工作台向右移动。如此往复不已,直至按下停止按钮 SB,电动机停止运转。

图 9-37a 中,工作行程和位置可通过撞块位置来调整。电路中的中间继电器 KA 是防止电动机停留在初始位置时,某一行程开关被压下接通电路,造成合上电源后电动机自行运转。

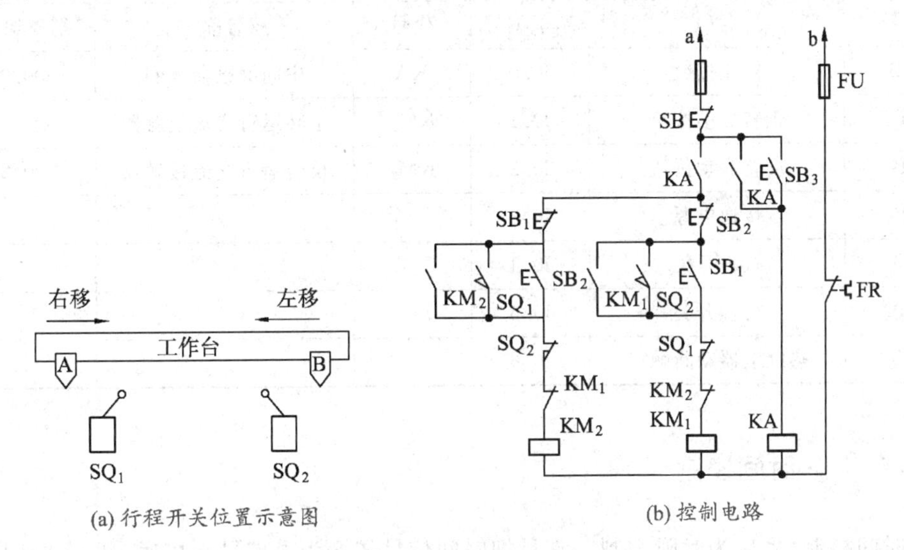

(a) 行程开关位置示意图

(b) 控制电路

图 9-37　自动往复运动控制电路

电动机自动往复运动控制电路的 PLC 梯形图如图 9-38 所示,PLC 的 I/O 配置如表 9-17 所示。其工作过程和限位控制电路类似,仅在限位控制的基础上将行程开关 SQ_1 的常闭触点 I0.4 与反转启动按钮 SB_2 的常开触点 I0.2 并联,将行程开关 SQ_2 的常开触点 I0.5 与正转启动按钮 SB_1 的常开触点 I0.5 并联。

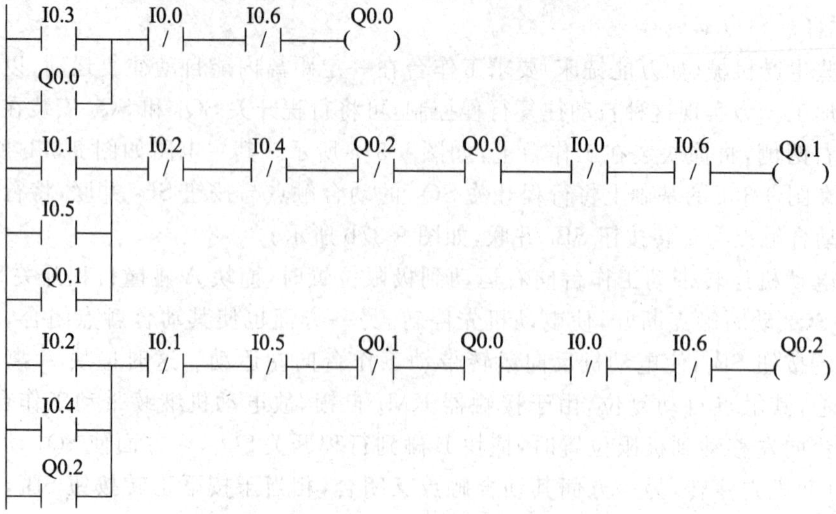

I0.3 I0.0 I0.6 Q0.0
Q0.0
I0.1 I0.2 I0.4 Q0.2 Q0.0 I0.0 I0.6 Q0.1
I0.5
Q0.1
I0.2 I0.1 I0.5 Q0.1 Q0.0 I0.0 I0.6 Q0.2
I0.4
Q0.2

图 9-38 自动往复运动控制 PLC 梯形图

表 9-17 自动往复运动控制 PLC 的 I/O 配置

输入信号			输出信号		
代号	名称	端子编号	代号	名称	端子编号
SB	停止按钮	I0.0	KA	中间继电器线圈	Q0.0
SB_1	正转启动按钮	I0.1	KM_1	正转运行交流接触器	Q0.1
SB_2	反转启动按钮	I0.2	KM_2	反转运行交流接触器	Q0.2
SB_3	接通电源	I0.3			
SQ_1	行程开关	I0.4			
SQ_2	行程开关	I0.5			
FR	热继电器动断触点	I0.6			

9.4.2 时间控制

时间控制，也称为时限控制。它是把时间信号转换为电信号来接通、断开或切换被控制的电路，协调和控制生产机械的动作。时间控制主要是通过时间继电器来实现的。

1. 异步电动机的 Y-△启动控制电路

图 9-39 所示电路的工作过程是：先合上断路器 QF，然后按下启动按钮 SB_1，KM_1、KM_2、KT 三个线圈同时通电，KM_1 辅助触点自锁，KM_2 辅助触点断开 KM_3 的线圈电路，实现互锁。KM_1、KM_2 的主触点同时闭合，电动机定子绕组接成 Y 形开始降压启动。

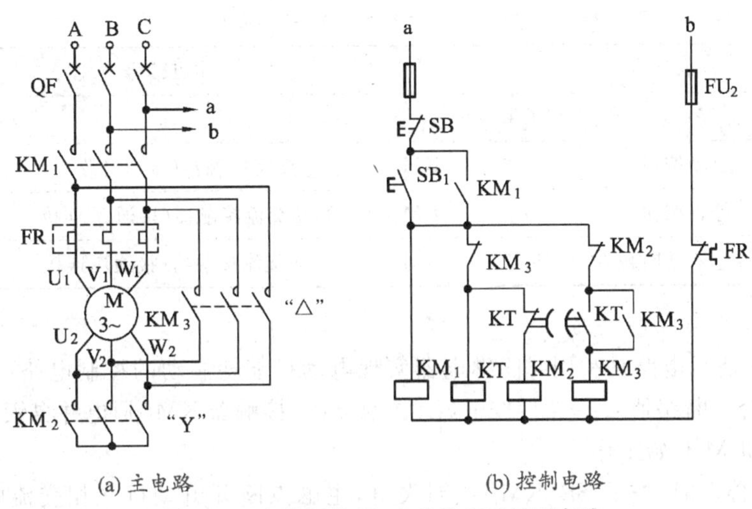

(a) 主电路　　　　(b) 控制电路

图 9-39　电动机的 Y-△换接启动控制电路

经过一段时间(设定的电动机启动时间)的延时后,时间继电器的通电延时动断触点断开 KM_2 线圈电路,即断开 Y 形连接的绕组,同时时间继电器的通电延时动合触点接通接触器 KM_3 的线圈电路并自锁,使 KM_3 的主触点闭合,将电动机定子绕组接成△形,电动机在全压下运行,KM_3 的辅助动断触点断开时间继电器和接触器 KM_2 的线圈电路。

由于接触器 KM_2 只在 Y 形启动时投入运行,且 Y 形降压启动时的电流较小,所以在工程中,一般选择接触器 KM_2 比接触器 KM_1 和 KM_3 的额定电流小一个等级,使得成本降低。而上述电路也称为 Y-△启动器,现在已成为一种定型产品供用户选用。

电动机 Y-△换接启动控制的 PLC 梯形图如图 9-40 所示,PLC 的 I/O 配置如表 9-18 所示。当按下启动按钮 SB_1,常开触点 I0.0 闭合,由于 I0.1 为常闭触点,则 Q0.0,Q0.1 得电,且 Q0.0 常开触点自锁,电动机定子绕组以 Y 接法降压启动;5 s 后,时间继电器的通电延时动断触点断开,Q0.1 置"0",交流接触器 KM_2 线圈失电,同时时间继电器的通电延时动合触点闭合,交流接触器 KM_3 线圈得电,电动机定子绕组以△接法全压运行。

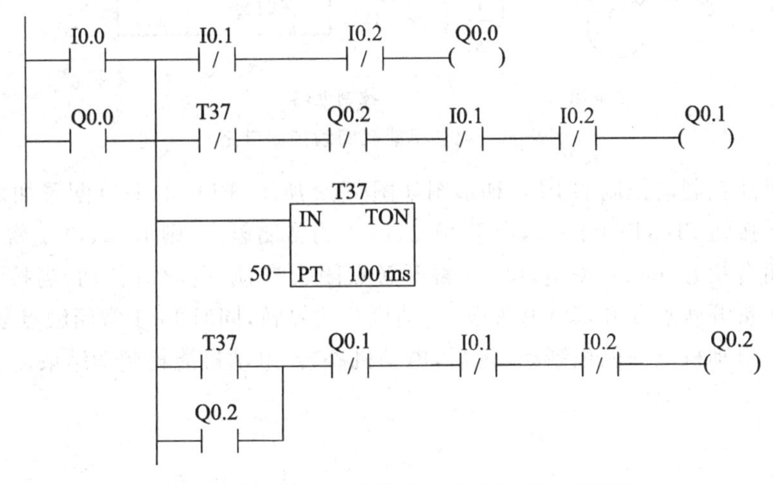

图 9-40　电动机 Y-△换接启动控制 PLC 梯形图

表 9-18 电动机 Y-△换接启动控制 PLC 的 I/O 配置

输入信号			输出信号		
代号	名称	端子编号	代号	名称	端子编号
SB_1	启动按钮	I0.0	KM_1	交流接触器(接通电源)	Q0.0
SB	停止按钮	I0.1	KM_2	制动交流接触器(接通 Y 连接)	Q0.1
FR	热继电器动断触点	I0.2	KM_3	制动交流接触器(接通△连接)	Q0.2

2. 能耗制动控制电路

图 9-41 所示电路是利用时间继电器实现电动机能耗制动的控制电路。其工作过程如下：先合上断路器 QF，然后按下启动按钮 SB_1，接触器 KM_1 通电并自锁，其主触点闭合，电动机 M 开始工作。

当需要停车时，按下 SB，KM_1 线圈失电，主触点断开电动机三相交流电流，同时 KM_1 动断辅助触点闭合；接触器 KM_2 线圈得电并自锁，KM_2 主触点接通整流电路，向电动机 V，W 相定子绕组提供直流电流进行能耗制动。经过设定的延时时间，时间继电器 KT 延时断开的动断触点断开 KM_2 线圈电路，切断直流电源，制动结束。

图 9-41 中 Tr，D 组成整流电路，当 KM_2 主触点接通时，向电动机的定子绕组提供直流电流；R 是限流电阻，用来调节通入定子绕组的直流电流。一般通入定子绕组的直流电流为电动机额定电流的 0.5～1.0 倍。

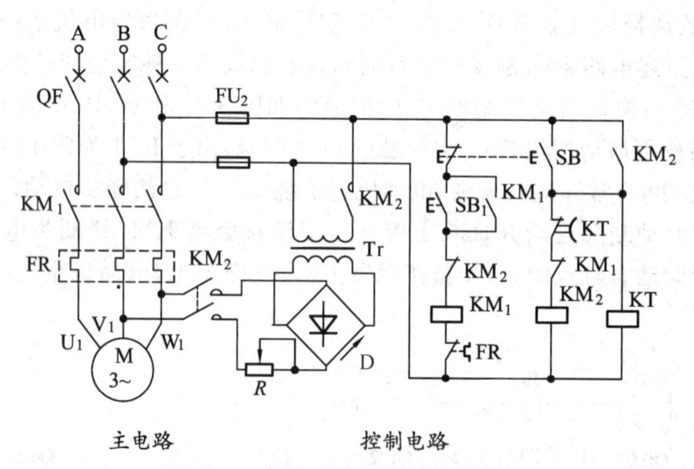

图 9-41 电动机能耗制动控制电路

电动机能耗制动控制的 PLC 梯形图如图 9-42 所示，PLC 的 I/O 配置如表 9-19 所示。当按下按钮 SB_1，I0.0 闭合，由于 I0.2、I0.1 为常闭触点，则 I0.2、I0.1 常开触点已处于得电闭合状态，Q0.0 得电，Q0.0 常开触点闭合自锁，电动机转动；当按下停止按钮 SB，I0.1 常开触点断开，Q0.0 失电，电动机开始停转，同时 I0.1 常闭触点复位闭合，Q0.1 得电，电动机立即能耗制动；8s 后，电动机停转，电动机能耗制动结束。

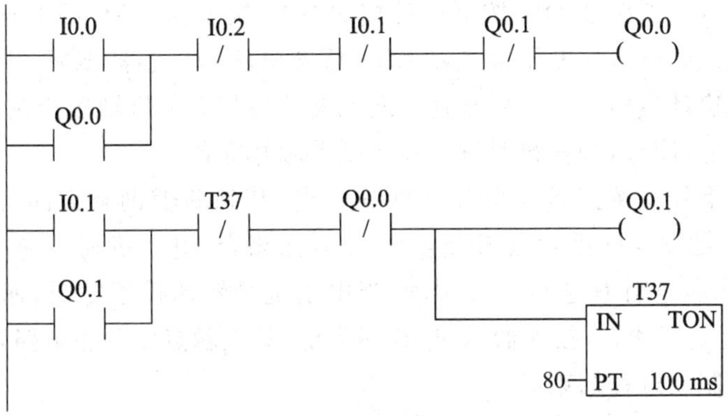

图 9-42　电动机能耗制动控制 PLC 梯形图

表 9-19　电动机能耗制动控制 PLC 的 I/O 配置

输入信号			输出信号		
代号	名称	端子编号	代号	名称	端子编号
SB_1	启动按钮	I0.0	KM_1	运行交流接触器	Q0.0
SB	停止按钮	I0.1	KM_2	制动交流接触器	Q0.1
FR	热继电器动断触点	I0.2			

9.4.3 速度控制

速度控制是将机械的转速转换为电信号来接通、断开或切换被控制的电路，主要用于三相异步电动机的反接制动和能耗制动。速度控制主要是通过速度继电器来实现的。

1. 单向运行反接制动控制电路

图 9-43 是应用速度继电器来控制的单向运行反接制动电路。其工作过程如下：

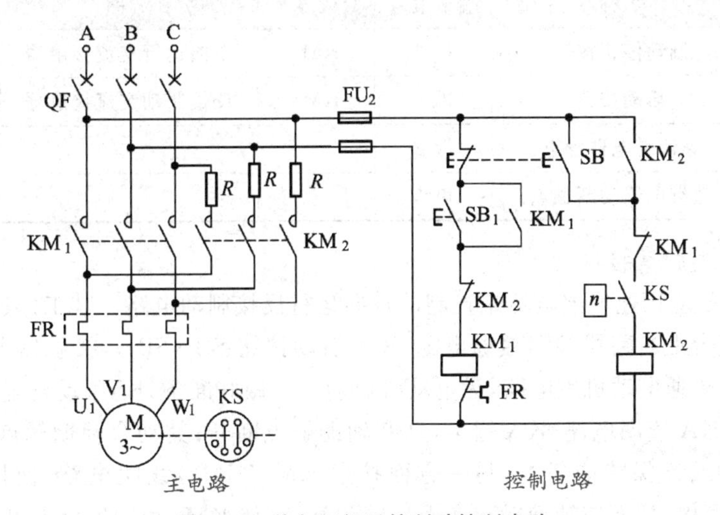

图 9-43　单向运行反接制动控制电路

工作时，先合上断路器 QF，按下启动按钮 SB_1，接触器 KM_1 线圈通电，KM_1 的辅助触点实现自锁和互锁（切断了接触器 KM_2 线圈电路），接触器 KM_1 主触点接通电动机回路，电动机启动运转。同时由于速度继电器的轴与电动机轴连接在一起，速度继电器的正向动合触点闭合，为停机时进行反接制动做好准备。

停机时，按下停止按钮 SB，KM_1 线圈先失电，其动断辅助触点闭合，接触器 KM_2 线圈通电，KM_2 的动合辅助触点闭合自锁，主触点闭合，电动机通入逆序三相电流，其定子绕组通过串联电阻 R 进行反接制动，当电动机的转速接近零时，速度继电器的动合触点 KS 恢复断开状态，接触器 KM_2 线圈失电，其主触点断开主电路，切断电动机的反接制动电源，制动过程结束。

电动机单向运行反接制动控制电路的 PLC 梯形图如图 9-44 所示，PLC 的 I/O 配置如表 9-20 所示。当按下启动按钮 SB_1，常开触点 I0.0 闭合，由于 I0.3、I0.1 为常闭触点，则 Q0.0 得电，电动机单向运转；当按下制动停止按钮 SB，常开触点 I0.1 闭合，速度继电器 KS 在电动机运转时已闭合，因此，常开触点 I0.2 闭合，Q0.1 得电，反接制动接触器工作，电动机处于反接制动状态，达到制动目的。

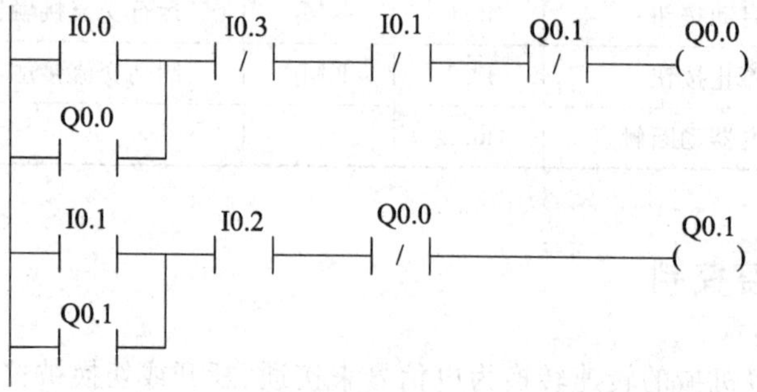

图 9-44 单向运行反接制动控制电路梯形图

表 9-20 单向运行反接制动控制 PLC 的 I/O 配置

输入信号			输出信号		
代号	名称	端子编号	代号	名称	端子编号
SB	制动停止按钮	I0.1	KM_1	单向运行交流接触器	Q0.0
SB_1	启动按钮	I0.0	KM_2	反接制动交流接触器	Q0.1
KS	速度继电器触点	I0.2			
FR	热继电器动断触点	I0.3			

2. 双向运行反接制动电路

图 9-45 是应用速度继电器来控制的双向运行反接制动电路。其工作过程如下：

工作时，合上断路器 QF，接通电源，按下启动按钮 SB_1（SB_2），接触器 KM_3 线圈通电，其主触点接通电动机主电路，为电动机启动运行做好准备；KM_3 动合辅助触点接通中间继电器 KA 线圈电路，KA 通电，动断辅助触点断开；其动合辅助触点闭合，一方面 KM_3 线圈始终保持能通电，另一方面接通 KM_1（KM_2）线圈电路，使接触器 KM_1（KM_2）线圈通电，从而使辅助触点实现自锁和互锁（使 KM_2 线圈回路断开），其主触点闭合，接通电动机主电路，电动机接入三相交流电启动，设此时电动机为正向（反向）运行，同时由于速度继电器的轴与电动机轴连接在一起，速度继电器的正向 KS_1（反向 KS_2）动合触点闭合，为停机时进行反接制动做好准备。

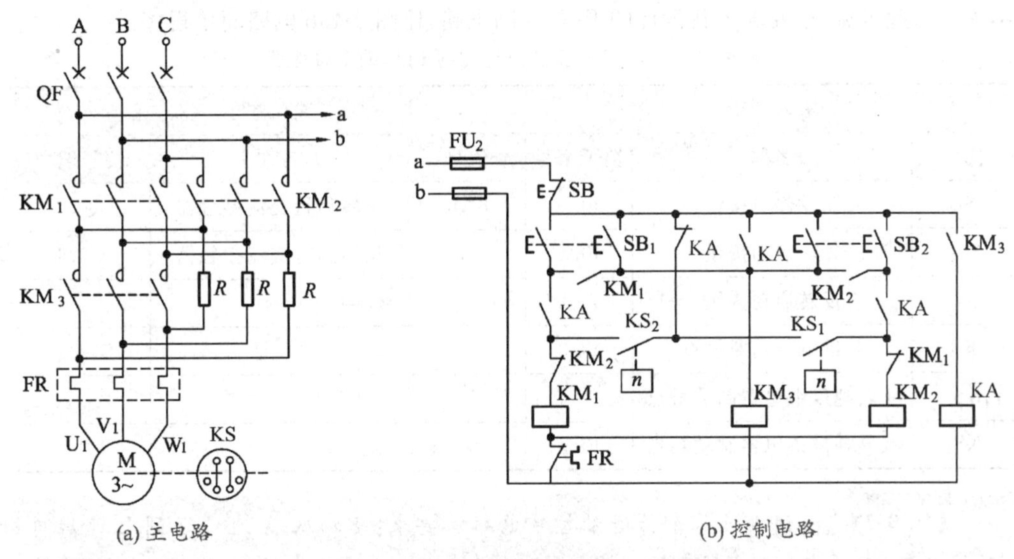

(a) 主电路　　(b) 控制电路

图 9-45　双向运行反接制动控制电路

停机时，按下停止按钮 SB，接触器 KM_1（KM_2）、KM_3 线圈失电，电动机运行主电路断开，同时 KM_3 的动合辅助触点断开中间继电器 KA 的线圈电路。由于停止按钮 SB 松开后，立即复位，而速度继电器正向动合触点 KS_1（反向动合触点 KS_2）此时处于接通状态，故接触器 KM_2（KM_1）线圈通电，KM_2（KM_1）主触点闭合，使电动机接入三相逆序电流，并在定子绕组中串入限流电阻 R 进行反接制动。当电动机的转速接近零时，速度继电器的动合触点 KS_1（KS_2）断开，使接触器 KM_2（KM_1）线圈失电，制动过程结束。

电动机双向运行反接制动控制电路的 PLC 梯形图如图 9-46 所示，PLC 的 I/O 配置如表 9-21 所示。当按下按钮 SB_1 时，I0.1 闭合，由于 I0.3、I0.0 外接触点常闭，则 I0.3、I0.0 常开触点已处于得电状态，Q0.0 得电，Q0.0 常开触点闭合自锁，电动机正转运行。当电动机转速达到 120 r/min 后，速度继电器 KS_1 闭合，I0.4 闭合，

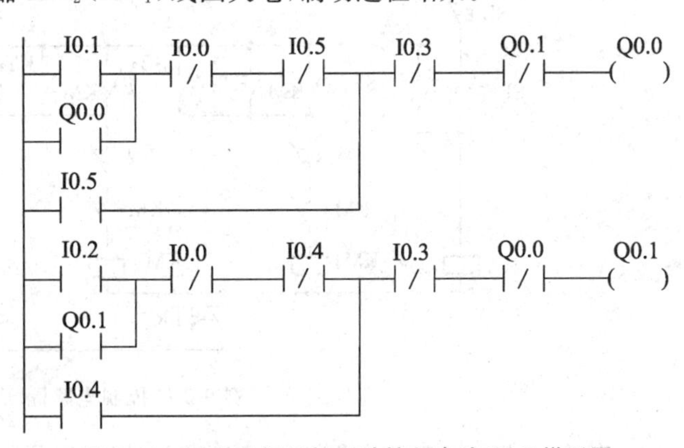

图 9-46　双向运行反接制动控制电路 PLC 梯形图

若按下按钮 SB，I0.0 触点断开，Q0.0 失电，Q0.0 常闭触点闭合，此时 Q0.1 得电，电动机处于反接制动状态（电动机处于反转状态）；当转速低于 100 r/min 后，速度继电器 KS_1 断开，I0.4 断开，Q0.1 失电，电动机反接制动结束。当按下按钮 SB_2，I0.2 闭合，I0.3、I0.0 常开触点已闭合，Q0.1 得电，Q0.1 常开触点闭合自锁，电动机反转。当电

动机转速达到120 r/min后，速度继电器KS_2闭合，I0.5闭合，若按下SB，I0.0触点断开，Q0.1失电，Q0.1常闭触点闭合，此时Q0.0得电，电动机处于反接制动状态（电动机处于正转状态）；当转速低于100 r/min后，速度继电器KS_2断开，I0.5断开，电动机反接制动结束。由此可见，按要求重新设计的PLC控制电路，比图9-45b电路简单得多。

表9-21 双向运行反接制动控制PLC的I/O配置

输入端子			输出端子		
代号	名称	端子编号	代号	名称	端子编号
SB	制动停止按钮	I0.0	KM_1	正转运行交流接触器	Q0.0
SB_1	正转启动按钮	I0.1	KM_2	反转运行交流接触器	Q0.1
SB_2	反转启动按钮	I0.2			
FR	热继电器动断触点	I0.3			
KS_1	正转速度继电器制动触点	I0.4			
KS_2	反转速度继电器制动触点	I0.5			

【例9-2】 试设计一个传送带控制电路。要求：货物从A地传送到B地后自动停机卸货，并在延时2分钟后从B地自动返回A地，然后在A地停留3分钟装货后，再从A地发往B地。要求电路具有短路保护、过载保护和失压保护。

解 电路的主电路为一台电动机的正反转电路，如图9-30a所示。控制电路如例9-2图所示。

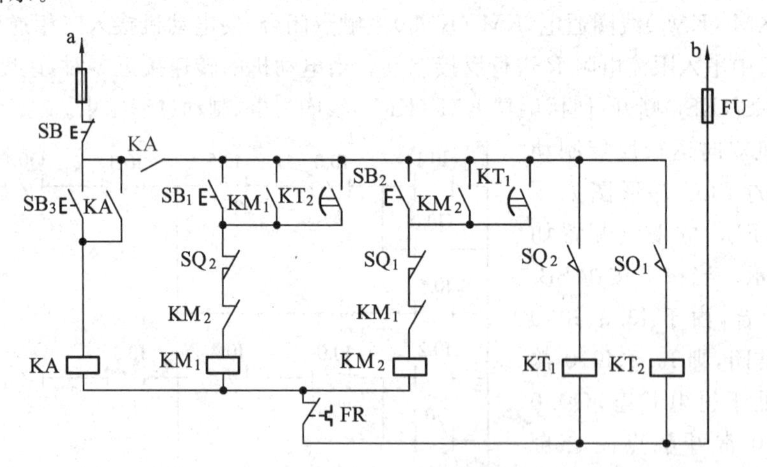

例9-2的控制电路图

在A、B两地各安装行程开关SQ_1、SQ_2，将行程开关的动断触点分别串接在交流接触器KM_1、KM_2的线圈回路中，将其动合触点分别串接在时间继电器的工作线圈回路中。中间继电器KA用来防止小车在某一终点位置时，合上断路器QF就开始循环动作。

工作时，接通断路器QF，按下SB_3，接通控制电路电源。按下SB_1，接触器KM_1线圈通电，设电动机带动小车由A向B进发，到达B点，行程开关SQ_2压下，切断接触器KM_1线圈回路，同时接通时间继电器KT_1线圈回路，经过设定的时间延时，KT_1延时动合触点接通接触器 KM_2 的线圈回路，使电动机带动小车由 B 向 A 运动，以此循环往复。停机时按下停止按钮 SB 即可。PLC 控制电路读者自行设计。

9.5　梯形图的 Multisim 仿真

Multisim 能对梯形图进行绘制与仿真，检查出设计中的逻辑错误。它有放置梯子横档 Place Ladder Rungs 图标和放置梯形图 Place Ladder Diagram 两个图标。点击前者，出现一个图 9-47 所示的横档。

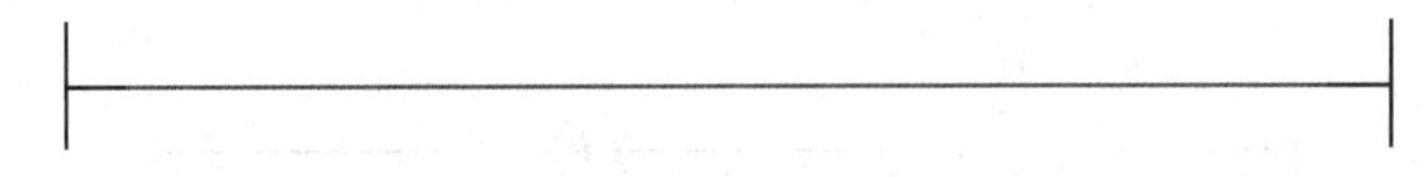

图 9-47　梯子横档

当线圈等其他梯形图放置到横线上时将自动连接。点击时，出现图 9-48 所示的梯形图库。要注意分清输入触点和继电器触点。放置继电器触点后，双击该触点，弹出参数设置，修改 Value，使之与该触点的继电器线圈同名。这样，当线圈得电时，触点作相应的动作。在 Multisim 中调出相应的元器件，画出图 9-49 所示的梯形图，并放置一些测量探针 Measurement Probe，观察各点的电压变化。点击仿真开关，敲击键盘上的 A、B 键，相应的灯会被点亮。如果是放置蜂鸣器，则会发出声音，同时探针指示的电压，电流值也会随之而发生变化。

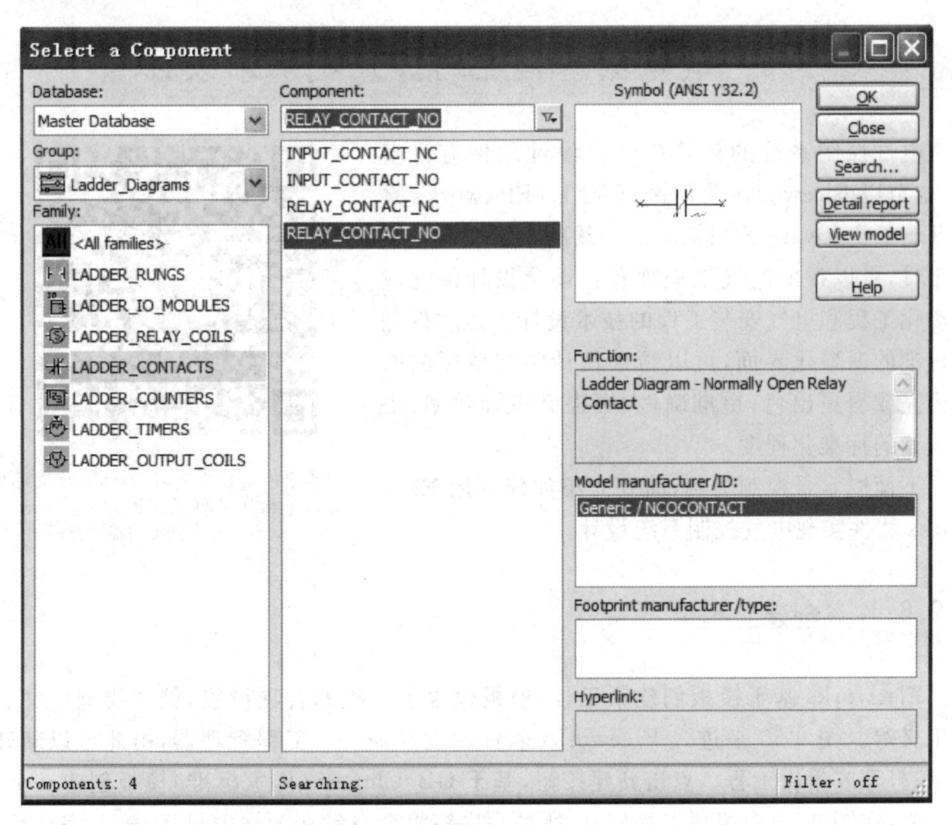

图 9-48　Multisim 梯形图库

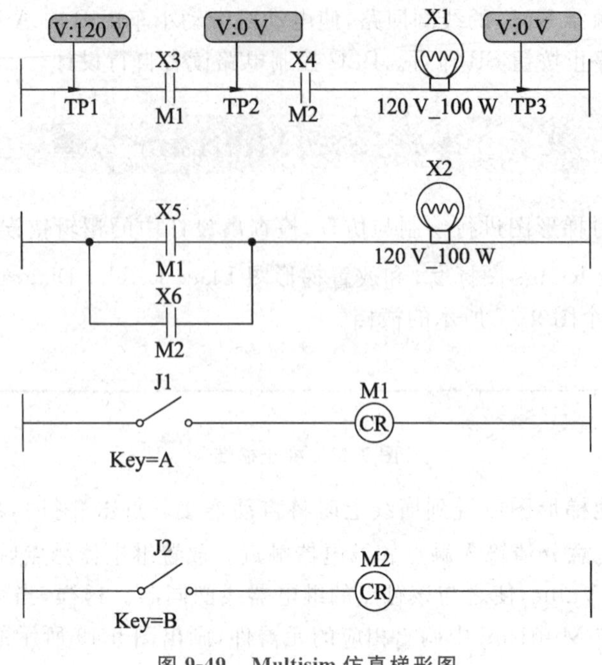

图 9-49 Multisim 仿真梯形图

Multisim 中还有输入、输出模块，所带的范例中有交通灯控制、输送系统控制、储水罐系统控制等外设模块。

9.6 电气控制系统的计算机辅助设计

电气控制系统的计算机辅助设计软件有许多种，本节以 Elecworks 为例进行介绍。Elecworks 是由 Trace Software 公司推出的一款高级智能电气设计工具，可以帮助电气工程师和自动化设计师完成自动化工程和电气安装工程的技术设计。该软件拥有标准的窗口化界面，可以帮助设计师在较短的时间内完成得更出色、更准确，大幅提高设计效率，提高设计的标准化程度。

本节水泵控制系统示例 Elecworks 文件见江苏大学出版社网站“读者园地”http://press. ujs. edu. cn 或直接扫描二维码

下面以水泵控制为例，简要介绍如何利用 Elecworks 软件实现电气控制系统设计。

9.6.1 创建工程

Elecworks 基于模板创建新工程，模板包含了工程的各项设置，例如线型定义、图框定义等。图 9-50 是进入 Elecworks 软件的主界面——工程管理器，由此可以新建、删除、打开或编辑工程。点击新建按钮，基于 GB_Chinese（国家标准）模板创建一个新的工程，在图 9-51 中填写工程信息，所填写内容将会自动在图框中显示，配置完成后就可进入图 9-52 所示的设计主界面，主界面包含工具栏、侧边栏、设计界面、状态栏等几个部分。

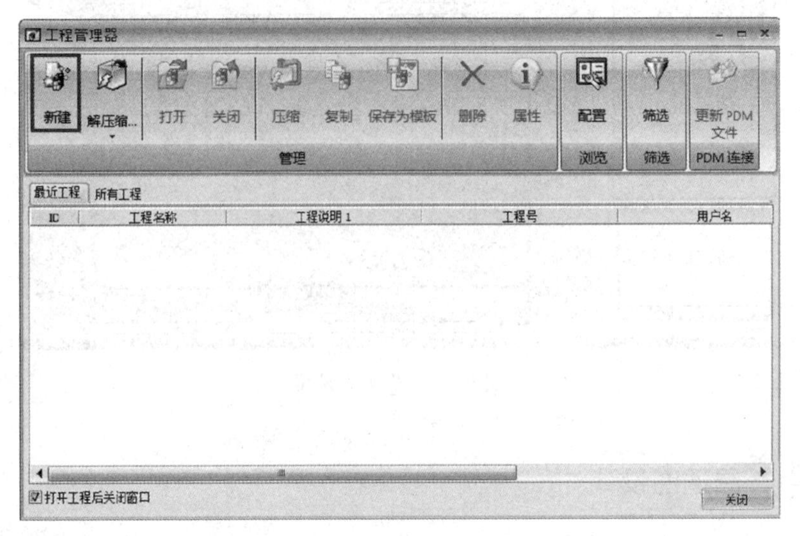

图 9-50　工程管理器

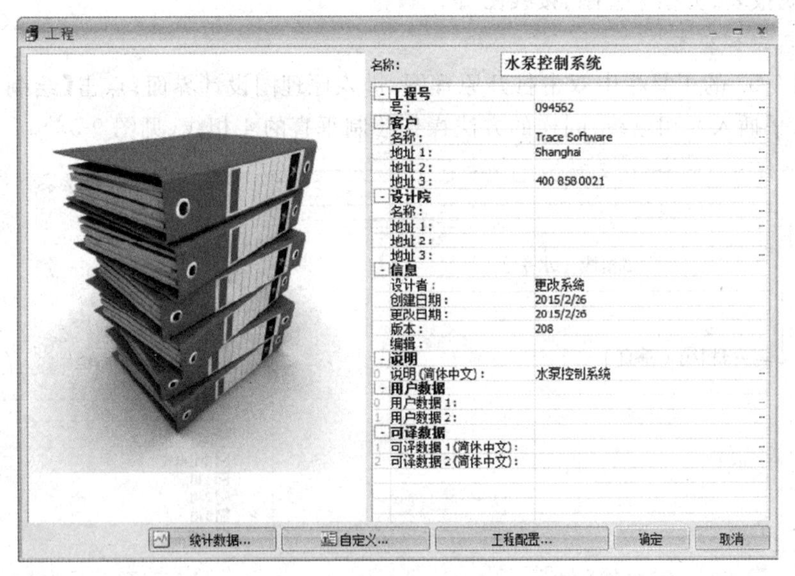

图 9-51　填空工程信息

图 9-52 设计主界面

9.6.2 原理图设计

电气控制系统原理图设计包括很多内容，如线型选择、设备选择、PLC 绘制、设备分配、生成报表、机柜布置图、接线图等。

1. 电线和符号

在图 9-52 的工具栏中双击打开原理图，进入原理图设计界面；点击【绘制多线】，在页面中水平插入 5 相电线；同样的方法操作绘制垂直的 4 相线（见图 9-53）。

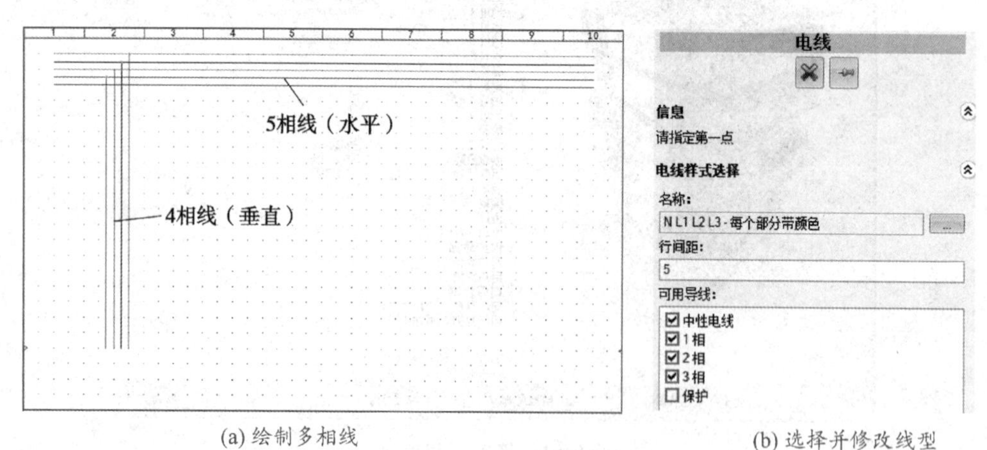

(a) 绘制多相线 (b) 选择并修改线型

图 9-53 插入多相线

使用插入符号，并在左侧的对话框中使用其他符号，打开符号选择器。如图 9-54 所示，双击选中该符号插入到水平电线上。放置符号后，在自动弹出的设备属性对话框的符号属性项中自动命名为 Q1。

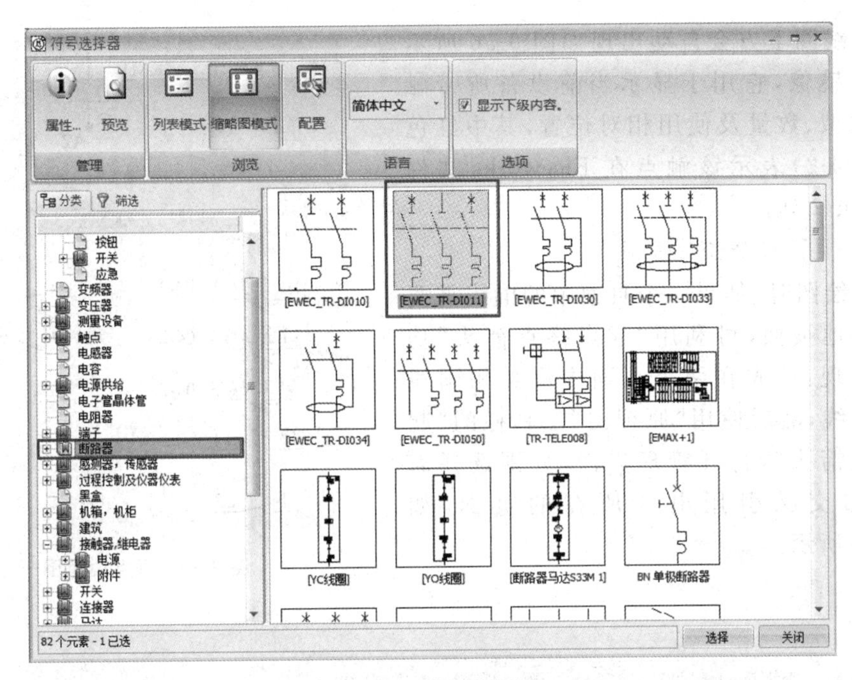

图 9-54　符号选择器

2. 设备型号

在主回路放置接触器的主回路触点后，点击设备属性对话框，将“源”修改为 KM，命名设备 KM1，选中接触器设备型号 3RT2016－1AP04－3MA0。在控制回路放置线圈，对应符号属性对话框直接在右设备列表中单击 KM1，将新添加的线圈符号赋予设备 KM1，配置结果如图 9-55所示。

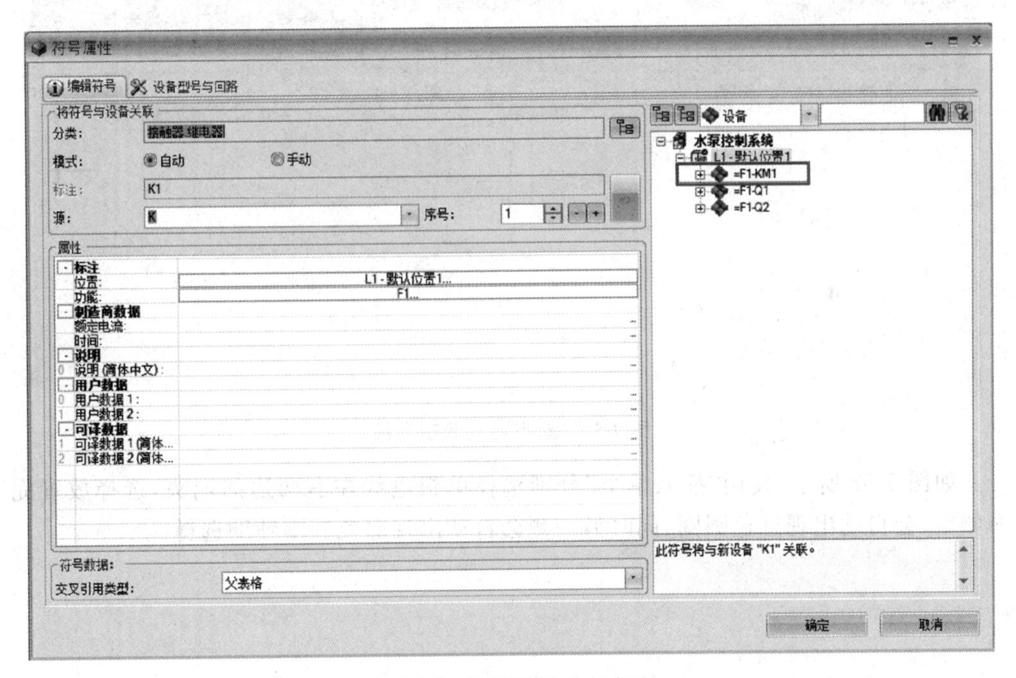

图 9-55　选择已有设备名称

在线圈下方会自动出现如图 9-56 所示的触点镜像，它用于显示当前设备所带触点的类型、数量及使用相对位置，其中红色部分(04-2)表示该触点在 Elecworks 文件的 04 页 2 列。

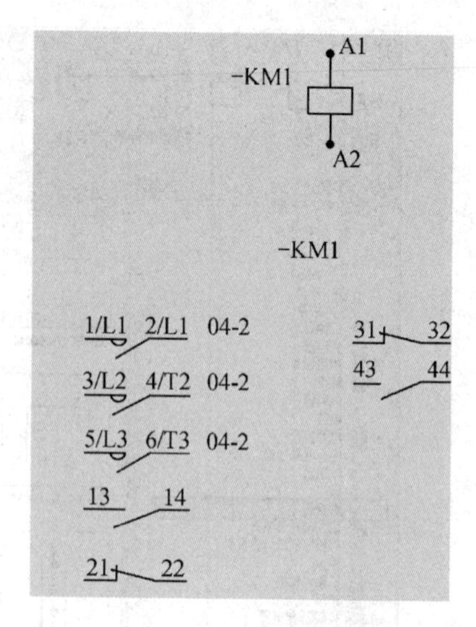

图 9-56 触点镜像图

3. 页间连线交叉引用

在绘图时，如果一个页面中的电线需要引到其他页面，可利用"起点终点箭头"功能来实现：首先在两个页面中添加相同线型的电线，然后使用"原理图"工具栏的"起点终点箭头"，打开管理界面，分别选择需要添加交叉引用电线所在的页面，如图 9-57所示。

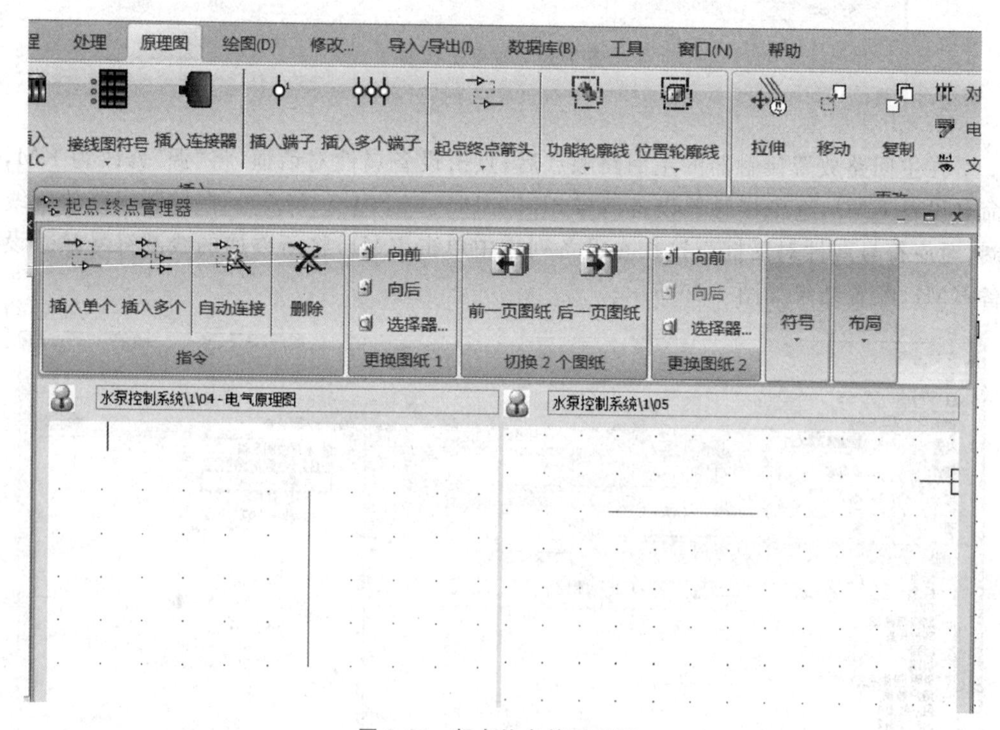

图 9-57 起点终点管理界面

如图 9-58 所示，使用"插入单个"分别选择单根电线左右两边的端头，选择放置完一侧后，会自动出现红色圆圈，同时另一侧会自动出现绿色圆圈辅助选择。

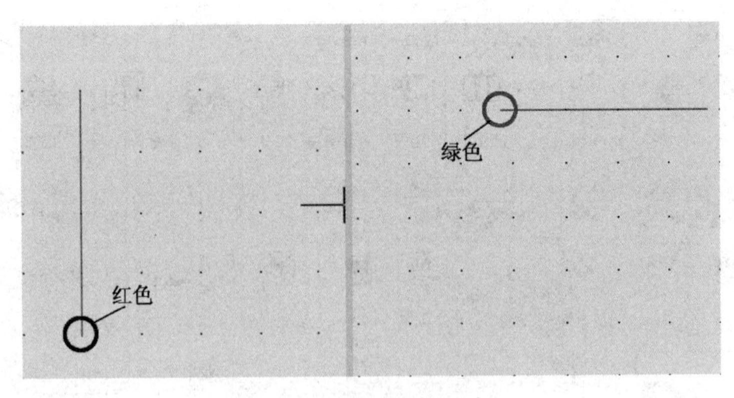

图 9-58　插入起点终点

4. PLC 的绘制

PLC 的绘制过程主要包括添加输入输出、选择 PLC 型号、关联输入/输出与型号的 I/O 三个步骤。图 9-59 表示添加输入/输出，选择输入/输出类别和型号。图 9-60 表示对 PLC 型号的选择，此处选择设备型号 6ES7214－1AD23－0XB0。图 9-61 显示的是关联输入/输出与 I/O 点。

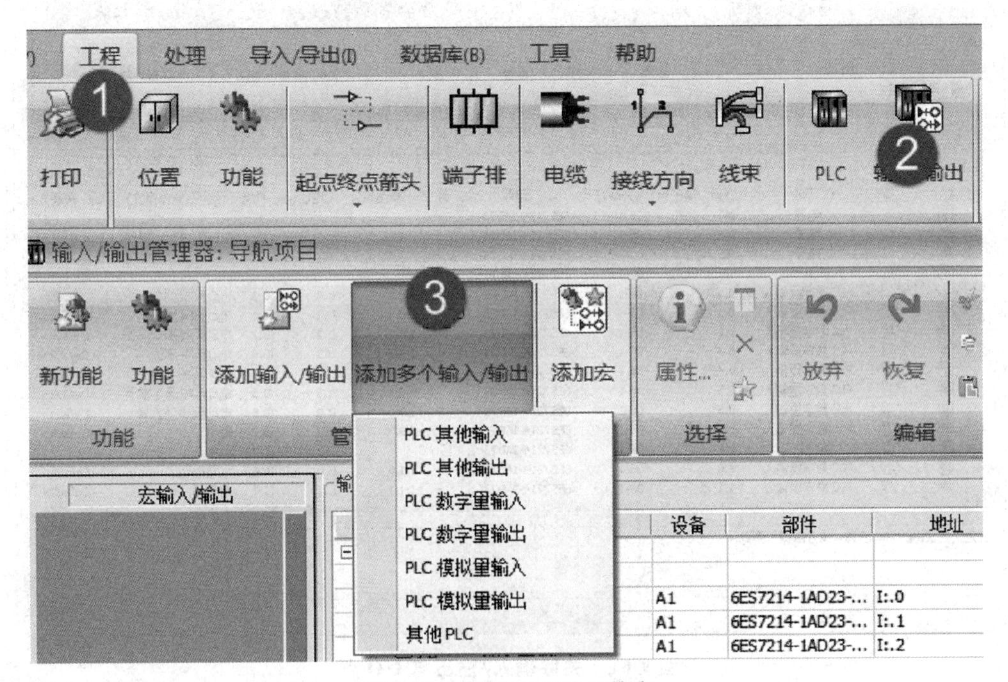

图 9-59　添加 PLC 输入输出

图 9-60 选择 PLC 型号

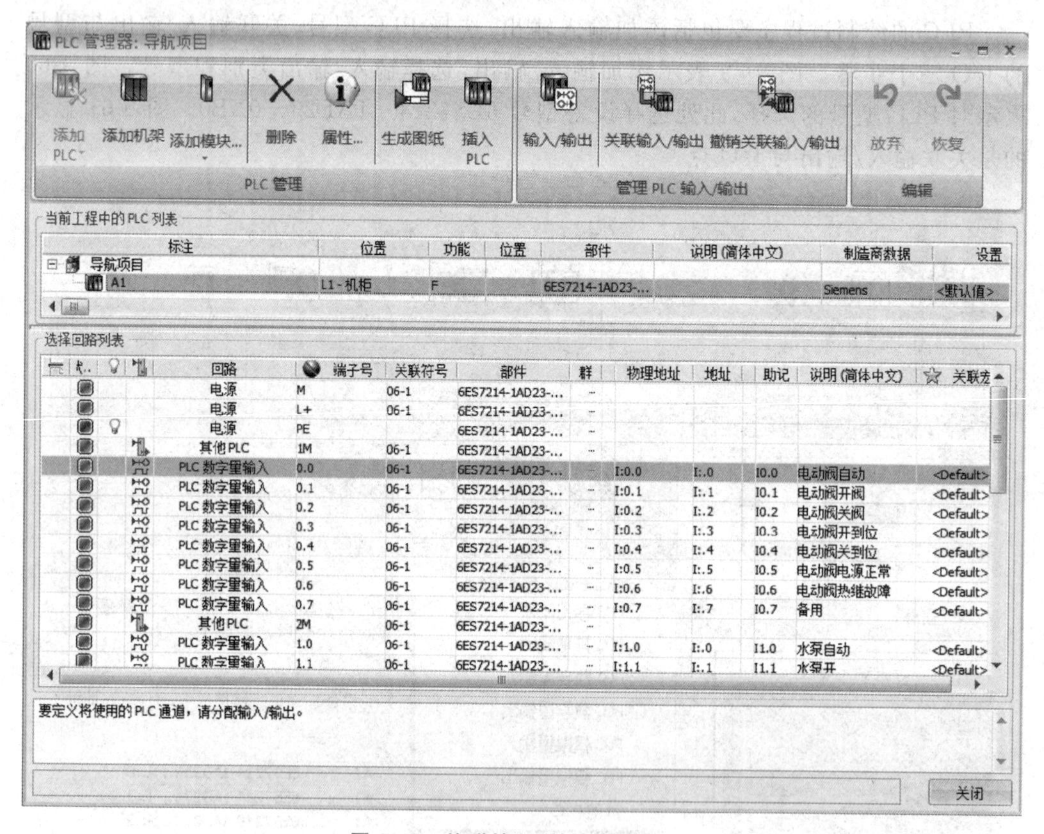

图 9-61 关联输入/输出与 I/O 点

在完成上述配置后，可以创建一页新的原理图，使用“插入 PLC”后，选择“确定选择已有 PLC”，会出现如图 9-62 所示的 PLC 原理图自动读取界面。

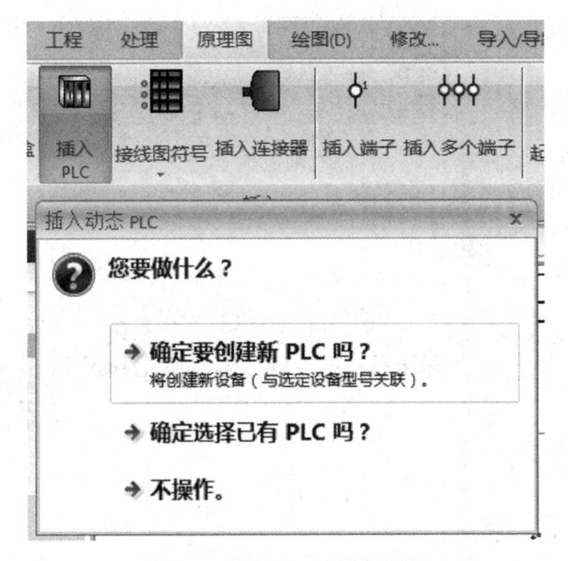

图 9-62 插入 PLC 选择界面

5. 分配设备型号

在主回路中双击 Q1，切换到如图 6-63 所示的设备型号与回路对话界面，并按照图 9-64 信息进行型号选择。

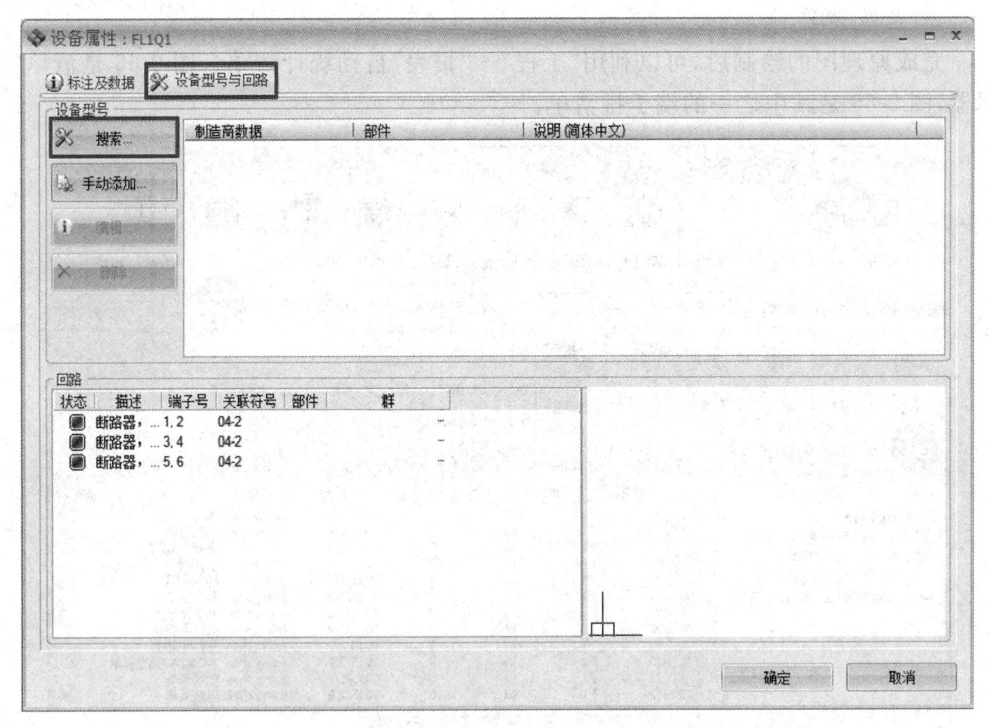

图 9-63 设备属性对话框

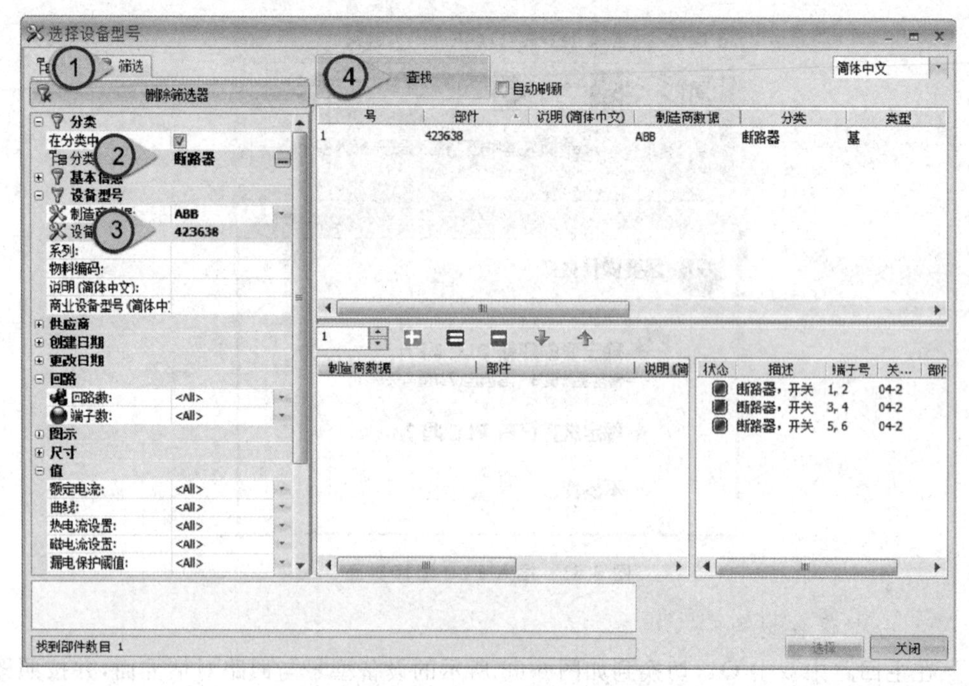

图 9-64 设备选型对话框

6. 生成清单

完成原理图的绘制后，可以利用“工程”—“报表”自动统计清单。图 9-65 是清单编辑器，图 9-66 是其中之一的端子排清单。

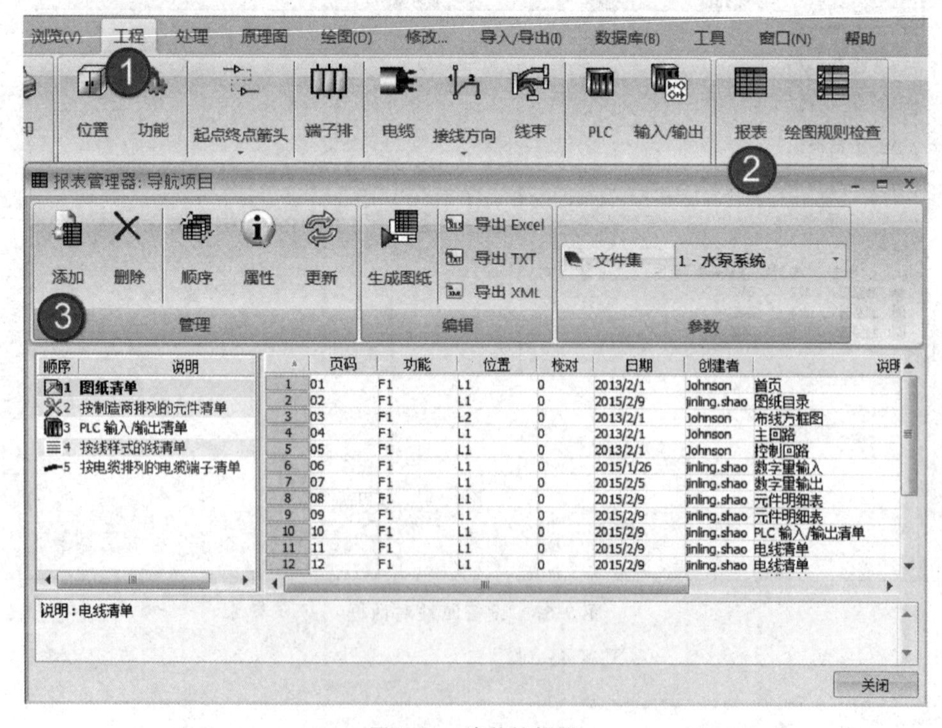

	页码	功能	位置	校对	日期	创建者	说明
1	01	F1	L1	0	2013/2/1	Johnson	首页
2	02	F1	L1	0	2015/2/9	jinling.shao	图纸目录
3	03	F1	L2	0	2013/2/1	Johnson	布线方框图
4	04	F1	L1	0	2013/2/1	Johnson	主回路
5	05	F1	L1	0	2013/2/1	Johnson	控制回路
6	06	F1	L1	0	2015/1/26	jinling.shao	数字量输入
7	07	F1	L1	0	2015/2/5	jinling.shao	数字量输出
8	08	F1	L1	0	2015/2/9	jinling.shao	元件明细表
9	09	F1	L1	0	2015/2/9	jinling.shao	元件明细表
10	10	F1	L1	0	2015/2/9	jinling.shao	PLC 输入/输出清单
11	11	F1	L1	0	2015/2/9	jinling.shao	电线清单
12	12	F1	L1	0	2015/2/9	jinling.shao	电线清单

图 9-65 清单编辑器

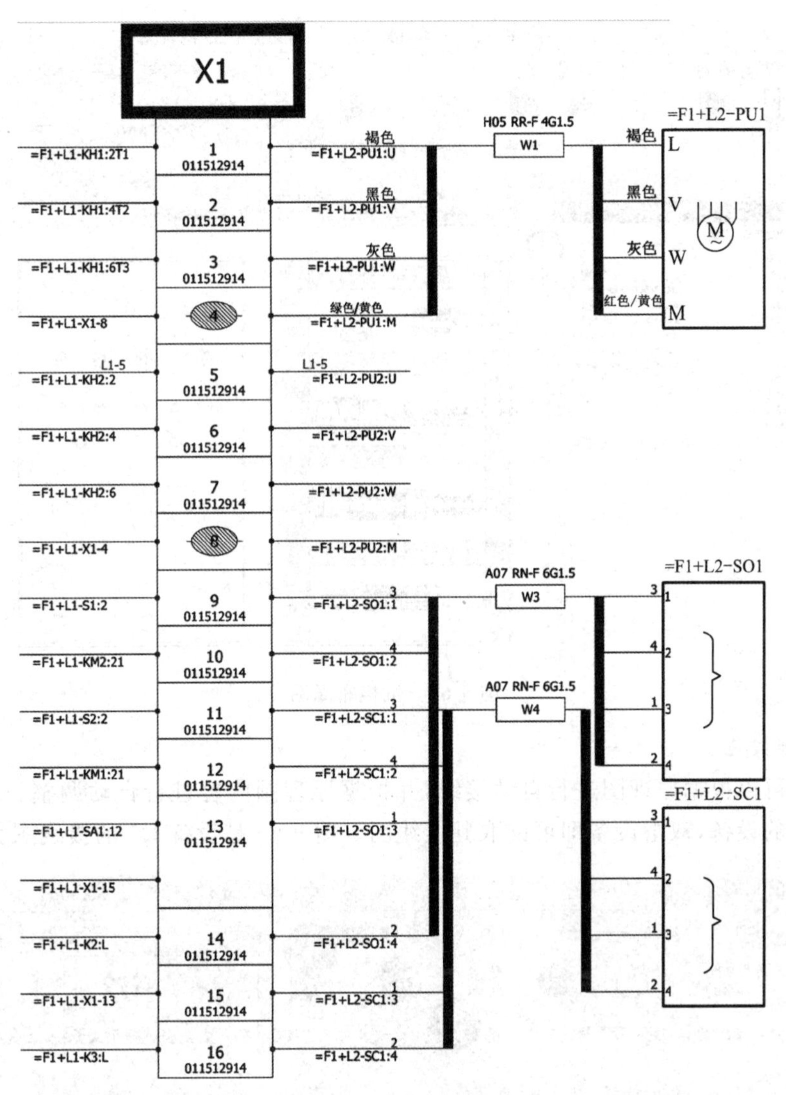

图 9-66　端子排报表

7. 机柜布局图

按照图 9-67 所示可以创建机柜布局图,配置后的机柜布局结果如图 9-68 所示。

图 9-67　创建机柜布局图

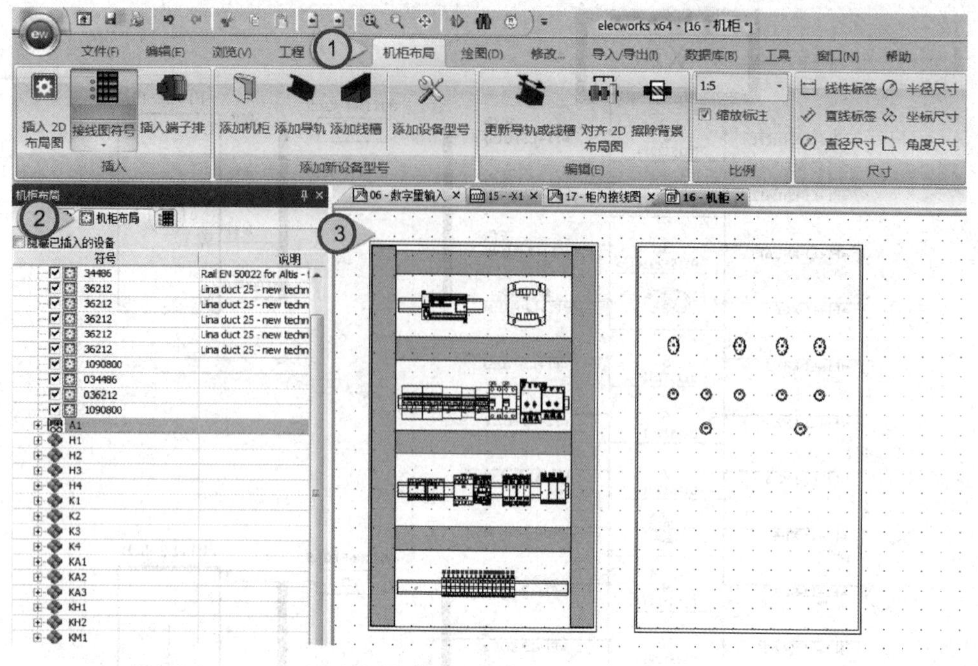

图 9-68　机柜布局图

8. 接线图

软件可以根据原理图进行自动接线，并根据原理图内容进行自动调整。对于完成设备选型的设备，双击设备即可读取其接线图。图 9-69 是设备 Q1 的接线图。

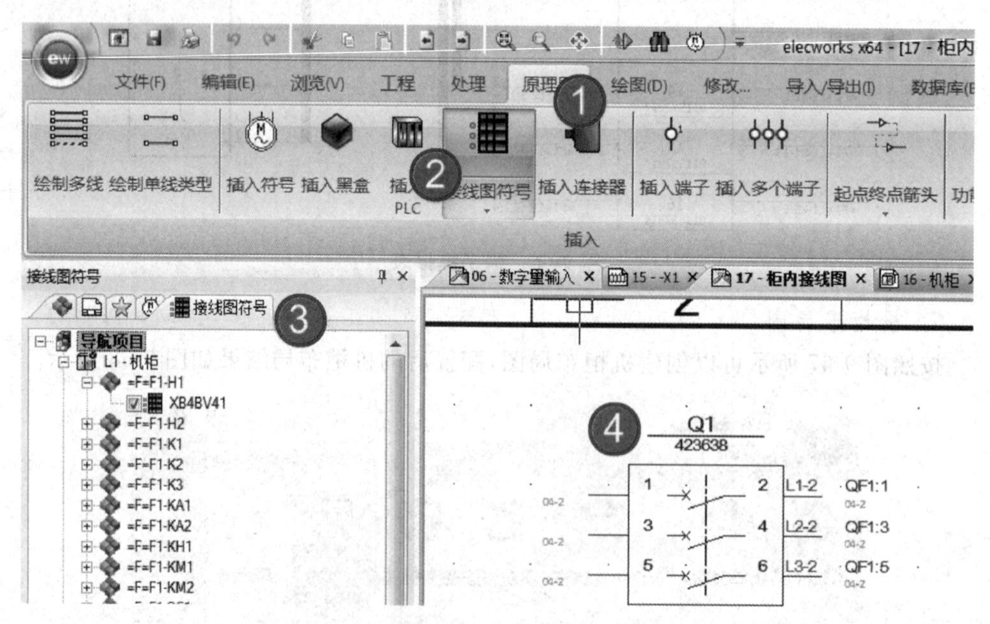

图 9-69　读取接线图

9.6.3 设计文件清单

电气控制系统的设计完成后，所有文件可通过文件清单查询，详见网站提供的Elecworks文件。

练习与思考

1. 行程开关在电路中的作用是什么？图9-37中为什么要安装SQ_1，SQ_2？
2. 简述空气阻尼式时间继电器的工作原理，并说明其在电路中的作用。
3. 简述速度继电器的工作原理。
4. 画出行程开关、时间继电器、速度继电器在电路中的符号，并注明它们的文字符号。

小结

继电-接触器控制是通过低压控制电器实现的有触点控制，这种控制方式目前仍然被广泛采用。要掌握继电-接触器控制原理首先必须熟悉常用的低压控制电器的结构和控制功能、图形符号和文字标注，这是阅读和设计继电-接触器控制电路的前提。

1. 刀开关、组合开关和断路器主要用于主电路的隔离、接通和切断电源。

2. 按钮和行程开关为主令电器，用于在控制回路发出“启动”或“停止”等指令，利用行程开关可以实现行程控制。

3. 交流接触器的线圈接在控制电路中，通过接通和断开电源，控制主触点接通和断开主电路。

4. 中间继电器主要接在控制回路，通过线圈的通电和断电，来控制其触点的通断，而中间继电器的触点一方面用来扩展交流接触器的辅助触点，另一方面用来实现控制电路功能的转换。

5. 熔断器和热继电器都是保护电器。熔断器用于短路保护，热继电器用于过载保护。

6. 时间继电器用于时间控制。

7. 速度继电器用于速度控制。

8. 电动机的基本控制包括：点动控制、单向连续运转控制、正反转控制、多地点控制和多机顺序联锁控制、时间控制、行程控制和速度控制。一个复杂的继电-接触器控制系统无非是由这些基本的控制电路组合而成，因此一定要熟练掌握这些基本的控制方法。

9. 继电-接触器控制电路的保护措施很多，其中最基本的三种保护为：短路保护、过载保护和失压保护。

10. 继电-接触器控制系统由主电路、控制电路和指示电路等组成。主电路从电源到电动机，中间接有电源开关（刀开关、组合开关等）、熔断器、交流接触器的主触点、热继电器的发热元件等；控制电路中接有按钮、交流接触器的线圈和辅助触点、热继电器的常闭触点和其他如行程开关、时间继电器、速度继电器等控制电器的触点和线圈等；而指示电路一般由接触器的辅助触点或中间继电器的触点和指示灯组成，用来表明电路在某一时刻的工作状态，提醒操作者，防止出现误操作。

11. PLC 是继电接触器控制的软件化实现装置，是目前机械设备或生产过程中常用的控制电器，其指令系统和工程设计方法的学习是熟练应用 PLC 的基础。

12. 电气控制系统的计算机辅助设计能极大地简化设计工作，提高设计效率，是现代设计师必备的技能之一。

第9章 习 题

1. 试设计一个可以在甲、乙两地对一台三相异步电动机单向连续运转进行控制的电路。要求具有短路保护、过载保护和失压保护。

2. 试设计鼠笼式三相异步电动机既能点动又能连续运转的电路，并说明其工作原理。

3. 试设计两台三相异步电动机（M_1，M_2）联锁控制电路。要求：M_1 启动后，M_2 才能启动；M_2 停机后，M_1 才能停机。

4. 试画出既能实现电动机正反转连续运转，又能实现正反转点动的控制电路。

5. 试画出三相异步电动机定子绕组串接电阻降压启动的控制电路。要求：启动时串入三相电阻以限制启动电流，启动结束后，电阻被自动短接，使电动机在额定电压下运行。

6. 机床主轴电动机由一台 Y160M－4 三相异步电动机拖动，电动机的额定功率为 11 kW，额定电压 380 V，额定效率为 87.5%，额定功率因数为 0.85。启动电流是额定电流的 7 倍，用熔断器作短路保护，试问熔断器熔体的额定电流应选多大？

7. 习题 7 图是某生产机械的控制电路，接触器 KM 的主触点控制三相交流异步电动机，在开机一定时间后能自行停机，试说明该电路的工作原理。

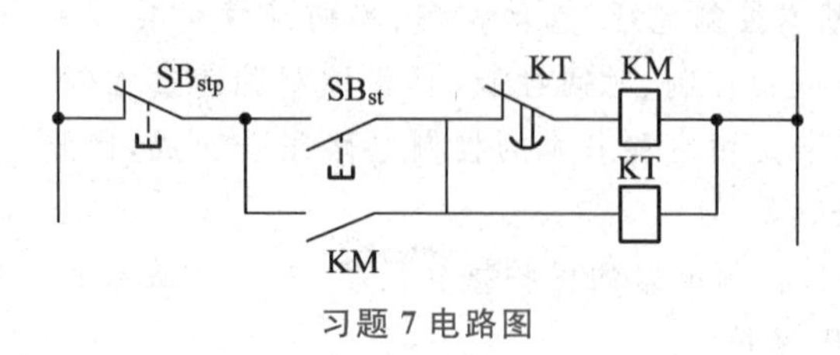

习题 7 电路图

8．试设计一个对两台三相异步电动机集中控制的电路。要求：(1) 电动机 M_1，M_2 可以单独启动、停止；(2) 电动机 M_1 和 M_2 能实现同时启动、同时停止；(3) 电动机 M_1 和 M_2 能实现同时启动、单独停止；(4) 要求电路具备短路、过载和失压(欠压)保护。

9．习题9图为三相绕线式异步电动机按一定时间逐级短接启动电阻的自动控制电路，试说明其工作过程，并说明电路中有哪些保护？

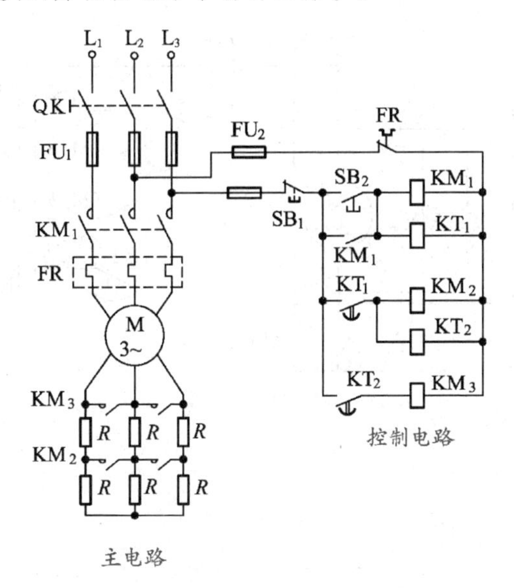

习题9电路图

10．两台三相异步电动机 M_1 和 M_2，它们的工作要求是：M_1 启动后经过一定时间 M_2 自行启动，且在 M_2 启动的同时 M_1 停止运转。设接触器 KM_1 控制电动机 M_1，KM_2 控制电动机 M_2。试画出该电路的控制电路。

11．习题11图是一个不完整的机床工作台自动往返循环运动的控制电路。该电路具有短路、过载和限位保护，请将电路补充完整，并说明行程开关的作用。

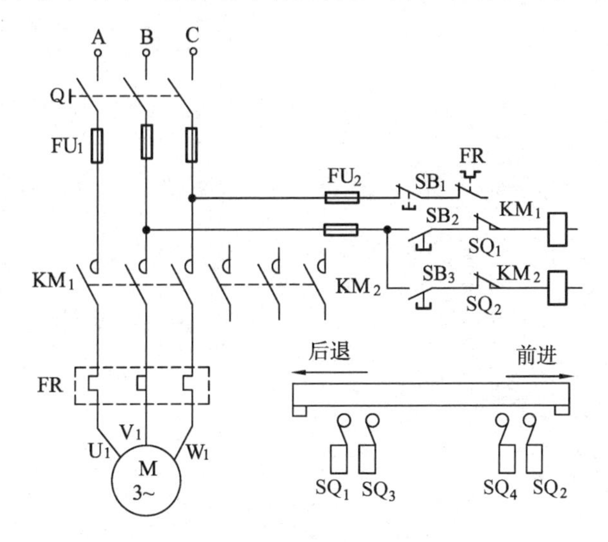

习题11电路图

12. 习题12图是有许多错误的三相交流异步电动机Y-△降压启动控制电路。要求电路具有短路、过载和失压保护，并要求电动机M运行时，时间继电器不工作。请指出电路中的错误。

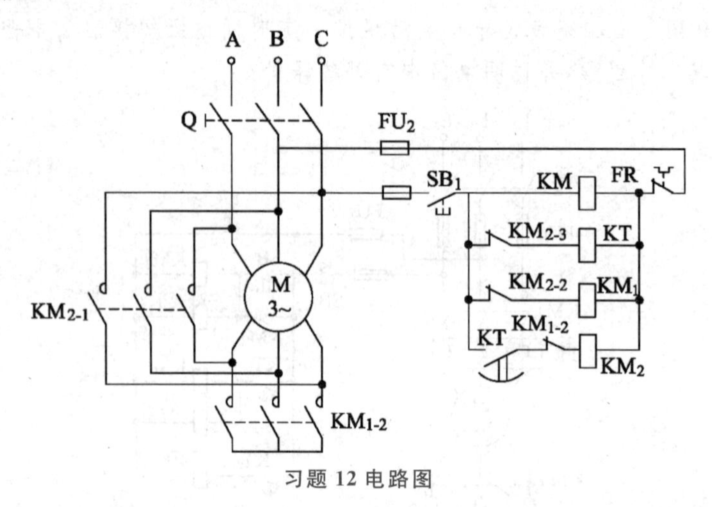

习题12电路图

附录 A 电工测量

电工测量的主要任务是选用适当的电工仪器、仪表，对电流、电压、功率、电阻等各种电量和电路参数进行测量。各种电工、电子产品的生产、调试、鉴定和各种电气设备的使用、检测、维修都离不开电工测量。电工测量仪器、仪表和电工测量技术的发展，保证了生产过程的顺利进行，也为科学研究提供了有利条件。

学习电工测量的基本方法，需要理论联系实际。一方面要掌握各种常用仪表(电压表、电流表、瓦特表、万用表和电桥等)基本原理；另一方面，还要重视实际操作，在实践过程中掌握各种常用电工仪表的使用方法。

A.1 测量基本知识

测量是指采用实验的方法，将未知量与标准量进行比较，以得到被测量的具体数值，是对被测量的定量认识过程。测量过程受各种因素的影响，总会有被测值与标准值之间的差异，这种差异即为误差。

A.1.1 测量误差的表示

在实际测量过程中，会受到外部环境的影响。如测量设备或测量仪表、测量对象、测量方法以及测量者本身，都不同程度地受到本身或周围各种因素的影响。当这些因素发生变化时，必然会影响到被测量的大小，使仪表的指示值与被测量的实际值(也称为真值)之间产生差异，这个差异就是测量误差。

产生误差的原因有很多类型，其表现形式也不尽相同。在测量中应根据造成误差的原因，采用不同的解决方法，以尽量减少误差的影响。

1. 绝对误差

设被测量的真值为 A_0，在正常条件下测量示值为 A，则测量的绝对误差为

$$\Delta = A - A_0$$

2. 相对误差

测量的绝对误差与被测量真值之比称为相对误差。绝对误差表示测量值与真值的接近程度，相对误差表示测量的准确度，相对误差用无量纲的百分数表示，即

$$\gamma = \frac{\Delta}{A_0} \times 100\%$$

3. 引用误差

引用误差定义为绝对误差与测量仪表量程 A_m 之比，用百分比表示，即

$$\gamma=\frac{|\Delta|}{A_m}\times 100\%$$

引用误差越小，仪表测量结果的准确程度越高，即仪表的准确度越高。在工业测量中，为了便于表示仪表的质量，通常用准确度等级来表示仪表的准确程度。准确度等级就是最大引用误差去掉正负号及百分号，它是衡量仪表质量优劣的重要指标之一。我国工业仪表等级分为 0.1、0.2、0.5、1.0、1.5、2.5、5.0 共 7 个等级，并标示在仪表刻度标尺或铭牌上，仪表准确度习惯上称为精度，准确度等级习惯上称为精度等级。

A.1.2 误差的分类

根据误差的特性不同，可以分为三大类。

1. 系统误差

系统误差是不随时间变化的、保持定值或与某个参数成函数关系的有规律的误差。系统误差的特点是可以采用修正值或补偿校正的方法来消除。例如可以用修正值来消除仪表的刻度误差；采用校正的方法来补偿非线性误差；采用调零电路或调整仪表零点来消除零位误差等。

2. 随机误差

随机误差也称为偶然误差，它是由一系列偶然因素引起的不易控制的测量误差。引起随机误差的因素很多，如在测量过程中外界因素（如温度、压力、湿度、磁场的扰动、电压波形的变动等）瞬时变化都可能引起随机误差。就每次测量的误差而言，随机误差的出现是没有规律的，也不能用调整或校正的方法来消除，但是可以用多次重复测量取其平均值的方法来减小它。

3. 粗大误差

粗大误差也称为疏失误差或反常误差。它是由于某些过失引起了明显的与事实不符的误差。粗大误差的产生主要是由于操作人员误操作、误读数、误记录或计算错误等造成的，因而这种数据是不可信的，应该从数据中删除。

A.1.3 测量方法的分类

测量方法多种多样，分类方法也各不相同。最常见的分类方法即直接测量、间接测量及比较测量法。

1. 直接测量法

直接测量法就是用仪表直接测量被测量，被测量的数值由仪表指针在仪表的刻度盘上指示出来，其优点是简便、快捷、适用面广，但它的准确度受到所用仪表误差的限制，测量准确度较差。

2. 间接测量法

在直接测量受限的情况下，可利用被测量与某些中间量之间的函数关系，先测出中

间量，再利用其函数关系，计算出被测量的值，这种方式称为间接测量。如用伏安法测电阻就是采用的间接测量法。

3. 比较测量法

比较测量法就是将被测量与同类标准量进行比较的测量方法，例如用电桥测量未知电阻，其优点是准确度较高，但是测量仪器结构复杂，造价较高。

A.2 常用指示式仪表

A.2.1 指示式仪表种类

电工测量仪表种类和规格很多，其中很大一部分为指示式电气测量仪表，如交直流电压表、电流表、功率表、万用表等。指示式仪表的主要技术指标有灵敏度、误差、刻度单位、分度等。

根据指示式仪表工作原理不同，将其分为若干类型，如表 A-1 所示。

表 A-1 指示式仪表按作用原理分类

作用原理	型号表示	符 号
磁电式	C	
电磁式	T	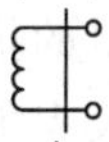
电动式	D	
感应式	G	
静电式	Q	
整流式	(磁电式+整流式)	

A.2.2 指示式仪表的基本结构

各种指示仪表主要由驱动装置、反作用装置和阻尼装置三个部分组成。

1. 驱动装置

驱动装置利用仪表中通入电流后产生的电磁作用力驱动指针偏转，而驱动力矩与通入电流的大小之间存在一定的关系。

2. 反作用装置

如果仅有驱动力矩，那么仪表的指针只能是满偏或停在零位，不能反映被测量大小。要使指针能按测量值大小产生相应偏转，必须有反作用力矩与驱动力矩相平衡。反作用力矩可利用弹簧力、电磁力或重力产生。当反作用力矩达到与驱动力矩相平衡时，指针就静止在一定的位置上。

3. 阻尼装置

由于转动部分有惯性，仪表在测量时指针从零位偏转到平衡位置时不会立即停止，而要在平衡位置附近经过一定时间振荡才能静止下来。为了在测量时使指针很快地稳定在平衡位置，以缩短测量时间，还需要有一个与转动方向相反的阻尼力矩。

指示仪表除驱动装置、反作用装置和阻尼装置外，还有由指针和刻度盘构成的读数装置以及起保护作用的外壳和装在外壳上的调节螺钉等。

A.2.3 指示式仪表工作原理

1. 磁电式仪表

磁电式仪表（又称永磁仪表）是根据载流导体在磁场中受电磁力作用的原理（即安培定律）制成的。磁电式仪表的构造如图 A-1 所示，它由固定部分和可动部分组成。固定部分是一个永久磁铁，可动部分是一个带有指针和弹簧的活动线圈。

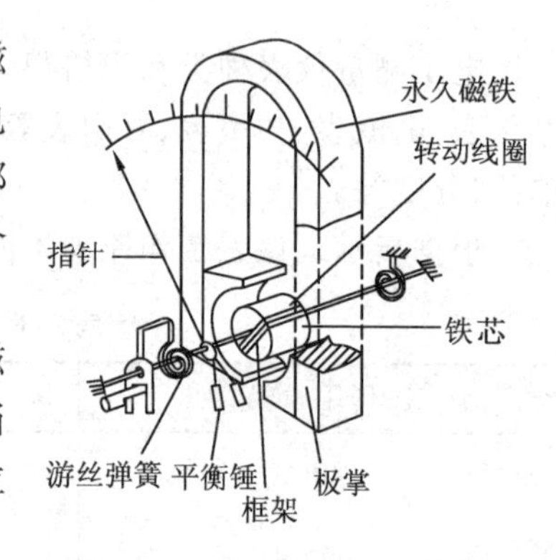

图 A-1 磁电式仪表测量机构

当被测电流通过活动线圈时，载流线圈与永久磁铁的磁场相互作用产生转动力矩，带动指针偏转，当转动力矩与弹簧的反作用力矩平衡时，指针停留的位置即为被测量的指示值。

磁电式仪表的磁场很强，分布均匀，不易受外界磁场的干扰。表盘刻度均匀，灵敏度和准确度较高，可以制成 0.1～0.5 级的精密仪表。

额定电流（满量程）为微安级的磁电式测量机构俗称表头，在表头配上分流器扩大电流量程，可制成各种量程的直流电流表；配上倍压器扩大电压量程，可制成各种直流电压表。

2. 电磁式仪表

电磁式仪表是利用电流磁场对铁磁物质的磁化作用原理制成的，分为推斥式和吸入式两种，如图 A-2 所示。在图 A-2a 所示的推斥式电磁仪表中，固定的圆柱形线圈内

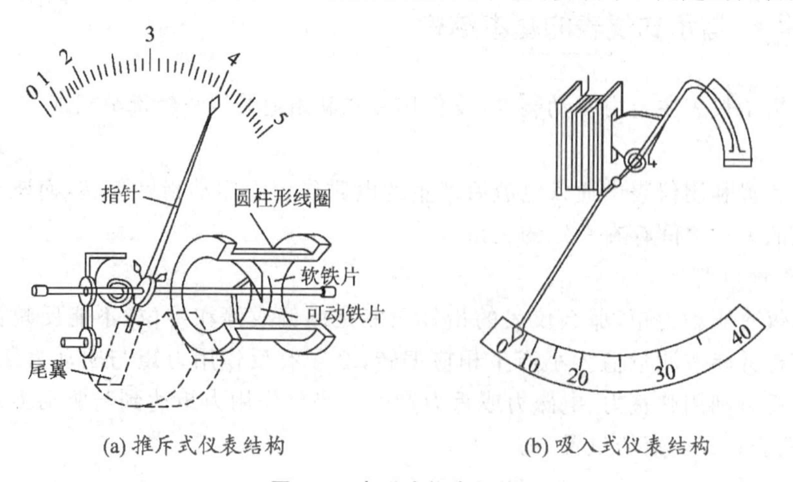

(a) 推斥式仪表结构　　(b) 吸入式仪表结构

图 A-2 电磁式仪表结构

侧装有一固定的软铁片，并具有相同的磁化方向。它们相互排斥而产生的电磁转矩 M 和软铁片的磁化强度（正比于磁化电流）成正比，故 $M=K_1I^2$。在此力矩作用下，动铁片带动指针偏转，指针后面的尾翼在空气中移动时受到阻尼作用。游丝状弹簧产生反力矩 $M_r=K_2\alpha$，当转矩平衡时，指针的偏转角 α 正比于电流的平方，即 $\alpha=\frac{K_1}{K_2}I^2$。

由于磁场和铁片被磁化的方向都随线圈中电流方向的变化而变化，所以偏转角方向与电流的方向无关。因此电磁式仪表既可以测量直流电，也可以测量交流电。

电磁式仪表的特点是坚固耐用，过载能力强，制造简单，价格便宜，交直流及非正弦电路都能用，还能直接用于大电流测量。其缺点是：磁场弱，易受外界磁场的干扰；铁片被交变磁化时产生铁损，消耗的功率较大；由于指针偏转的角度与被测量的平方成正比，因而这种仪表的刻度是不均匀的，所以它的灵敏度和准确度都比较低。

3. 电动式仪表

电动式仪表的工作原理基本上与磁电式相同，差别在于电动式仪表的磁场不用永久磁铁提供，而是由通过电流的固定线圈产生，其构造如图 A-3 所示。它有两个平行排列的圆形线圈，固定不动的为电流线圈，匝数少，导线较粗，可通过较大电流；可转动的线圈为电压线圈，匝数较多，导线较细，用以通过较小的电流。

在仪表中，与活动线圈装在同一个轴上的弹簧产生反力矩 $M_r=K_2\alpha$，当偏转力矩和反力矩相平衡时，装在转轴上的指针就停止在一个位置上，从相应的表盘刻度标尺上就可读出被测数值。

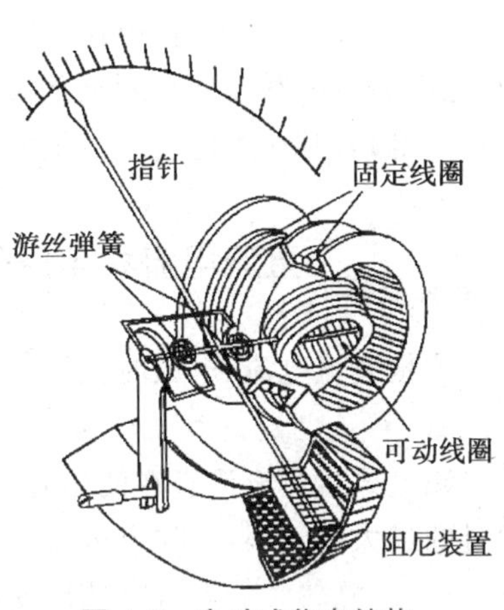

图 A-3　电动式仪表结构

电动式仪表既可测量直流，也可测量交流。若活动线圈和固定线圈都通以同一频率的正弦电流，则通过固定线圈的电流 i_1 产生的磁场与通过活动线圈电流 i_2 相互作用，在活动线圈上产生偏转力矩，使活动线圈带动指针偏转，其偏转力矩的瞬时值为 $m=Ki_1i_2$，当 i_1 和 i_2 为不同相的同频率的正弦电流时，偏转力矩的平均值为

$$M=\frac{1}{T}\int_0^T m\mathrm{d}t=K_1I_1I_2\cos\varphi$$

式中，I_1、I_2 分别为固定线圈和活动线圈电流的有效值，φ 为两电流之间的相位差。

由电动式仪表的工作原理可知，电动式仪表除可制成交、直流电流表和电压表外，还可作为功率表使用，固定线圈（电流线圈）与被测电路串联，用来反映负载电流；活动线圈（电压线圈）串联一个分压电阻，与被测电路并联，用来反映负载电压。电动式仪表用于测量单相功率和三相功率的测量电路如图 A-4 所示。

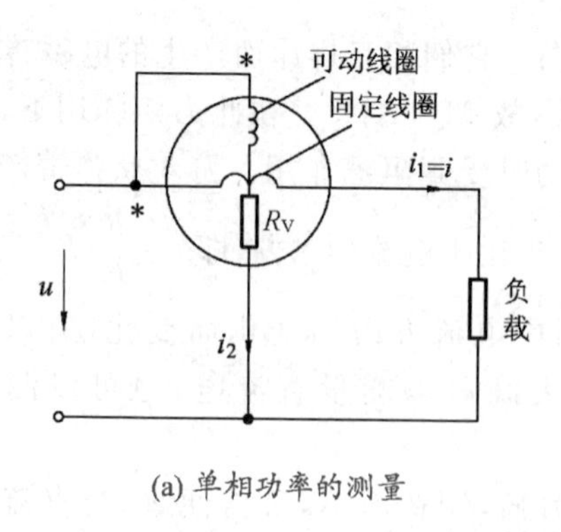

(a) 单相功率的测量

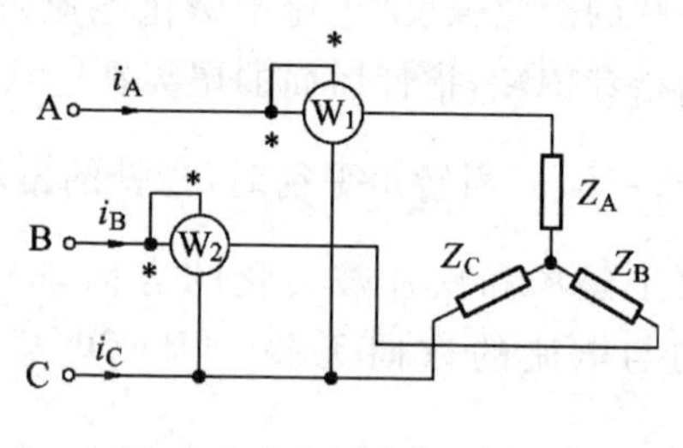

(b) 用两功率表测量三相功率

图 A-4　电动式仪表测量功率

A.3　电流、电压及功率测量

测量电路中的电流、电压及功率时，不能因接入仪表而影响电路正常工作。在测量时，电流表应串联接入被测电路，要求其具有较小输入阻抗，而电压表则以并联方式接入被测电路，其输入电阻应尽量大，另外还应正确选择仪表类型、量程和精确度等。

A.3.1　直流电流和电压的测量

测量直流电流、电压时，通常采用磁电式电流表、电压表。

1. 直流电流的测量

磁电式直流电流表在使用时其测量机构(即表头)应与被测量电路串联。表头允许通过的最大电流很小，如果电流过大，将损坏表头。它通常用作检流计、微安表和小量程毫安表，测较大的电流时选用安培表。

为了扩大表头的电流量程，常采用与表头并联电阻的方法，此并联电阻称为分流器(或分流电阻)。分流器一般是一些标准电阻，如图 A-5 所示，电流表的量程由表头内阻 R_0 和分流器电阻 R_i $(i=1,2,3)$ 的比值确定。

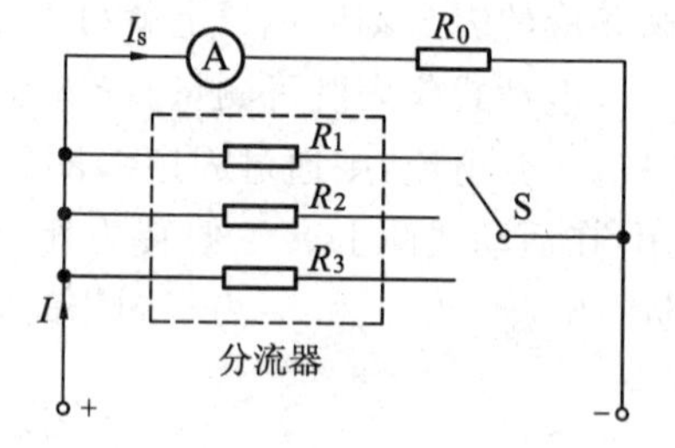

图 A-5　电流表和分流器

设电路电流为 I，表头的电流为 I_S，则

$$I=\left(1+\frac{R_0}{R_i}\right)I_S=K_S I_S$$

式中 $K_S=\left(1+\frac{R_0}{R_i}\right)$，称为分流系数。

当改变量程转换开关 S 的位置时，接入不同的分流电阻 R_1、R_2、R_3，就可测量不同大小的电流。分流器一般放在仪表的内部，成为仪表的一部分，但较大电流的分流器放在仪表的外面。

2. 直流电压的测量

测量直流电压时将电压表与被测电路并联，如图 A-6a 所示。

磁电式电流表和电压表的测量机构是相同的，可以共用。电流表指针偏转角 α 与被测电流 I 成正比，当它具有一定内阻时，偏转角度与其两端的电压成正比，它可以用来测量电压。但因为表头的内阻不大，允许通过的电流较小，所以测量电压的范围很小，一般为毫伏级。为了测量较高的电压，常采用与表头串联电阻的方法，此串联的电阻称为分压电阻，如图 A-6b 所示。改变分压电阻值可以改变电压表的量程。

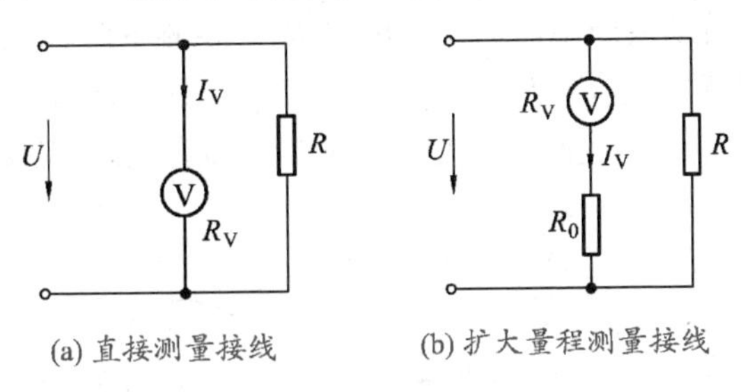

图 A-6 直流电压的测量

A.3.2 交流电流、电压的测量

测量交流电流和电压时一般选用电磁式的仪表，只有精度要求较高时选用电动式仪表，其测量方法与直流电路中的电压、电流测量方法相同。

交流仪表采用互感器来扩大量程。互感器是专供测量用的变压器，其功能除利用变压器变压和变流功能扩大仪表的量程外，还利用双绕组变压器副边电气隔离的功能在高压电路测量时保障人员和设备的安全，因此在 600 V 以上电路测电压、电流和功率时都必须使用互感器，具体在测量过程中的接线方式可参阅第 6 章变压器部分。

A.3.3 功率的测量

电功率由电路中的电压和电流决定，因此用来测量电功率的仪表必须具有两个线圈：一个用来反映电压，另一个用来反映电流。功率表通常用电动式仪表制成，其固定线圈导线较粗，匝数较少，称为电流线圈；其活动线圈导线较细，匝数较多，串有一定的附加电阻，称为电压线圈。使用功率表时，电流、电压都不允许超过各自线圈的量程。改变两组固定线圈的串、并联方式，可以改变电流线圈的量程；改变串入活动线圈的附加电阻，可以改变电压线圈的量程。

1. 直流电路功率的测量

直流功率可以用电压表和电流表间接测量求得，也可用功率表直接测得。功率表的接线方法如图 A-4 所示，电流线圈应与负载串联，电压线圈应与负载并联。还要注意电流线圈和电压线圈的始端标记“+”、“−”或“*”，应把这两个始端接于电路的同一端，使通过这两个接线端电流的参考方向同为流进或同为流出，否则指针将要反转。

电动式功率表既可以测量直流电功率，又可以测量交流电功率，而且接线和读数的方法完全相同。

2. 交流电路功率的测量

(1) 单相有功功率的测量

在交流电路中，有功功率的测量一般选用电动式测量机构，它能满足电路中电压和电流的乘积关系，即 $P=UI\cos\varphi$，能测量功率的仪表称为功率表(或瓦特表)。

单相功率表内部接线如图 A-7 所示，它有一个固定线圈(电流线圈)，一个活动线圈(电压线圈)以及与活动线圈串联的一个电阻 R_0。在测量时，电流线圈与被测电路串联，电压线圈与被测电路并联，而两线圈标有"＊"记号处为两线圈的始端，测量时这两个端子都接到电路的同一端。如两个线圈中任一个反接，指针就反转，读不出功率值。

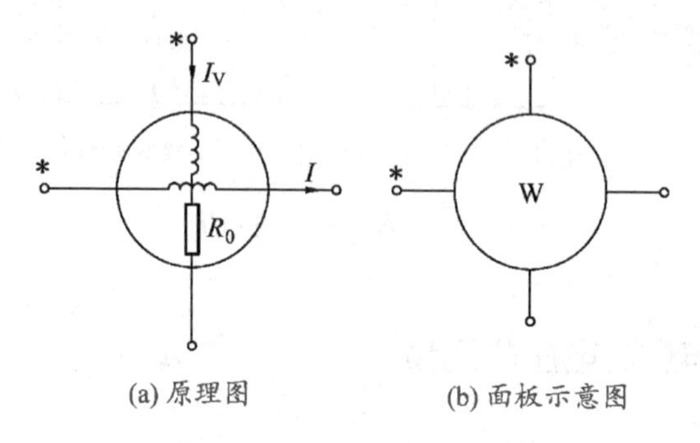

(a) 原理图　　(b) 面板示意图

图 A-7　单相功率表

在测量电路功率时，由于电压线圈与负载并联、电流线圈与负载串联，因此负载的相位差角也就等于 $\dot{I}_V$ 与 $\dot{I}$ 的相位差，因此根据电动式测量机构的原理可知，功率表指针偏转角与负载的有功功率成正比。

对于一个多量程的功率表，其标度尺不标功率数，只标分格数，则在读数时应先计算出每一分格所代表的功率值

$$C=\frac{U_N I_N}{\alpha_m}\text{(瓦/格)}$$

其中 U_N 是所选功率表的电压量程，I_N 为电流量程，α_m 是标度尺满刻度的分格数。在测量时读出指针偏转格数 α 后，乘以 C 就为所测功率值。

(2) 三相有功功率的测量

三相电路的有功功率为各相有功功率之和。根据负载是否对称以及负载的接线方式，可分为一瓦计法，二瓦计法和三瓦计法。一瓦计只能用于三相负载对称的情况，测量时用一个单相功率表测出某一相功率，然后乘以 3 即为三相电路的功率。二瓦计法适合于负载接线方式为三相三线制的接线方式(如图 A-8a)，不管负载是否对称都适用；三瓦计法用于负载接线方式为三相四线制的场合，也不论负载对称与否(如图 A-8b)。

用二瓦计法测量时，两个功率表的电流线圈可以串联在任意两相线中(如图 A-8a 所示)，第一个功率表 W_1 的读数为

$$P_1=\frac{1}{T}\int_0^T u_{AC}i_A\,dt=U_{AC}I_A\cos\alpha$$

式中，α 为 u_{AC} 和 i_A 之间的相位差。而第二个功率表 W_2 的读数为

$$P_2=\frac{1}{T}\int_0^T u_{BC}i_B\,dt=U_{BC}I_B\cos\beta$$

式中，β 为 u_{BC} 和 i_B 之间的相位差。

两个功率表的读数 P_1 和 P_2 之和即为三相功率

$$P=P_1+P_2=U_{AC}I_A cos\ \alpha+U_{BC}I_B cos\ \beta$$

当负载对称时，两功率表的读数分别为

$$P_1=U_{AC}I_A cos\ \alpha=U_L I_L cos\ (30°-\varphi)$$

$$P_2=U_{BC}I_B cos\ \beta=U_L I_L cos\ (30°+\varphi)$$

式中 φ 为负载的阻抗角。

因此，两功率表的读数之和为

$$P=P_1+P_2=U_L I_L cos\ (30°-\varphi)+U_L I_L cos\ (30°+\varphi)=\sqrt{3}U_L I_L cos\ \varphi$$

由上式可知，当相电流与相电压同相时，即 $\varphi=0$，则 $P_1=P_2$，即两个功率表的读数相等。当相电流比相电压滞后的角度大于 60°时，功率表 W_2 的指针反向偏转，P_2 为负值，这样便不能读出功率的数值。因此，必须将功率表的电流线圈反接。这时三相功率便等于功率表 W_1 的读数减去功率表 W_2 的读数，即 P_2 为负值。

由此可知，用二瓦计法测量三相功率时，三相功率是两个功率表读数的代数和，其中任意一个功率表的读数是没有意义的。

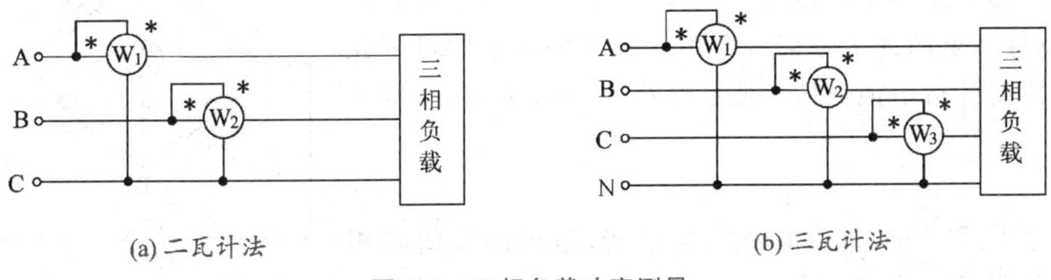

图 A-8　三相负载功率测量

A.4　电阻、电感和电容的测量

在电工电子技术中对电阻、电感及电容的测量也叫电路集中参数的测量，它的测量方法分为电压-电流表法、电桥法和谐振法三种。

电压-电流表法，即伏安法，它根据欧姆定律来确定被测量的值，测量精度较差，比较适合直流电阻的测量。电桥法根据电桥电路平衡时，各桥臂电阻之间的关系来确定被测量。谐振法，即 Q 表法，根据串联谐振电路的谐振特性来确定被测量的值，适用于高频元件测量。

本节侧重介绍电桥法。电桥法是利用示零电路作测量指示器，根据电桥电路平衡条件来确定集中参数阻抗值的测量方法。其适用工作频率较宽，测量精度较高，可达 $10^{-4}\Omega$，比较适合低频阻抗元件的测量。利用该原理做成的测量仪器，称为电桥。电桥按所用电源的不同，可分为直流电桥和交流电桥两大类；依据测量时所处状态的不同分为平衡电桥和不平衡电桥，平衡电桥按其结构的不同又分为四臂平衡电桥、T 形电桥和双 T 形电桥。

A.4.1 直流电桥

最常用的单臂直流电桥（惠斯登电桥），用来测量中值（1Ω～0.1MΩ）电阻，其原理如图 A-9 所示（测量电阻还可用伏安法以及欧姆表法）。它由 4 个桥臂构成，通常 R_1、R_3 是固定电阻，其阻值已知且相等；R_2 为可变电阻，调节 R_2 可以使电桥平衡；R_x 为被测电阻；P 为检流计，用于指示电桥平衡状态。电桥平衡时，检流计指示值为零，也就是电桥平衡的条件为

$$R_1R_3=R_2R_x$$

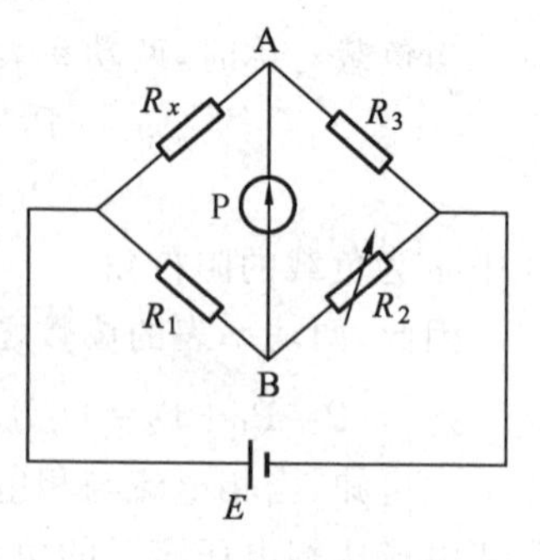

图 A-9　直流电桥原理图

A.4.2 交流电桥

交流电桥主要用于测量电容、电感等元件的参数，其原理图如图 A-10 所示。4 个桥臂由电阻和电抗元件组成；外接电源为正弦交流电源。调节桥臂上的可变元件使检流计指示值为零，则电桥处于平衡状态，平衡条件为

$$Z_1Z_3=Z_2Z_x$$

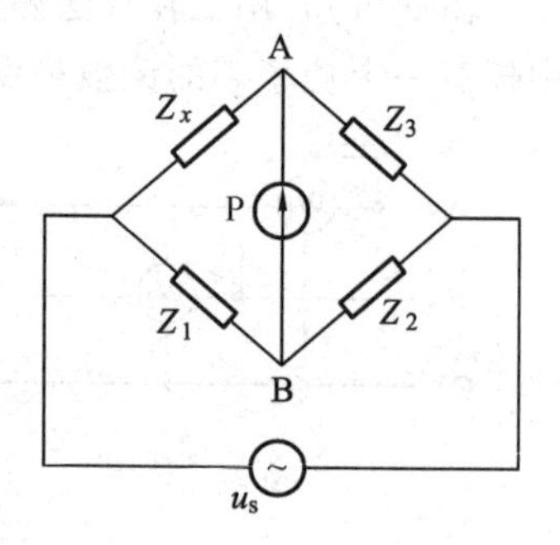

图 A-10　交流电桥原理图

由上式可知，要使电桥完全平衡，阻抗的幅值和相位都要平衡。当两相邻桥臂为纯电阻时，另外两个桥臂应为同性质的电抗；当某一对角桥臂为纯电阻时，另外的一对角桥臂应为异性电抗（即一为感性，另一为容性）。

在实际测量中，当测量电容时，使可调元件与被测元件作为相邻臂接入，组成臂比电桥；测量电感时，使可调元件与被测元件作为对角臂接入，组成臂承电桥。测量时可以根据实际测量需要通过开关电路互换仪器内部的 3 个臂所用的标准元件。

A.4.3 QS18A 型万用电桥

QS18A 型万用电桥是一种交流电桥，可测量电阻、电感和电容，是一种多用途、宽量程的便携式仪器，其原理图如图 A-11 所示。它由桥体、信号源（1 000 Hz 振荡器）和晶体管指零仪三部分组成。桥体是电桥的核心部分，由标准电阻、标准电容及转换开关组成，通过转换开关的转换，可以构成不同的电桥电路，对电阻、电容、电感分别进行测量。

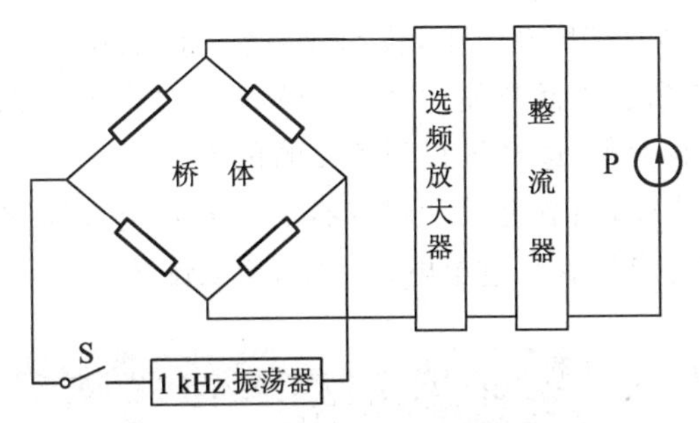

图 A-11　QS18A 型万用电桥的原理图

QS18A 型万用电桥的面板如图 A-12 所示，其面板功能键说明如下。

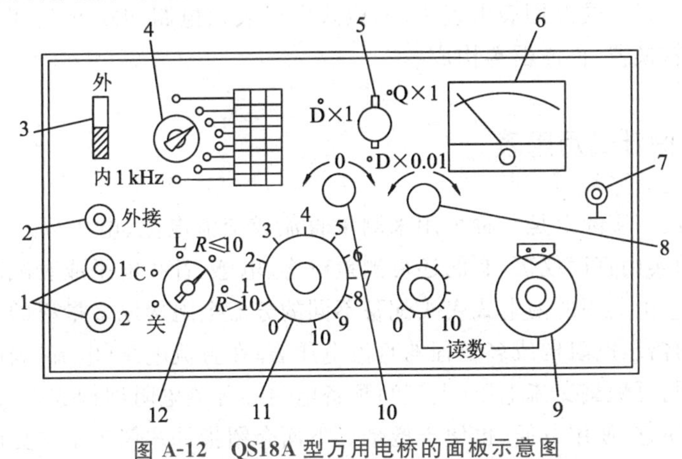

图 A-12　QS18A 型万用电桥的面板示意图

① 被测接线柱：用来连接被测元件；

② 外接插孔：当使用外部电源时，可由此孔接入；

③ 拨动开关：分为“外”和“内 1 kHz”两挡，使用外部电源时拨到“外”，当拨至“内 1 kHz”时，仪器使用内部电源，其频率为 1 kHz；

④ 量程开关：用来选择测量范围，各挡的标示值是电桥读数在满刻度时的最大值；

⑤ 损耗倍率开关：用以选择损耗平衡的读数范围，分为 3 挡(Q×1，D×0.01，D×1)，根据被测元件损耗大小，选择不同挡；

⑥ 指示电表：用以指示电桥平衡情况；

⑦ 接地线柱：接地点，与仪器的机壳相连；

⑧ 灵敏度调节旋钮：用于控制电桥放大器的放大倍数，刚开始调节时，应降低灵敏度，然后根据电桥平衡情况，逐渐增大其灵敏度；

⑨ 读数旋钮：由一个步进式测量盘和一个连续可调的测量盘组成；

⑩ 损耗微调：用于细调平衡时的损耗，一般情况下，应放在“0”位置；

⑪ 损耗平衡：被测元件的损耗读数(电容和电感)由此旋钮指示，此读数盘上的指示值再乘以倍率开关的示值，即为正确的损耗指示值；

⑫ 测量选择：用于转换电桥线路，分为“关”、“C”、“L”、“$R>10$”、“$R\leqslant 10$”5 挡。

QS18A 电桥的测量步骤如下：

① 将被测元件接到“被测”端钮上，拨动开关 3 至“内 1 kHz”位置；如果用外部电

源，则将外部电源接到“外接”插孔 2 上，拨动开关至“外”的位置；

② 根据被测量，将测量选择开关 12 旋至“C”、“L”、“$R>10$”或“$R\leqslant 10$”处；

③ 估计被测参量的大小，选择量程开关 4 的位置；

④ 根据电桥平衡情况，调节灵敏度调节器 8，使指示电表读数由小逐步增大；

⑤ 反复调节电桥的读数盘 9 直至电桥平衡，记录读数。

A.5 指示式万用表与兆欧表

万用表又称为多用表，是一种多用途、多量程的电工仪表，可以测量电压、电流和电阻等多种参量。指示式万用表由表头（模拟式电压表）、电路转换开关、电流/电压转换器、电阻/电压转换器、检波器等构成。

A.5.1 指针式万用表

指针式万用表实际上是一种可用来测量直流或交流电流、电压以及电阻等多种用途、多种量程的实用直读仪表，有的还可测量电容、电感、音频电平或衰减的分贝和晶体管的参数等。它由共用的磁电式表头配备不同的分流电阻构成多量程的直流毫安电流表；配备不同的倍压电阻构成多量程的直流电压表；在直流电压（电流）表电路的基础上配备整流电路则可测量交流电压（电流）；配备电池和分流电阻即构成多量程的欧姆表。这种仪表价格便宜，使用方便，也便于携带。下面介绍指针式仪表中常见的 MF50 型万用表，如图 A-13 所示。

图 A-13 MF50 万用表

1. 主要技术性能

直流电流：100 μA、2.5 mA、25 mA、250 mA、2.5 A，精度±2.5%。

直流电压：2.5 V、10 V、50 V、250 V、1000 V，精度±2.5%。

交流电压：10 V、50 V、250 V、1000 V，精度±4%。

电 阻：2 kΩ、20 kΩ、200 kΩ、2000 kΩ、20000 kΩ，精度±2.5%。

2. 使用方法

(1) 测量前的准备

使用前应进行调零。

(2) 直流电流的测量

根据所测电流的大小，把开关转到相应的电流挡上，测量时把万用表串接在被测电路中，红表笔接触在被测电路的高电位端，黑表笔接触被测电路的低电位端。

当使用 100 μA 挡或是 2.5 A 挡时，开关应转到 250 mA 位置上，但红表笔的短杆在使用 100 μA 挡时应插在＋100 μA 的插座内，在使用 2.5 A 挡时应插在＋2.5 A 插座内，在相应刻度线上读出测量值。

(3) 直流电压的测量

把开关转到被测电压相应的直流电压挡上，红表笔接触被测电路的高电位端，黑表笔接触被测电路的低电位端，根据所选量程，在相应刻度线上读出测量值。

(4) 交流电压的测量

与直流电压测量相似，只需把开关转到交流电压挡，根据所选量程，在相应刻度线上读出测量值。

(5) 电阻的测量

先将开关转到电阻挡范围内，把红、黑表笔短路，调整“Ω”调整器，使指针指在 0Ω 位置上(即满刻度位置)，然后分别把红、黑表笔接到被测电阻的两端，即可得到被测电阻的读数，相应刻度线上的读数乘以该挡的倍率即为被测电阻值。

(6) 电感和电容的测量

把万用表与一交流电源串联后，即可用红、黑表笔二端测量电感或电容。万用表开关的位置及所串联的电源电压可查相关手册。

3. 注意事项

① 在测试时，不应任意旋转开关旋钮。若不知被测量的大小范围，则应先放在最大量程挡，然后减小量程到合适为止。

② 测量直流电压、电流时，应注意极性，否则反接后，表针反偏易损坏仪表。如果不知极性，宜放在大量程挡级。

③ 万用表不宜测量较高频率的信号。

④ 测量完毕后，应将开关放至最大交流电压挡位置，使测试笔与内部电表和电路脱离，以防止误置测量挡而损坏仪表。

A.5.2 兆欧表

兆欧表俗称摇表，它是测量高电阻的仪表，其刻度以兆欧(百万欧姆)为单位，符号是“MΩ”。兆欧表一般用来测量电机、电器和线路等的绝缘电阻。新的或长久不用的电气设备在使用前都应进行绝缘电阻检查，因为绝缘性能的优劣直接关系到电气设备的正常运行和操作人员的安全。例如，一般额定电压为 380 V 的三相电动机的绝缘电阻应大于 0.5 MΩ 方可使用。

1. 兆欧表的结构和工作原理

兆欧表的主要组成部分是一个磁电系流比计和一台作为测量电源的手摇高压直流发电机。兆欧表与其他仪表的不同之处在于它本身带有高压电源，这对于测量高压电气设备的绝缘电阻是十分必要的。因为，在低压下测量出来的绝缘电阻并不能反映在高压工作条件下真正的电阻值。

流比计是一种特殊的磁电系仪表，它的测量机构有两个互相垂直的线圈，固定在轴上可以一起转动，轴上没有反作用装置。因此，在线圈不通电时，指针可以停在任何位置上。

兆欧表的工作原理如图 A-14 所示。线圈 A 同表内的附加电阻 R 串联，线圈 B 同所测的电阻 R_x 串联，两个线圈一起接到手摇发电机上。摇动手摇发电机，两个线圈中同时有电流流过，在两个线圈上产生方向相反的转矩，转矩不仅与线圈中通过的电流有关，还与线圈所处位置的磁场强度有关，当转动部分偏转到两个转矩平衡的位置时，指针停止偏转。这个偏转角度的大小取决于两个电流比值，附加电阻是不变的，因此电流的比值就取决于待测电阻的大小。

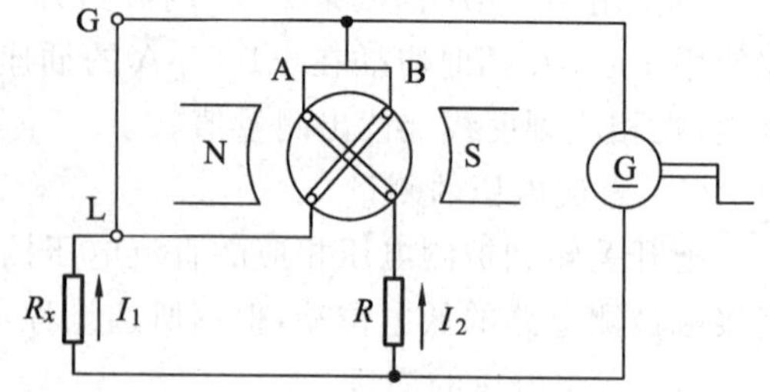

图 A-14　兆欧表工作原理图

流比计的两个线圈由同一电源供电，因此偏转角的大小只取决于电流的比值，在原理上与电压的高低无关。但实际上电压不应变化太大，所以手摇发电机都附有调速器，能在手摇转速不均衡时，保持发电机转速为 120 r/min 左右，因而使输出电压大体上稳定。

2. 兆欧表的使用方法

(1) 兆欧表的选择

兆欧表主要根据被测设备的额定电压来选择。兆欧表手摇发电机发出的电压主要有 250、500、1000、2500、5000 V 等，这也就是兆欧表的额定电压。例如，测量额定电压为 380 V 的三相异步电动机的绝缘电阻时，应选用额定电压为 500 V 的兆欧表；若选用额定电压为 2500 V 的兆欧表，则有将设备绝缘击穿的危险。

(2) 测量前的准备

测量前，应将被测设备与电源断开，并擦拭干净。对有电容的设备还需进行短路放电，测量后再及时放电。

测量前，还应对兆欧表作一次开路试验和短路试验，即先将兆欧表端钮开路，摇动手柄看指针是否指向“∞”；然后将“E”和“L”端钮短路，轻轻摇动手柄看指针是否指向“0”，如若不是，说明兆欧表有故障，必须检查修理。

(3) 接线

兆欧表上有 3 个接线端钮，一个是“地”(E)端钮，应与被测设备的外壳或接地端相连；另一个是“线”(L)端钮，应与被测设备的导线相连，如图 A-15a 所示；还有一个“屏”(G)端钮，与“线”端钮外面的一个铜环连接，在测量电缆或绝缘导体对地绝缘电阻时，为了防止被测物表面泄漏电流的影响，应与被测物的中间绝缘层相连，如图 A-15c 所示。测量时一般 G 端钮可空着不用。

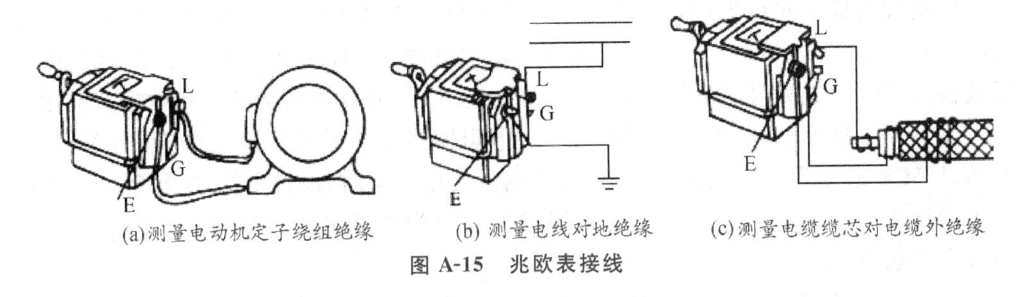

(a)测量电动机定子绕组绝缘　(b) 测量电线对地绝缘　(c)测量电缆缆芯对电缆外绝缘

图 A-15　兆欧表接线

（4）测量

摇动手柄应由慢逐渐加快，待调速器发生滑动后，应保持转速(120 r/min 左右)稳定不变，继续摇动手柄使指针稳定不动，并读取数据。

如果发现表针摆到“0”，说明被测设备短路，应立即停止摇动手柄，以免损坏兆欧表。

由于手摇发电机发出的电压很高，为防止触电，在兆欧表没有停止转动，设备尚未放电前，切莫用手去触及被测设备的带电部分和兆欧表的接线端钮，或动手进行拆除接线的工作，以免触电。

A.6　常用数字仪表

数字仪表就是用数字显示被测值的仪表，它将被测量离散化，经处理后以数字形式显示。数字仪表具有读数直观、方便，没有视觉误差等优点，数字仪表技术发展很快，一些先进数字仪表甚至可以与其他执行机构(如打印机)连接，还可以输出开关量或模拟量，用以连接控制系统或计算机。还有些数字电工仪表有自己的中央处理器(CPU)和各种存储器，已经“微机”化、智能化。

A.6.1　数字万用表

数字万用表是在直流数字电压表的基础上，配以其他功能转换电路而组成的多功能测量仪表，对电流、电压及电阻的测量是其基本功能。目前，数字万用表种类繁多，按用途和功能可分为普及型、智能型及专用型数字万用表；按量程转换方式可分为手动量程式、自动量程式数字万用表；按形状大小分为袖珍式和台式两种。其原理框图如图 A-16 所示。

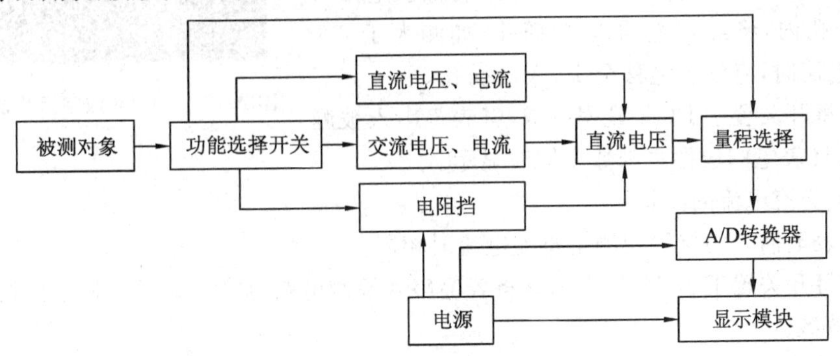

图 A-16　数字万用表原理框图

根据被测量不同首先应切换功能开关。测量直流电压时，量程转换器输出的直流电压(DCV)被送至A/D转换器变为数字量输出并显示；测量交流电压时，交流量首先要被检波器转换成为直流电压(DCV)后，再送至A/D转换器变为数字量输出并显示。

测量直流电流时，输入的直流电流经过电阻网络分流后得到直流电压(DCV)被送至A/D转换器变为数字量输出并显示；当测量交流电流时，经过电流/电压转换器转换得到的交流电压(ACV)还需经过检波器转换变成为直流电压，然后由A/D转换器变为数字量输出。

测量电阻时，直接旋动功能选择开关进入电阻测量状态，被测电阻 R_x 接到测量端子上，经电阻-电压转换器后得到直流电压，再经A/D转换器转换为数字输出，显示被测电阻值。

由此可见，数字万用表测量的基本量是直流电压。

数字万用表A/D转换器一般都采用双积分式A/D转换器，并且把A/D转换器与能够直接驱动液晶显示器的显示逻辑集成在一块集成电路芯片上。只要在集成电路芯片的外围加上电阻、电容、液晶显示器等器件，便组成了廉价的数字万用表的表头。数字万用表的整体性能主要由数字表头的性能决定。

DT890万用表是一种三位半数字万用表(见图A-17)，可用来测量直流和交流电压、电流，电阻，二极管、电容、晶体管的 h_{FE} 参数，以及检查电路通断。

DT890数字万用表的使用方法如下：

(1) 将黑表笔插入COM插孔，红表笔插入V/Ω插孔(红表笔为"+"极)，再将量程放在测量的挡级上，按下ON/OFF键，即可测量。

(2) 直流电压的测量：将开关置于DCV量程范围，并将表笔跨接在被测负载或信号源上，显示电压读数同时会显示出红表笔的极性。

(3) 交流电压的测量：将开关置于ACV量程范围，并将表笔跨接在被测负载或信号源上，显示器显示被测电压的读数。

(4) 直流电流的测量：

① 当最高测量电流为200 mA时，将黑表笔插入COM插孔内，将红表笔插入A插孔；如测大于200 mA的电流时，将红表笔移至10 A的插孔。

② 将开关置于DCA量程范围，将表笔串入被测电路中，红表笔的极性将与数字同时显示。

图 A-17 DT890数字万用表面板

(5) 交流电流的测量：

① 表笔插入的位置与测量直流电流时相同。

② 将开关置于ACA量程内并将表笔串入被测电路，此时，显示器显示出被测交流电流的读数。

(6) 电阻的测量：将开关置于所需之OHM量程上，并将测试笔跨接在被测电阻两端。如果被测电阻超过选用量程，则会指示出超量程（“1”），需换用高挡量程；当被测电阻阻值在 1 MΩ 以上时，此表需数秒方能达稳定的读数。

（7）电容的测量：

① 在接入被测电容之前，注意显示值须为 000，每改变一次量程须重新调零。

② 将欲测电容插入电容插座。如测量有极性电容时注意其极性，分别将管脚插入“＋”（CX 符号）和“－”（CX 下面），否则会使电容损坏（测量前被测电容应先放电）。当测量大电容时，需要较长时间方可得到最后的稳定读数。

A.6.2 数字功率表测量

1. 单相有功功率的数字测量

在有功功率的数字测量中，常利用瞬时值乘法器来完成瞬时功率的乘法运算，其工作原理如图 A-18 所示。瞬时值乘法器的输出电压平均值 U 正比于交流电功率的平均值。瞬时值乘法器输出的电压 U，经电压-频率（$U-f$）转换电路转换为频率随 U 变化的脉冲信号，再送至计数器，定时器控制计数器的工作时间。

计数器在单位时间（例如 1 s）内记录到的脉冲数与被测电功率成比例，由此可测得电路的有功功率，以瓦为单位显示。采用这种方法测量的优点是在长时间内记录的脉冲数正比于此时间内的电能值，因此这种电表也可用作数字电能表。数字功率表的准确度可达 0.02 级，频率上限可扩至 100 kHz，但其结构复杂，长时间稳定性较差，主要在实验室内充当标准功率表使用。

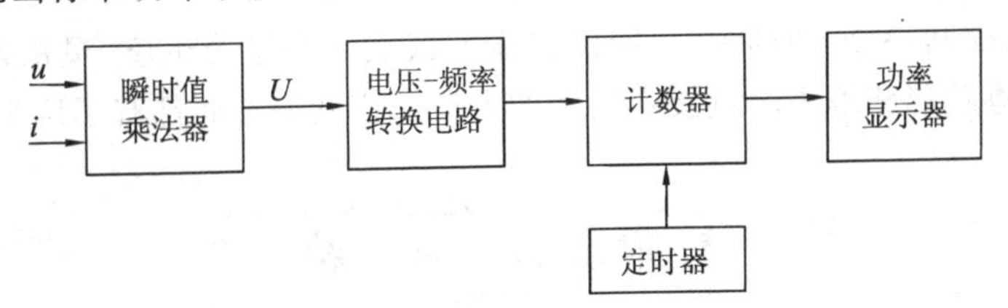

图 A-18　数字功率表原理

2. 单相无功功率的数字测量

根据交流电路中对有功功率以及无功功率的计算公式，只要将待测交流电的电压顺时针移相 90°而幅值不变，对移相后的电压、电流进行有功功率测量即为无功功率的数字测量方法，如图 A-19 所示。在工程实践中，为了减小由于工频频率波动引起的移相不准，通常采用电压、电流各移相－45°来代替－90°的电压移相。实际工程中广泛采用三相交流电路，因而更多地需要测量三相交流电路的功率和电能。

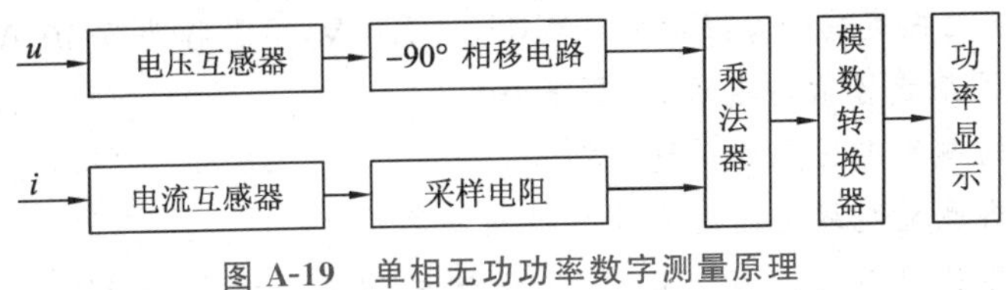

图 A-19　单相无功功率数字测量原理

3. 三相有功功率的数字测量

三相有功功率的数字测量方法也可分为一表、二表及三表法，与指示式功率表的测量方法类似，只是功率表内部结构不同。由前述单相有功功率的数字测量原理可知，有功功率与其输出电压成正比，故三相有功功率的测量只是先求出与三相有功功率成正比的总的输出电压(用求和器得出)，然后再用电压-频率转换及显示环节等进行处理，最终显示出三相有功功率。采用类似方法，也可根据单相无功功率的数字测量原理来测量三相无功功率。

A.6.3 数字式电能表

电能的测量，在工农业生产和日常生活中几乎是不可缺少的，严格讲，测量电能已属计量的范畴。

测电能的常用方法，是采用电工仪表类的电度表(俗称火表)，因为它的成本低，测量的准确度满足实用要求，固定安装也方便，所以，目前我国各类用电的用户几乎都毫无例外地采用它。

测量一段时间内所消耗的电能时，数字式电能表把电压信号形式的单相或三相系统的功率经电压-频率($U-f$)转换后变为与电压U成正比的频率信号f，使脉冲频率信号与被测电路有功功率成正比，然后将功率脉冲序列在一段时间内累积求和，便测出了该时间段内消耗的电能并通过显示环节加以显示，因其单位为kW·h，因此对脉冲序列应进行3.6×10^6分频。无功电能的数字测量原理也是如此。随着大规模集成电路技术飞速发展，微处理器及PC已与仪器仪表整合成智能型仪表，其基本结构包含输入电路、采样保持环节、A/D转换电路、存储器、微处理器或PC及显示器。它具有软件化的测量过程控制、数据调理部分，因而智能型仪表在测量准确度、灵敏度、可靠性、自动化程度、运算功能和解决测量技术问题的深度与广度等方面都有了巨大进步。

附录A 习 题

1. 一电流表的内阻为0.5 Ω，量程为1 A。电流表满量程时，两端电压为多少？若误将电流表不经负载直接接到220 V的电源上，表中流过的电流为多大？有什么后果？

2. 指针式万用表的“$R\times1\,000$”挡常被用来检查电容量较大的电容器质量。如果检查时发现下列现象，试说明电容器的好坏。

(1) 指针满偏转；(2) 指针不动；(3) 指针很快偏转后又返回原处；(4) 指针偏转后不能返回原处。

3. 有一电炉的额定数据为：$P_N=2$ kW，$U_N=220$ V，用量程为5/10 A，150/300 V的功率表测量，试问应选多大的电流、电压量程？

4. 兆欧表的额定电压应如何选择？

5. 用兆欧表测量绝缘电阻时应注意什么问题？

6. 某功率表的刻度尺上有100分格，设选用的电压量程为300 V，电流量程为5 A，现读得指针的偏转格数位60格，被测电路的功率为多少？

附录B 中英文名词对照

线圈 coil
线性电阻 linear resistance
伏特 Volt
瓦特 Watt
开路 open circuit
开关 switch
功率 power
电流 current
电压 voltage
电动势 electromotive force (emf)
反电动势 counter emf
电路元件 circuit element
电源 source
电压源 voltage source
电流源 current source
电路 circuit
电路模型 circuit model
电路分析 circuit analysis
电阻 resistance
电阻器 resistor
电阻性电路 resistive circuit
电阻率 resistivity
电导 conductance
电容 capacitance
电容器 capacitor
电感 inductance
电感器 inductor
电流密度 current density
电流互感器 current transformer
电导率 conductivity
正方向 positive direction
电容性电路 capacitive circuit
电位 electric potential
电位差 electric potential difference
电位升 potential rise
电能 electric energy
电荷 electric charge
电场 electric field
正极 positive pole
负极 negative pole
负载 load
安培 ampere
支路 branch
回路 loop
基尔霍夫电流定律 Kirchhoff's current law (KCL)
基尔霍夫电压定律 Kirchhoff's voltage law (KVL)
库仑 Coulomb
串联 series connection
亨利 Henry
直流电路 direct current circuit(d-c circuit)
直流电机 direct-current machine
法拉 Farad
空载 no-load
空载特性 open-circuit characteristic
理想电压源 ideal voltage source
理想电流源 ideal current source
参考电位 reference potential
欧姆 Ohm
欧姆定律 Ohm's law
短路 short circuit
额定值 rated value
额定电压 rated voltage
额定功率 rated power
结点 node

结点电压法 node voltage method
并联 parallel connection
支路电流法 branch current method
网络 network
受控电源 controlled source
等效电路 equivalent circuit
叠加原理 superposition theorem
戴维宁定理 Thevenin's theorem
阶跃电压 step voltage
一阶电路 first-order circuit
全响应 complete response
时间常数 time constant
时域分析 time domain analysis
特征方程 characteristic equation
矩形波 rectangular wave
积分电路 integrating circuit
微分电路 differentiating circuit
零状态响应 zero-state response
零输入响应 zero-input response
暂态 transient state
暂态分量 transient component
稳态 steady state
稳态分量 steady state component
交流电路 alternating current circuit (a-c circuit)
正弦电流 sinusoid current
正弦量 sinusoid
有效值 effective value
同相 in phase
反相 opposite in phase
平均值 average value
平均功率 average power
无功功率 reactive power
有功功率 active power
视在功率 apparent power
电压三角形 voltage triangle
功率因数 power factor
功率三角形 power triangle
电感性电路 inductive circuit
并联谐振 parallel resonance
角频率 angular frequency
串联谐振 series resonance
阻抗 impedance
阻抗三角形 impedance triangle
初相位 initial phase
相位角 phase angle
相位差 phase difference
相量 phasor
相量图 phasor diagram
复数 complex number
阻抗 impedance
品质因数 quality factor
容抗 capacitive reactance
基波 fundamental harmonic
谐波 harmonic
谐振频率 resonant frequency
通频带 bandwidth
频率 frequency
周期 period
截止角频率 cutoff angular frequency
赫兹 Hertz
幅值 amplitude
最大值 maximum value
滞后 lag
超前 lead
滤波器 filters
传递函数 transfer function
三相电路 three-phase circuit
三相功率 three phase power
三相三线制 three phase three wire system
三相四线制 three-phase four-wire system
三相变压器 three-phase transformer
三角形连接 triangular connection
对称三相电路 symmetrical three-phase circuit
中性点 neutral point
中性线 neutral conductor
相 phase
相电压 phase voltage
相电流 phase current
相序 phase sequence
线电压 line voltage
线电流 line current
星形连接 star connection
瞬时值 instantaneous value
感抗 inductive reactance
非线性电阻 nonlinear resistance

非正弦周期电流 nonsinusoidal periodic current
锯齿波 saw tooth wave
傅里叶级数 Fourier series
频域分析 frequency domain analysis
频谱 spectrum
三角波 triangular wave
安匝 ampere-turns
外特性 external characteristic
韦伯 Weber
自耦变压器 auto transformer
主磁通 main flux
全电流定律 law of total current
麦克斯韦 Maxwell
铁心 core
铁损 core loss
效率 efficiency
磁场 magnetic field
磁场强度 magnetizing force
磁路 magnetic circuit
磁通 flux
磁感应强度 flux density
磁通势 magnetomotive force(mmf)
磁阻 reluctance
磁导率 permeability
磁化 magnetization
磁化曲线 magnetization curve
磁滞 hysteresis
磁滞回线 hysteresis loop
磁滞损耗 hysteresis loss
磁极 pole
磁电式仪表 magnetoelectric instrument
漏磁通 leakage flux
漏磁电感 leakage inductance
漏磁电动势 leakage emf
副绕组 secondary winding
铜损 copper loss
涡流 eddy current
涡流损耗 eddy-current loss
励磁电流 exciting current
空气隙 air gap
变压器 transformer
变比 ratio of transformation
激励 excitation
槽 slot
启动电流 starting current
启动转矩 starting torque
同步转速 synchronous speed
三相异步电动机 three-phase induction motor
电磁转矩 electromagnetic torque
机械特性 torque-speed characteristic
定子 stator
转子 rotor
转子电流 rotor current
转差率 slip
转速 speed
转矩 torque
旋转磁场 rotating magnetic field
鼠笼式转子 squirrel-cage rotor
最大转矩 maximum(breakdown)torque
绕组 winding
绕线式转子 wound rotor
启动 starting
额定转矩 rated torque
满载 full load
制动 braking
调速 speed regulation
电枢 armature
电枢反应 armature reaction
并励电动机 shunt excited motor
同步电动机 synchronous motor
串励绕组 series field winding
伺服电动机 servomotor
步进电动机 stepping motor
单相异步电动机 single-phase induction motor
继电接触器控制 relay-contactor control
组合开关 switch group
时间继电器 time-delay relay
启动按钮 start button
继电器 relay
接触器 contactor
热继电器 thermal overload relay(OLR)
常开触点 normally open contact
常闭触点 normally closed contact
停止 stopping
停止按钮 stop button
控制电路 control circuit

熔断器 fuse
电桥 bridge
电流表 ammeter
电压表 voltmeter
电角度 electrical degree
功率表 power meter
电工测量 electrical measurement
电磁式仪表 electromagnetic instrument
电动式仪表 electrodynamic instrument
两功率表法 two-power meter method

参 考 文 献

[1] 邱关源.电路[M].北京:高等教育出版社,1999.
[2] 秦曾煌.电工学(第七版)[M].北京:高等教育出版社,2009.
[3] 高福华.电工技术[M].北京:机械工业出版社,1999.
[4] 李忠波,梁引.电工技术[M].北京:机械工业出版社,1996.
[5] 周顺荣.电机学[M].北京:科学出版社,2002.
[6] 周新云.电工技术[M].北京:科学出版社,2005.
[7] 刘蕴陶.电工电子技术[M].北京:高等教育出版社,2005.
[8] 劳五一,劳佳.模拟电子电路分析、设计与仿真[M].北京:清华大学出版社,2007.
[9] 黄智伟.基于 NI Multisim 的电子电路计算机仿真设计与分析[M].北京:电子工业出版社,2008.
[10] 张渭贤.电工测量[M].广州:华南理工大学出版社,2000.
[11] 马鑫金.电工仪表与电路实验技术[M].北京:机械工业出版社,2007.
[12] 侯世英.电工学Ⅱ:电机与电气控制[M].北京:高等教育出版社,2008.
[13] 吴中俊,黄永红.可编程序控制器原理及应用(第二版)[M].北京:机械工业出版社,2005.
[14] 廖常初.S7-200 PLC 编程及应用[M].北京:机械工业出版社,2008.